清华开发者书库

Cortex-M3 嵌入式系统开发

STM32单片机体系结构、编程与项目实战

微课视频版

姜付鹏　刘　通　王英合　◎ 编著

清華大學出版社
北京

内容简介

本书以具有Cortex-M3内核的STM32单片机产品为学习对象，以MDK5.14为开发平台，详细介绍此类单片机的系统架构、各种内核和外围设备的基本功能及其实际应用。

全书分3篇，共19章。入门篇首先讲述ARM的概念，接着介绍Cortex-M3内核的概念、分类、特点、指令集等，使读者对Cortex-M3内核有大体认识。准备篇首先介绍采用Cortex-M3内核的STM32系列的MCU，然后介绍与本书配套的硬件开发套件——天信通采用的STM32F107单片机、软件开发平台MDK5.14，以及MDK的基本应用；接着简单介绍STM32的基础知识，包括系统架构、时钟系统等；以上内容为详解篇讲解STM32的各种内核和外设做准备。详解篇介绍STM32的各种内核和外设的基本功能及其应用，这些内核和外设包括GPIO端口、滴答定时器、NVIC、EXTI、USART、IWDG、WWDG、通用定时器、RTC、电源控制、ADC等。对于每个模块都介绍其功能，从基本原理，到相关底层寄存器，再到ST官方固件库中所包含的与其相关的库函数。在每章最后都会讲解至少一个与STM32的该模块相关的应用实例。此外，本书配套提供应用实例的源代码，方便读者在学习的同时，通过开发板进行实验，亲身体验各模块的功能。

本书适合高等院校电子信息类、计算机类、自动化类、物联网等相关专业的学生学习。读者在学习时，最好结合STM32开发板和例程源代码，以更加深刻地理解相关内容。

图书在版编目(CIP)数据

Cortex-M3嵌入式系统开发：STM32单片机体系结构、编程与项目实战：微课视频版/姜付鹏，刘通，王英合编著. —北京：清华大学出版社，2023.1（2025.1重印）
（清华开发者书库）
ISBN 978-7-302-61033-5

Ⅰ. ①C… Ⅱ. ①姜… ②刘… ③王… Ⅲ. ①微处理器－系统开发 Ⅳ. ①TP332

中国版本图书馆CIP数据核字(2022)第098440号

责任编辑：曾 珊 李 晔
封面设计：李召霞
责任校对：韩天竹
责任印制：丛怀宇

出版发行：清华大学出版社
网　　址：https://www.tup.com.cn，https://www.wqxuetang.com
地　　址：北京清华大学学研大厦A座　　**邮　　编**：100084
社 总 机：010-83470000　　**邮　　购**：010-62786544
投稿与读者服务：010-62776969，c-service@tup.tsinghua.edu.cn
质量反馈：010-62772015，zhiliang@tup.tsinghua.edu.cn
课件下载：https://www.tup.com.cn，010-83470236
印 装 者：三河市龙大印装有限公司
经　　销：全国新华书店
开　　本：185mm×260mm　　**印　　张**：21.5　　**字　　数**：526千字
版　　次：2023年1月第1版　　**印　　次**：2025年1月第3次印刷
印　　数：2301～2800
定　　价：79.00元

产品编号：091801-01

前言
PREFACE

全面信息化的时代及数字智能化为智能产品的发展带来了巨大的契机，嵌入式智能产品市场前景广阔，嵌入式系统的应用几乎无处不在。广阔的市场也吸引了全球范围内的 IT 巨头们进军嵌入式市场，嵌入式已经形成了一个充满商机的庞大产业，国家也对嵌入式软件行业给予了政策倾斜。在“技术以人为本”的软件技术产业中，嵌入式行业正以行业前景好、应用领域广、人才需求大、就业薪酬高等众多优势，获得越来越多应用开发人员的关注及青睐，也让越来越多的技术研发人员投入嵌入式这一行业。

作者根据多年的嵌入式系统开发及教学经验，理论与实际应用并重，力求做到由浅入深、循序渐进。全书分 3 篇，共 19 章。以 Cortex-M3 内核的 STM32 单片机产品为学习对象，以 MDK5.14 为开发平台，详细介绍了此类单片机的系统架构、各种内核和外围设备的基本功能以及对它的实际应用。

在入门篇(第 1 章)中，介绍了对大多数人来说可能觉得比较熟悉但不一定能深刻理解的 ARM 的概念，进而引入 Cortex-M3 内核的概念，并介绍了其分类、特点、指令集等，使读者对 Cortex-M3 内核有一个大体的认识。

在准备篇(第 2～4 章)中，首先介绍了 Cortex-M3 内核的 STM32 系列的 MCU，并先后介绍与本书所配套的硬件开发套件——天信通采用的 STM32F107 单片机以及软件开发平台 MDK5.14，以及 MDK 的基本应用。接着简要介绍了 STM32 的一些基础知识，包括系统架构、时钟系统等，为在详解篇讲解 STM32 的各种内核和外设模块做好准备。

在详解篇(第 5～19 章)中，介绍了 STM32 的各种内核和外设模块的基本功能及其应用，这些内核和外设模块包括 GPIO 端口、滴答定时器、NVIC、EXTI、USART、IWDG、WWDG、通用定时器、RTC、电源控制、ADC 等。对于每个模块，基本上都会用一章的篇幅来介绍关于它的功能——从基本原理，到与其相关的底层寄存器，再到 ST 官方固件库所包含的与其相关的库函数。在每章的最后，都会讲解至少一个与 STM32 的该模块相关的应用实例。此外，提供了应用实例的源代码，方便大家在学习时通过开发板进行实验。

本书第 1、4 章由王英合编写，第 2、3 章由刘通编写，第 5～19 章由姜付鹏编写，全书由刘通统稿，黄凯负责校对，在编写过程中得到清华大学出版社盛东亮、曾珊等各位老师的指导与支持，以及山东商务职业学院老师的协助，同时作者还参考了 STM32 技术手册以及国内外优秀的教材和科技文献，在此一并表示感谢。

由于作者水平所限，书中难免存在疏漏，希望读者指正。

编　者

2022 年 5 月

学习建议

本书定位

本书讲解了STM32的基础知识，通过相关案例层层剖析，培养学习者的实际应用能力。适合高等院校电子信息类、计算机类、自动化类、物联网类等相关专业的学生学习，也可以作为相关工程技术人员的自学教材。

建议授课学时

如果将本书作为教材使用，最好结合STM32开发板和例程源代码，以更加深刻地理解相关内容。建议课堂讲授和学生实践相结合。课堂讲授建议36～48学时，学生实践36～48学时。教师可以根据不同的教学对象或教学大纲要求安排学时数和教学内容。

教学内容、重点和难点提示、课时分配

序号	教学内容	教学重点	教学难点	课时分配
第1章	ARM及Cortex-M3概述	ARM内核和架构、Cortex内核分类、Cortex-M3(即CM3)内核的特点		1学时
第2章	天信通STM32F107开发板	STM32F107芯片资源、天信通开发板包含的资源		1学时
第3章	MDK开发环境	固件库概念、目录结构及重要文件、MDK5安装及注册、新建工程、下载调试	下载调试	2学时
第4章	STM32基础知识简介	STM32系统架构、STM32时钟系统、初始化函数	STM32时钟系统	2学时
第5章	GPIO端口及其应用	GPIO端口、8种工作模式、常用寄存器及其配置、固件库、GPIO相关的常用库函数	常用寄存器及其配置、GPIO相关的常用库函数	4学时
第6章	寄存器的名称和地址的映射关系及位带操作	寄存器地址之间的映射关系、位带操作的实现原理、位带操作	寄存器地址之间的映射关系、位带操作	2学时
第7章	NVIC与中断管理	CM3中异常及优先级、NVIC的概念及其功能、NVIC相关寄存器及其配置、与NVIC相关的常用库函数	CM3中异常及优先级、NVIC的概念及其功能、NVIC相关寄存器及其配置	4学时
第8章	EXTI控制器及其应用	EXTI控制器概念、EXTI控制器相关的寄存器及其配置、EXTI相关的库函数及其应用	EXTI控制器相关的寄存器及其配置、EXTI相关的库函数及其应用	6学时

续表

序号	教学内容	教学重点	教学难点	课时分配
第9章	SysTick定时器及其应用	SysTick定时器概念、与SysTick定时器相关的寄存器及其配置、SysTick定时器相关的库函数及其应用	与SysTick定时器相关的寄存器及其配置、SysTick定时器相关的库函数及其应用	6学时
第10章	RSART及其应用	串行通信基础知识、USART工作原理、USART相关的寄存器及其配置、USART相关的库函数及其应用	USART相关的寄存器及其配置、USART相关的库函数及其应用	6学时
第11章	独立看门狗及其应用	看门狗知识、独立看门狗的工作原理、与IWDG相关的寄存器及其配置、IWDG相关的库函数及其应用	与IWDG相关的寄存器及其配置、IWDG相关的库函数及其应用	4学时
第12章	窗口看门狗及其应用	窗口看门狗的工作原理、与WWDG相关的寄存器及其配置、与WWDG相关的库函数及其应用	与WWDG相关的寄存器及其配置、与WWDG相关的库函数及其应用	4学时
第13章	通用定时器及其应用1	通用定时器工作原理、中断定时相关的寄存器及其配置、中断定时相关的库函数及其应用	中断定时相关的寄存器及其配置、中断定时相关的库函数及其应用	4学时
第14章	通用定时器及其应用2	通用定时器捕获/比较通道的输出部分工作原理、PWM工作原理、与PWM相关的寄存器及其配置、与PWM相关的库函数及其应用	与PWM相关的寄存器及其配置、与PWM相关的库函数及其应用	4学时
第15章	通用定时器及其应用3	通用定时器的捕获/比较通道的输入部分工作原理、输入捕获相关的寄存器及其配置、输入捕获相关的库函数及其应用	输入捕获相关的寄存器及其配置、输入捕获相关的库函数及其应用	4学时
第16章	实时时钟	RTC的工作原理、RTC相关的寄存器及其配置、RTC相关的库函数及其应用	RTC相关的寄存器及其配置、RTC相关的库函数及其应用	6学时
第17章	电源控制	电源管理的工作原理、低功耗工作原理、电源相关的寄存器及其配置、电源相关的库函数及其应用	电源相关的寄存器及其配置、电源相关的库函数及其应用	4学时
第18章	ADC	ADC的工作原理、ADC相关的寄存器及其配置、ADC相关的库函数及其应用	ADC相关的寄存器及其配置、ADC相关的库函数及其应用	6学时
第19章	DAC	DAC的工作原理、DAC相关的寄存器及其配置、DAC相关的库函数及其应用	DAC相关的寄存器及其配置、DAC相关的库函数及其应用	6学时

目录
CONTENTS

第1篇 入 门 篇

第2篇 准 备 篇

第3篇　详　解　篇

微课视频清单

视 频 名 称	时长/min	位 置
1. ARM 及 Cortex-M3 概述	0:37:30	第 1 章章首
2. 课程硬件开发平台	0:35:35	第 2 章章首
3. 课程软件开发环境 1	0:51:57	第 3 章章首
4. 课程软件开发环境 2	0:49:34	3.2 节节首
5. 课程软件开发环境 3	0:43:05	3.5.1 节节首
6. 课程软件开发环境 4	0:36:12	3.5.2 节节首
7. STM32 基础知识简介 1	0:45:49	第 4 章章首
8. STM32 基础知识简介 2	0:25:37	4.2 节节首
9. GPIO 端口及其应用 1	0:39:02	第 5 章章首
10. GPIO 端口及其应用 2	0:40:23	5.2 节节首
11. GPIO 端口及其应用 3	0:48:28	5.3 节节首
12. GPIO 端口及其应用 4	0:56:03	5.4.1 节节首
13. GPIO 端口及其应用 5	0:45:21	5.4.2 节节首
14. 寄存器的名称和地址的映射关系及位带操作 1	0:35:36	第 6 章章首
15. 寄存器的名称和地址的映射关系及位带操作 2	0:50:16	6.2 节节首
16. NVIC 与中断管理 1	0:53:51	第 7 章章首
17. NVIC 与中断管理 2	0:51:36	7.3 节节首
18. EXTI 控制器及其应用 1	0:43:13	第 8 章章首
19. EXTI 控制器及其应用 2	0:50:32	8.3 节节首
20. EXTI 控制器及其应用 3	0:34:27	8.4 节节首
21. SysTick 定时器及其应用 1	0:40:15	第 9 章章首
22. SysTick 定时器及其应用 2	0:59:34	9.4 节节首
23. USART 及其应用 1	0:52:01	第 10 章章首
24. USART 及其应用 2	0:54:22	10.2 节节首
25. USART 及其应用 3	0:48:04	10.4 节节首
26. USART 及其应用 4	0:41:56	10.6 节节首
27. USART 及其应用 5	0:47:36	10.6 节节末
28. 独立看门狗(IWDG)及其应用 1	0:47:57	第 11 章章首
29. 独立看门狗(IWDG)及其应用 2	0:35:41	11.4 节节首
30. 窗口看门狗(WWDG)及其应用 1	0:38:09	第 12 章章首
31. 窗口看门狗(WWDG)及其应用 2	0:46:16	12.2 节节首
32. 通用定时器及其应用 1_1	0:53:27	第 13 章章首
33. 通用定时器及其应用 1_2	0:44:45	13.2 节节首
34. 通用定时器及其应用 1_3	0:31:37	13.4 节节首
35. 通用定时器及其应用 2_1	0:45:40	第 14 章章首
36. 通用定时器及其应用 2_2	0:44:11	14.2 节节首

视频名称	时长/min	位　置
37. 通用定时器及其应用 2_3	0:45:22	14.3 节节首
38. 通用定时器及其应用 2_4	0:32:16	14.4 节节首
39. 通用定时器及其应用 2_5	0:35:29	14.5 节节首
40. 通用定时器及其应用 3_1	0:38:44	第 15 章章首
41. 通用定时器及其应用 3_2	0:43:42	15.3 节节首
42. 通用定时器及其应用 3_3	0:42:29	15.4 节节首
43. 通用定时器及其应用 3_4	0:40:59	15.5 节节首
44. 电源控制 1	0:28:20	第 17 章章首
45. 电源控制 2	0:32:20	17.2 节节首
46. 电源控制 3	0:44:08	17.2.2 节节首
47. 电源控制 4	0:44:06	17.3 节节首
48. 电源控制 5	0:36:08	17.5 节节首
49. ADC1	0:47:11	第 18 章章首
50. ADC2	0:57:13	18.1.3 节节首
51. ADC3	0:48:50	18.2 节节首
52. ADC4	0:41:56	18.3 节节首
53. ADC5	0:53:13	18.4.1 节节首
54. ADC6	0:38:43	18.4.2 节节首
55. DAC1	0:46:57	第 19 章章首
56. DAC2	0:40:45	19.3 节节首
57. DAC3	0:36:28	19.5 节节首

第1篇 入 门 篇

ARM 的概念是什么？本书的学习对象 Cortex-M3 的概念又是什么？本篇将为大家解答这些问题，让大家对 ARM 以及 Cortex-M3 的概念有大体的了解，对本书要学习的对象有基本的认识。

本篇首先介绍 ARM 的概念及其发展简史，并由此引出 Cortex-M3 内核的概念，然后简单介绍其分类、特点、指令集等。

第 1 章 ARM 及 Cortex-M3 概述

提到 ARM,可能许多人都不会感到陌生,但如果要全面、准确地说出它的具体含义,却不是所有人都能做得到,对于本书学习对象——Cortex-M3,能够说出其具体含义的人就更少了。

本章的学习目标包括:

- 了解 ARM 的具体含义;
- 了解 RISC 的概念及其特点;
- 了解常见的 ARM 微处理器及其内核和架构的发展简史;
- 了解 Cortex 内核的分类;
- 了解 CM3 内核的特点和指令集。

1.1 ARM 概述

ARM 即 Advanced RISC Machine(最早为 Acorn RISC Machine),人们通常认为它具有 3 种含义:

- 一家英国电子公司的名字;
- 一类微处理器的通称;
- 一种技术的名字。

1.1.1 ARM 公司

ARM 公司成立于 1990 年 11 月,总部位于英国剑桥,是一家全球领先的半导体知识产权(Intellectual Property,IP)提供商。ARM 公司专门从事基于 RISC(Reduced Instruction Set Computer,精简指令集计算机)技术的芯片设计,本身并不直接从事芯片的生产,而是转让其芯片设计产权,由相关合作公司去生产各类芯片。

世界各大半导体生产商从 ARM 公司购买其设计的 ARM 微处理器内核,然后根据各自不同领域的应用需求,设计并添加各自需要的外围电路,从而形成具有不同特点的 ARM 微处理器芯片。目前,全世界有几十家大的半导体公司都使用 ARM 公司的授权,这既使得 ARM 技术能够获得更多的第三方工具、制造、软件的支持,又使得整个系统的成本降低,从而使应用 ARM 技术的产品在市场上更加具有竞争力。

1.1.2 RISC

RISC 的英文全称为 Reduced Instruction Set Computer，即精简指令集计算机；与之相对的是 CISC，英文全称为 Complex Instruction Set Computer，即复杂指令集计算机。这里的指令集，即计算机指令系统，指计算机最底层的全部机器指令的集合，即 CPU 能够直接识别的全部指令的集合。

早期的计算机运行速度较慢。很长一段时间以来，计算机性能的提高主要是通过增加硬件的复杂性来实现。随着集成电路技术，特别是 VLSI(超大规模集成电路)技术的迅速发展，为了编程方便并提高程序的运行效率，硬件工程师采用的方法是不断增加可实现复杂功能的指令和采用多种灵活的寻址方式，某些指令可支持高级语言语句归类后的复杂操作，这使得硬件越来越复杂，成本也越来越高。为了实现某些复杂操作，微处理器除了向程序员提供与各种寄存器和机器指令类似的功能外，还通过存储于只读存储器(ROM)中的微程序来实现其极强的功能——将一条复杂指令转化为一系列简单的初级指令，并对它们进行操作以完成相应功能。具有这种设计结构的计算机被称为复杂指令集计算机(CISC)。

当计算机的设计沿着这条道路向前发展时，有些人开始怀疑这种传统做法的合理性，因为日趋庞杂的指令系统不但不易实现，还可能降低整个计算机系统的性能。后来，经过研究发现，CISC 存在许多缺点。首先，在这种计算机中，各种指令的使用率相差悬殊——一个典型程序的运算过程的 80%指令，只占处理器指令系统的 20%，实际上，最频繁使用的是取、存、加这类最简单的指令，也就是说，人们长期以来花费大量精力去设计实现的那些较复杂的指令，在实际中却很难用得上；其次，复杂的指令系统必然带来结构的复杂性，这不但增加了设计的时间与成本，还容易造成失误；此外，尽管 VLSI 技术现已达到很高的水平，但还是很难把 CISC 的全部硬件都集成在一块芯片上，这妨碍了单片机的发展；在 CISC 中，许多复杂指令需要极复杂的操作，这类指令多数是某种高级语言的直接“翻版”，通用性差；采用二级微程序执行方式，也会降低那些被频繁调用的简单指令系统的运行速度。针对 CISC 的这些问题，帕特逊等人提出了精简指令的设想，即指令系统应当只包含那些使用频率很高的少量指令，并提供一些必要指令以支持操作系统和高级语言。按照这个原则发展而成的计算机称为精简指令集计算机，即 RISC——其基本思想是尽量简化计算机指令功能，只保留那些功能简单、能在一个周期内执行完成的指令，而把较复杂的功能用一段子程序来实现。RISC 技术的精华就是通过简化计算机指令功能，使指令的平均执行周期减少，从而提高计算机的工作主频，同时大量使用通用寄存器来提高子程序的执行速度。

卡内基-梅隆大学定义 RISC 的特点如下：

- 大多数指令在单周期内完成；
- 采用 LOAD/STORE 结构，因为访问存储器指令所需要的时间比较长，在指令系统中要尽量减少这类指令，所以在 RISC 指令中只保留两种必需的 LOAD/STORE 存储器访问指令；
- 硬布线控制逻辑，使得大多数指令能够在单周期内执行完成，以减少指令解释所需的开销；
- 减少指令和寻址方式的种类；
- 固定的指令格式；

- 译码优化。

同时,RISC 还具有以下特点:

- 面向寄存器结构;
- 注重提高流水线的执行效率,尽量减少流水线断流,提高流水线效率;
- 优化编译技术。

1.1.3 ARM 微处理器

在 1.1.2 节中讲到,ARM 公司专门从事基于 RISC 技术的芯片设计,而采用 ARM 技术知识产权(IP)核的微处理器,统称为 ARM 微处理器。

现今,ARM 微处理器已遍及工业控制、无线通信、消费类电子、网络系统等各大应用领域,基于 ARM 技术的微处理器应用占据了 32 位 RISC 微处理器 75%以上的市场份额,ARM 技术已逐渐渗透到工作和生活的各个方面。

ARM 微处理器目前主要包括下面几个系列:ARM7 系列、ARM9 系列、ARM9E 系列、ARM10E 系列、ARM11 系列、Cortex 系列、SecureCore 系列以及 Intel 的 Xscale 系列和 StrongARM 系列。其中,每个系列提供一套相对独特的性能来满足不同应用领域的需求。

1.1.4 ARM 微处理器内核及其架构的发展简史

ARM 是 Advanced RISC Machine 的缩写,ARM 架构是一个 32 位精简指令集的处理器架构,迄今为止,ARM 架构已经发展到了第八代(ARMv8)。以下回顾 ARM 架构的发展简史。

1985 年,ARMv1 架构诞生,该版架构只在原型机 ARM1 中出现过,只有 26 位的寻址空间(64MB),没有用于商业产品。

1986 年,ARMv2 诞生,首个量产的 ARM 处理器 ARM2 就是基于该架构,它包含了对 32 位乘法指令和协处理器指令的支持,但同样仍为 26 位寻址空间。其后,还出现了变种 ARMv2a,ARM3 即采用了 ARMv2a,是第一片采用片上 Cache 的 ARM 微处理器。

1990 年,ARMv3 架构诞生,第一个采用 ARMv3 架构的微处理器是 ARM6(610)以及 ARM7,其具有片上高速缓存、MMU 和写缓冲,寻址空间增大到 32 位(4GB)。

1993 年,ARMv4 架构诞生,这个架构被广泛使用,ARM7(7TDMI)、ARM8、ARM9(9TDMI)和 StrongARM 采用了该架构。ARM 在这个系列中引入了 T 变种指令集,即处理器可工作在 Thumb 状态,增加了 16 位 Thumb 指令集。

1998 年,ARMv5 架构诞生,ARM7(EJ)、ARM9(E)、ARM10(E)和 Xscale 采用了该架构。ARMv5 架构改进了 ARM/Thumb 状态之间的切换效率。此外,还引入了 DSP 指令,并支持 Java。

2001 年,ARMv6 架构诞生,ARM11 采用的是该架构,这版架构强化了图形处理性能,通过追加有效进行多媒体处理的 SIMD 大大提高了语音及图像的处理功能。此外,ARM 在这个系列中引入了混合 16 位/32 位的 Thumb-2 指令集。

2004 年,ARMv7 架构诞生,从这个时候起,ARM 开始以 Cortex 来重新命名处理器,Cortex-M3/4/7、Cortex-R4/5/6/7、Cortex-A8/9/5/7/15/17 都是基于该架构。该架构包括 NEON 技术扩展,将 DSP 和媒体处理吞吐量提升高达 400%,并提供改进的浮点支持以满足下一代 3D 图形和游戏以及传统嵌入式控制应用的需要。

2007 年,在 ARMv6 基础上衍生了 ARMv6-M 架构,该架构是专门为低成本、高性能设备而设计,向以前由 8 位设备占主导地位的市场提供 32 位功能强大的解决方案。Cortex-M0/1/0+即采用该架构。

2011 年,ARMv8 架构诞生,Cortex-A32/32/53/57/72/73 采用的都是该架构,这是 ARM 公司首款支持 64 位指令集的处理器架构。

ARM 架构和 ARM 微处理器家族的对应关系如表 1-1 所示。

表 1-1 ARM 架构和 ARM 微处理器家族的对应关系

架 构	处理器家族
ARMv1	ARM1
ARMv2	ARM2、ARM3
ARMv3	ARM6、ARM7
ARMv4	StrongARM、ARM7TDMI、ARM9TDMI
ARMv5	ARM7EJ、ARM9E、ARM10E、Xcale
ARMv6	ARM11、ARM Cortex-M
ARMv7	ARM Cortex-A、ARM Cortex-M、ARM Cortex-R
ARMv8	ARM Cortex-A

表 1-1 左侧是 ARM 架构,右侧是 ARM 微处理器,也可以称作核。

ARM 公司在经典处理器 ARM11 以后的产品改用 Cortex 命名,并分成 A、R 和 M 三类,旨在为各种不同的市场提供服务。Cortex 系列主要为 ARMv7 架构,ARMv7 架构定义了三大分工明确的系列: A 系列面向尖端的基于虚拟内存的操作系统和用户应用; R 系列针对实时系统; M 系列针对微控制器。由于应用领域不同,基于 ARMv7 架构的 Cortex 处理器系列所采用的技术也不相同,基于 ARMv7A 的被称为 Cortex-A 系列,基于 ARMv7R 的被称为 Cortex-R 系列,基于 ARMv7M 的被称为 Cortex-M 系列。

1.2 Cortex-M3 内核

1.2.1 Cortex 内核的分类

Cortex 系列内核的命名,采用 Cortex 加后缀的方式。后缀用字母加数字的方式表示其产品特性,例如 M3。Cortex 分为 3 个系列。

- A 系列(应用程序型): A 系列拥有 MMU(内存管理单元),用于多媒体应用程序的可选 NEON(加速多媒体和信号处理算法)处理单元以及支持半精度、精度运算的高级硬件浮点单元的基础上实现了虚拟内存系统架构。该系列适用于高端消费电子设备、网络设备、移动 Internet 设备和企业市场。例如,该系列中较新的 Cortex-A9 内核和之前 Cortex-A8 内核被广泛应用于高档智能手机和平板电脑中。
- R 系列(实时型): R 系列在 MPU(内存保护单元)的基础上实现了受保护内存系统架构。该系列适用于高性能实时控制系统(包括汽车和大容量存储设备)。例如,Cortex-R4 内核被用于硬盘驱动器和汽车系统的电子控制单元中。

- M系列(微控制器型)：该系列可快速进行中断处理，适用于需要高度确定的行为和最少门数的成本敏感型设备。

M系列主要面向嵌入式以及工业控制行业，用来取代“旧时代”的单片机。其中，Cortex-M系列又有4款产品，分别对应不同应用和需求，如表1-2所示。

表1-2 Cortex-M系列产品比较

名称	Cortex-M0	Cortex-M1	Cortex-M3	Cortex-M4
架构	ARMv6M	ARMv6M	ARMv7-M	ARMv7E-M
应用范围	8位/16位应用	FPGA应用	16位/32位应用	32位/DSC应用
特点	低成本和简单性	第一个为FPGA设计的ARM处理器	高性能和高效率	有效的数字信号控制

1.2.2 CM3内核的特点

Cortex-M3(简称CM3)采用哈佛结构，是一个32位的处理器内核，即拥有独立的32位指令总线和数据总线，寄存器和存储器也是32位。CM3内核含有多条总线和接口，每条总线都为其应用场合优化过，可以并行工作。除此之外，CM3内核还有其他特点。

- 与内核紧密耦合的NVIC(中断嵌套控制寄存器)新增了多种中断机制，可提高中断响应速度和效率。
- 符合CMSIS(Cortex微处理器软件接口标准)。
- 全面支持32位Thumb-2和16位Thumb指令集。
- 基于ARM的CoreSight(片上调试和跟踪)架构调试系统，内部嵌入多个调试组件，用于硬件水平上的调试操作。

1.2.3 CM3内核的指令集

由于历史原因，从ARMv7 TDMI开始，ARM处理器一直支持两种形式上相对独立的指令集，它们分别是：

- 32位的ARM指令集：效率较高，对应ARM状态。
- 16位的Thumb指令集：理论上代码密度提高一倍，对应Thumb状态。

处理器在执行不同指令集时，对应不同的状态。在ARM状态下，所有指令均是32位的；而在Thumb状态下，所有指令都是16位的，代码密度提高了一倍。不过，Thumb状态下的指令功能只是ARM下的一个子集，所以可能需要更多条的指令去完成相同的工作，导致处理性能下降。

为了取长补短，很多应用程序都采用ARM和Thumb混合编程的方法。但是，这种混合编程在时间和空间上是有额外开销的，主要发生在状态切换之时。另一方面，ARM代码和Thumb代码需要不同的编译方式，这也增加了软件开发管理的复杂度。

由于CM3内核不再支持ARM指令集，代之以Thumb-2指令集。限于篇幅，这里不对ARM指令集进行介绍。

1. Thumb指令集

Thumb指令集是ARM体系结构中一种16位的指令集，出现于ARMv4T之后的

ARM 处理器。Thumb 指令集可以看作 ARM 指令压缩形式的子集，它是为了提高代码密度而提出的，理论上代码密度比 32 位的 ARM 指令集高一倍。

Thumb 指令集并不完整，只支持通用功能，必要时仍需要使用 ARM 指令（比如异常和中断都需要在 ARM 状态下处理）。而且在 Thumb 模式下，较小的指令码有更少的功能性。例如，只有分支可以是条件式的，且许多指令码无法存取所有 CPU 的暂存器。

2. Thumb-2 指令集

ARMv6 内核中出现了 32 位的 Thumb-2 指令集。Thumb-2 技术在基于 ARMv7 体系结构的处理器中扮演了重要的角色。Thumb-2 技术具有以下特点。

- Thumb-2 技术是以 ARM Cortex 体系为基础的指令集，它提升了众多嵌入式应用的性能、能效和代码密度。
- Thumb-2 技术以 Thumb 为基础进行构建，以增强 ARM 微处理器的内核功能，从而使开发人员能够开发出低成本、高性能的系统。
- Thumb-2 技术使用少于 31%的内存以降低系统成本，同时提供比现在高密度代码高出 38%的性能，因此可用于延长电池寿命，或丰富产品功能集。
- Thumb-2 指令集是 16 位 Thumb 指令集的一个超集。在 Thumb-2 中，16 位指令与 32 位指令并存，兼顾了代码密度与处理性能。

CM3 内核只支持 Thumb 和 Thumb-2 指令集，这样便不需要在不同的状态下切换，从而避免不必要的切换带来的额外开销。同时因为不需要分开编译，所以降低了编译难度。不过，这也意味着 CM3 内核不再完全兼容之前的 ARM 汇编程序，使用 ARM 指令集编写的汇编语言程序不能直接进行移植。不过，CM3 支持绝大多数传统的 Thumb 指令，因此用 Thumb 指令写的汇编程序可以相对容易地进行移植。

CM3 支持的指令集如图 1-1 所示。

另外，CM3 内核并不支持所有 Thumb-2 指令，只是实现 Thumb-2 的一个子集，例如不支持协处理器指令。另外，一些 Thumb 指令也被排除，例如 SETEDN 指令等。

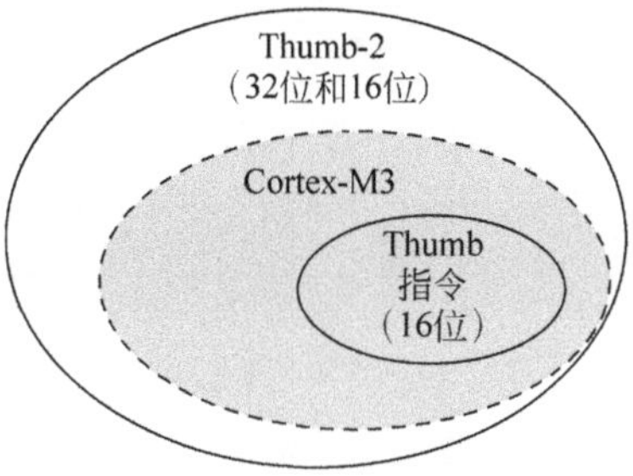

图 1-1 CM3 支持的指令集

本章小结

本章主要对 ARM 及 Cortex-M3 内核进行讲解，第一部分介绍了 RISC 的概念及其特点，常见的 ARM 微处理器以及它的内核和架构的发展简史；第二部分介绍了 Cortex 内核的分类、CM3 内核的特点和指令集。

第2篇　准　备　篇

本篇主要是为下一篇学习 STM32 的基本应用做准备，共包括 3 章。

第 2 章介绍本书的相关硬件开发平台——天信通 STM32F107 开发板以及它所包含的重要资源。

第 3 章介绍本书的相关软件开发环境——MDK5 及其应用，其中包括对 ST 官方固件库的介绍，对在 MDK5 下基于 ST 官方固件库新建工程模板方法的介绍，还有针对开发板的 3 种下载程序方式的介绍以及在 MDK5 下对程序进行各种调试操作的讲解。

第 4 章介绍 STM32 的一些重要的基础知识，这些内容也可以放到第 3 篇。放到这里，可以更好地为第 3 篇的学习做铺垫。

第 2 章 天信通 STM32F107 开发板

本章将介绍本书配套的开发板——天信通采用的 STM32F107 开发板。首先介绍 STM32 系列的 MCU，并主要介绍其中一款 STM32F107 系列的芯片；然后，重点介绍开发板及其所包含的资源。

本章的学习目标如下：

- 了解 STM32 系列 MCU；
- 熟悉 STM32F107 芯片所包含的重要资源；
- 熟悉天信通 STM32F107 开发板及其所包含的各种资源。

2.1 STM32 系列 MCU

STM32 系列 MCU(Micro Controller Unit，微控制单元，即单片机)是由意法半导体公司基于 Cortex-M(包括 M0、M0＋、M3、M4 及 M7)内核设计生产的一个具有丰富外设选择的 32 位微控制器产品家族，它为 MCU 用户开辟了一个全新的自由开发空间，并提供了各种易于上手的软硬件辅助工具。

STM32 系列 MCU 集高性能、实时性、数字信号处理、低功耗、低电压于一身，同时保持高集成度和易于开发的特点。具有业内最强大的产品阵容、基于工业标准的处理器和大量的软硬件开发工具，让 STM32 系列 MCU 成为各类中小项目和完整平台解决方案的理想选择。

STM32 系列 MCU 覆盖超低功耗、超高性能方向，同时兼具一流的市场竞争力，是 Cortex-M 内核单片机市场和技术方面的领先者，目前提供十大系列的产品(F0、F1、F2、F3、F4、F7、H7、L0、L1、L4)，如图 2-1 所示。STM32 产品广泛应用于工业控制、消费电子、物联网、通信设备、医疗服务、安防监控等应用领域，其优异的性能进一步推动了生活和产业智能化的发展。

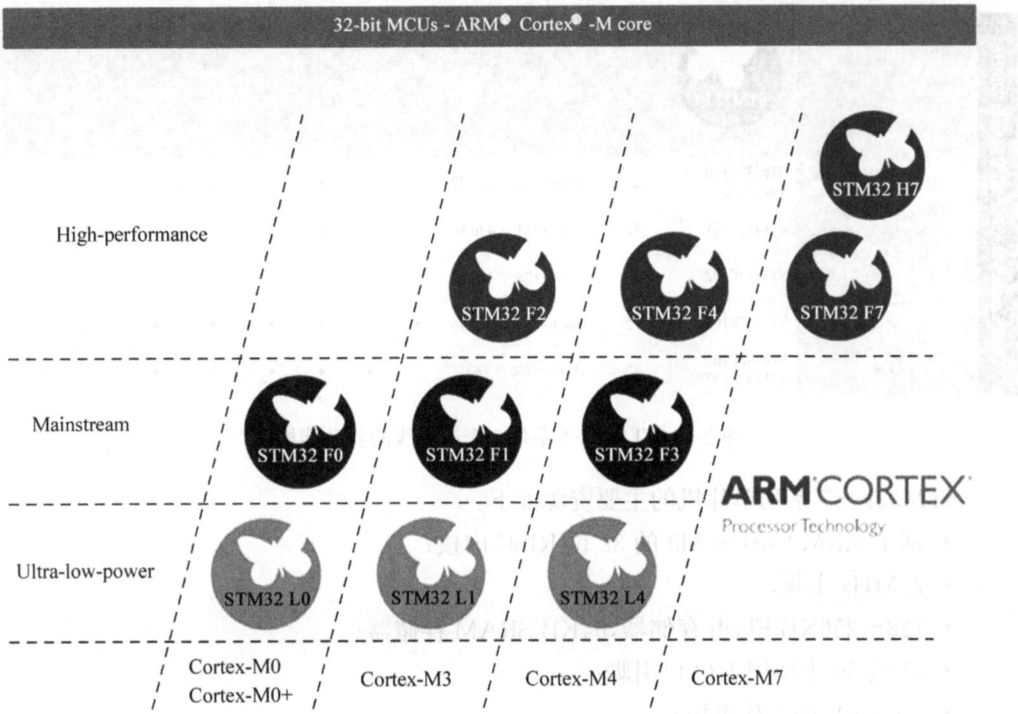

图 2-1 STM32 系列 MCU 的十大产品系列

2.2 STM32F107 芯片

STM32F1 系列基础型 MCU 基于 Cortex-M3 内核，它满足了工业、医疗和消费类市场的各种应用需求。凭借该产品系列，意法半导体公司在全球 ARM Cortex-M 系列微控制器领域处于领先地位，同时树立了嵌入式应用的里程碑。该系列利用一流的外设和低功耗、低压操作实现了高性能，同时还以可接受的价格、应用简单的架构和简便易用的工具实现了高集成度。

该系列包含 5 个产品线，它们的引脚、外设和软件均兼容，分别是：

(1) 超值型 STM32F100——24MHz CPU，具有电机控制和 CEC 功能；

(2) 基本型 STM32F101——36MHz CPU，具有最高可达 1MB 的 Flash；

(3) 连接型 STM32F102——48MHz CPU，具备 USB FS 设备接口；

(4) 增强型 STM32F103——72MHz CPU，具有最高可达 1MB 的 Flash、电机控制、USB 和 CAN；

(5) 互联型 STM32F105/F107——72MHz CPU，具有以太网 MAC、CAN 和 USB 2.0 OTG。

这 5 个产品线的各功能模块如图 2-2 所示。

ARM®Cortex®-M3(DSP+FPU)-Up to 72MHz

- -40 to 105°C range
- USART,SPI,I²C
- 16- and 32-bit timers
- Temperature sensor
- Up to 3x12-bit ADC
- Dual 12-bit ADC
- Low voltage 2.0 to 3.6V (5V tolerant I/Os)

STM32 F1 Product lines	FCPU (MHz)	Flash (B)	RAM (KB)	USB 2.0 FS	USB 2.0 FS OTG	FSMC	CAN 2.0B	3-phase MC Timer	I²S	SDIO	Ethement IEEE1588	HDMI CEC
STM32F100 Value line	24	16K to 512K	4 to 32			•		•				•
STM32F101	36	16K to 1M	4 to 80			•						
STM32F102	48	16K to 128	4 to 16	•								
STM32F103	72	16K to 1M	4 to 96	•		•	•	•	•	•		
STM32F105 STM32F107	72	64K to 256K	64		•	•	•	•	•		•	

图 2-2 STM32F1 系列 5 个产品线的各功能模块 *

STM32F107 系列单片机的主要资源如下：

- 基于 ARM Cortex-M3 的 32 位 RISC 内核；
- 72MHz 主频；
- 128～256KB Flash 存储器，64KB SRAM 存储器；
- 51 或 80 个通用 I/O 口引脚；
- 2～3.6V 的工作电压；
- 7 个 16 位定时器；
- 1 个电机控制定时器；
- 2 个 12 位具有 16 个转换通道的 ADC；
- 2 个 12 位的 DAC 通道；
- 3 个 SPI；
- 2 个 I²S；
- 1 个 I²C；
- 3 个 USART，2 个 UART；
- 2 个 CAN；
- 1 个全速 USB OTG；
- 1 个以太网接口。

STM32F107 系列单片机产品型号主要包括 STM32F107RBT6、STM32F107RCT6、STM32F107VBT6、STM32F107VCT6 和 STM32F107VCH6 共 5 种。

这里顺便说明一下 STM32 系列单片机的命名规则，如图 2-3 所示。

从图 2-3 中可以看出，以上 5 种型号的 STM32F107 单片机产品的主要区别在于它们的引脚数目、闪存存储器容量以及封装形式，其他资源或情况都完全相同。

---

* 图 2-2 来自于意法半导体公司官网。

示例： STM32 F 103 C 8 T 6 A xxx

产品系列
STM32＝基于ARM的32位微控制器

产品类型
F＝通用类型

产品子系列
101＝基本型
102＝USB基本型，USB 2.0全速设备
103＝增强型
105或107＝互联型

引脚数目
T＝36脚
C＝48脚
R＝64脚
V＝100脚
Z＝144脚

内存存储器容量
4＝16KB的闪存存储器
6＝32KB的闪存存储器
8＝64KB的闪存存储器
B＝128KB的闪存存储器
C＝256KB的闪存存储器
D＝384KB的闪存存储器
E＝512KB的闪存存储器

封装
H＝BGA
T＝LQFP
U＝VFQFPN
Y＝WLCSP64

温度范围
6＝工业级温度范围，–40°C~85°C
7＝工业级温度范围，–40°C~105°C

内部代码
A或者空（详见产品数据手册）

选项
xxx＝已编程的器件代号（3个数字）
TR＝卷带式包装

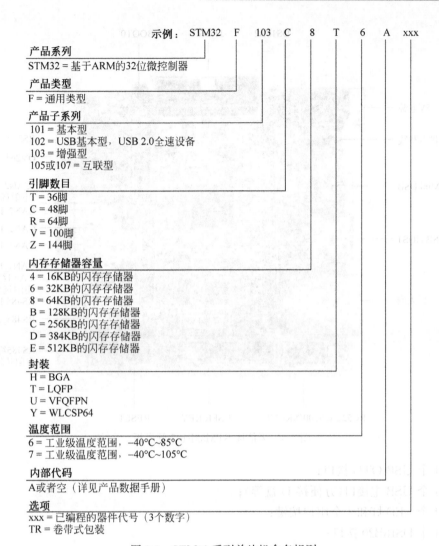

图 2-3 STM32 系列单片机命名规则

2.3 STM32F107 开发板资源

天信通 STM32F107 开发板如图 2-4 所示。

从图 2-4 中可以看出，天信通 STM32F107 开发板包含以下资源。

- 主控芯片：STM32F107VCT6(LQFP100，Flash：256KB，RAM：64KB)；
- 外扩 EEPROM：24C02；
- 外扩 Flash：SST25F016B(16Mb)；
- 2 个 CAN 接口(收发器 PCA82C251T)；
- 1 个 RS232 接口；
- 1 个 RS485 接口；
- 1 个以太网接口(10Mbps/100Mbps 自适应 DP83848IVV)；

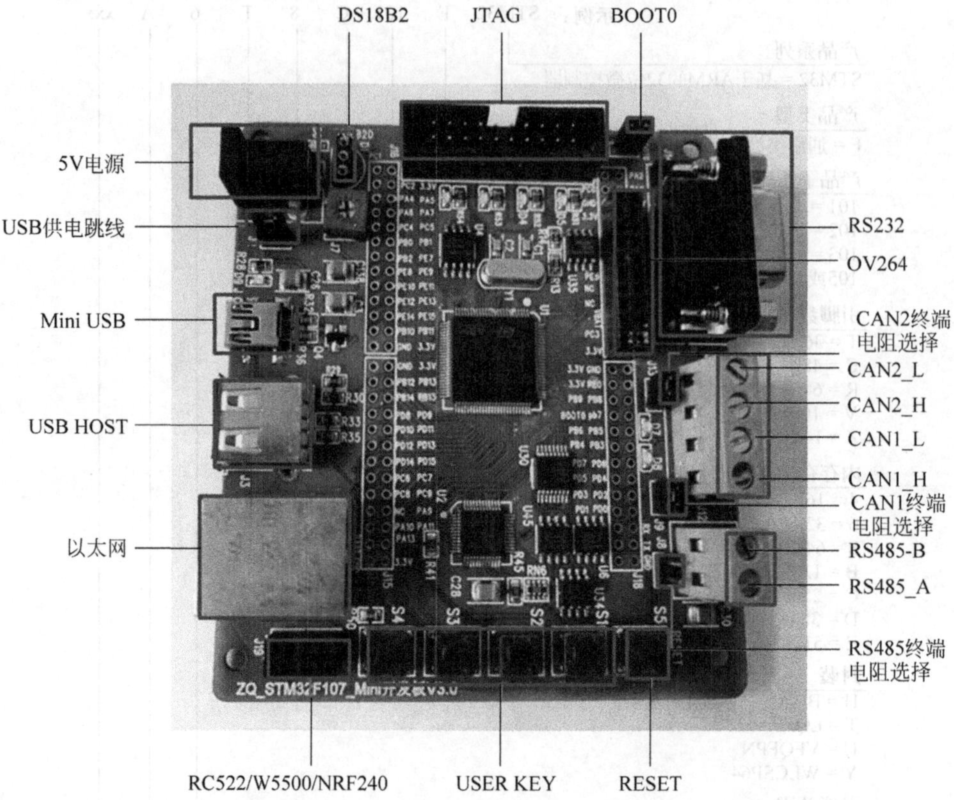

图 2-4 天信通 STM32F107 开发板

- 1 个 USB OTG 接口;
- 1 个 USB 主接口(方便接 U 盘等);
- 4 个 LED 灯和 4 个用户按键;
- 1 个 DS18B20 接口;
- 1 个 2.4G 无线模块接口(NRF24L01),空旷场地最佳传输距离为 240 米;
- 1 个 RC522/RF 射频卡接口(可作各种 IC 卡读卡器);
- 1 个摄像头 OV2640 接口;
- 1 个标准 20 针 JTAG 接口;
- 引出 STM32F107VCT6 芯片的所有 I/O 口,供二次开发。

本章小结

本章对本书配套的开发板进行了介绍,使读者对硬件系统有了一个总体的认识,为接下来的学习做好铺垫。本章主要介绍了一款 STM32F107 系列的芯片,重点介绍了开发板及其所包含的资源。

第 3 章

MDK 开发环境

本章主要介绍本书的软件开发环境——MDK5 及其应用。首先介绍 ST 官方固件库；接着介绍 MDK5 软件及其安装和注册的过程；然后介绍怎样基于 ST 官方固件库来新建一个工程模板；最后介绍针对开发板下载程序的 3 种方式，以及在 MDK5 中对程序进行调试的方法。

本章的学习目标如下：

- 了解 STM32 应用开发的两种方式；
- 理解 ST 官方固件库的概念以及它在 STM32 应用开发过程中的作用；
- 了解 CIMIS 的含义以及定义它的目的；
- 掌握 ST 官方固件库的目录结构以及其中的重要文件/文件夹的作用；
- 掌握 MDK5 的安装及注册过程；
- 掌握在 MDK5 中基于 ST 官方固件库新建工程模板的方法；
- 掌握开发板下载程序的 3 种方式；
- 掌握在 MDK5 中对程序进行调试的方法。

3.1 STM32 官方固件库

意法半导体公司为了方便用户开发程序，提供了一套丰富的 STM32 固件库，这个 STM32 官方固件库到底是什么？它对开发程序有什么用处？用它进行开发与直接操作寄存器进行开发这两种方式又有什么区别和联系？

3.1.1 库开发与寄存器开发

很多用户都是在学习了 51 单片机之后再学习 STM32 单片机的。在 51 单片机的应用程序开发过程中，往往是通过直接操作 51 单片机的寄存器来对它进行控制的。例如，如果要控制 51 单片机的某个 I/O 口的电平状态，以端口 0 为例，假定要使端口 0 的全部引脚都输出低电平，则可以通过操作寄存器 P0 来完成，程序代码如下：

```
P0 = 0x00;
```

在 STM32 单片机的应用程序开发过程中，要使 GPIOA 的所有引脚都输出低电平，同样可以通过操作相应的寄存器 GPIOA_ODR 来完成，程序代码如下：

```
GPIOA ODR = 0x0000;
```

但是,相比于51单片机只有几十个寄存器,STM32单片机的寄存器数目一般都要有上百个,甚至数百个,如果继续用这种直接操作寄存器的方式来对STM32单片机进行应用程序的开发,就需要熟练地掌握每个寄存器的用法,这不仅非常麻烦,还容易出错。

基于上述原因,意法半导体公司推出了自己的官方固件库,固件库是许多函数的集合,这些函数的作用为:向下与STM32单片机的各个寄存器打交道,向上为用户提供调用函数的接口(API),不同的函数实现不同的功能。也就是说,固件库中的每一个函数对底层寄存器的操作都被封装起来,它只向用户提供一个实现该操作的接口,用户不需要知道该函数具体是怎样操作以及操作哪个/些寄存器,只需要知道该函数是实现了什么样的功能,并懂得怎样使用该函数即可。

还是上面的例子,也可以通过调用固件库中的函数来实现,固件库中有一个GPIO_Write()函数,它的程序代码为:

```
void GPIO_Write(GPIO_TypeDef * GPIOx, uint16_t PortVal)
{
  /* Check the parameters */
  assert_param(IS_GPIO_ALL_PERIPH(GPIOx));

  GPIOx -> ODR = PortVal;
}
```

可能大家现在还不能完全明白该函数中每一条代码的具体含义,但是应大体看出,该函数要实现的主要功能是:给GPIOx(参数)的ODR寄存器赋值PortVal(参数)。

所以,可以操作如下:

```
GPIO_Write(GPIOA, 0x0000);
```

这样,通过调用库函数而无须再去操作寄存器,就实现了上面的功能。或许这个简单的操作还不足以说明固件库功能的强大之处,但当对STM32单片机外设的工作原理有了一定的了解后,再去回看固件库,会发现库函数大多都是按照其实现的功能来命名的,而且STM32单片机的寄存器大多都是32位的,不像51单片机操作起来那样简单、不易出错,那时就感受到通过调用固件库进行应用程序开发的方便之处。

这里需要说明的是,有了STM32官方固件库,并不代表在应用程序的开发过程中就不再需要跟STM32单片机的寄存器打交道了。任何一款处理器,无论它多么高级,都是通过操作它的寄存器来对它进行控制。调用库函数,归根结底,还是通过对STM32单片机的寄存器进行操作来实现其相应的功能。所以,在对STM32单片机进行应用程序开发的过程中,仅仅掌握固件库是远远不够的,还需要理解STM32单片机及其外设的工作原理,然后需要通过了解库函数的实现细节,来加深对这些工作原理的理解,在这一系列过程中,仍然需要不断地和STM32单片机的寄存器打交道,只有在掌握了STM32单片机及其外设的工作原理,并了解了库函数的实现细节后,库函数的使用才能取得事半功倍的效果。此外,固件库不是万能的,它只是意法半导体公司给大家提供的一个能够实现许多不同功能的函数的集合。但是，在某些应用程序的开发过程中，这些函数可能并不能满足实际的开发需求，在这种情况下，只能通过自己直接操作寄存器来完成要实现的功能。所以，在应用库函数时，只有在很好地理解了它的实现细节的情况下，才能够在实际的应用程序开发过程中做到举一反三，游刃有余。

通过本节的学习，应该对 STM32 官方固件库的作用有了一个基本的认识，并且能够看出通过操作库函数与直接操作寄存器这两种应用程序开发方式的不同。后面将结合具体的实例进一步讲解对 STM32 官方固件库的使用。

3.1.2 CMSIS

STM32 官方固件库是一系列函数的集合，这些函数需要满足什么要求呢？这里涉及标准，即本节要介绍的 CMSIS。

前面介绍过 ARM 公司和意法半导体公司，ARM 公司是一个做芯片标准的公司，它负责的是芯片内核的架构设计，而像意法半导体公司、TI 公司等不做标准，它们负责的是在 ARM 公司提供的芯片内核的基础上设计自己的芯片。因此，所有 Cortex-M3 内核的芯片的内核架构都是相同的，不同的是它们的存储器容量、片上外设、I/O 或其他模块，对于这些资源，不同的公司可以根据自己的不同需求进行不同的设计，即使是同一家公司设计的基于 Cortex-M3 内核的不同款芯片，它们的这些资源也不尽相同，比如 STM32F103VCT 和 STM32F103ZET，它们在片上外设方面就有很大的不同。在这里通过图 3-1 来更好地对它进行表述。

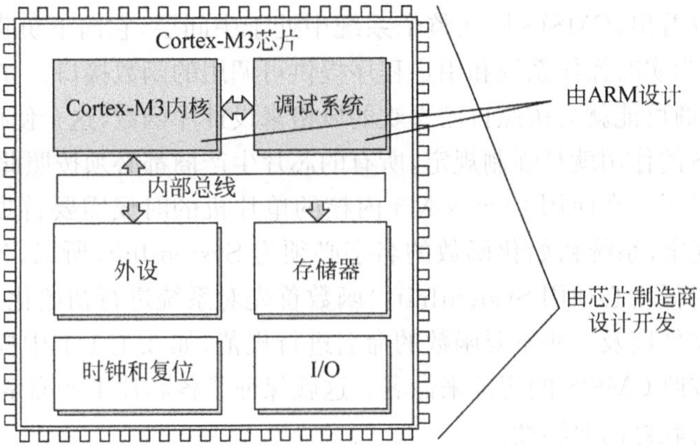

图 3-1 CM3 内核芯片的设计架构

由图 3-1 可以看出，所有基于 Cortex-M3 内核的芯片都必须遵循 ARM 公司设计的 Cortex-M3 内核的标准，而 ARM 公司为了让不同芯片公司设计生产出的不同的基于 Cortex-M3 标准的芯片在软件上能够基本兼容，就和各芯片生产商提出了一套需要大家共同遵守的标准——CMSIS(Cortex Microcontroller Software Interface Standard)，翻译为“Cortex 微控制器软件接口标准”，而 ST 官方固件库就是根据这套标准进行设计的。

CMSIS 是为 Cortex-M 处理器系列提供的与(芯片)生产商无关的硬件抽象层，它定义了通用的工具接口。CMSIS 使得处理器和外设能够具有一致的设备支持和简单的软件接口，同时简化了软件的复用，减少了单片机开发人员的学习过程，并且缩短了新设备推向市场的时间。

CMSIS 是为了能够同各个芯片和软件供应商密切合作而定义的，它提供了一套通用的方式来连接外设、实时操作系统以及中间级组件。CMSIS 的目的就是使得来自多个中间级供应商的软件能够统一。

CMSIS 应用程序的基本结构如图 3-2 所示。

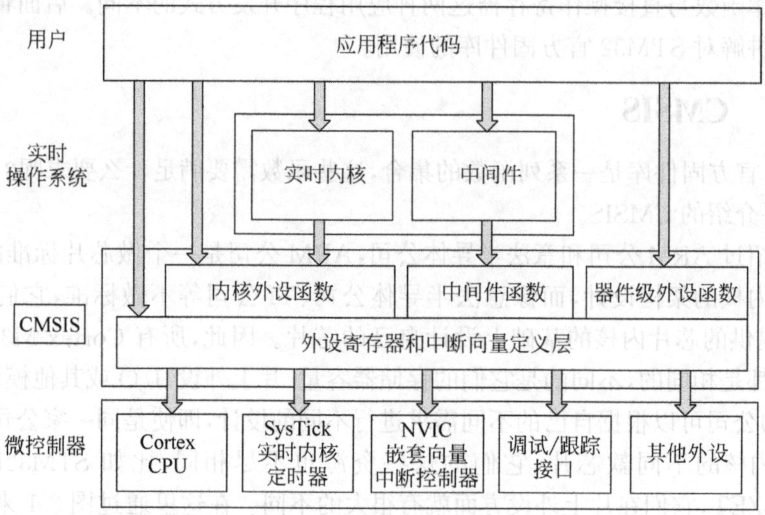

图 3-2　CMSIS 应用程序的基本结构

由图 3-2 可以看出，CMSIS 层在整个系统中处于中间层，它向下负责与内核以及各个外设打交道，向上为实时操作系统和用户程序提供可调用的函数接口。如果没有 CMSIS 标准，各个芯片生产商可能就会按照自己喜欢的风格来设计库函数，这会使得芯片在软件上难以兼容，而 CMSIS 的作用就是强制规定，所有的芯片生产商都必须按照此标准来进行设计。

举个简单的例子。在使用 Cortex-M3 内核的单片机的时候需要首先对整个系统进行初始化，CMSIS 规定，系统初始化函数的名字必须为 SystemInit，所以，各个芯片公司在编写自己库函数的时候就必须用 SystemInit()函数首先对系统进行初始化。此外，CMSIS 还对各个外设驱动文件以及一些重要函数的命名进行规范，如 3.1.1 节中提到的函数 GPIO_Write()，就必须按照 CMSIS 的规范来命名。这就保证了各芯片生产商生产出的 Cortex-M3 芯片在软件上具有较好的兼容性。

3.1.3　STM32 官方固件库包

本节介绍 STM32 官方固件库包的结构及其所包含的内容。ST 官方提供的固件库完整包可以在官方网站下载，固件库是在不断完善升级的，所以会有不同的版本，这里为大家提供的是 V3.5 版本的固件库。

将下载的固件库包解压缩到 STM32F10x_StdPeriph_Lib_V3.5.0 文件夹后，可以看到文件夹中的内容如图 3-3 所示。

文件夹的结构如图 3-4 所示。

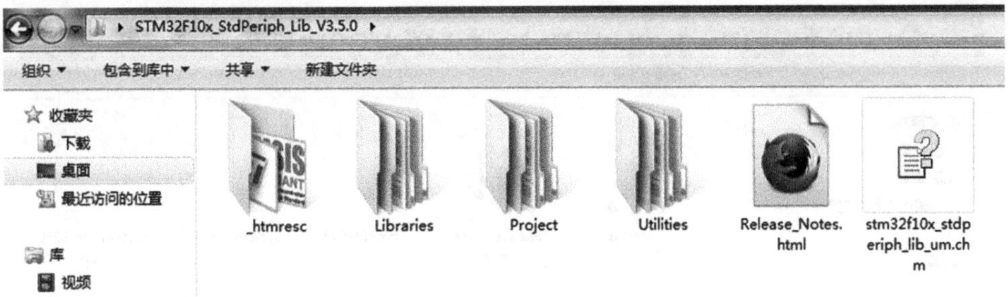

图 3-3 ST 官方固件库包解压缩后的文件夹

从图 3-3 中可以看到，固件库包 STM32F10x_StdPeriph_Lib_V3.5.0 中包含 4 个子文件夹，其中，最重要的是 Libraries 文件夹，从图 3-4 中可以看到，该文件夹又包含了 2 个子文件夹，分别是 CMSIS 文件夹和 STM32F10x_StdPeriph_Driver 文件夹，固件库中几乎所有的核心文件都在这两个文件夹或其子文件夹中。

CMSIS 文件夹包含了两个子文件夹，分别是 CM3 文件夹和 Documentation 文件夹，后者包含的是文档，无须太在意；从图 3-4 中可以看出，CM3 又包含两个子文件夹，分别是 CoreSupport 文件夹和 DeviceSupport 文件夹。进入 CoreSupport 文件夹，可以看到，该文件夹包含两个文件——core_cm3. c 和 core_cm3. h，如图 3-5 所示。

这两个文件是 CMSIS 的核心文件，提供进入 CM3 内核的接口，是 ARM 公司提供的，对所有的 CM3 内核的芯片都是一样的。所以，对于开发者来说，这两个文件永远都不需要修改，大家也无须再对它进行深入研究。

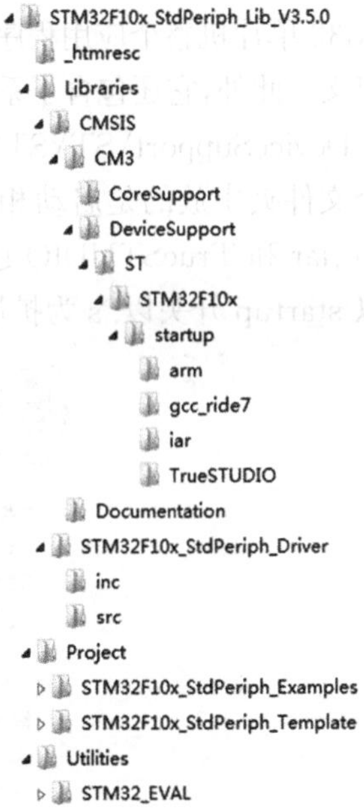

图 3-4 ST 官方固件库文件夹的结构

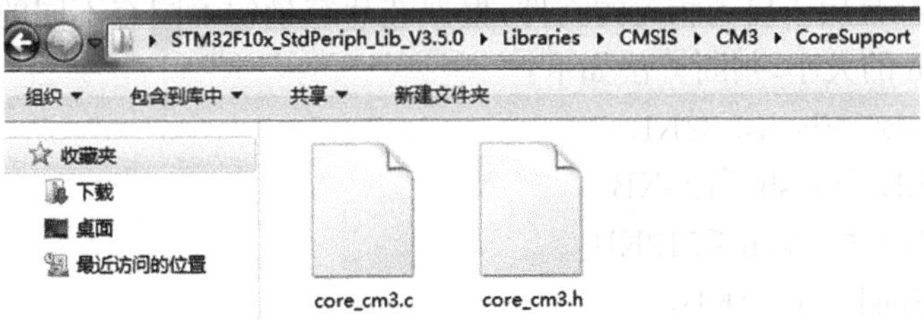

图 3-5 CoreSupport 文件夹的内容

对于 CM3 文件夹下的另一个子文件夹 DeviceSupport，一直双击到进入 DeviceSupport\ST\STM32F10x 子文件夹下，可以看到，其中包含的文件和子文件夹如图 3-6 所示。

图 3-6 中有 3 个文件：stm32f10x. h、system_stm32f10x. c 和 system_stm32f10x. h。其中，源文件 system_stm32f10x. c 和它对应的头文件 system_stm32f10x. h 的功能是设置系统以及总线的时钟，文件中有一个非常重要的函数——SystemInit()，这个函数在系统启动

图 3-6　STM32F10x 文件夹的内容

的时候必须被调用，以设置系统的时钟。stm32f10x. h 头文件也非常重要，它几乎在STM32 单片机整个应用程序开发过程中都会被用到，因为它包含了许多重要的结构体以及宏的定义。此外，它还包含了系统寄存器定义声明以及包装内存操作，具体将会在后面介绍。

DeviceSupport\ST\STM32F10x 文件夹中还包括一个 startup 子文件夹。顾名思义，这个文件夹中放的是启动相关的文件，双击进入该文件夹，可以看到，其中包含 arm、gcc_ride7、iar 和 TrueSTUDIO 这 4 个子文件夹，再双击进入 arm 文件夹，可以看到，其中包含 8 个以 startup 开头以. s 为扩展名的文件，如图 3-7 所示。其他 3 个文件夹也类似。

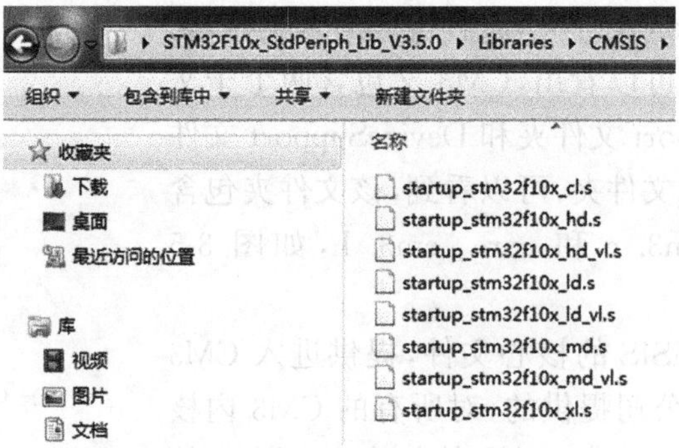

图 3-7　相关启动文件所在的文件夹

这 8 个文件都是用于启动相关的文件，根据芯片容量的不同有不同的应用。这里的容量是指芯片 Flash 的大小，判断方法如下：

小容量：16KB≤Flash≤32KB

中容量：64KB≤Flash≤128KB

大容量：256KB≤Flash≤512KB

超大容量：Flash≥1024KB

这 8 个文件适用的芯片情况如下：

startup_stm32f10x_cl. s——STM32F105xx/STM32F107xx。

startup_stm32f10x_hd. s——大容量的 STM32F101xx/STM32F102xx/STM32F103xx。

startup_stm32f10x_hd_vl. s——大容量的 STM32F100xx。

startup_stm32f10x_ld. s——小容量的 STM32F101xx/STM32F102xx/STM32F103xx。

startup_stm32f10x_ld_vl. s——小容量的 STM32F100xx。

startup_stm32f10x_md. s——中容量的 STM32F101xx/STM32F102xx/STM32F103xx。

startup_stm32f10x_md_vl.s——中容量的 STM32F100xx。

startup_stm32f10x_xl.s——超大容量的 STM32F101xx/STM32F103xx。

对于天信通采用的开发板，当然是选择 startup_stm32f10x_cl.s 启动文件。

至此，CMSIS 文件夹中的内容全部都介绍完了。现在，回到 Libraries 文件夹中，看看它的另一个子文件夹 STM32F10x_StdPeriph_Driver 中的内容。双击进入该文件夹，可以看到，它主要包含 inc 和 src 两个子文件夹。可以看到，inc 文件夹包含一组.h 文件，src 文件夹包含一组.c 文件，而且它们之间是互相对应的，即在 inc 文件夹中的每一个.h 文件在 src 文件夹中都有一个同名的.c 文件与之相对应，如图 3-8 所示。

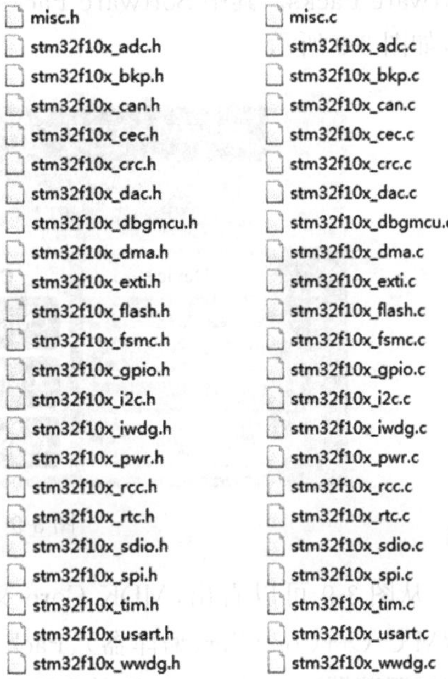

(a) inc文件夹　　(b) src文件夹

图 3-8　inc 文件夹中的.h 文件列表和 src 文件夹中的.c 文件列表

这两个文件夹中所包含的是固件库中的核心文件，src 文件夹中包含的是固件库中的源文件（src 是 source 的简写），inc 中包含的是与之对应的固件库中的头文件（inc 是 include 的缩写），每一对源文件和头文件对应的是芯片的一个外设的相关操作函数，从文件的名称中也能大体看出。

对于 Libraries 文件夹就全部介绍完了。该文件夹中的许多文件，在新建工程时都会用到，相信到时大家会对它们有更深刻的理解。

最后，再回到固件库包文件夹 STM32F10x_StdPeriph_Lib_V3.5.0，看看其他文件或文件夹。双击进入 Project 文件夹，可以看到其中包含两个子文件夹，分别是 STM32F10x_StdPeriph_Examples 和 STM32F10x_StdPeriph_Template。对于 STM32F10x_StdPeriph_Examples，顾名思义，其中存放的是 ST 官方提供的芯片外设固件的实例程序，这些程序对今后的学习和开发都十分重要，可以参考其中的源代码，将其修改后变为自己的代码来驱动开发板的相关外设（其实，市面上许多开发板配套的例程都参考了其中的例程源代码）。STM32F10x_StdPeriph_Template 中存放的是工程模板相关的文件和文件夹，其中的许多文件在新建工程时也会用到。

STM32F10x_StdPeriph_Lib_V3.5.0 中的 Utilities 文件夹下存放的是官方评估版的一些相关源码，可以略过。

最后，固件库包中还包含一个 stm32f10x_stdperiph_lib_um.chm 文件，直接打开可以看到，这是固件库的一个帮助文档，这个文档是英文的，在学习和开发过程中，经常需要查阅该文档。

3.2 MDK5 简介

MDK 是 RealView MDK 的简称，源自德国的 Keil 公司。全球有超过 10 万嵌入式开发工程师使用 MDK，目前其最新版本为 MDK5.14，该版本使用 μVision5 IDE 集成开发环境，是目前针对 ARM 处理器，尤其是 Cortex-M 内核处理器的最佳开发工具。

MDK5 向后兼容 MDK4 和 MDK3 等，同时又加强了针对 Cortex-M 微控制器开发的支持，并且对传统的开发模式和界面进行了升级。MDK 有两个组成部分：MDK Core 和 Software Packs。其中 Software Packs 可独立于工具链进行新芯片的支持和中间库的升级，如图 3-9 所示。

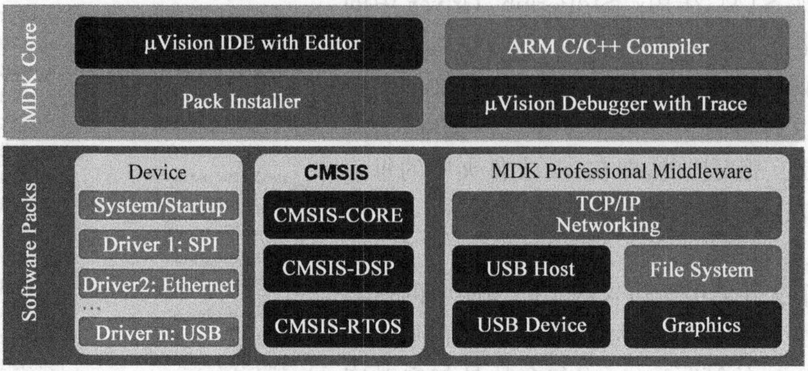

图 3-9 MDK 的两个组成部分

从图 3-9 可以看出，MDK Core 又分成 4 部分：μVision IDE with Editor（编辑器）、ARM C/C++Compiler（编译器）、Pack Installer（包安装器）、μVision Debugger with Trace（调试跟踪器）。μVision IDE 从 MDK4.7 版开始就加入了代码提示和语法动态检测等实用功能，相对于以往的 IDE 改进很大。

Software Packs（包安装器）又分为 Device（芯片支持）、CMSIS（Cortex 微控制器软件接口标准）和 MDK Professional Middleware（中间库）3 部分，通过包安装器，可以安装最新的组件，从而支持新的器件，提供新的设备驱动库以及最新例程等，加速产品开发进度。

以往版本的 MDK 将所有组件都包含到一个安装包里，显得太"笨重"。MDK5 则与它们不同，MDK Core 是一个独立的安装包，它并不包含器件支持和设备驱动等组件，但是一般都会包含 CMSIS 组件，大小为 350MB 左右，相比 MDK4.70A 的超过 500MB"瘦身"不少。器件支持、设备驱动、CMSIS 等组件，则可以在安装完 MDK5 后，双击 MDK5 的 Build Toolbar 的最后一个图标调出 Pack Installer，来进行各种组件的安装。

在安装完 MDK5 后，为了让 MDK5 能够支持 STM32F107 芯片的开发，还需要安装 STM32F1 的器件支持包 Keil.STM32F1xx_DFP.1.0.5.pack。

3.3 MDK5 的安装

3.3.1 MDK5 的安装步骤

在 MDK5 文件夹中，有给大家提供的 MDK5 安装及注册软件以及 STM32F1 的器件支持包，如图 3-10 所示。

图 3-10 安装 MDK5 的相关文件夹

首先双击 mdk514.exe，在弹出的对话框中单击 Next

按钮，如图 3-11 所示。

在弹出的对话框中，选中"I agree to all the terms of the preceding License Agreement"，单击 Next 按钮，如图 3-12 所示。

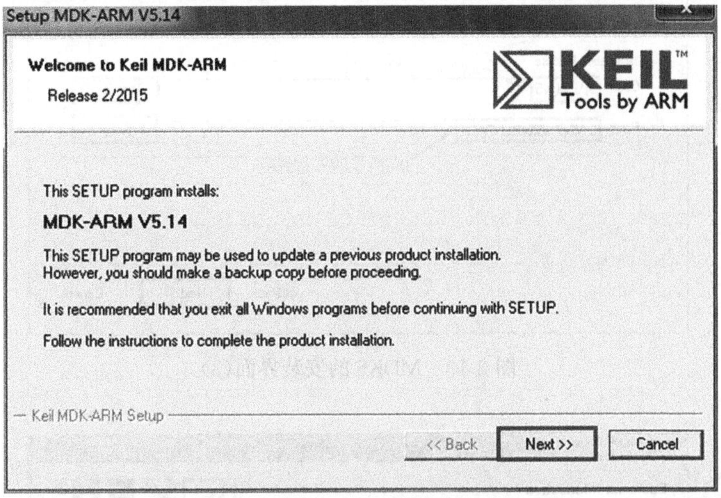

图 3-11 MDK5 的安装界面(1)

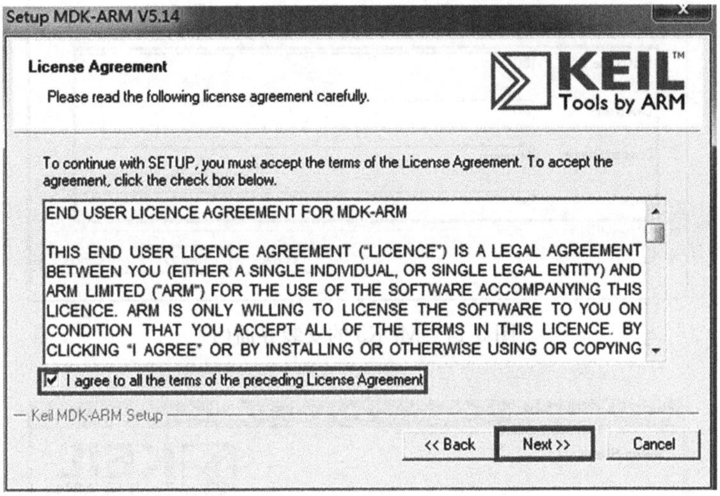

图 3-12 MDK5 的安装界面(2)

在弹出的对话框中，分别单击 2 个 Browse 按钮可以分别选择软件和支持包的安装路径，这里要注意的是，安装路径不能包含中文名字，选择好后单击 Next 按钮，如图 3-13 所示。

在弹出的对话框中填写相应的姓名、公司和邮箱的信息后，单击 Next 按钮，如图 3-14 所示。

然后，软件会进入安装过程，如图 3-15 所示。

在软件安装的最后阶段，会弹出询问是否要安装 ULINK Drivers 的对话框，单击"安装"按钮，如图 3-16 所示。

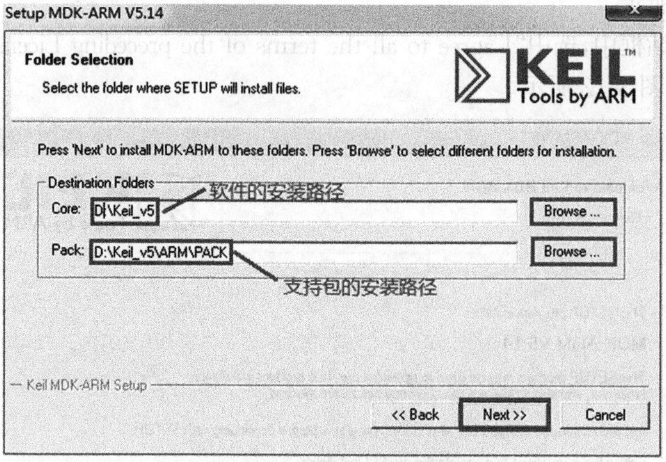

图 3-13　MDK5 的安装界面(3)

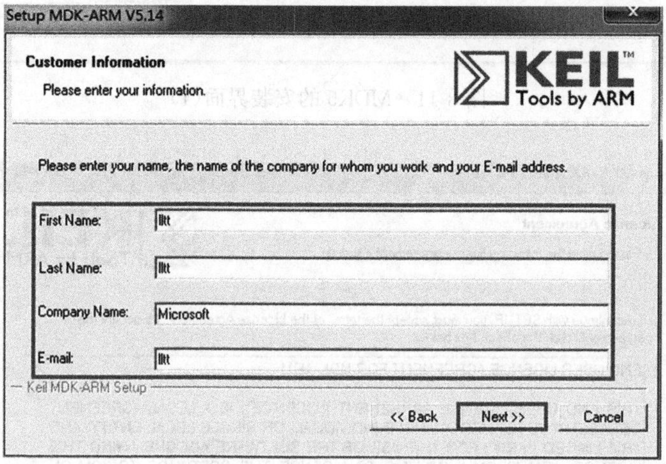

图 3-14　MDK5 的安装界面(4)

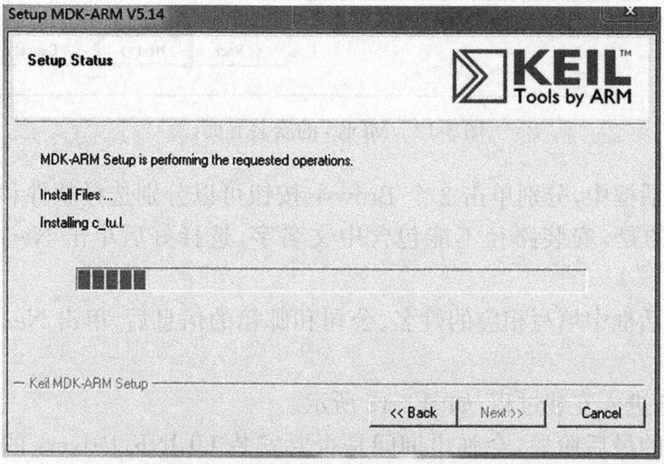

图 3-15　MDK5 的安装界面(5)

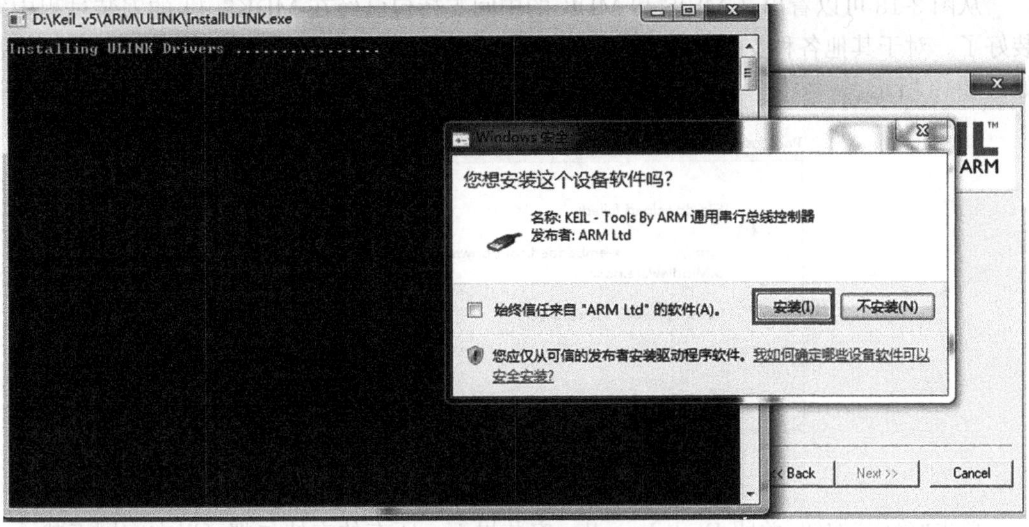

图 3-16 MDK5 的安装界面(6)

最后,单击 Finish 按钮,完成软件的安装,如图 3-17 所示。

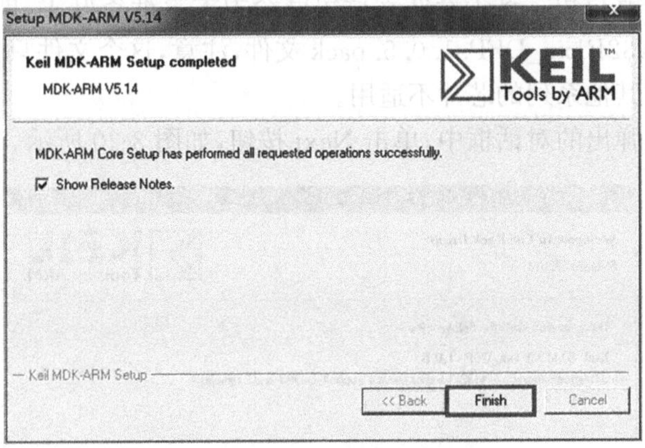

图 3-17 MDK5 的安装完成界面

可以看到,MDK 会自动弹出 Pack Installer 界面,如图 3-18 所示。

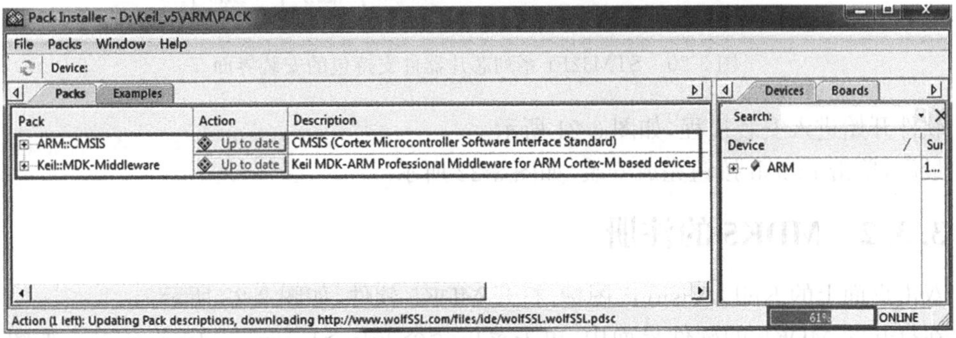

图 3-18 MDK 弹出的 Pack Installer 界面

从图 3-18 可以看出,CMSIS 和 MDK 的中间支持包已经在 MDK5.14 的安装过程中安装好了。对于其他各种支持包,程序会自动去 Keil 的官网下载,不过这个过程可能会失败,如图 3-19 所示。

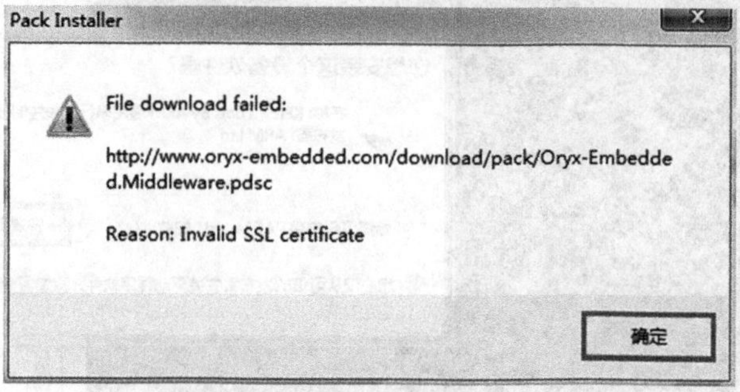

图 3-19 下载失败

单击"确定"按钮,关闭 Pack Installer 安装界面。所有的支持包都可以在官网下载。

对于 STM32F107 开发板,至少需要安装 CMSIS 和 STM32F107 的器件支持包,因为 CMSIS 在 MDK5.14 的安装过程中已经安装好了,所以无须再下载安装,只需安装 STM32F107 的器件支持包。这个器件支持包已经为大家准备好了,即图 3-10 中 MDK 文件夹中的 Keil.STM32F1xx_DFP.1.0.5.pack 文件,注意,这个文件只是 STM32F1 系列芯片的器件支持包,对其他系列的芯片不适用。

双击该文件,在弹出的对话框中,单击 Next 按钮,如图 3-20 所示。

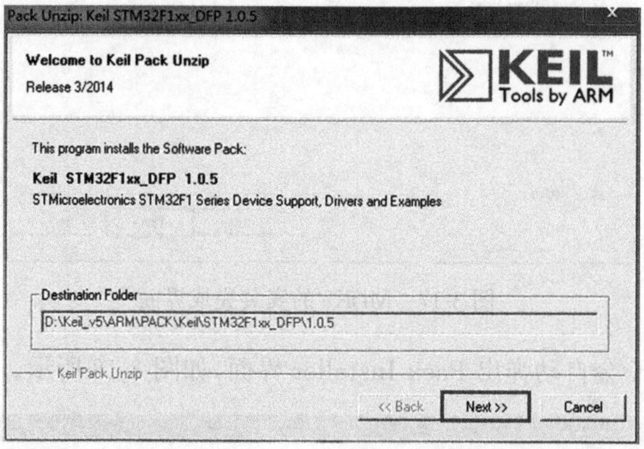

图 3-20 STM32F1 系列芯片器件支持包的安装界面

软件开始进入安装过程,如图 3-21 所示。

最后,单击 Finish 按钮完成安装,如图 3-22 所示。

3.3.2 MDK5 的注册

双击桌面上的 Keil μVision5 图标,打开 MDK5 软件,如图 3-23 所示。

在打开的 MDK5 的软件界面中,单击菜单命令 File→License Management,如图 3-24 所示。

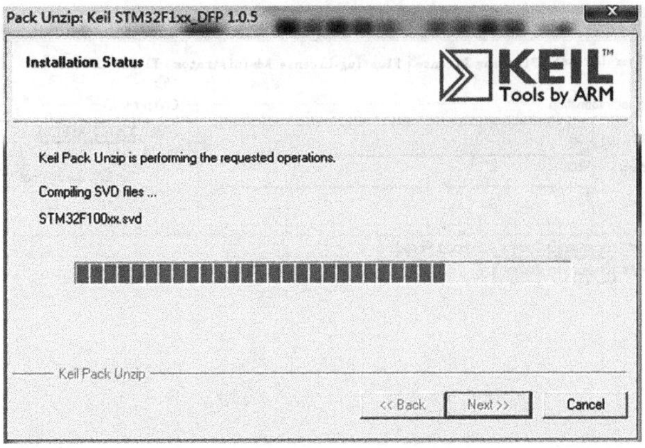

图 3-21 STM32F1 系列芯片器件支持包的安装界面

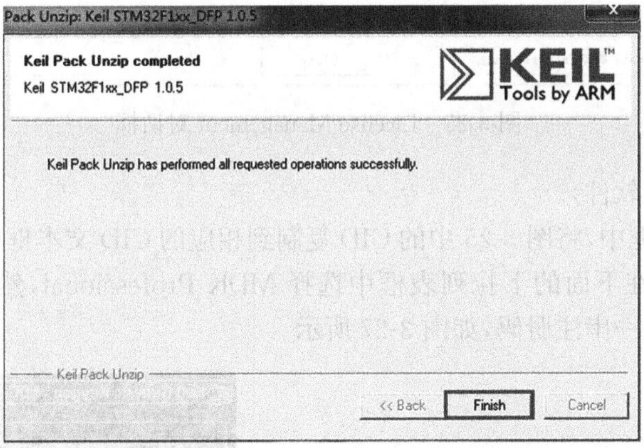

图 3-22 STM32F1 系列芯片器件支持包的安装完成界面

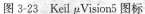

图 3-23 Keil μVision5 图标

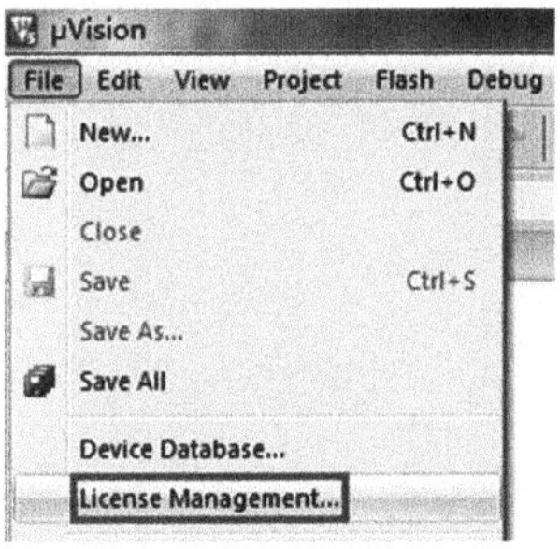

图 3-24 在 MDK5 的菜单栏中单击菜单命令 File→License Management

在弹出的对话框中，可以看到，现在的软件还是评估版的，如图 3-25 所示。

使用评估版软件是有限制的——不能编译超过 32KB 的程序代码，所以，需要对软件进行注册后，才能正常使用。给大家提供的注册软件在图 3-10 所示的 MDK5 文件夹中的 Keil_ARM_MDK_5.00_Keygen_serial_Crack 子文件夹中，进入该文件夹，双击 Keil_ARM_MDK_5.00_Keygen_serial_Crack.exe，如图 3-26 所示（如果遇到因杀毒软件而禁止运行的

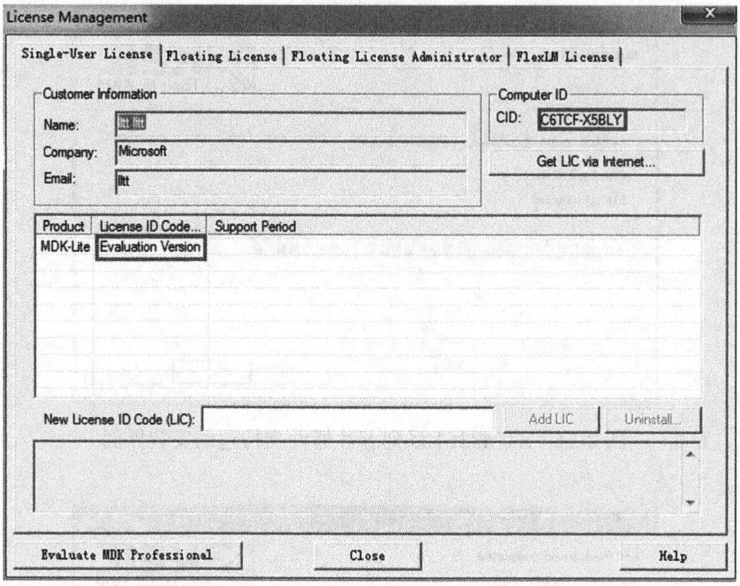

图 3-25　License Management 对话框

情况，就先关闭杀毒软件）。

在弹出的对话框中，将图 3-25 中的 CID 复制到相应的 CID 文本框中，在 Target 下拉列表框中选择 ARM，在下面的下拉列表框中选择 MDK Professional，然后单击 Generate 按钮，文本框中会生成一串注册码，如图 3-27 所示。

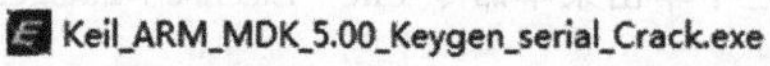

图 3-26　MDK5 的相关注册软件

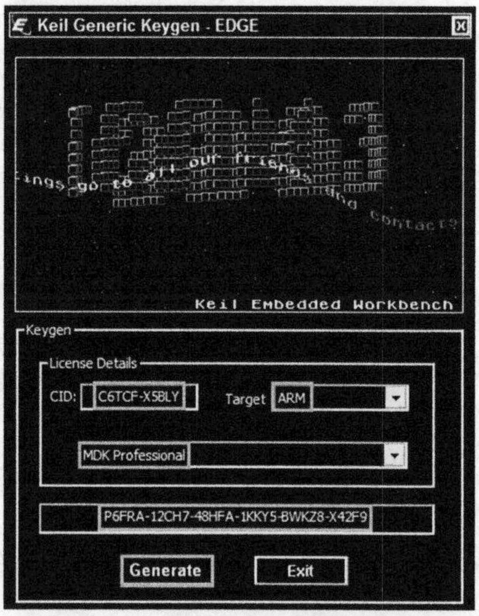

图 3-27　MDK5 的注册软件界面

将此注册码再复制到图 3-25 中 New License ID Code(LIC)文本框中，并单击 Add LIC 按钮，如图 3-28 所示。

可以看到，软件注册成功。

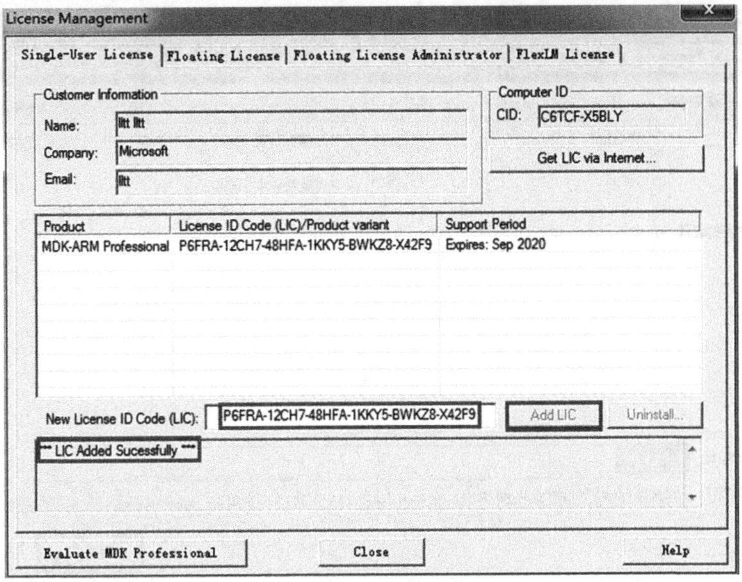

图 3-28　软件注册成功

3.4　基于固件库新建工程模板

本节介绍怎样在 MDK5 中基于 ST 官方固件库来新建一个工程。首先，需要新建一个文件夹，将其命名为 Template。

打开 MDK5.14，单击菜单命令 Project→New μVision Project，如图 3-29 所示。

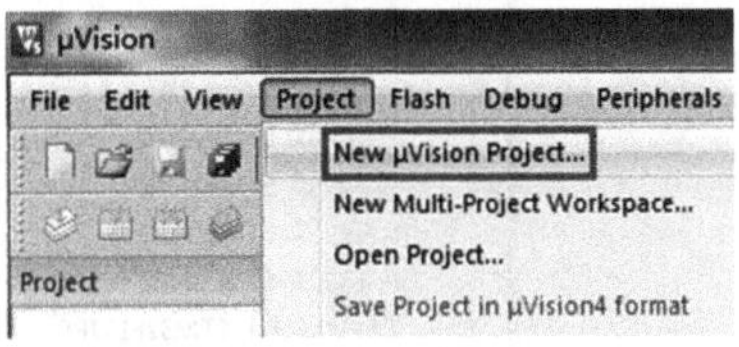

图 3-29　在 MDK5 的菜单栏中单击菜单命令 Project→New μVision Project

在弹出的对话框中，找到刚才建立的 Template 文件夹，并在其中新建一个 USER 文件夹，然后双击 USER 文件夹，我们的工程就建立在其中，将其命名为 Template，并单击“保存”按钮，如图 3-30 所示。

然后，会弹出一个为工程选择设备的对话框，在其中为建立的工程选择相关类型的芯片，因为使用的开发板的芯片是 STM32F107VCT6，所以选择 STMicroelectronics→STM32F1 Series→STM32F107→STM32F107VC，然后单击 OK 按钮，如图 3-31 所示。

注意，这里只有像前面那样安装了相关的器件支持包，才会有相应的芯片可供选择。然后，MDK5 会弹出 Manage Run-Time Environment 对话框，如图 3-32 所示。

这是 MDK5 新增的一个功能，在这个对话框中，可以根据实际情况添加自己需要的组件，从而便于应用程序的开发。这里不对它进行详细介绍，直接单击 Cancel 按钮即可。

现在，MDK5 软件界面如图 3-33 所示，工程只是初步建立起了一个框架，还需要添加相关的启动文件、外设驱动文件等。

再进入工程安装的 USER 文件夹中，可以看到，现在已生成两个文件夹和两个文件，如图 3-34 所示。

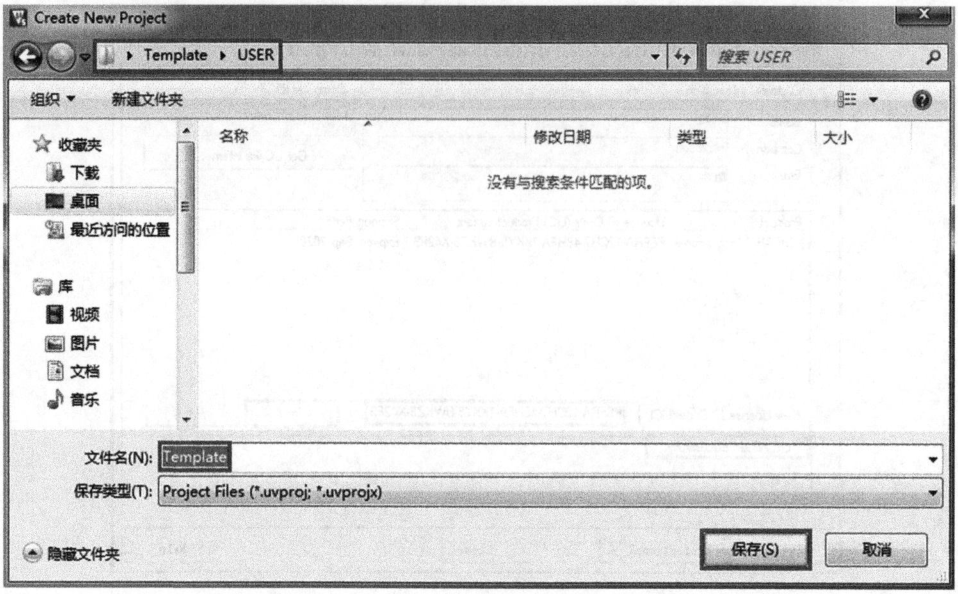

图 3-30　Template 文件夹中的 USER 文件夹

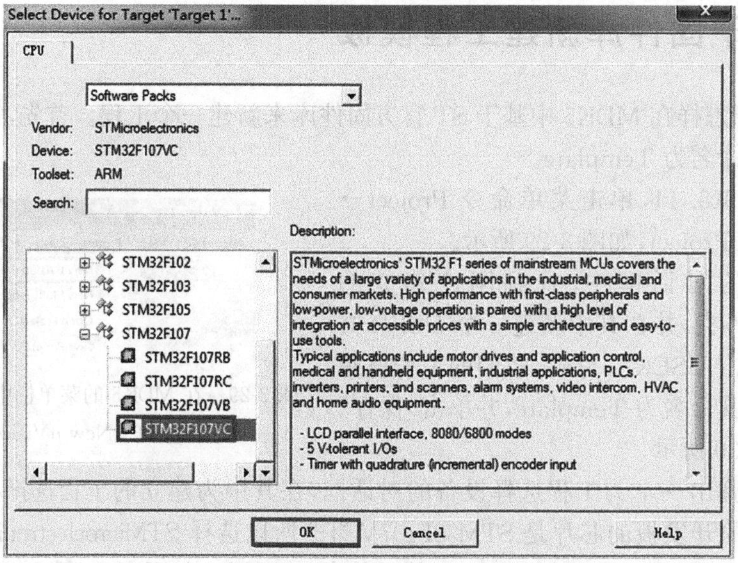

图 3-31　Select Device for Target 对话框

其中，Template.uvprojx 就是我们建立的工程文件。Listings 和 Objects 这两个文件夹是在新建工程的过程中由 MDK5 自动生成的，用来存放工程在以后编译过程中将会产生的中间文件。为了能够使 MDK5.14 新建的工程与之前版本新建的工程更好地兼容，将这两个文件夹都删除掉，我们会在后面的步骤中新建一个 OBJ 文件夹，用来代替它们完成相应的功能，即存放工程在编译过程中产生的中间文件。当然，也可以不删除它们，只是不会用到它们而已。

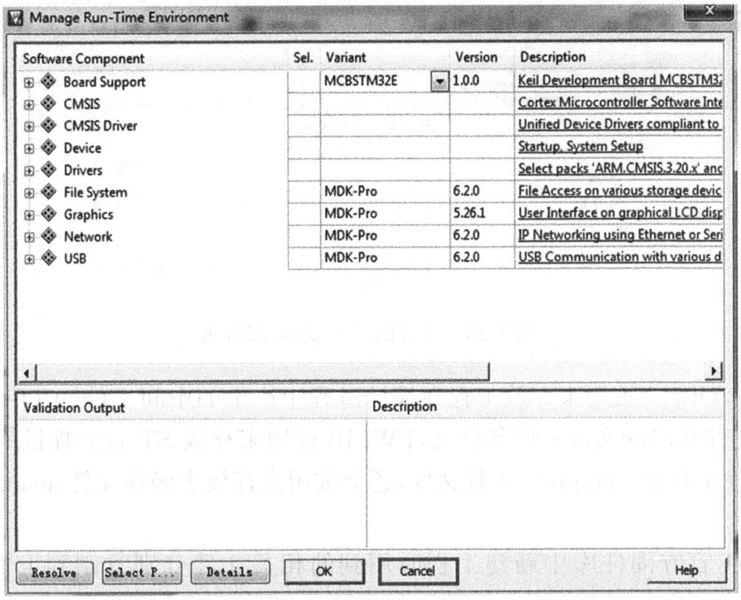

图 3-32　Manage Run-Time Environment 对话框

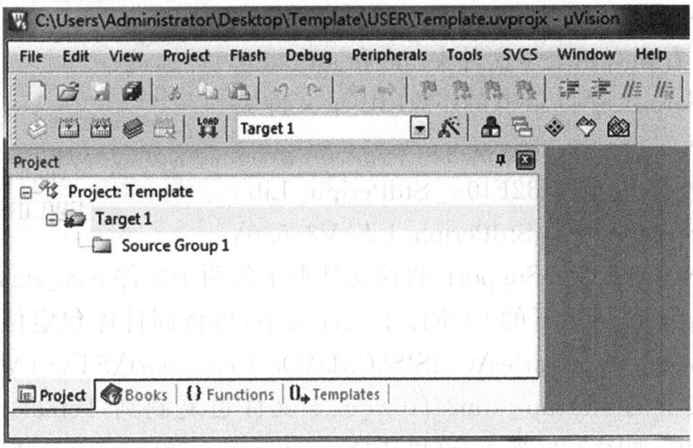

图 3-33　工程初步框架

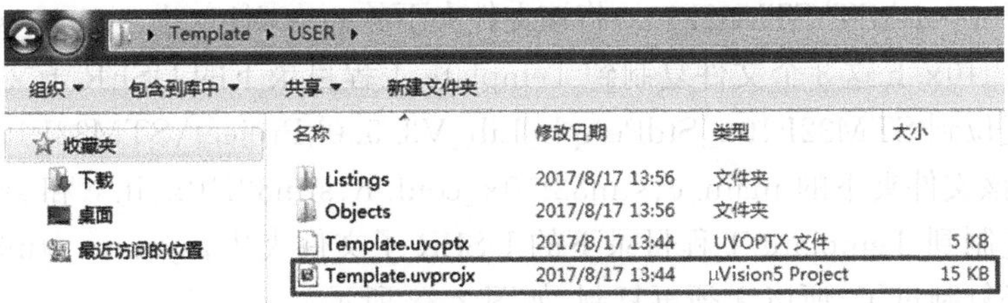

图 3-34　工程的 USER 文件夹

接下来，在工程的 Template 文件夹下，新建 3 个与 USER 文件夹同一级的文件夹，分别将它们命名为 CORE、OBJ 和 FWLIB，如图 3-35 所示。

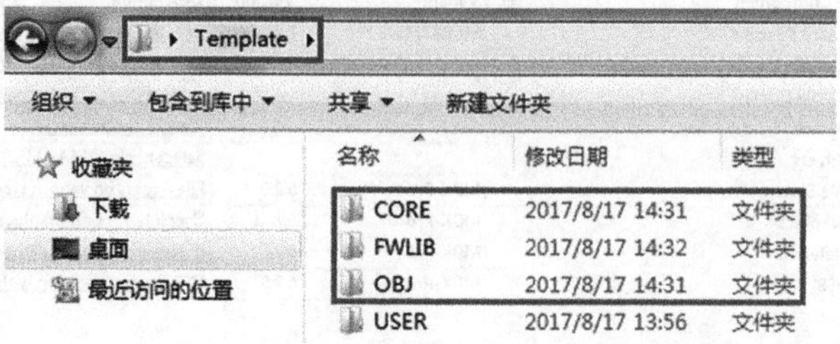

图 3-35 工程的 Template 文件夹

我们知道，OBJ 将被用来存放工程在编译过程中产生的中间文件；CORE 被用来存放工程的核心文件和启动文件；顾名思义，FWLIB 被用来存放 ST 官方提供的库函数文件。此外，USER 除了存放 Template 工程文件，还会被用来存放主函数文件 main. c 以及其他相关文件等。

下面将 ST 官方固件库中新建工程时用到的相关文件分别复制到上面的 4 个文件夹中。

首先，找到 ST 官方固件库包 STM32F10x_StdPeriph_Lib_V3. 5. 0，定位到 STM32F10x_StdPeriph_Lib_V3. 5. 0\Libraries\STM32F10x_StdPeriph_Driver，在该文件夹下可以看到有两个子文件夹 inc 和 src，将它们复制到 Template 工程目录下的 FWLIB 子文件夹中，如图 3-36 所示。

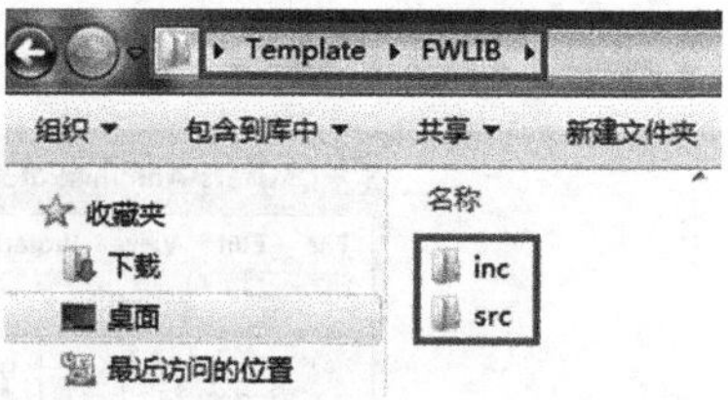

图 3-36 Template 工程目录下的 FWLIB 子文件夹

然后，将固件库包 STM32F10x_StdPeriph_Lib_V3. 5. 0 定位到 STM32F10x_StdPeriph_Lib_V3. 5. 0\Libraries\CMSIS\CM3\CoreSupport，将该文件夹下的两个文件 core_cm3. c 和 core_cm3. h 复制到 Template 工程目录下的 CORE 子文件夹中，再将固件库包定位到 STM32F10x_StdPeriph_Lib_V3. 5. 0\Libraries\CMSIS\CM3\DeviceSupport\ST\STM32F10x\startup\arm，将该文件夹下的 startup_stm32f10x_cl. s 文件也复制到 Template 工程目录下的 CORE 子文件夹中，如图 3-37 所示，这里选择 startup_stm32f10x_cl. s 文件，是为了对应开发板的 STM32F107 芯片。

接下来，再将固件库包定位到 STM32F10x_StdPeriph_Lib_V3. 5. 0\Libraries\CMSIS\CM3\DeviceSupport\ST\STM32F10x，将该文件夹下的 stm32f10x. h、system_stm32f10x. c 和 system_stm32f10x. h 这 3 个文件复制到 Template 工程目录下的 USER 子文件夹中，最后，将固件库包定位到 STM32F10x_StdPeriph_Lib_V3. 5. 0\Project\STM32F10x_StdPeriph_Template，将该文件夹下的 main. c、stm32f10x_conf. h、stm32f10x_it. c 和 stm32f10x_it. h 这 4 个文件复制到 Template 工程目录下的 USER 子文件夹中，system_stm32f10x. c 文件因为刚刚已经复制过了，所以无须再复制，如图 3-38 所示。

在将 STM32 固件库包中的相关文件复制到 Template 工程目录下的几个子文件夹后，还需要将它们添加到 Template 工程中。

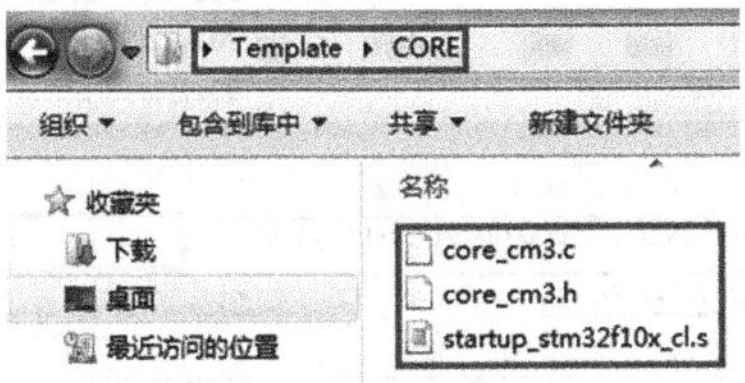

图 3-37　Template 工程目录下的 CORE 子文件夹

图 3-38　Template 工程目录下的 USER 子文件夹

在 MDK5 软件界面中左侧的 Project 窗口中(如果没有出现,可以通过单击菜单命令 View→Project Window 调出),右击 Target1,在弹出的快捷菜单中选择 Manage Project Items 命令,或直接单击菜单栏的图标,在弹出的对话框中,在 Project Targets 一栏,将 Target1 更名为 Template,使之与我们的工程名相同;在 Groups 一栏,将 Source Group1 删除,并添加 3 个文件夹 CORE、FWLIB 和 USER,然后单击 OK 按钮,如图 3-39 所示。

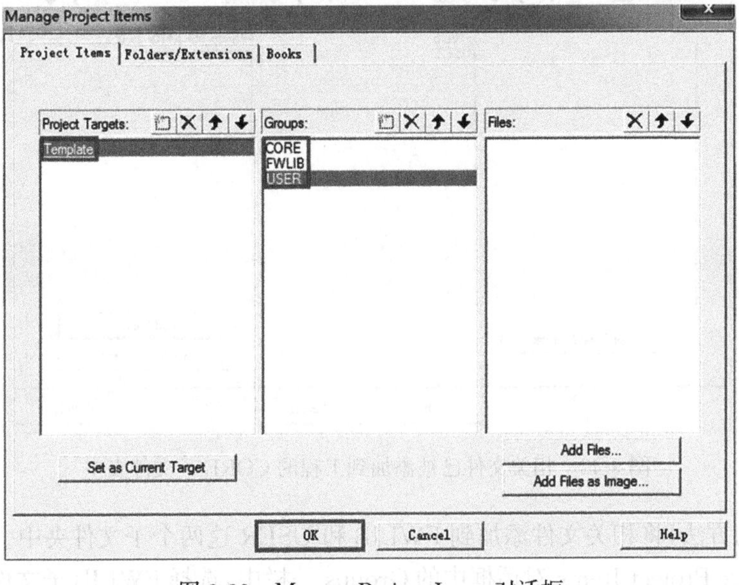

图 3-39　Manage Project Items 对话框

现在,在 MDK5 软件界面左侧的 Project 框中,就可以看到刚才修改和添加的文件夹,如图 3-40 所示。

然后,再次用刚才的方法进入 Manage Project Items 对话框,将相关文件添加到 Template 工程的 CORE、FWLIB 和 USER 这 3 个子文件夹中。

首先,在 Groups 一栏中选择 CORE 子文件夹,并在 Files 一栏的下面单击 Add Files 按钮,在弹出的对话框中找到 CORE 子文件夹(默认在 Template 文件夹中寻找),然后选中该文件夹下的 core_cm3.c 和 startup_stm32f10x_cl.s 文件(注意,这里因为有.s 文件,所以需在文件类型下拉列表中选择 All Files)，最后单击 Add 按钮，如图 3-41 所示。

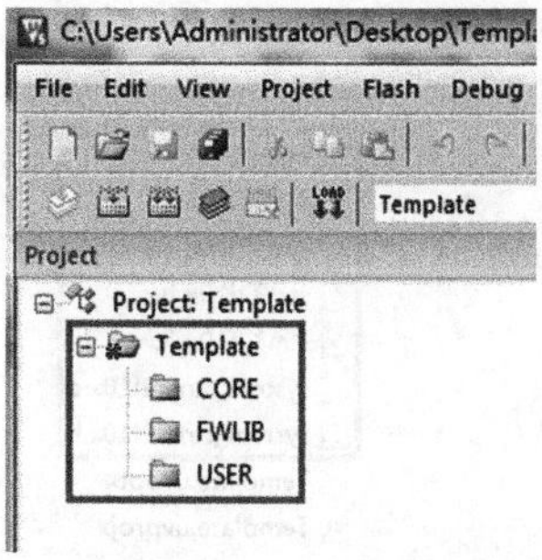

图 3-40 Template 工程目录结构

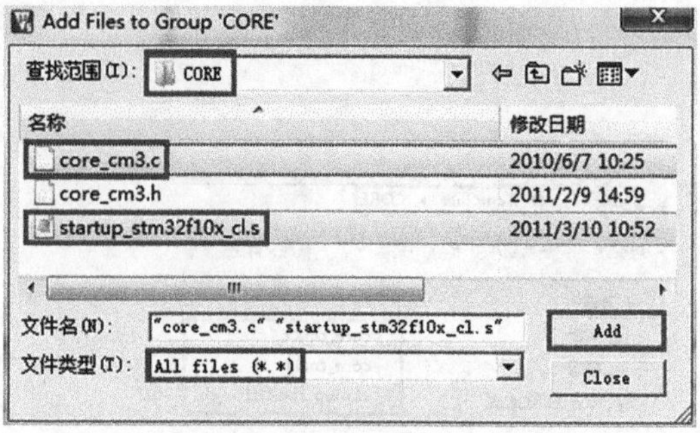

图 3-41 向工程的 CORE 子文件夹添加文件

然后，单击 Close 按钮关闭此对话框，在 Manage Project Items 对话框中的 Files 一栏可以看到这两个文件已被添加到 CORE 子文件夹中，如图 3-42 所示。

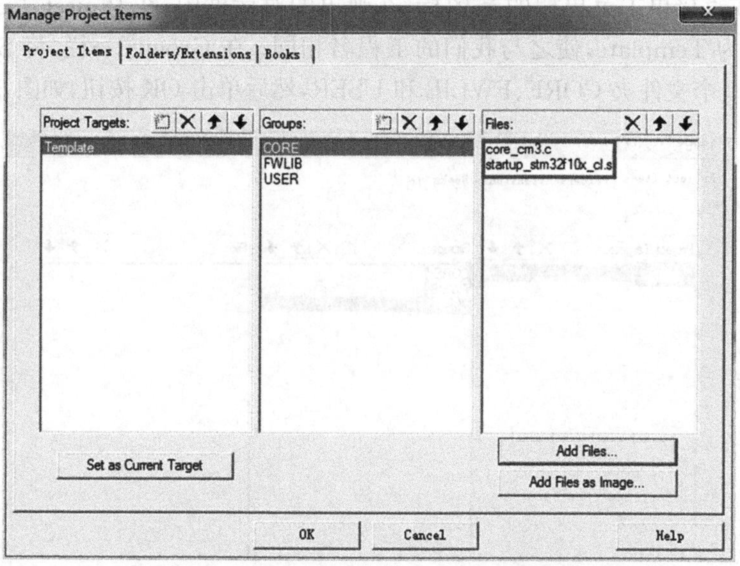

图 3-42 相关文件已被添加到工程的 CORE 子文件夹中

用相同的方法，将相关文件添加到 FWLIB 和 USER 这两个子文件夹中。

在 Manage Project Items 对话框中的 Groups 一栏中，选择 FWLIB 子文件夹，然后单击 Add Files 按钮，在弹出的对话框中，找到 FWLIB 子文件夹，因为添加的是. c 文件而不是. h 文件，所以，再单击进入 FWLIB 文件夹下的 src 子文件夹，然后，按 Ctrl＋A 快捷键，选中所有的文件，并单击 Add 按钮，将它们全部添加到 FWLIB 子文件夹中，分别如图 3-43 和图 3-44 所示。

在图 3-43 中，因为要添加的文件全部都是. c 文件，所以文件类型可以默认选择为 C Source file。需要注意的是，在实际开发过程中，一般是用到哪个外设，才向 FWLIB 子文件夹添加这个外设相关的. c 文件，以免工程太大，编译起来太慢，这里是为了讲解需要才将它们一次性全部加进来。

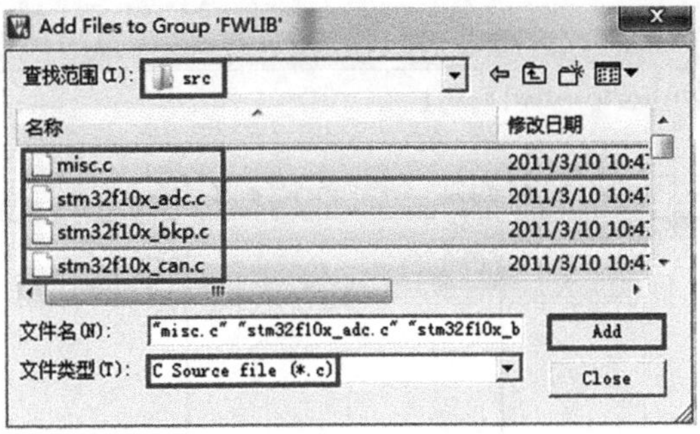

图 3-43　向工程的 FWLIB 子文件夹中添加文件

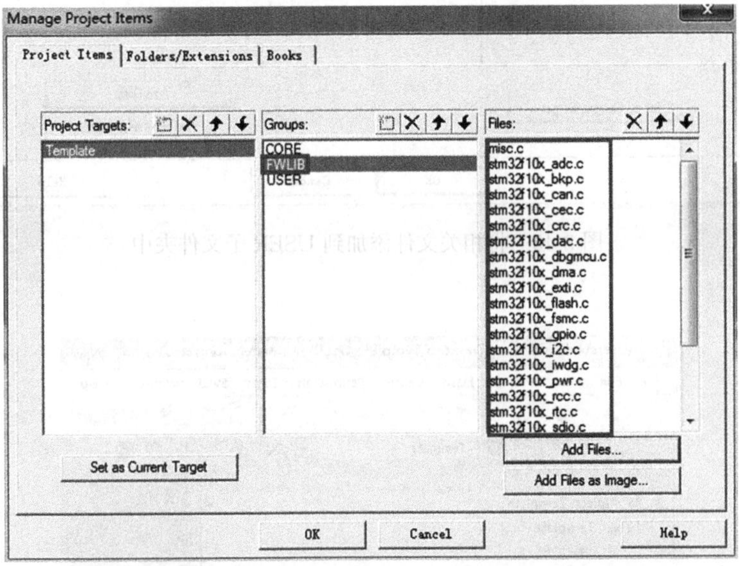

图 3-44　相关文件已被添加到工程的 FWLIB 子文件夹中

最后，用相同的方法将 Template 工程的 USER 子文件夹下的 main. c、stm32f10x_it. c 和 system_stm32f10x. c 文件添加到 Template 工程的 USER 子文件夹下，并单击 OK 按钮，如图 3-45 所示。

在 MDK5 界面左侧的 Project 框中，可以看到各文件都被相应地添加到 Template 文件夹下的 CORE、FWLIB 和 USER 3 个子文件夹中，如图 3-46 所示。

下面生成工程。在生成之前，首先应当选择工程在生成过程中产生的中间文件存放的位置。在 MDK5 的工具栏上单击图标(也可选择菜单命令 Project→Options for Target 'Template')，如图 3-47 所示。

在弹出的对话框中，在最顶部的标签列表中选择 Output，然后单击 Select Folder for Objects 按钮，在弹出的对话框中，选择存放位置为 Template 工程目录下的 OBJ 子文件夹，然后单击 OK 按钮，回到 Options for Target 'Template'对话框，再次单击 OK 按钮，如图 3-48 所示。

单击工具栏的图标(也可以选择菜单命令 Project→Build Target)，如图 3-49 所示。试着生成工程。

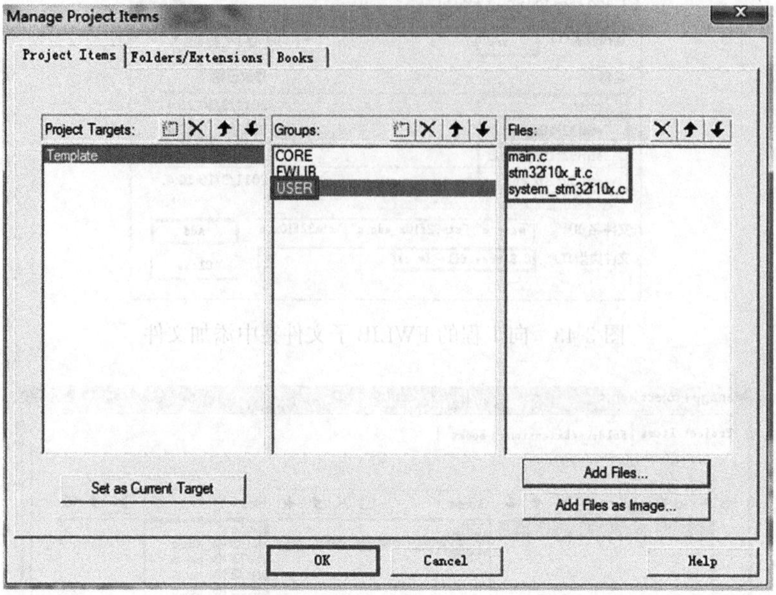

图 3-45 将相关文件添加到 USER 子文件夹中

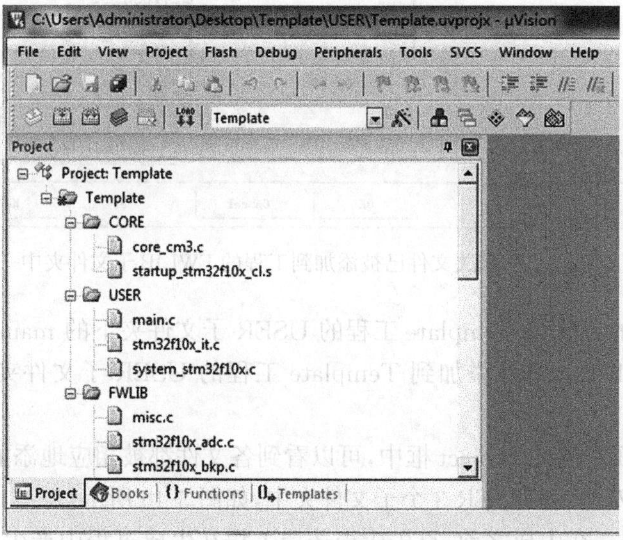

图 3-46 Template 工程目录结构

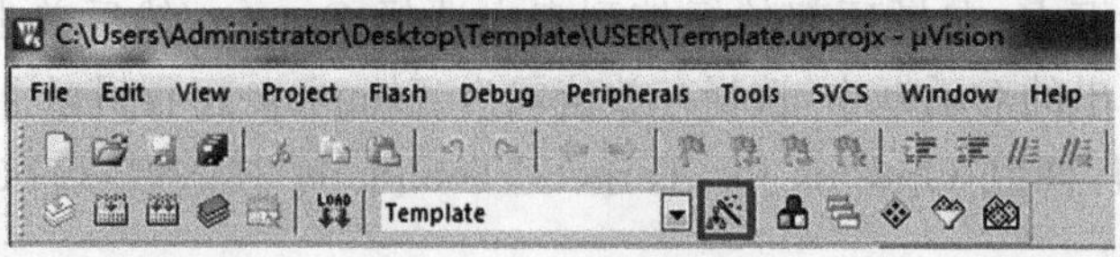

图 3-47 工程选项图标

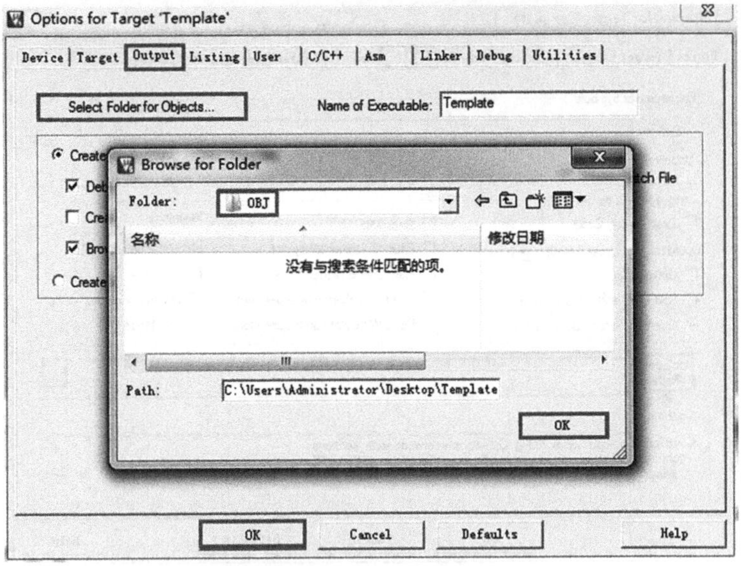

图 3-48 选择生成工程的中间文件存放的目录

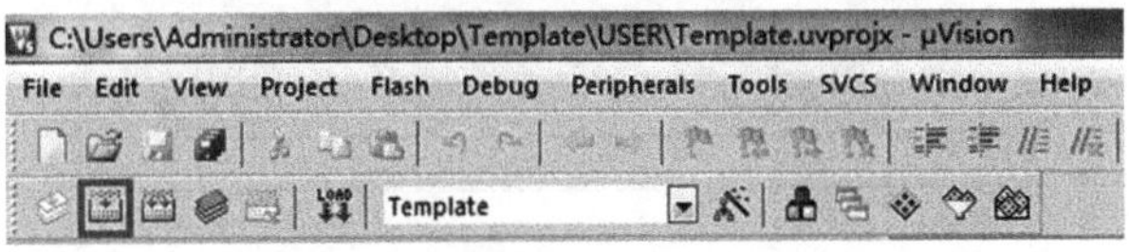

图 3-49 Build Target 图标

可以看到,在 MDK5 下方的 Build Output 框中出现了许多错误信息,如图 3-50 所示。

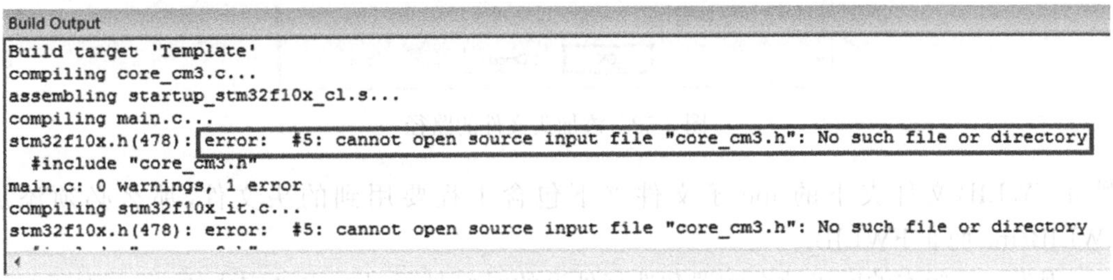
Build Output
Build target 'Template'
compiling core_cm3.c...
assembling startup_stm32f10x_cl.s...
compiling main.c...
stm32f10x.h(478): error: #5: cannot open source input file "core_cm3.h": No such file or directory
#include "core_cm3.h"
main.c: 0 warnings, 1 error
compiling stm32f10x_it.c...
stm32f10x.h(478): error: #5: cannot open source input file "core_cm3.h": No such file or directory

图 3-50 Build Output 框

这是因为,还没有将头文件的路径包含到工程中,也就是说,需要告诉 MDK 工程所使用到的每一个头文件的具体路径,否则 MDK 不会自动去寻找。

现在再次单击 图标,在弹出的对话框中,选择 C/C++ 标签,然后单击下方 Include Paths 文本框后边的"…"按钮,如图 3-51 所示。

在弹出的对话框中,添加工程中用到的头文件的具体路径,在 Template 工程目录中共有 3 个子文件夹,分别是 CORE、FWLIB\inc 和 USER,将它们添加进来,单击 OK 按钮,如图 3-52 所示。

这里需要注意的是,必须添加包含头文件的最后一级文件夹,因为 MDK 只会进入我们添加的某个文件夹的当前这一级去寻找头文件,而不会进入该文件夹的子文件夹中去寻找,

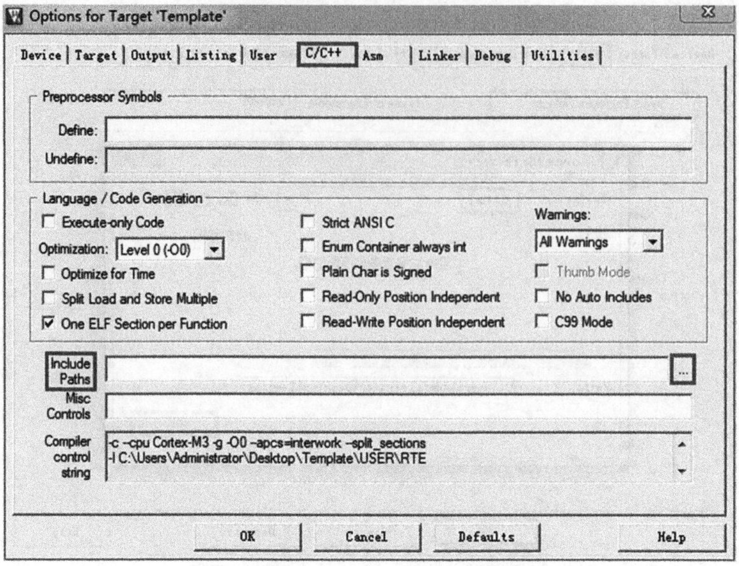

图 3-51　Options for Target 'Template'

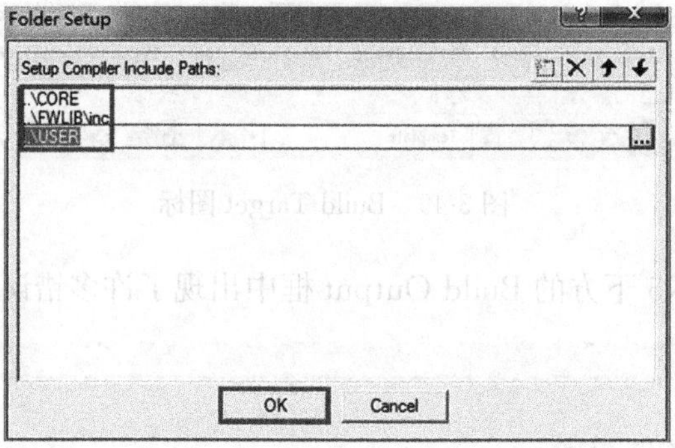

图 3-52　添加头文件的路径

例如，FWLIB 文件夹下的 inc 子文件夹下包含工程要用到的头文件，那么必须添加 FWLIB/inc 而非 FWLIB。

因为 3.5 版本的库函数在配置和选择外设的时候是通过宏定义完成的，所以需要配置一个全局的宏定义变量。因此，在如图 3-51 所示的 Options for Target 'Template'对话框中，在上方 Preprocessor Symbols 下的 Define 文本框中输入"STM32F10X_CL，USE_STDPERIPH_DRIVER"，单击 OK 按钮，如图 3-53 所示。

注意，这两个宏之间是逗号而不是句号。此外，STM32F10X_CL 对应的是 STM32F107 芯片，如果是其他类型的芯片，则需进行相应修改。

现在，再次尝试生成工程，可以看到，还是出现了一个错误，如图 3-54 所示。

stm32_eval.h 是意法半导体公司提供的几种测试评估样板相关的文件，这里用不到它，也没有包含它，所以会报错。可以将下面一段代码复制到 main.c 文件中。

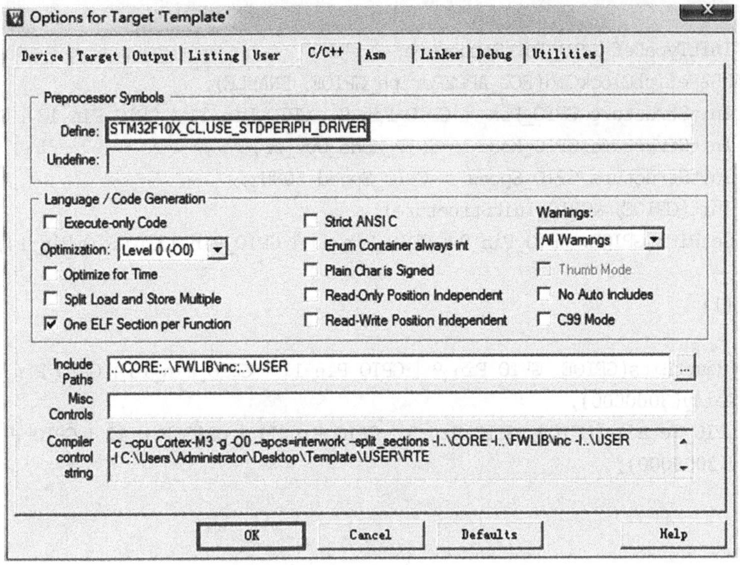

图 3-53　输入预处理器宏定义

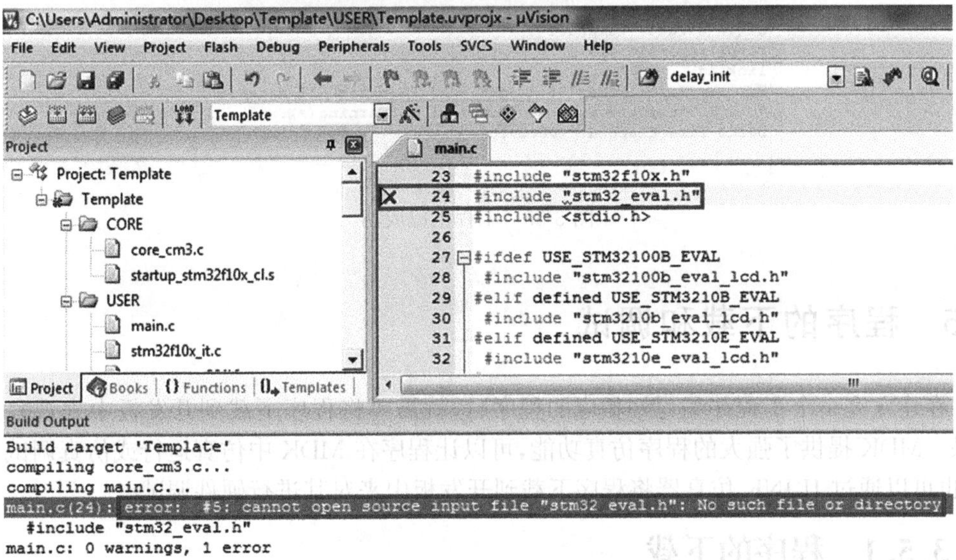

图 3-54　工程生成过程中报错

```
#include "stm32f10x.h"

void Delay(u32 count)
{
    u32 i = 0;
    while(i++< count);
}

int main(void)
```

```
{
    GPIO_InitTypeDef GPIO_InitStructure;
    RCC_APB2PeriphClockCmd(RCC_APB2Periph_GPIOE, ENABLE);
    GPIO_InitStructure.GPIO_Pin = GPIO_Pin_9 | GPIO_Pin_11 | GPIO_Pin_13 | GPIO_Pin_14;
    GPIO_InitStructure.GPIO_Mode = GPIO_Mode_Out_PP;
    GPIO_InitStructure.GPIO_Speed = GPIO_Speed_50MHz;
    GPIO_Init(GPIOE, &GPIO_InitStructure);
    GPIO_SetBits(GPIOE, GPIO_Pin_9 | GPIO_Pin_11 | GPIO_Pin_13 | GPIO_Pin_14);

    while(1)
    {
     GPIO_ResetBits(GPIOE, GPIO_Pin_9 | GPIO_Pin_11 | GPIO_Pin_13 | GPIO_Pin_14);
        Delay(3000000);
        GPIO_SetBits(GPIOE, GPIO_Pin_9 | GPIO_Pin_11 | GPIO_Pin_13 | GPIO_Pin_14);
     Delay(3000000);
    }
}
```

然后再次生成工程，这次可以发现，工程生成成功，如图 3-55 所示。

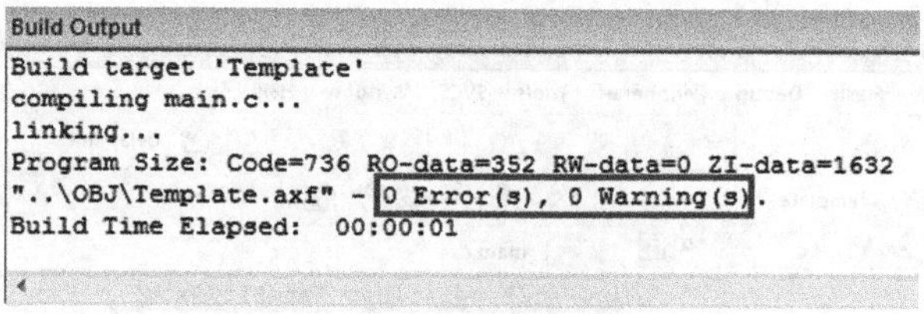
Build Output
Build target 'Template'
compiling main.c...
linking...
Program Size: Code=736 RO-data=352 RW-data=0 ZI-data=1632
"..\OBJ\Template.axf" - 0 Error(s), 0 Warning(s).
Build Time Elapsed: 00:00:01

图 3-55　工程生成成功

3.5　程序的下载和调试

在建立完一个工程并编写好相应的程序后，就需要将程序下载到开发板中来观察运行结果。MDK 提供了强大的程序仿真功能，可以让程序在 MDK 中仿真运行或仿真调试。此外，也可以通过 JLINK 仿真器将程序下载到开发板中来对其进行硬件调试。

3.5.1　程序的下载

天信通 STM32F107 开发板共有 3 种程序下载的方式，分别为通过串口下载、通过 USB 下载和通过 JLINK 仿真器下载。

1. 串口下载

通过串口下载程序需要使用 ST 官方提供的 Flash Loader Demonstrator 软件，首先需要安装此软件，安装文件在 Flash_Loader_Demonstrator 文件夹中，安装步骤非常简单，只需要保留默认设置操作，安装完成后，在“开始”→“所有程序”→STMicroelectronics→Flash Loader Demonstrator 中就可以看到该软件，如图 3-56 所示。

下面介绍怎样用 Flash Loader Demonstrator 软件通过串口给开发板下载程序，操作步骤如下：

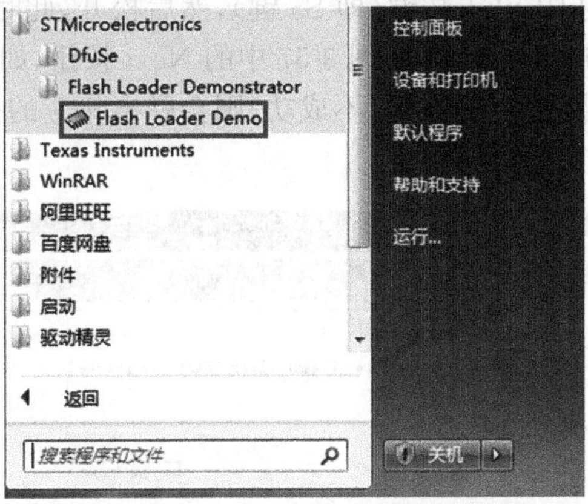

图 3-56　Flash Loader Demonstrator 软件

(1) 完成硬件方面的连接。先通过串口线或 USB 转串口线(接开发板的 RS232 接口)将开发板和 PC 连接起来,再通过跳线帽将开发板的串口下载跳线端子 J4 短接,最后通过 5V 电源适配器(不要用 USB 线)给开发板供电,如果一切正常,开发板电源指示灯 D6 会亮。

(2) 在"开始"→"所有程序"→STMicroelectronics→Flash Loader Demonstrator 中打开 Flash Loader Demo 软件,会出现如图 3-57 所示的串口参数设置界面,在界面中设置相应的串口参数。其中,Port Name(即 COM 口)需要根据实际情况来进行设置(可在 PC 的设备管理器的端口中查看,本例中为 COM3),其他串口参数可以按照图 3-57 进行设置,其中,Baud Rate(即波特率)一般设为 115 200bps,Timeout(超时时间)一般设为 5s。

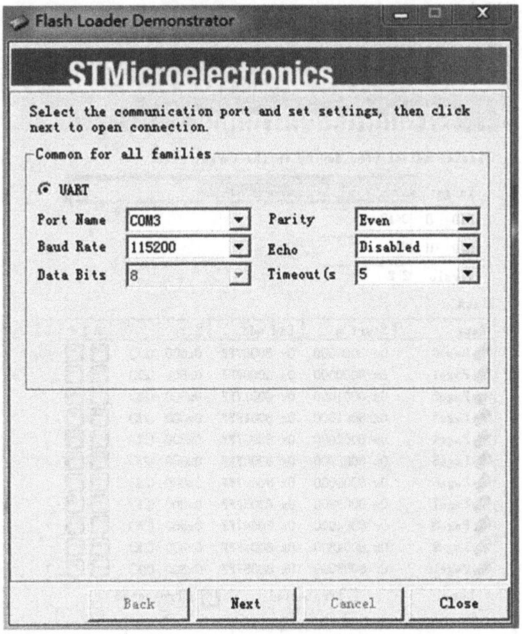

图 3-57　串口参数设置界面

(3) 按下开发板上的RESET按键(即S5键),然后松开,此时开发板就进入了串口下载模式,并等待着PC的连接,现在单击图3-57中的Next按钮,如果连接成功,则会出现如图3-58所示的连接成功界面;如果连接不成功,则会弹出相应的提示对话框,需要根据提示重新进行连接。

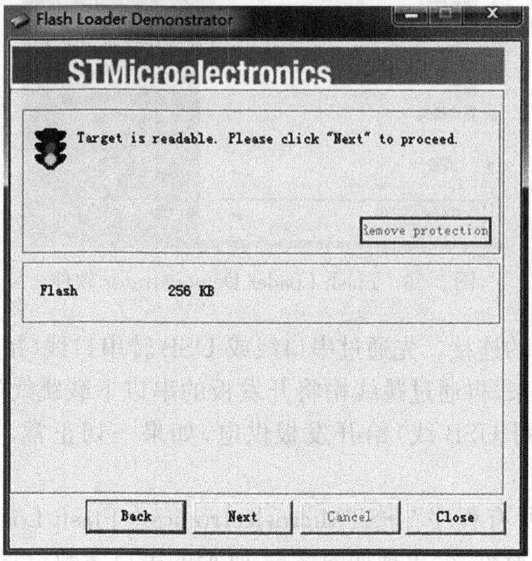

图3-58 连接成功界面

(4) 如果连接成功,则在如图3-58所示的连接成功界面中单击Next按钮,会出现如图3-59所示的设备选择界面,在设备选择界面的Target后面选择STM32_Connectivity-line_256K,并单击Next按钮。

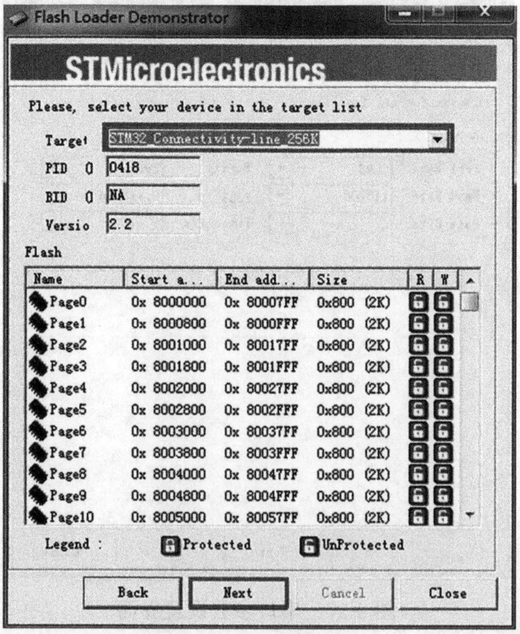

图3-59 设备选择界面

(5) 在出现的如图 3-60 所示的操作选择界面中，可选择进行相关程序的擦除、下载、上传、Flash 保护的使能/失能以及选项字节配置等操作。这里主要介绍程序下载操作。在如图 3-60 所示的操作选择界面中，选中 Download to device 单选按钮，然后单击 Download form file 文本框右面的“…”按钮，选择要下载的. hex 文件，并在文本框下面选中 Erase necessary page 单选按钮，再选中 Jump to the user program 复选框，最后单击 Next 按钮。

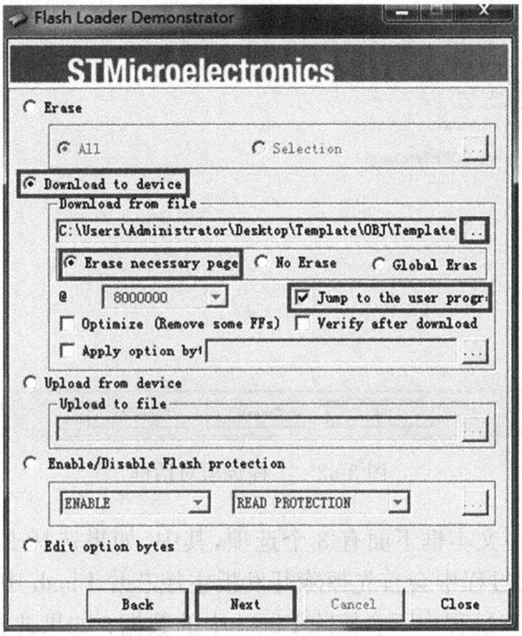

图 3-60　操作选择界面

下面具体说明以上的操作。

在单击 Download form file 文本框右面的“…”按钮选择要下载的. hex 文件时，会弹出如图 3-61 所示的对话框，需要将“查找范围”定位到要下载程序的工程目录下的 OBJ 子文件夹，因为 3.4 节新建工程模板时将此文件夹作为存放编译过程中所产生中间文件的位置，还需要将文件类型选择为 hex Files，然后选择之前在编译过程中生成的 Template. hex 文件，并单击“打开”按钮。

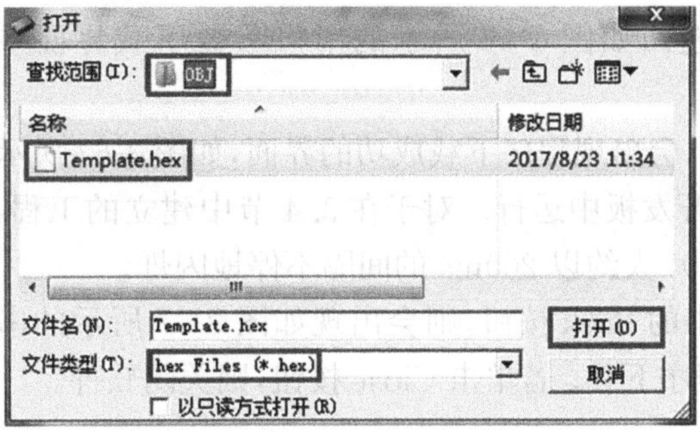

图 3-61　选择文件对话框

需要注意的是,在之前编译工程的时候,必须在工程选项的 Output 选项卡中选中 Creat HEX File 复选框,如图 3-62 所示,否则不会生成. hex 文件。

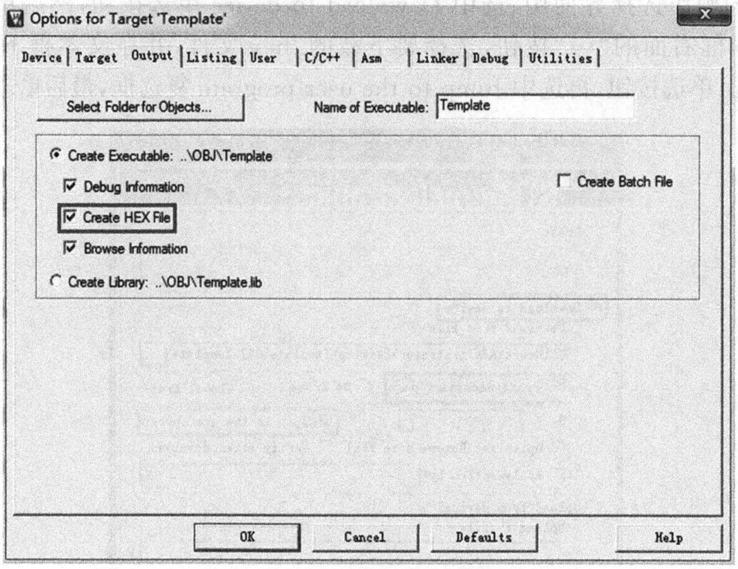

图 3-62　工程选项对话框

Download form file 文本框下面有 3 个选项,其中,如果选择 Erase necessary page,则在向开发板下载程序的过程中会首先擦除开发板主控芯片 Flash 中需要擦除的数据;如果选择 No Erase,则在下载过程中不会擦除 Flash 中的数据;如果选择 Global Erase,则在下载过程中会首先擦除 Flash 中所有的数据。很显然,应当选择 Erase necessary page。因为如果选择 No Erase,则下载完一次程序后 Flash 中可能还存有以前残留的数据没有被覆盖掉;如果选择 Global Erase,则每次下载程序都需要将 Flash 中的数据全部擦除一次,不仅没有必要,而且会减少 Flash 的使用寿命。这里需要说明的是,如果在如图 3-60 所示的操作选择页面中,先选中了 Erase 单选按钮将 Flash 中的相关数据擦除掉,则这里可以选择 No Erase。

最后,选中 Jump to the user program 复选框,会使程序在下载完成后,不需要从开发板的 J4 端子拿下跳线帽并且再按下 RESET 按键就可以直接在开发板中运行,在程序下载完成后还可以直接返回如图 3-57 所示的串口参数下载界面重新开始下一次的程序下载。

(6) 如果一切正常,会出现程序下载成功的界面,如图 3-63 所示。

然后,程序开始在开发板中运行。对于在 3.4 节中建立的工程,其程序的运行结果是:LED 灯 D2、D3、D4 和 D5 大约以 200ms 的间隔不停地闪烁。

如果单击图 3-63 中的 Back 按钮,则会出现如图 3-57 所示的串口参数设置的界面,可以重新开始下一次的程序下载;若单击 Close 按钮,则关闭软件。

2. USB 下载

通过 USB 下载程序需要使用 ST 官方提供的 DfuSe Demonstration 软件,首先需要安装此软件,安装文件在 um0412_DfuSe_Demo_V3.0 文件夹下面。

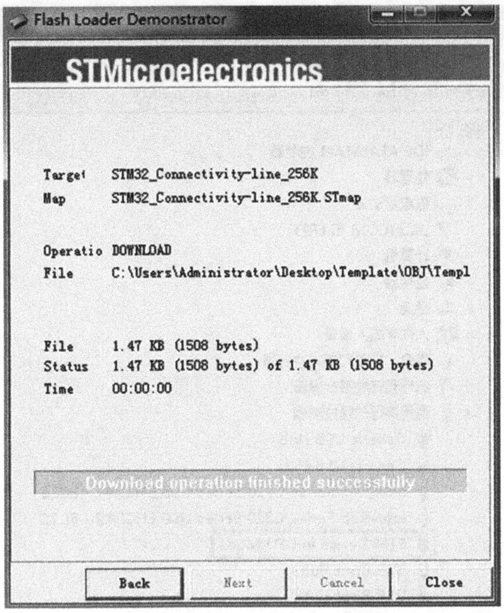

图 3-63 程序下载成功界面

安装步骤非常简单,只需要保留默认设置进行操作,安装完成后,在“开始”→“所有程序”→STMicroelectronics→DfuSe 中可以看到该软件,如图 3-64 所示。

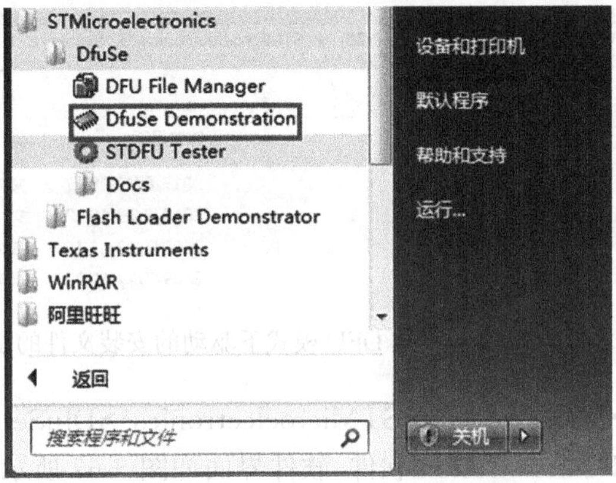

图 3-64 DfuSe Demonstration 软件

下面介绍怎样用 DfuSe Demonstration 软件通过 USB 给开发板下载程序,具体操作步骤如下:

(1) 完成硬件方面的连接。先通过 Mini USB 线(接开发板的 Mini USB 接口)将开发板和 PC 连接起来,再通过跳线帽将开发板的串口下载跳线端子 J4 短接,最后通过 5V 电源适配器(或 USB 线)给开发板供电,如果一切正常,开发板电源指示灯 D6 会亮,PC 的 Windows Update 会自动给开发板的 STM 主控芯片安装 DFU 模式下的驱动,安装好后,可以在设备管理器的“通用串行总线控制器”下看到相关选项,如图 3-65 所示。

如果 PC 没有自动安装此驱动,则可以通过手动的方式对其进行安装,驱动文件在安装 DfuSe Demonstration 软件的根目录下的其中一个名为 Driver 的子文件夹下,具体路径为:

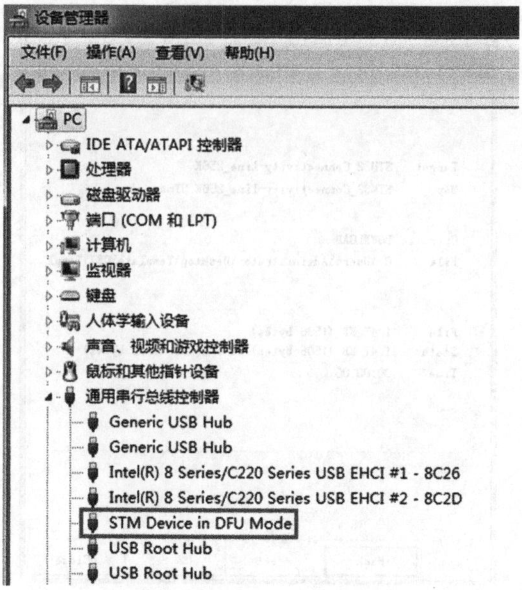

图 3-65 STM 芯片的 USB 驱动选项

C:\Program Files (x86)\STMicroelectronics\Software\DfuSe\Driver(选择默认路径安装),如图 3-66 所示,其中,32 位机选择 x86 文件夹,64 位机选择 x64 文件夹。

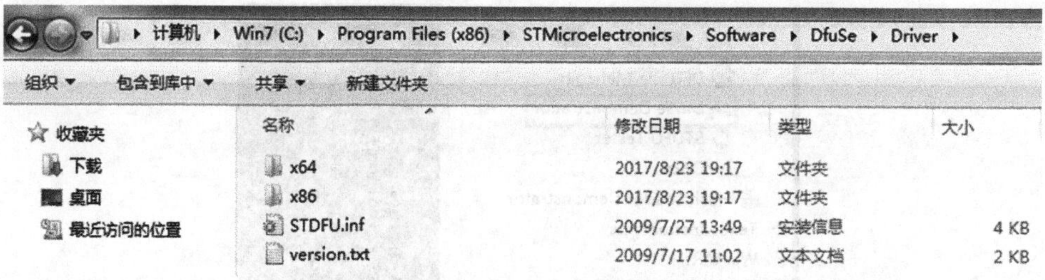

图 3-66 STM 芯片在 DFU 模式下驱动的安装文件的目录

(2) 通过"开始"→"所有程序"→STMicroelectronics→DfuSe→DfuSe Demonstration 菜单命令,打开 DfuSe Demonstration 软件,软件界面如图 3-67 所示。

通过这个软件,可以将一个工程的. dfu 类型的目标文件下载到开发板中,但通过 MDK 生成的一般都是. hex 类型的目标文件,怎样将. hex 类型的文件转化为. dfu 类型的文件呢?其实,在安装 DfuSe Demonstration 软件的时候,ST 公司已经给大家提供了相关的软件,就是如图 3-64 所示的 DFU File Manager。

(3) 通过"开始"→"所有程序"→STMicroelectronics→DfuSe→DFU File Manager 菜单命令,打开 DFU File Manager 软件,因为要通过一个. hex 文件生成一个. dfu 文件,所以在弹出的对话框中选择"I want to GENERATE a DFU file from S19, HEX or Binary",然后单击 OK 按钮,如图 3-68 所示。

在弹出的对话框中,单击"S19 or Hex..."按钮,如图 3-69 所示。

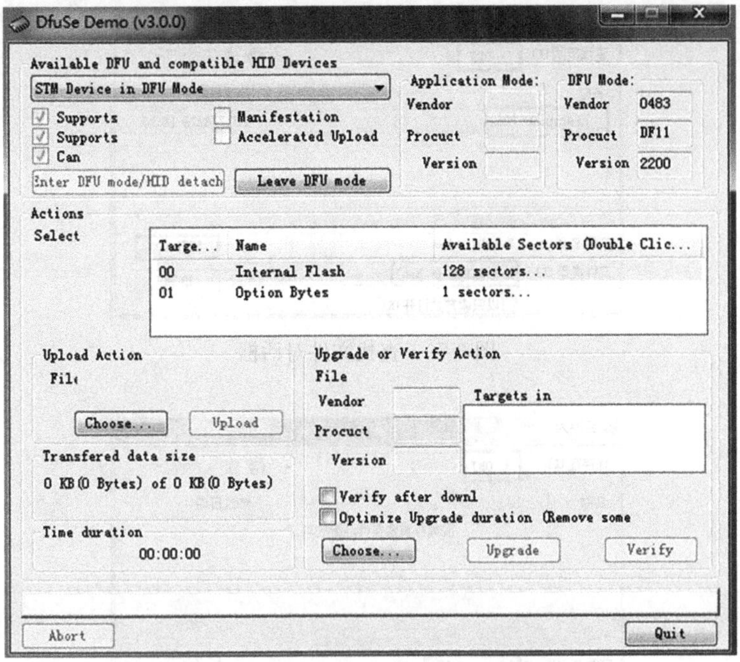

图 3-67　DfuSe Demonstration 软件界面

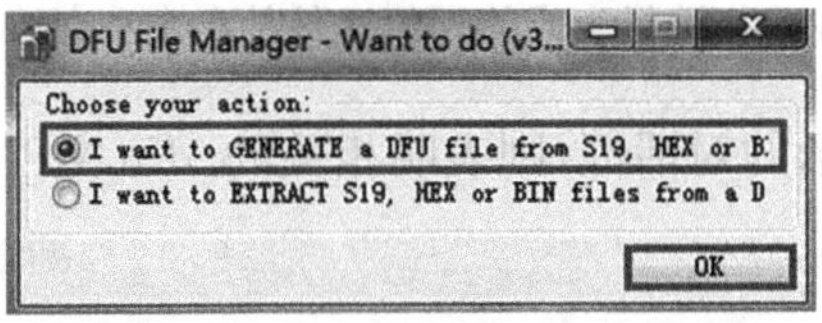

图 3-68　DFU File Manager-Want to do 对话框

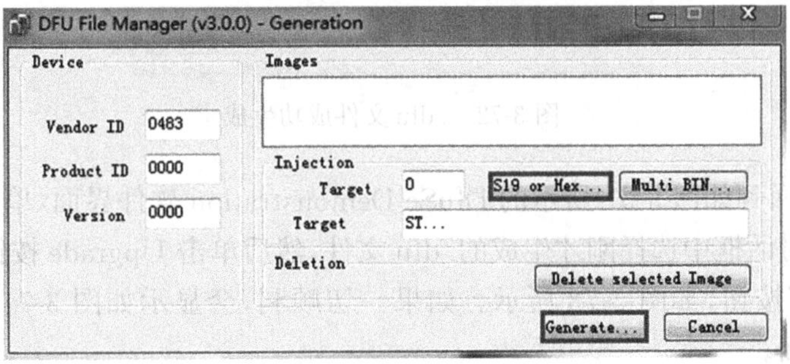

图 3-69　DFU File Manager-Generation 对话框

在弹出的对话框中，“文件类型”选择 hex Files，然后找到 3.4 节新建工程目录下的 OBJ 子文件夹，选择 Template.hex 文件，单击“打开”按钮，如图 3-70 所示。

然后在图 3-69 中单击 Generate 按钮，在弹出的对话框中选择要生成的.dfu 文件的名字和要存放的位置，选择文件名为 Generate.dfu，存放在 OBJ 文件夹下，然后单击“保存”按钮，如图 3-71 所示。

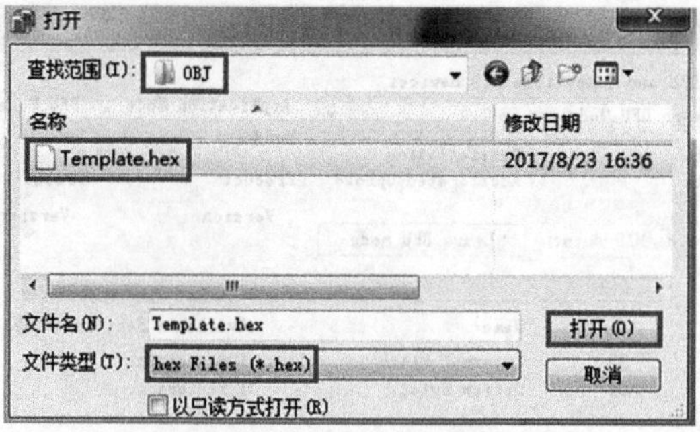

图 3-70　查找文件对话框

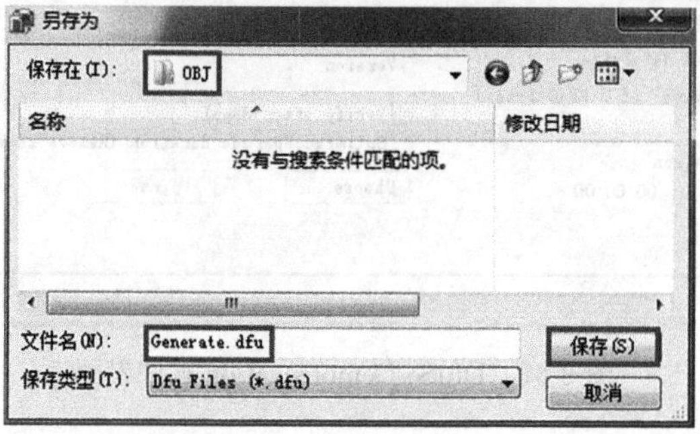

图 3-71　选择生成的.dfu 文件的名字和存放路径

如果弹出如图 3-72 所示的对话框，则表明相关的.dfu 文件成功生成。

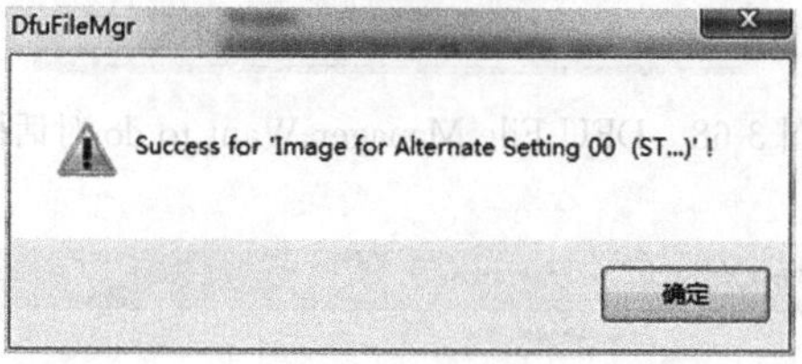

图 3-72　.dfu 文件成功生成

(4) 现在再回到如图 3-67 所示的 DfuSe Demonstration 软件界面，单击下面的 Choose 按钮，在弹出的对话框中选择刚才生成的.dfu 文件，然后单击 Upgrade 按钮，并在弹出的对话框中单击"是"按钮，如图 3-73 所示。如果一切顺利，会显示如图 3-74 所示的 Upgrade successful 的界面。

现在，将开发板 J4 端子的跳线帽取下，并按下开发板的 RESET 按键，可以看到，程序开始在开发板中运行，LED 灯 D2、D3、D4 和 D5 大约以 200ms 的间隔不停地闪烁。

3. JLINK 下载

前面分别介绍了如何通过串口和 USB 来给开发板下载程序。除了这两种下载方式外，还可以通过 JLINK 仿真器来给开发板下载程序。下面以 JLINK V8 仿真器为例，介绍怎样通过 JLINK 仿真器来给开发板下载程序，JLINK V8 仿真器及其相关数据连接线如图 3-75 所示。

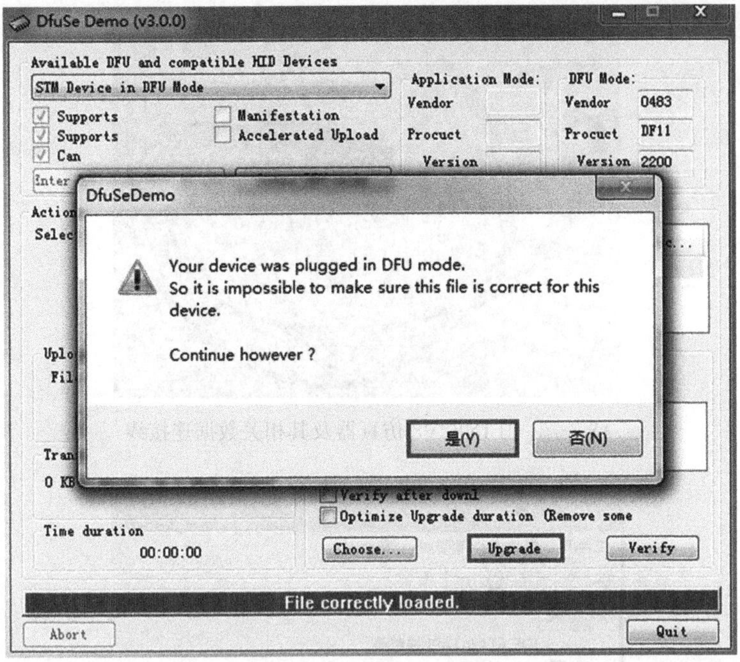

图 3-73 Upgrade 界面

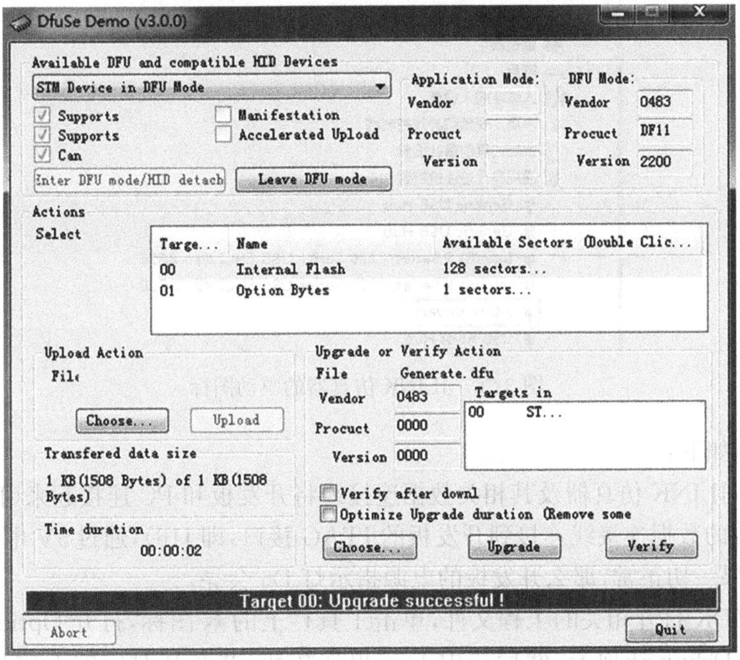

图 3-74 Upgrade successful 界面

首先,需要安装 JLINK 仿真器的驱动程序。将 JLINK 仿真器通过其 USB 端的数据连接线连接到 PC,如果 PC 连接到 Internet,那么 PC 会自动给 JLINK 仿真器安装相关的驱动程序,安装好后,在设备管理器的通用串行总线控制器下可以看到 JLINK 仿真器的驱动选项,如图 3-76 所示。

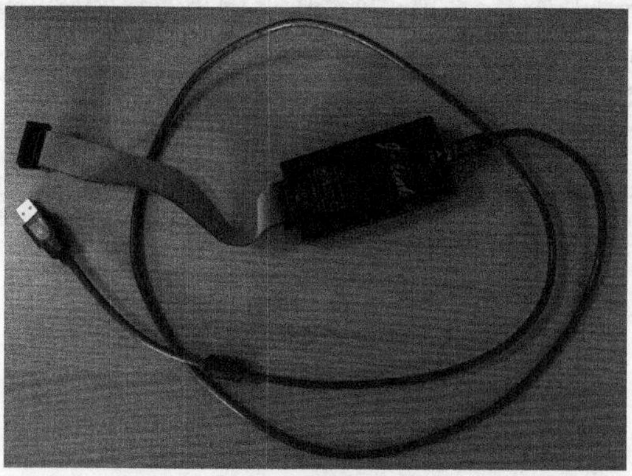

图 3-75　JLINK V8 仿真器及其相关数据连接线

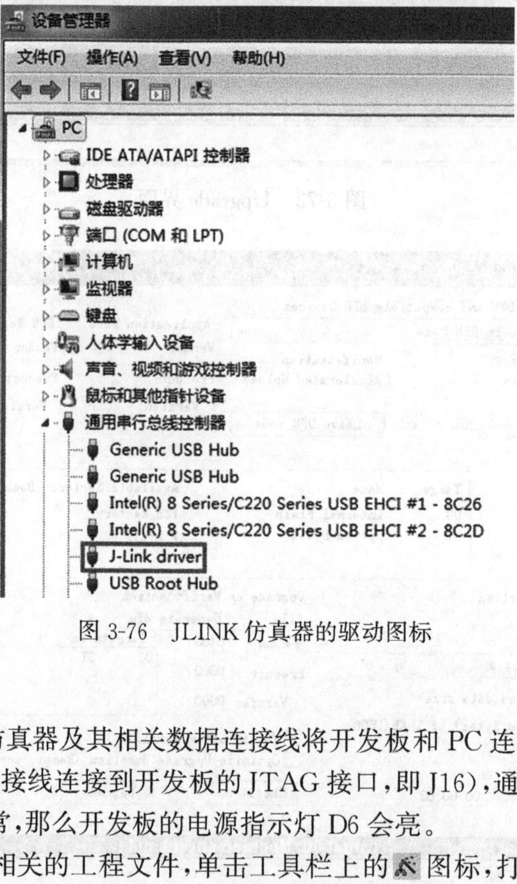

图 3-76　JLINK 仿真器的驱动图标

操作步骤如下：

(1) 通过 JLINK 仿真器及其相关数据连接线将开发板和 PC 连接起来(JLINK 仿真器的 JTAG 一端的数据连接线连接到开发板的 JTAG 接口，即 J16)，通过 5V 电源适配器给开发板供电，如果一切正常，那么开发板的电源指示灯 D6 会亮。

(2) 用 MDK 打开相关的工程文件，单击工具栏上的图标，打开 Options for Target 对话框，选择 Debug 选项卡，然后选中 Use 单选按钮，并在其对应的下拉列表框中选择 J-LINK/J-TRACE Cortex，如图 3-77 所示。

(3) 在弹出的对话框中，选择 Debug 选项卡(默认选项)，可以看到 JLINK 仿真器的相关信息，然后在下面的“ort:”下拉列表框中选择 SW，在 Max 下拉列表框中选择 10MHz，并单击“确定”按钮，如图 3-78 所示。“ort:”对应的是 JLINK 的下载模式。注意，JLINK V8 仿真器支持 JTAG 和 SWD 两种下载/调试模式，同时 STM32 也支持这两种模式，但因为

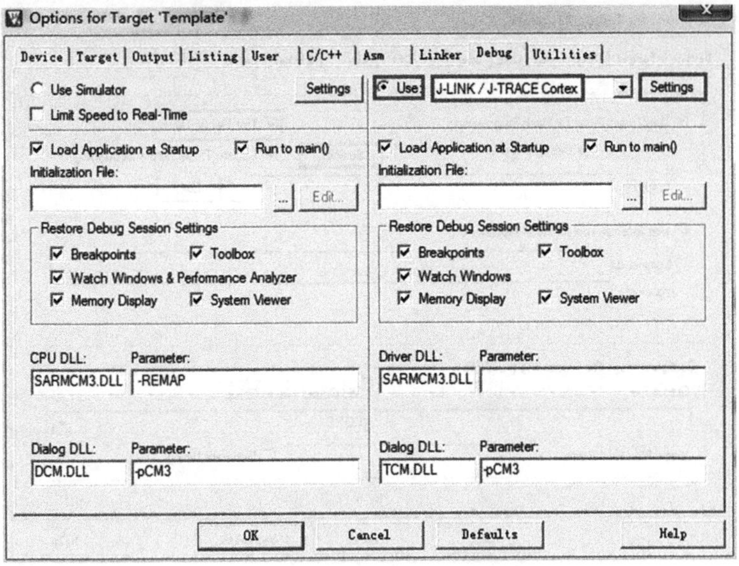

图 3-77　Debug 选项卡设置

SWD 只需要占用两根 I/O 口线，JTAG 模式则需要占用太多的 I/O 口线，所以，这里选择用 SWD 模式。Max 对应的是下载/调试的最大时钟频率，可以通过单击它下面的 Auto Clk 按钮来对其自动进行设置，这里一般设置为 10MHz 即可。注意，如果 USB 数据线性能比较差，那么这里可能会出问题，可以尝试通过设置更低的最大时钟频率来解决此问题。

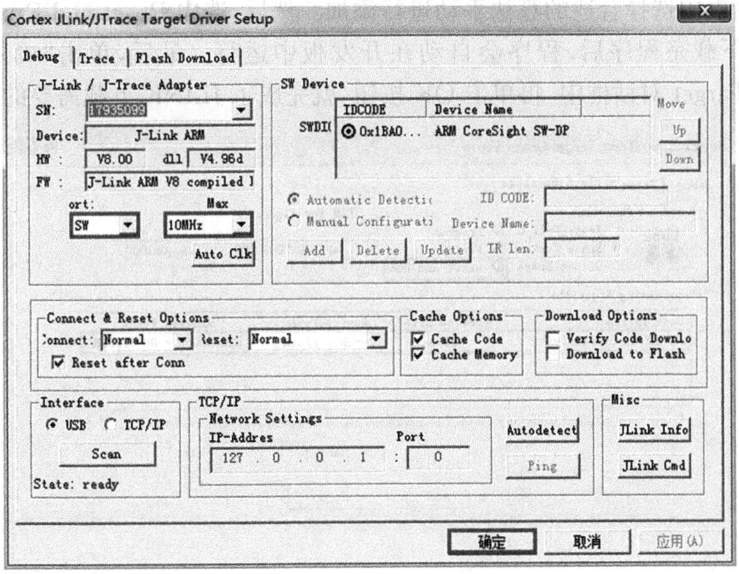

图 3-78　JLINK 模式设置

（4）回到 Options for Target 'Template'对话框中，选择 Utilities 选项卡，并在它下面选中 Use Debug Driver 复选框，表示选择 JLINK 来给开发板的 Flash 编程，然后单击 Settings 按钮，如图 3-79 所示。

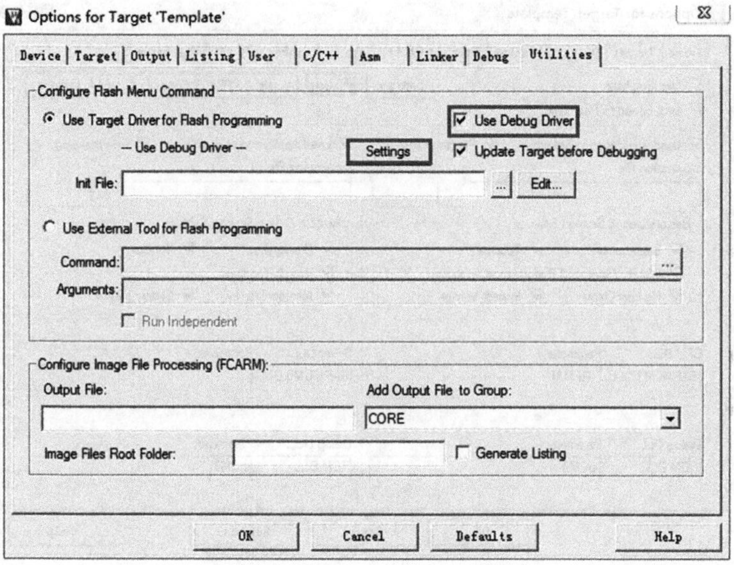

图 3-79 Utilities 选项卡设置

在弹出的如图 3-80 所示的 Flash 编程算法设置对话框中，MDK 在一般情况下会根据新建工程时选择的器件类型，自动设置 Flash 的编程算法，因为选择的是 STM32F107VCT6，Flash 容量是 256KB，所以在 Programming Algorithm 下面的列表中，默认会出现容量为 256K 的 STM32F10x Connectivity Line Flash 的算法，如果没有出现，则需要单击下面的 Add 按钮，在弹出的对话框中选择合适的算法手动进行添加。然后，选中 Reset and Run 复选框，这样通过 JLINK 下载完程序后，程序会自动在开发板中运行。最后，单击“确定”按钮，回到 Options for Target 对话框中，再单击 OK 按钮，就完成了 JLINK 下载需要的所有设置。

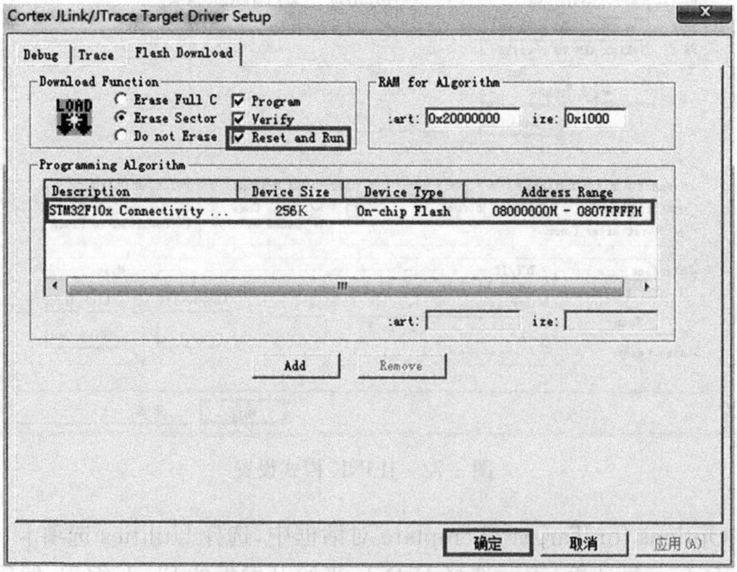

图 3-80 Flash 编程算法设置

(5) 在 MDK 的工具栏中单击 Download 图标，如图 3-81 所示，经过一段下载过程后，在 MDK 的 Build Output 窗口中会显示下载成功，如图 3-82 所示。

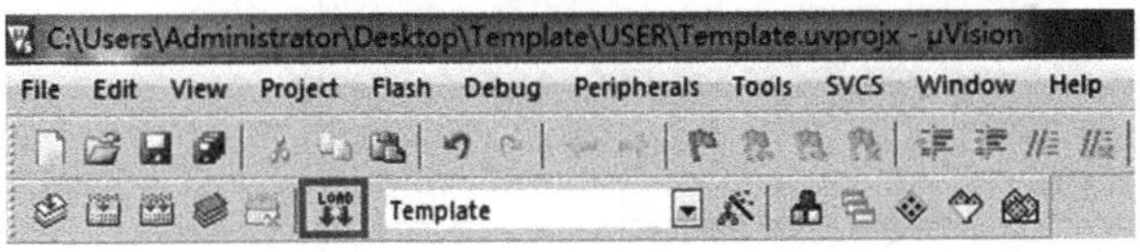

图 3-81 Download 图标

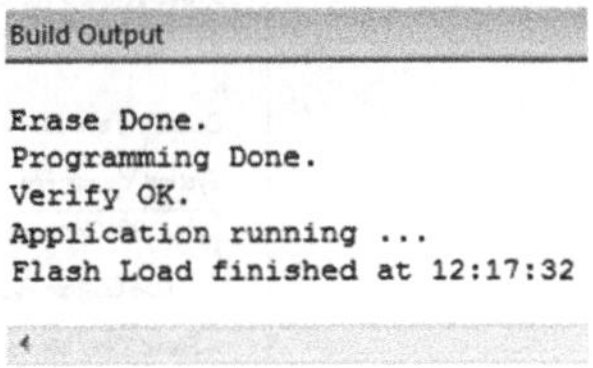

图 3-82 通过 JLINK 下载成功

需要注意的是，用 JLINK 下载程序时，开发板的串口跳线端子 J4 无须用跳线帽连接，如果用跳线帽连接了，则在下载完成后，程序不会自动在开发板中运行，这时，只需取下跳线帽，然后按下 RESET 按键即可。

3.5.2 程序的调试

在将程序下载到开发板后，程序开始在开发板中运行。但其运行结果不一定会像我们期望的那样，这可能是因为编写的程序有问题，要想快速找到问题所在，尤其是在大型程序中，就需要对程序进行调试。调试方法有两种：通过 MDK 的软件仿真调试和通过 JLINK 的硬件实际调试。

MDK 的一个强大之处就在于它为程序提供了强大的软件仿真调试功能，通过软件仿真调试，可以观察程序模拟运行的整个过程，并在此过程中观察硬件相关的许多寄存器中的值的变化，通过这种方式，不必频繁地向开发板下载程序就能发现程序的问题，这在一定程度上延长了开发板主控芯片 Flash 的使用寿命(STM32 芯片 Flash 的使用寿命一般在 10 000 次读写操作左右)。但是，软件仿真调试毕竟不是万能的，许多问题必须通过硬件实际调试才能够发现。

但 MDK 目前只支持对 STM32F103 系列芯片的软件仿真调试，对其他系列的芯片，则不支持或只是部分支持，主要存在的问题是：PC 和 SP 不能被自动装载，存储器不能被访问，中断服务程序不能被执行或触发，外设寄存器不能被读或写等。要解决上述问题，需要进行相应的设置和操作，这里不对其进行详述。

下面介绍怎样用 JLINK 对程序进行硬件的实际调试。

用 MDK 打开 3.4 节建立的工程文件，在进行调试之前，还需要进行相关的设置。在工具栏上单击图标，打开 Options for Target 'Template'对话框，选择 Target 选项卡，确认芯片类型是否正确，如图 3-83 所示。

然后在 Options for Target 'Template'对话框中选择 Debug 选项卡，在它的下面选中 Use 单选按钮，并在其对应的下拉列表框中选择 J-LINK/J-TRACE Cortex，这里与用 JLINK 下载时的设置相同，接着选中 Run to main()复选框，然后在下方的两个 Dialog DLL 文本框中分别输入 DARMSTM. DLL 和 TARMSTM. DLL，在两个 Parameter 文本框中都输入-pSTM32F107VC，最后单击 OK 按钮，如图 3-84 所示。选中 Run to main()复选框，则在对程序进行调试时，程序指针开始会跳过 startup_stm 32f10x_cl. s 启动文件中的相关代码而直接指向 main()函数的起始处，否则，程序指针会指向 startup_stm32f10x_cl. s 启动文件

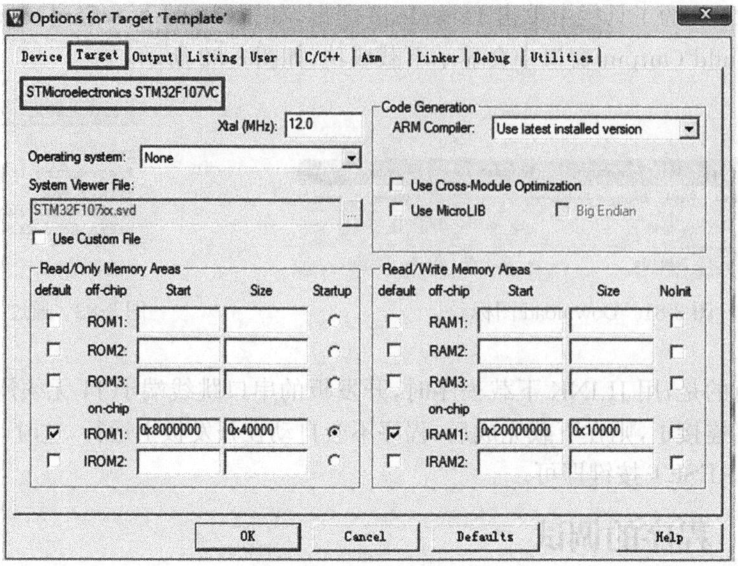

图 3-83 Target 选项卡

的 Reset_Handler 处。两个 Dialog DLL 和两个 Parameter 的设置,则用于支持 STM32F107VC 的软硬件仿真,即可以通过单击 MDK 菜单栏的 Peripherals 图标,在弹出的相关外设的对话框中观察程序运行的结果。

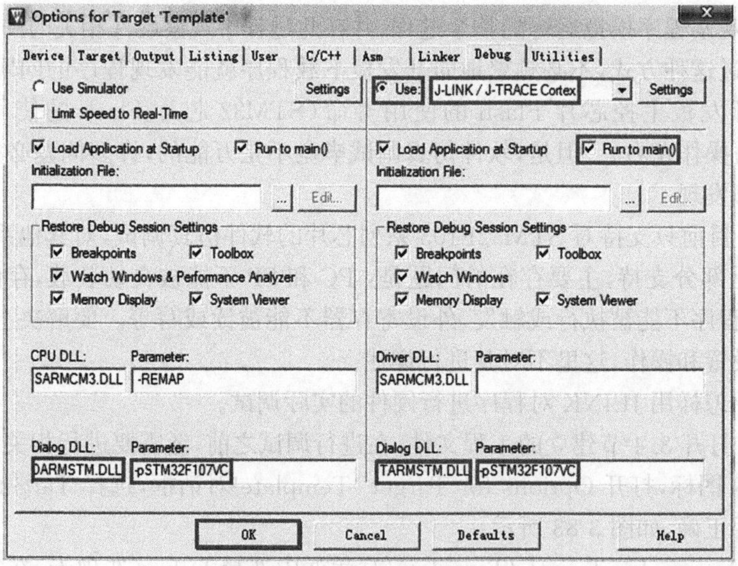

图 3-84 Debug 选项卡

接下来,单击 MDK 工具栏上的调试图标,对程序进行调试(在对程序进行调试前不要忘记先编译工程),如图 3-85 所示。

可以看到,MDK 的工具栏中出现了一行新的用于调试操作的图标,将鼠标指针置于这些图标之上,可以看到对这些图标所对应操作的简单说明,程序指针指向 main()函数的起始处,如图 3-86 所示。

图 3-85　调试图标

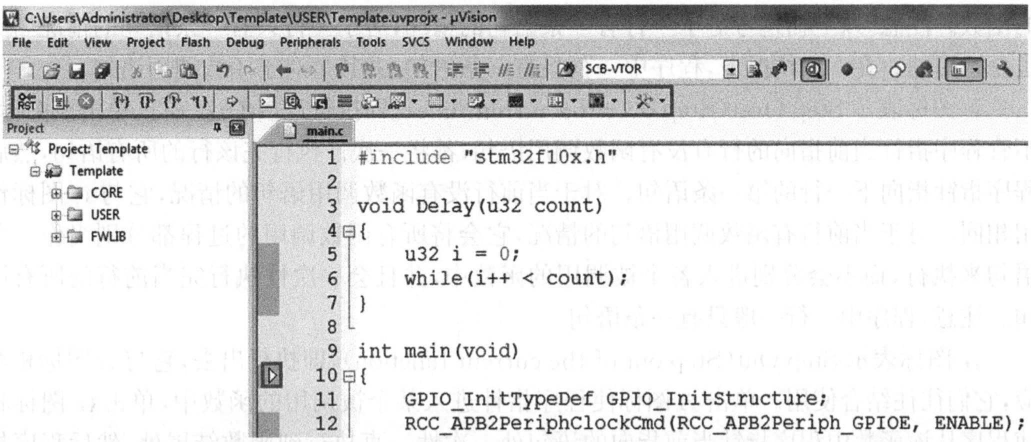

图 3-86　进入调试模式

接着将这行用于调试操作的图标单独提取出来，如图 3-87 所示。

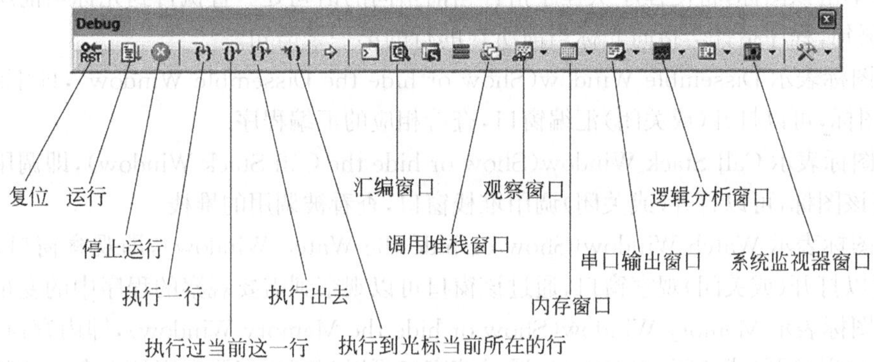

图 3-87　Debug 工具条

下面对这些图标进行详细介绍：

图标表示 Reset(Reset the CPU)，即复位，单击该图标将使程序指针指向整个程序的起始处，即 startup_stm32f10x_cl.s 启动文件的 Reset_Handler 处(进入如图 3-76 所示的调试模式时，程序指针指向 main()函数的起始处，是由于之前在如图 3-74 所示的 Options for Target 'Template'对话框中选中了 Run to main()复选框)。这相当于按下开发板上的 RESET 按键，实现了一次硬件复位操作。

图标表示 Run(Start code execution)，即运行，单击该图标将使程序在开发板中全速运行。

图标表示 Stop(Stop code execution)，即停止运行，单击该图标将使程序停止运行，程序指针指向下一条将要执行的语句。

图标表示 Step(Step one line),即执行一行,单击该图标,如果程序指针当前指向的行没有函数调用语句,那么将一次性执行完这一行的所有语句,然后程序指针会指向下一行的第一条语句;如果程序指针当前指向的行有函数调用语句,那么程序指针将会进入该行第一个被调用的函数中,并指向该函数的第一条语句,对于一行有多个函数调用语句的情况,持续单击该图标,将会在执行完第一个被调用函数的所有语句之后,再进入后面被调用的函数。注意,以上描述考虑了一行有多条语句的情况,对于一行只有一条语句的情况当然也是适用的。在一般情况下,程序中一行只有一条语句,尤其是对于函数调用语句。

图标表示 Step Over(Step over the current line),即执行过当前这一行,单击该图标,不管程序指针当前指向的行有没有函数调用语句,都将一次性执行完该行的所有语句,然后程序指针指向下一行的第一条语句。对于当前行没有函数调用语句的情况,它与图标作用相同。对于当前行有函数调用语句的情况,它会将所有函数调用的过程都分别当作一条语句来执行,而不会分别进入各个被调用的函数中,并且会一次性执行完当前行的所有语句。注意,程序中一行一般只有一条语句。

图标表示 Step Out(Step out of the current function),即执行出去,它与图标相对应,它们往往结合使用。单击图标使程序指针进入某个被调用的函数中,单击图标将使程序从该函数中程序指针当前指向的语句处一次性一直执行到函数结尾处,然后程序指针会指向调用该函数语句的下一条语句。

图标表示 Run to Cursor Line(Run to the current cursor line),即执行到光标当前所在的行,单击该图标,将使程序从程序指针当前指向的语句处一直执行到光标当前所在行的上一条语句,程序指针会指向光标当前所在的行的第一条语句。

图标表示 Dissemble Window(Show or hide the Dissemble Window),即汇编窗口,单击该图标,可以打开(或关闭)汇编窗口,查看相应的汇编程序。

图标表示 Call Stack Window(Show or hide the Call Stack Window),即调用堆栈窗口,单击该图标,可以打开(或关闭)调用堆栈窗口,查看被调用的堆栈。

图标表示 Watch Window(Show or hide the Watch Window),即观察窗口,单击该图标,可以打开(或关闭)观察窗口,通过该窗口可以观察到需要观察的程序中的变量。

图标表示 Memory Window(Show or hide the Memory Window),即内存窗口,单击该图标,可以打开(或关闭)内存窗口,通过该窗口可以观察到需要观察的内存中的数据。

图标表示 Serial Window(Show or hide the Serial Window),即串口输出窗口,单击该图标,可以打开(或关闭)串口输出窗口,通过该窗口可以观察到需要观察的串口输出的数据。

图标表示 Logic Analysis Window(Show or hide the Logic Analysis Window),即逻辑分析窗口,单击该图标,可以打开(或关闭)逻辑分析窗口,通过在该窗口中单击 Setup 按钮,可加入一些需要观察的 I/O 口,在程序调试的过程中,可以非常直观地观察这些 I/O 口的电平状态。

图标表示 System Viewer Window(Show or hide the System Viewer Window),即系统监视器窗口,单击该图标,可以打开(或关闭)系统监视器窗口,通过该窗口可以观察系统的各种特殊功能寄存器中的值。

此外，还可以通过在程序中设置断点的方式，来帮助我们调试程序，这需要通过单击工具栏上的●图标，如图 3-88 所示。添加断点后，当程序运行到断点处时，就会停止运行。

图 3-88　添加/删除断点图标

下面结合程序来具体介绍对这些操作的应用。

首先，单击 Debug 工具条中的图标，打开观察窗口 Watch1，然后在 Name 一列输入 GPIO_InitStructure，它是程序中的一个变量的名称，也可以直接右击程序中的该变量，选择 Add ‘GPIO_InitStructure’ to…→Watch1 命令，可以看到，在窗口中会显示出该变量的值和类型，因为 GPIO_InitStructure 是一个结构体类型的变量，所以可以在窗口中单击它左边的小加号，查看其成员变量，如图 3-89 所示。

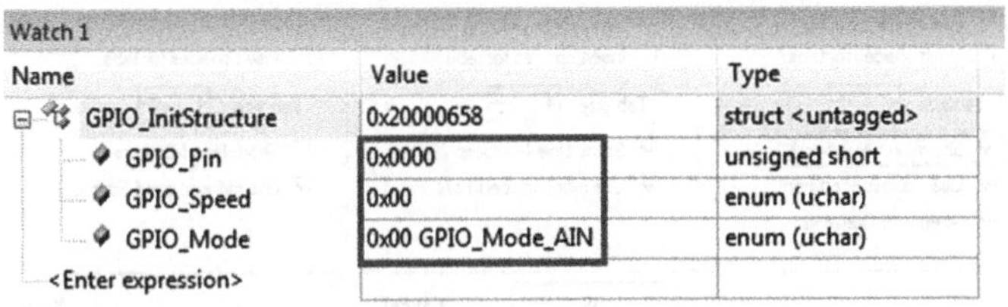
Watch 1
Name
Value
Type
GPIO_InitStructure
0x20000658
struct <untagged>
GPIO_Pin
0x0000
unsigned short
GPIO_Speed
0x00
enum (uchar)
GPIO_Mode
0x00 GPIO_Mode_AIN
enum (uchar)
<Enter expression>

图 3-89　观察窗口

然后，将光标置于程序的第 16 行，然后通过单击工具栏上的●图标给程序在这一行添加一个断点（也可以通过右击该行或在该行最左边的灰色区域单击的方式来添加），如图 3-90 所示。

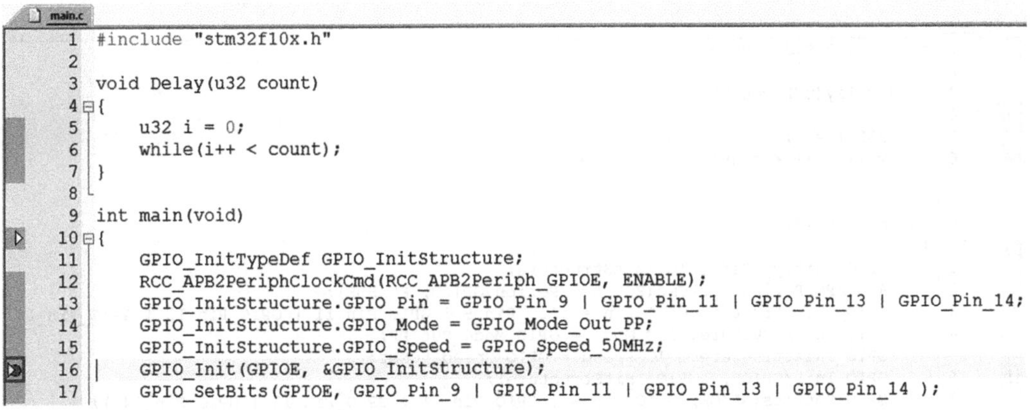
main.c
1 #include "stm32f10x.h"
2
3 void Delay(u32 count)
4 {
5 u32 i = 0;
6 while(i++ < count);
7 }
8
9 int main(void)
10 {
11 GPIO_InitTypeDef GPIO_InitStructure;
12 RCC_APB2PeriphClockCmd(RCC_APB2Periph_GPIOE, ENABLE);
13 GPIO_InitStructure.GPIO_Pin = GPIO_Pin_9 | GPIO_Pin_11 | GPIO_Pin_13 | GPIO_Pin_14;
14 GPIO_InitStructure.GPIO_Mode = GPIO_Mode_Out_PP;
15 GPIO_InitStructure.GPIO_Speed = GPIO_Speed_50MHz;
16 GPIO_Init(GPIOE, &GPIO_InitStructure);
17 GPIO_SetBits(GPIOE, GPIO_Pin_9 | GPIO_Pin_11 | GPIO_Pin_13 | GPIO_Pin_14);

图 3-90　添加断点

注意，显示行号可以通过以下操作：单击 MDK 工具栏的 Edit→Configuration 菜单命令，在弹出的对话框中选择 Edit 选项卡（默认选项），然后在对话框中左下方的 C/C++Files 区域中，选中 Show Line Numbers 复选框，如图 3-91 所示。

通过该对话框可以设置程序中文本的字体、大小、颜色等，还可以设置文本的编码格式、Tab 键的空格数、关键字等，这样可以方便大家更好地编写程序。

在图 3-90 中，程序第 16 行最左边的灰色区域会出现一个红色的实心圆点，表示该行已添加了一个断点，如果再次单击该行最左边的灰色区域，则该实心圆点会消失，表明删除了

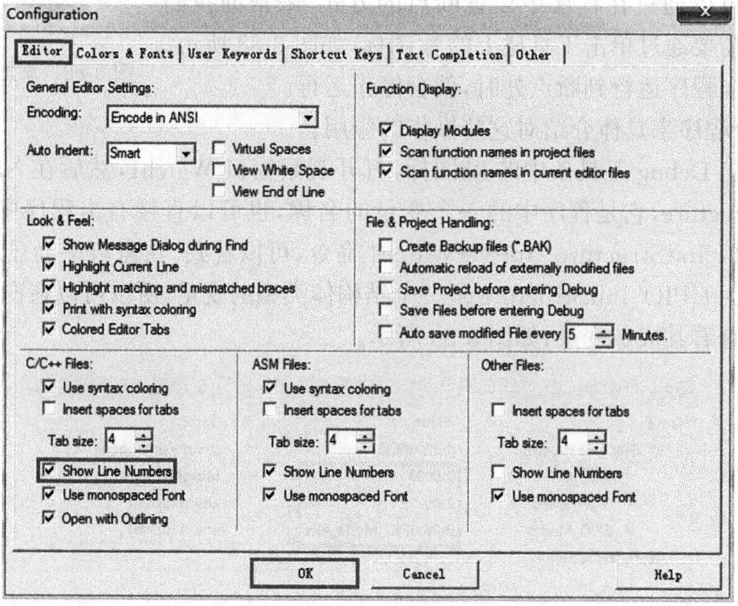

图 3-91　Configuration 对话框

该断点。注意，红色实心圆点左边有一个浅蓝色的小三角，表示光标位于该行。

单击 Debug 工具栏中的图标，程序开始运行，并停止在我们添加的断点处，如图 3-92 所示。

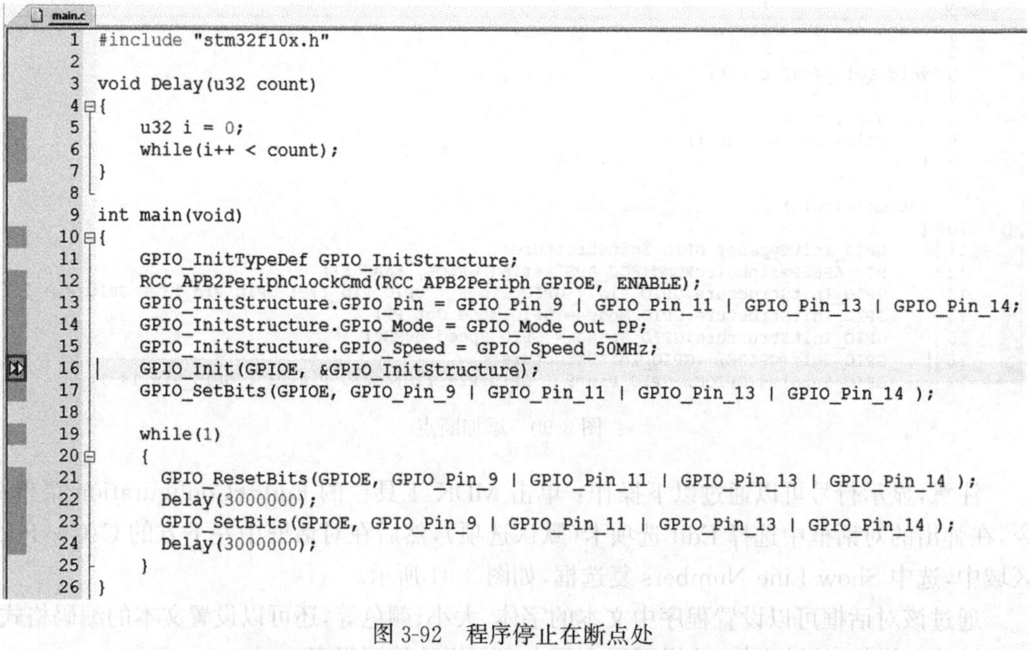

图 3-92　程序停止在断点处

注意，这时在观察窗口 Watch1 中，可以看到变量 GPIO_InitStructure 的 3 个成员变量的值发生了变化，它们的区域底色也变为深绿色以作为提示，如图 3-93 所示。

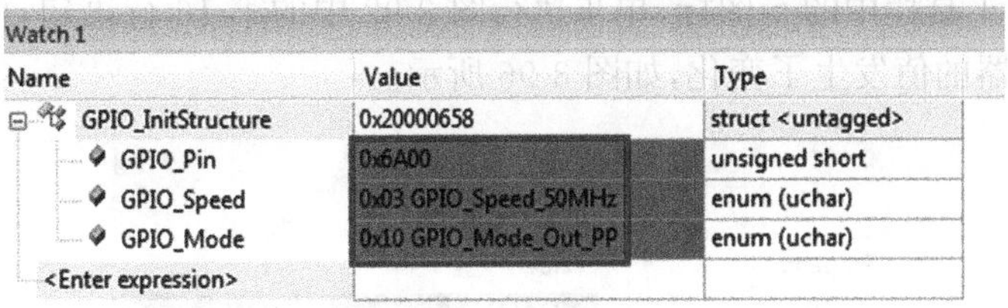

图 3-93　观察窗口

现在，大略浏览如图 3-92 所示的 main()函数中的第 11～15 行的代码。初学者可能现在还不能理解这几行代码的具体含义，但是有一定 C 语言基础的读者应该能大体看出，这几行代码的作用是：定义了一个 GPIO_InitTypeDef 结构体类型的变量 GPIO_InitStructure，然后给它的 3 个成员变量 GPIO_Pin、GPIO_Mode 和 GPIO_Speed 赋值，所以在图 3-93 中，这 3 个成员变量的值分别由如图 3-89 所示的 3 个 0 变为了赋值后的结果。

通过这种方法，可以观察程序中各个变量的值的变化，如果想将某个变量从观察窗口的列表中删除，可以右击该变量，选择 Remove Watch 命令。

在 Debug 工具栏中单击图标，选择 GPIO→GPIOE 选项，如图 3-94 所示。

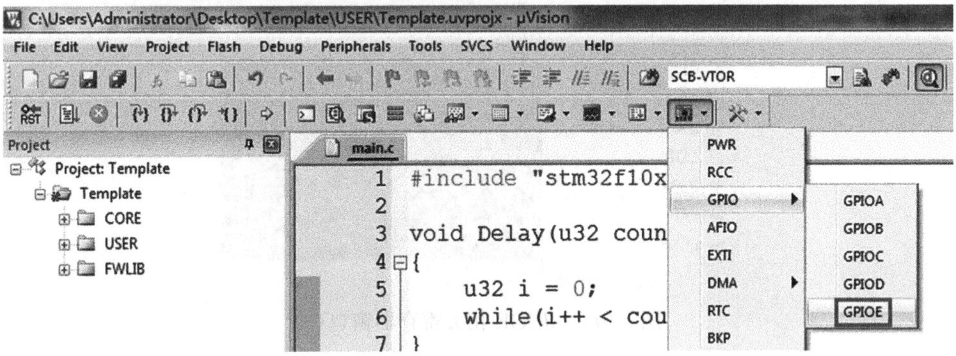

图 3-94　选择 GPIO→GPIOE 选项

在 MDK 的右侧出现了一个名为 GPIOE 的窗口，其中列出了与 GPIOE 相关的 7 个寄存器，如图 3-95 所示。

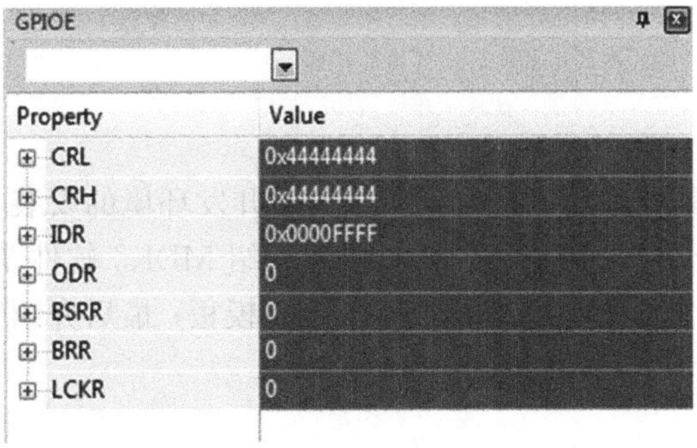

图 3-95　GPIOE 相关寄存器窗口(1)

单击 Debug 工具栏中的图标，单步执行图 3-92 中的第 16 行语句，可以发现，GPIOE 窗口中有些寄存器的值发生了变化，如图 3-96 所示。

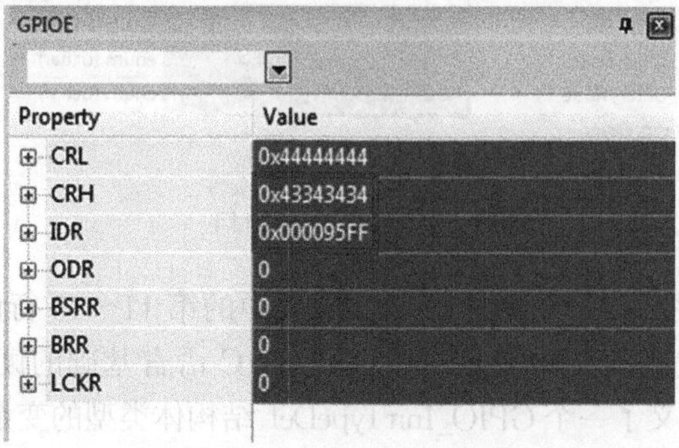

图 3-96　GPIOE 相关寄存器窗口(2)

再次单击 Debug 工具栏中的图标，单步执行图 3-92 中的第 17 行语句，可以发现，GPIOE 窗口中的值又有改变，如图 3-97 所示。

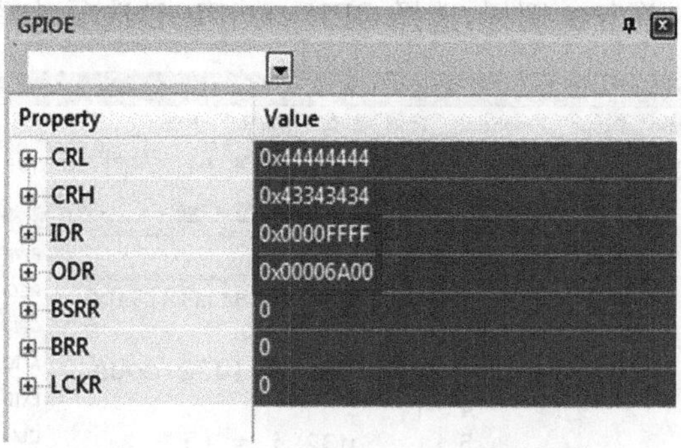

图 3-97　GPIOE 相关寄存器窗口(3)

然后，继续不断地单击 Debug 工具栏中的图标，可以发现，程序在图 3-92 中程序的第 19～25 行之间循环反复地执行，而 GPIOE 相关寄存器中的值也在图 3-96 和图 3-97 之间不断地变化，这实际上也对应了程序的运行结果——4 个 LED 灯不停地闪烁。当大家学习完本书第 3 篇中的 5.4.1 节后，再来看以上的程序调试过程，应该会有更深刻的理解。

本章小结

本章对软件开发环境——MDK5 做了讲解，对开发环境的安装、新建工程、下载调试做了详细的说明。首先介绍 ST 官方固件库；接着介绍 MDK5 软件及其安装和注册的过程；然后介绍怎样基于 ST 官方固件库来新建一个工程模板；最后介绍针对开发板下载程序的 3 种方式，以及在 MDK5 中对程序进行调试的方法。

第 4 章

STM32 基础知识简介

本章介绍 STM32 的系统架构及其时钟系统。实际上，本章的内容也可以放在详解篇中，放在这里，是希望让大家在下一篇学习 STM32 的基本应用之前，能够先对它的系统架构有一个整体的印象和大体的了解，对 STM32 的时钟系统有一个初步的认识和理解。STM32 的时钟系统非常重要，它在 STM32 的整个应用程序开发的过程中都会用到。因此，作为学习详解篇的准备，我们先对 STM32 的时钟系统进行初步讲解，下一篇在讲解 STM32 的基本应用时再结合具体的应用实例对其进行更深入的讲解。

本章的学习目标如下所示：

- 了解 STM32 的系统架构；
- 理解 STM32 的时钟系统；
- 了解 ST 官方固件库中的系统初始化函数 SystemInit()对各系统的各重要时钟设置的初值。

4.1 STM32 的系统架构

STM32 单片机的系统架构比 51 单片机的系统架构要复杂和强大得多。关于这部分知识，在《STM32 中文参考手册 V10》的第 25～28 页有相关的讲解，在这里直接将它们从中提取出来，并呈现给大家，希望大家能够在进入本书的实战环节之前对 STM32 单片机的系统架构有一个基本的了解。但如果想要深入了解 STM32 的系统架构，建议在对本书进行了学习的基础上，再上网查阅相关资料。

首先，因为开发板的主控芯片是 STM32F107VCT6 属于互联型的产品，所以给出互联型产品的系统结构图，如图 4-1 所示。非互联型产品的系统结构图和图 4-1 相似，大家可以参考《STM32 中文参考手册 V10》的相关内容对比学习。

从图 4-1 中可以看出，在互联型产品中，主系统主要由 5 个驱动单元和 3 个被动单元构成。

5 个驱动单元分别是：

- Cortex-M3 内核的 DCode 总线(D-bus)；
- 系统总线(S-bus)；
- 通用 DMA1；
- 通用 DMA2；

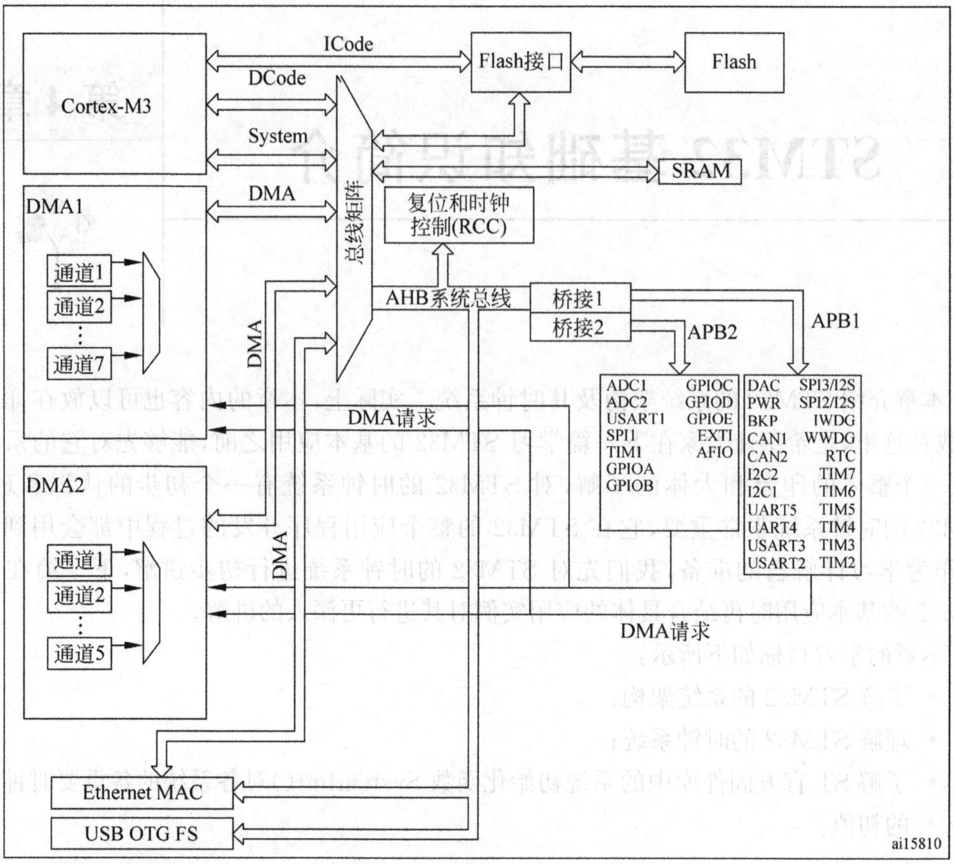

图 4-1 互联型产品的系统结构

- 以太网 DMA。

3 个被动单元分别是：

- 内部 SRAM；
- 内部闪存存储器；
- AHB 到 APB 的桥(AHB2APBx)，它连接所有的 APB 设备。

这些都是通过一个多级的 AHB 总线架构相互连接的。

下面简单介绍图 4-1 中的各总线的作用。

ICode 总线：该总线将 Cortex-M3 内核的指令总线与闪存指令接口相连接。指令预取在此总线上完成。

DCode 总线：该总线将 Cortex-M3 内核的 DCode 总线与闪存存储器的数据接口相连接(常量加载和调试访问)。

系统总线：该总线连接 Cortex-M3 内核的系统总线(外设总线)到总线矩阵，总线矩阵负责协调内核和 DMA 间的访问。

DMA 总线：该总线将 DMA 的 AHB 主控接口与总线矩阵相连，总线矩阵负责协调 CPU 的 DCode 和 DMA 到 SRAM、闪存和外设的访问。

总线矩阵：总线矩阵协调内核系统总线和 DMA 主控总线之间的访问仲裁，仲裁利用轮换算法。在互联型产品中，总线矩阵包括 5 个驱动部件(CPU 的 DCode、系统总线、以太网 DMA、DMA1 总线和 DMA2 总线)和 3 个被动部件[闪存存储器接口(FLITF)、SRAM 和 AHB2APB 桥]。在非互联型产品中，总线矩阵包括 4 个驱动部件(DCode、系统总线、DMA1、DMA2)和 4 个被动部件(FLITF、SRAM、FSMC、AHB2APB 桥)。AHB 外设通过总线矩阵与系统总线相连，允许 DMA 访问。

AHB/APB 桥(APB)：两个 AHB/APB 桥在 AHB 和两个 APB 总线间提供同步连接。APB1 操作速度限于 36MHz，APB2 操作于全速(最高为 72MHz)状态下。

在系统每一次复位以后，所有除 SRAM 和 FLITF 以外的外设都被关闭，在使用一个外设之前，必须通过设置相关的外设时钟使能寄存器 RCC_AHBENR，来使能该外设的时钟。

对于 STM32 单片机系统结构的知识，先介绍到这里，大家只需对其有一个大概的了解即可。

4.2 STM32 的时钟系统

时钟相当于单片机的脉搏，或者说是单片机的工作节拍，没有时钟的驱动，单片机将无法正常工作。

STM32 单片机时钟系统非常复杂，它不像 51 单片机只需要一个系统时钟就可以确定所有模块的工作频率。这是因为，STM32 的系统架构非常复杂，而且外设非常多，但是，并不是所有的外设都需要系统时钟那么高的频率，比如，看门狗和 RTC(实时时钟)就只需要几十 kHz 的时钟频率。对于同一个电路，其时钟频率越高，其功耗就越大，同时电路的抗电磁干扰能力也会变得越弱，所以，对于像 STM32 这样较为复杂的 MCU 一般都是采取多时钟源以及对时钟源分频、倍频的方式来解决上述问题的。

关于 STM32 非互联型单片机和互联型单片机的时钟系统，分别在《STM32 中文参考手册 V10》的第 55～59 页和第 79～84 页有相关的讲解，大家可以参考其中的内容并且可以将它们对比学习。因为开发板的主控芯片是 STM32F107VCT6，属于互联型产品，所以这里主要介绍后者，但只是将其中的主要内容提取出来进行讲解，详细内容可查阅参考手册。考虑到《STM32 中文参考手册 V10》中关于 STM32 互联型单片机的时钟树的图太大而且不是很清晰，另选了一个更清晰的时钟树的图来对 STM32 互联型单片机的时钟系统进行介绍，如图 4-2 所示。

图 4-2 中标号①～㉓所对应的释义如表 4-1 所示。

注意，在表 4-1 中，选择器、分频器、倍频器和预分频器实际上都是 STM32 的某个或某些相关寄存器位，下同。

从图 4-2 中可以看出，STM32 互联型单片机共有 4 个时钟源，它们分别是：

(1) 40kHz 的 LSI(Low Speed Internal，低速内部)RC 振荡器，如图 4-2 中标号①所示，它产生 30～60kHz 的 LSI 时钟信号。

(2) 32.768kHz 的 LSE(Low Speed External，低速外部)振荡器，如图 4-2 中标号②所示，它产生 32.768kHz 的 LSE 时钟信号。LSE 时钟信号可以由以下两种时钟源产生：

- 32.768kHz 的 LSE 晶体或陶瓷谐振器(如图 4-2 中标号②所示)；
- LSE 外部时钟源(LSE 旁路)。

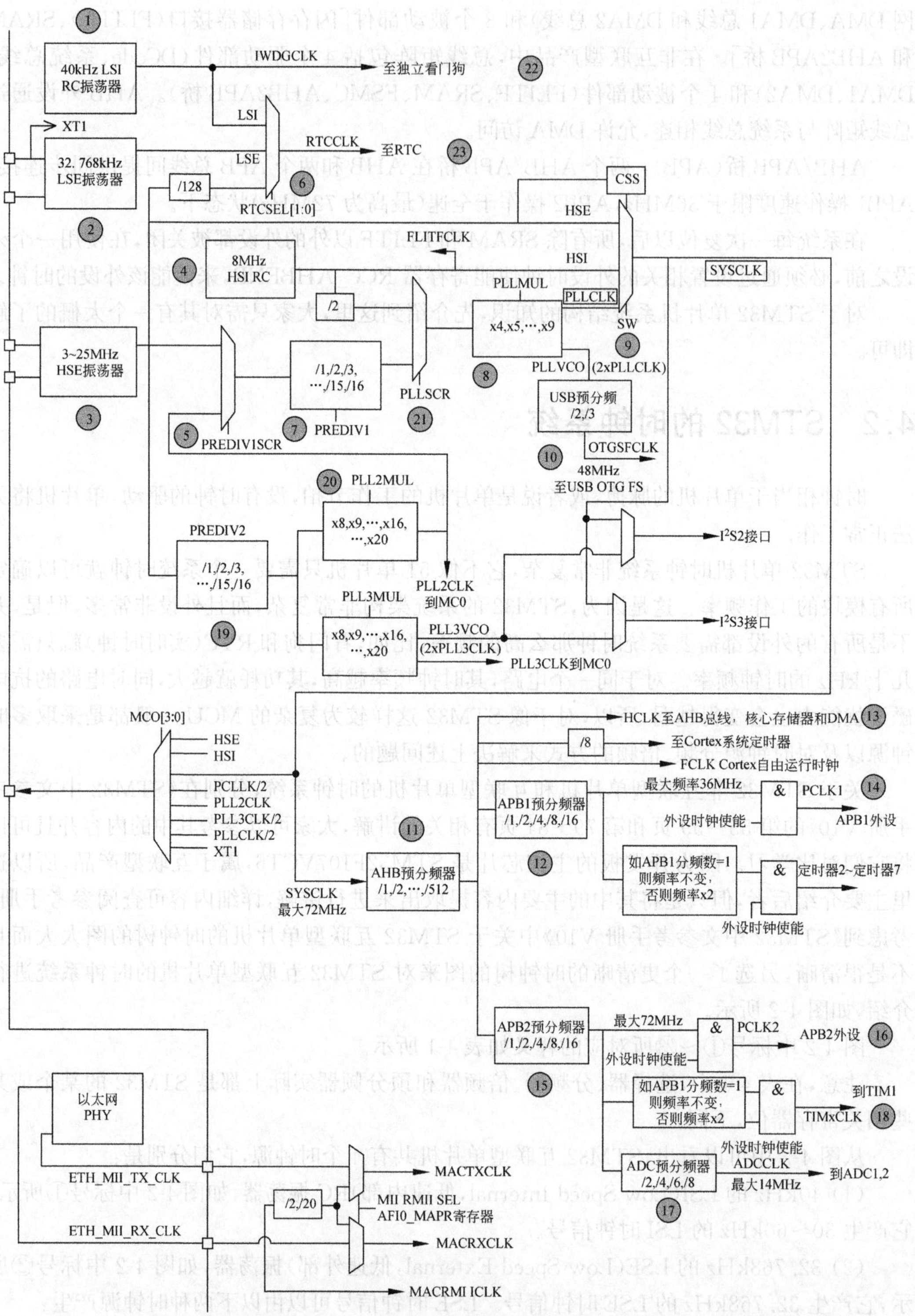

图 4-2　STM32 互联型单片机的时钟树

表 4-1 图 4-2 中标号①～㉓对应的释义

标 号	释 义
①	40kHz 的 LSI(低速内部)RC 振荡器
②	32.768kHz 的 LSE(低速外部)振荡器
③	3～25MHz 的 HSE(高速外部)振荡器
④	8MHz 的 HSI(高速内部)RC 振荡器
⑤	PREDIV1 时钟源的选择器
⑥	RTC(实时时钟)时钟源的选择器
⑦	PREDIV1 分频器
⑧	PLLMUL 倍频器
⑨	系统时钟源的选择器
⑩	全速 USB OTG 时钟的预分频器
⑪	AHB 时钟的预分频器
⑫	APB1 时钟的预分频器
⑬	AHB 总线、核心存储器和 DMA 的时钟
⑭	APB1 外设的时钟
⑮	APB2 时钟的预分频器
⑯	APB2 外设的时钟
⑰	ADC 时钟的预分频器
⑱	ADC 的时钟
⑲	PREDIV2 分频器
⑳	PLL2MUL 倍频器
㉑	PLL 时钟源的选择器
㉒	独立看门狗的时钟
㉓	RTC(实时时钟)的时钟

(3) 3～25MHz 的 HSE(High Speed External，高速外部)振荡器，如图 4-2 中标号③所示，它产生 HSE 时钟信号。HSE 时钟信号可以由以下两种时钟源产生：

- HSE 外部晶体/陶瓷谐振器(如图 4-2 中标号③所示)；
- HSE 外部时钟源(HSE 旁路)。

(4) 8MHz 的 HSI(High Speed Internal，高速内部)RC 振荡器，如图 4-2 中标号④所示，它产生大约 8MHz 的 HSI 时钟信号。

当不被使用时，任何一个时钟源都可以被独立地启动或关闭，以此来优化系统功耗。下面由这 4 个时钟源直接或间接产生的时钟源亦是如此。

LSI 时钟可以为独立看门狗提供时钟信号(如图 4-2 中标号㉒所示)，还可以为 RTC(实时时钟)提供时钟信号，RTC 的时钟(如图 4-2 中标号㉓所示)可以有 3 个来源，分别是：LSI 时钟、LSE 时钟和经过 128 分频之后 HSE 时钟，最终选择哪个需要通过设置 RTC 时钟源的选择器(如图 4-2 中标号⑥所示)确定。

HSE 时钟可以经过 PREDIV2 分频器(如图 4-2 中标号⑲所示)的分频，再经过 PLL2MUL 或 PLL3MUL 倍频器(图 4-2 中标号⑳及其下方所示)的倍频，生成 PLL2(PLL2CLK)或 PLL3 时钟信号(PLL3CLK)。

HSE 时钟还可以和 PLL2 时钟在由 PREDIV1 时钟源的选择器(如图 4-2 中标号⑤所

示)进行选择后,再经过 PREDIV1 分频器(如图 4-2 中标号⑦所示)的分频,然后与 2 分频后的 HSI 时钟由 PLL 时钟源的选择器(如图 4-2 中标号㉑所示)进行选择,最后经过 PLLMUL 倍频器(如图 4-2 中标号⑧所示)的倍频,生成 PLL 时钟信号(如图 4-2 中标号⑨左边方框中的 PLLCLK 所示),PLL 时钟最大不能超过 72MHz。PLL、PLL2 和 PLL3 时钟都被称为锁相环倍频输出。

PLLVCO 时钟(即 PLL 时钟在经过 2 倍频后),再经过 USB 预分频器的分频(如图 4-2 中标号⑩所示,分频因子只能是 2 或 3),给全速 USB OTG 提供 48MHz 的时钟信号。因此,在这种情况下,PLL 时钟信号只能是 48MHz 或 72MHz(对应 USB 预分频器的分频因子为 2 或 3)。

系统时钟(如图 4-2 中标号⑨右边方框中的 SYSCLK 所示)可以有 3 个来源:HSE 时钟、HSI 时钟和 PLL 时钟,选择这 3 个中的哪一个,需要通过设置系统时钟源的选择器(如图 4-2 中标号⑨所示)来进行确定。因此,系统时钟最大也不会超过 72MHz。系统时钟和 PLL3VCO 时钟(即 PLL3 时钟在经过 2 倍频后)都可以作为 I^2S2 和 I^2S3 接口的时钟源,最终选择哪个,需要通过设置相关的选择器来进行确定。

系统时钟可以在经过 AHB 预分频器(如图 4-2 中标号⑪所示)的分频后,生成 AHB 时钟。AHB 时钟最大不能超过 72MHz,它可以为 AHB 总线、核心存储器和 DMA 提供时钟信号(如图 4-2 中标号⑬所示),还可以为 Cortex 自由运行提供时钟信号,并且还可以在经过 8 分频后为 Cortex 系统定时器提供时钟信号。此外,AHB 时钟还可以分别在经过 APB1 或 APB2 预分频器(如图 4-2 中标号⑫或⑮所示)的分频后,分别生成 APB1 或 APB2 时钟。其中,APB1 时钟最大不能超过 36MHz,APB2 时钟最大不能超过 72MHz,因此,APB1 时钟被称为低速 APB 时钟,APB2 时钟被称为高速 APB 时钟。

APB1 时钟可以在经过相关的外设时钟使能后,为相关的 APB1 外设提供时钟信号(如图 4-2 中标号⑭所示),APB1 连接的是低速外设,包括电源接口、备份接口、CAN、USB、I^2C1、I^2C2、UART2 以及 UART3 等;还可以在经过相应的倍频后,再经过相关的外设时钟使能后,为定时器 2～定时器 7 提供时钟信号。

APB2 时钟可以在经过相关的外设时钟使能后,为相关的 APB2 外设提供时钟信号(如图 4-2 中标号⑯所示),APB2 连接的是高速外设,包括 UART1、SPI1、Timer1、ADC1、ADC2、所有普通 I/O 口以及第二功能 I/O 口等;APB2 时钟还可以在经过相应的倍频后,再经过相关的外设时钟使能后,为定时器 1 提供时钟信号;还可以在经过 ADC 时钟的预分频器(如图 4-2 中标号⑰所示)的分频后,为 ADC1,2 提供时钟信号(如图 4-2 中标号⑱所示),ADC 时钟最大不能超过 14MHz。

注意,以上任何一个 STM32 的模块在使用之前都必须首先使能它的时钟。

此外,STM32 允许输出时钟信号到外部 MCO(Microcontroller Clock Output)引脚(PA8 引脚),用来给 STM32 外部提供时钟源。以下 8 个时钟信号可以被选择作为 MCO 时钟:

- 系统时钟;
- HSI 时钟;
- HSE 时钟;
- 2 分频后的 PLL 时钟;

- PLL2 时钟；
- 2 分频后的 PLL3 时钟；
- 外部 3～25MHz 振荡器的 XT1(用于以太网)；
- PLL3 时钟(用于以太网)。

选择以上哪一个作为 MCO 时钟，需要通过设置相关的选择器 MCO[3:0]来确定。在 MCO 上输出的时钟信号必须小于 50MHz(这是 STM32 的 I/O 口的最大速度)。MCO 可以为以太网提供时钟信号。

至此，图 4-2 中所示的关于 STM32 互联型产品时钟系统的所有相关模块，就基本介绍完了。其中所有关于时钟的选择，都是通过配置相关的寄存器来完成的。大家可以参考《STM32 中文参考手册 V10》第 7 章最后一节的内容，其中介绍了 STM32 互联型产品的时钟相关的所有寄存器。(《STM32 中文参考手册 V10》中，每章的最后一节，都会将该章所讲解 STM32 内容相关的所有寄存器列出，以方便大家查阅)。

以上就是对 STM32 互联型产品的时钟系统的大体介绍，大家初次接触可能会觉得有些难度，后面将结合具体的实例再对它进行更加详细的讲解，相信到时大家会对它有更加深刻的认识。最后，鉴于 STM32 互联型产品的时钟系统较为复杂，对本节所讲解的重点内容再做一个总结：

- STM32 互联型产品有 4 个时钟源，分别是 LSI 时钟、LSE 时钟、HSI 时钟和 HSE 时钟；
- 系统时钟可以有 3 个来源：HSE 时钟、HSI 时钟和 PLL 时钟；
- MCO 时钟可以有 8 个来源：系统时钟、HSI 时钟、HSE 时钟、2 分频后的 PLL 时钟、PLL2 时钟、PLL3 时钟、2 分频后的 PLL3 时钟以及外部 3～25MHz 振荡器的 XT1；
- 系统时钟在经过 AHB 预分频器的分频后，生成 AHB 时钟，AHB 时钟再分别经过 APB1 或 APB2 预分频器的分频后，分别生成 APB1 时钟或 APB2 时钟，AHB 时钟信号和 APB2 时钟信号最大不能超过 72MHz，APB1 时钟信号最大不能超过 36MHz，STM32 的大部分模块是通过它们，或者说是通过系统时钟来被提供时钟信号的；
- STM32 的任何一个模块在使用之前，必须首先使能它的时钟。

目前，大家可以先只掌握这些重点内容，其他内容等以后用到时再深入理解。

最后，需要说明的是，通过官方固件库对 STM32 时钟系统进行配置，除了在系统初始化的时候是通过 system_stm32f10x.c 文件中的 SystemInit()函数进行之外，其他主要是通过 stm32f10x_rcc.c 文件中的 STM32 各个模块相关的时钟配置函数来进行。大家可以打开这个文件浏览其中各函数的名称，其中许多名称都反映了其功能。对于系统时钟，默认情况下是在 SystemInit()函数中调用的 SetSysClock()函数中进行设置的，函数的程序代码如下：

```
static void SetSysClock(void)
{
#ifdef SYSCLK_FREQ_HSE
    SetSysClockToHSE();
#elif defined SYSCLK_FREQ_24MHz
```

```
    SetSysClockTo24();
 #elif defined SYSCLK_FREQ_36MHz
        SetSysClockTo36();
 #elif defined SYSCLK_FREQ_48MHz
        SetSysClockTo48();
 #elif defined SYSCLK_FREQ_56MHz
        SetSysClockTo56();
 #elif defined SYSCLK_FREQ_72MHz
        SetSysClockTo72();
 #endif
}
```

函数的作用就是根据系统时钟相关的宏定义来配置系统时钟。因为在 system_stm32f10x.c 文件中该函数之前只定义了宏 SYSCLK_FREQ_72MHz，程序代码如下：

```
#define SYSCLK_FREQ_72MHz 72000000
```

在 system_stm32f10x.c 文件中的定义如图 4-3 所示。

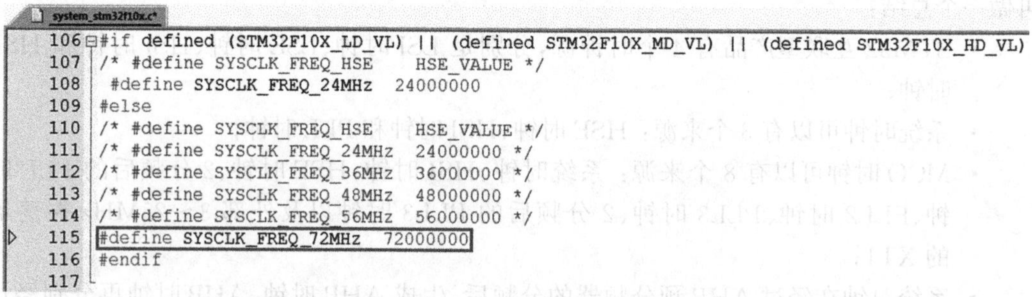
system_stm32f10x.c*
106 #if defined (STM32F10X_LD_VL) || (defined STM32F10X_MD_VL) || (defined STM32F10X_HD_VL)
107 /* #define SYSCLK_FREQ_HSE   HSE_VALUE */
108 #define SYSCLK_FREQ_24MHz 24000000
109 #else
110 /* #define SYSCLK_FREQ_HSE   HSE_VALUE */
111 /* #define SYSCLK_FREQ_24MHz 24000000 */
112 /* #define SYSCLK_FREQ_36MHz 36000000 */
113 /* #define SYSCLK_FREQ_48MHz 48000000 */
114 /* #define SYSCLK_FREQ_56MHz 56000000 */
115 #define SYSCLK_FREQ_72MHz 72000000
116 #endif
117

图 4-3 system_stm32f10x.c 文件中系统时钟相关的宏定义

从图 4-3 可以看出，当 STM32 不是 STM32F100 类型时(defined STM32F10X_LD_VL、defined STM32F10X_MD_VL 和 defined STM32F10X_HD_VL 分别对应 STM32F100 的小、中、大容量产品)，会定义系统时钟相关的宏 SYSCLK_FREQ_72MHz 为 72 000 000，系统时钟相关的中间变量 SystemCoreClock 也会被相应地定义为 72 000 000，相关的程序代码如下：

```
#ifdef SYSCLK_FREQ_HSE
    uint32_t SystemCoreClock        = SYSCLK_FREQ_HSE;
#elif defined SYSCLK_FREQ_24MHz
    uint32_t SystemCoreClock        = SYSCLK_FREQ_24MHz;
#elif defined SYSCLK_FREQ_36MHz
    uint32_t SystemCoreClock        = SYSCLK_FREQ_36MHz;
#elif defined SYSCLK_FREQ_48MHz
    uint32_t SystemCoreClock        = SYSCLK_FREQ_48MHz;
#elif defined SYSCLK_FREQ_56MHz
    uint32_t SystemCoreClock        = SYSCLK_FREQ_56MHz;
```

```
#elif defined SYSCLK_FREQ_72MHz
    uint32_t SystemCoreClock         = SYSCLK_FREQ_72MHz;
#else /*!< HSI Selected as System Clock source */
    uint32_t SystemCoreClock         = HSI_VALUE;
#endif
```

所以，在 SetSysClock()函数中会执行相关的程序代码“SetSysClockTo72();”，将系统时钟设置为 72MHz。如果在系统初始化时想要将系统时钟设置为其他值，那么可以在如图 4-3 所示的程序代码中，将宏 SYSCLK_FREQ_72MHz 的定义注释起来，并选择其他相关的宏定义。

最后，在 SystemInit()函数中设置的各时钟的初始值分别为：

系统时钟——72MHz；

AHB 时钟——72MHz；

APB1 时钟——36MHz；

APB2 时钟——72MHz；

PLL 时钟——72MHz。

本章小结

本章是在学习 STM32 的基本应用之前，对 STM32 的时钟系统有一个初步的认识和理解。时钟系统是 STM32 重要的内容，在开发过程中都会用到。本章主要讲解了 STM32 的系统架构和 STM32 的时钟系统。

第3篇　详　解　篇

本篇将介绍 STM32 各种内核和外围设备的基本工作原理及其实际应用。这些外设包括 GPIO、SysTick、NVIC、EXTI、USART、RTC、IWDG、WWDG、TIM、ADC 等，通过对这些内核和外设及其相关应用实例的学习，大家可以掌握 STM32 的许多基本功能，并可以在以后的实际开发中运用。

第 5 章 GPIO 端口及其应用

学过 51 单片机的读者都应该知道，I/O 端口是 51 单片机的一个最基本同时也是应用最普遍的外设，STM32 单片机同样也是如此。本章就介绍 STM32 中最基本同时也是应用最普遍的外设——GPIO 端口，绝大多数基于 STM32 的应用程序开发都离不开 GPIO 端口，它是 STM32 与外部进行数据交换的通道，同时，它也是应用 STM32 内置外设的通道。

首先讲解 STM32 的 GPIO 端口的一些重要的概念和知识，包括它的 8 种工作模式及其各自的工作原理；然后介绍与 GPIO 端口相关的 7 个重要的寄存器；接着介绍 ST 官方固件库中包含的与 GPIO 端口相关的一些重要的库函数以及对它们的应用；最后讲解与 GPIO 端口相关的两个典型的应用实例，让大家在实际应用中理解 GPIO 端口的功能，并体会 ST 官方固件库在应用程序开发过程中的强大作用。

大家在对本章进行学习时，可以参考《STM32 中文参考手册》相关内容。

本章的学习目标如下：

- 理解并掌握 GPIO 端口的基础知识，重点掌握它的 8 种工作模式及其工作原理；
- 理解并掌握与 GPIO 端口相关的 7 个常用寄存器的各位的作用并掌握对它们进行配置的方法；
- 理解并掌握对 ST 官方固件库中与 GPIO 端口相关的一些常用库函数的应用方法；
- 理解并掌握 GPIO 端口的两个典型应用实例——流水灯和按键控制 LED。

5.1 GPIO 端口概述

STM32 最多可以有 7 个 GPIO(General Purpose Input/Output)端口，分别是 GPIOA、GPIOB、GPIOC、GPIOD、GPIOE、GPIOF 和 GPIOG，每个 GPIO 端口最多可以有 16 个端口位(引脚)，这样 STM32 最多可以有 112 个 GPIO 端口位。STM32 所有的 GPIO 端口位都可以被用作外部中断，学过 51 单片机的读者应该知道，51 单片机只有两个 I/O 端口引脚(P3.2 和 P3.3)可以被用作外部中断，显然，STM32 的 GPIO 端口具有更加强大的功能。

根据每个 GPIO 端口在芯片数据手册中列出的具体硬件特性，每个 GPIO 端口位都可以通过软件方式被独立地配置为以下 8 种工作模式：

- 浮空输入模式；
- 上拉输入模式；
- 下拉输入模式；

- 模拟输入模式；
- 开漏输出模式；
- 推挽输出模式；
- 复用功能的开漏输出模式；
- 复用功能的推挽输出模式。

当被配置为最后两种工作模式时，GPIO 端口位会被用作 STM32 内置外设的复用功能引脚，后面会对此进行详细介绍。

STM32 的标准 I/O 端口位的基本结构如图 5-1 所示。

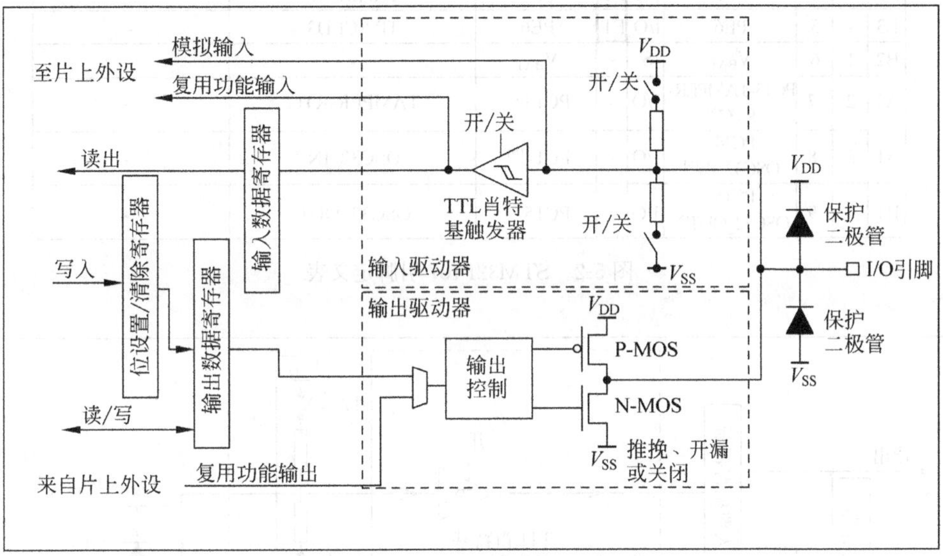

图 5-1 STM32 的标准 I/O 端口位的基本结构

STM32 单片机的每个标准的 I/O 端口位都具有如图 5-1 所示的基本结构，在此基础上，可以通过软件方式将其配置为以上 8 种工作模式之一。

大家可能对所谓的“标准”I/O 端口位不是很理解，对此进行一个简单的说明。标准 I/O 端口位，是相对于对 5V 兼容的 I/O 端口位来说的。STM32 的工作电压(V_{DD})为 2.0～3.6V(一般选择为 3.3V)，即 I/O 端口位在高电平状态下对应的电压为 3.3V，但是，有些 I/O 端口位对于 5V 电压也是能够兼容的，它们的基本结构其实与图 5-1 几乎完全相同，具体可参见《STM32 中文参考手册》第 106 页的图 14。至于具体哪些 I/O 端口位是 5V 兼容的，需要查阅芯片相关的数据手册。对于天信通 STM32F107 开发板，在其数据手册的第 3 章中有一个关于引脚定义的表格，如图 5-2 所示。

在如图 5-2 所示的引脚定义表中，每一行表示芯片的一个引脚的相关信息，其中带有“FT”标记的表示该引脚对于 5V 是兼容的。下面结合图 5-1，具体介绍 STM32I/O 端口位的 8 种工作模式的基本原理。

首先看一下输入工作模式。当 I/O 端口位被配置为浮空输入、上拉输入或下拉输入这 3 种工作模式时，其基本结构如图 5-3 所示。

在如图 5-3 所示的 I/O 端口位在浮空、上拉或下拉输入模式下的基本结构中，输入驱动

Table 5. Pin definitions

Pins			Pin name	Type[1]	I/O Level[2]	Main function[3] (after reset)	Alternate functions[4]	
BGA100	LQFP64	LQFP100					Default	Remap
A3	-	1	PE2	I/O	FT	PE2	TRACECK	-
B3	-	2	PE3	I/O	FT	PE3	TRACED0	-
C3	-	3	PE4	I/O	FT	PE4	TRACED1	-
D3	-	4	PE5	I/O	FT	PE5	TRACED2	-
E3	-	5	PE6	I/O	FT	PE6	TRACED3	-
B2	1	6	V_{BAT}	S	-	V_{BAT}	-	-
A2	2	7	PC13-TAMPER-RTC[5]	I/O	-	PC13[6]	TAMPER-RTC	-
A1	3	8	PC14-OSC32_IN[5]	I/O	-	PC14[6]	OSC32_IN	-
B1	4	9	PC15-OSC32_OUT[5]	I/O	-	PC15[6]	OSC32_OUT	-

图 5-2　STM32F107 引脚定义表

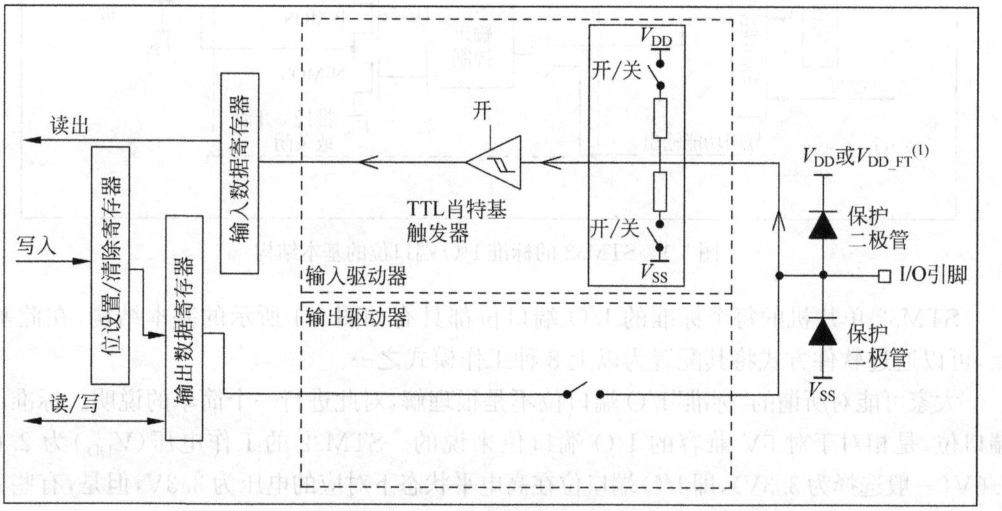

图 5-3　浮空、上拉或下拉输入模式

器工作，输出驱动器停止，且输入驱动器中的 TTL 肖特基触发器处于被激活状态，保证 I/O 端口位中的数据(1 或 0，分别对应高/低电平状态)能够被采样到输入数据寄存器中。在输入驱动器中，I/O 端口位可以通过闭合或断开相关电路的开关来选择是否通过上拉电阻连接到 V_{DD}，以及是否通过下拉电阻连接到 V_{SS}。当上拉和下拉电路的开关都断开时，即为浮空输入模式；当上拉电路开关闭合、下拉电路开关断开时，即为上拉输入模式；当下拉电路开关闭合、上拉电路开关断开时，即为下拉输入模式。通过读输入寄存器，就可以读取到 I/O 端口位的数据。

当 I/O 端口位被配置为模拟输入工作模式时，I/O 端口位的基本结构如图 5-4 所示。

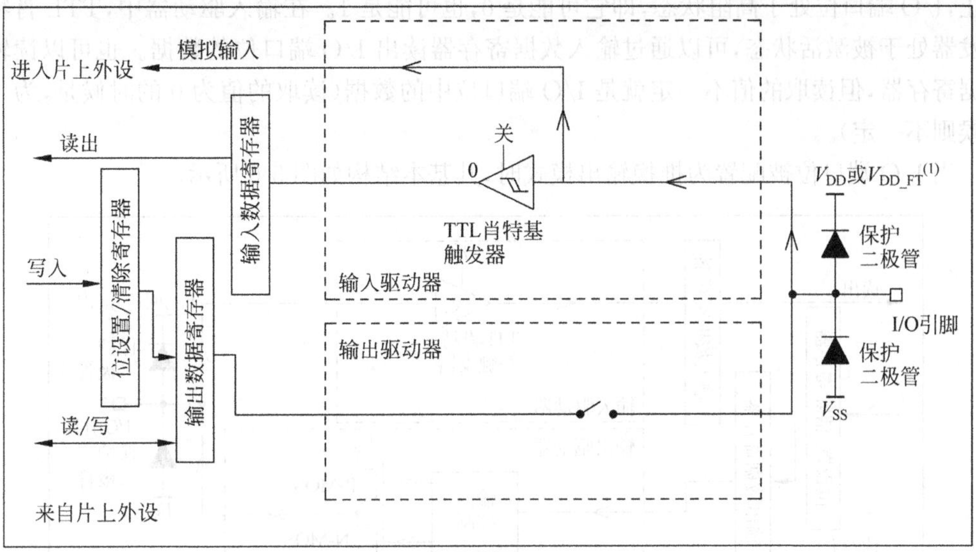

图 5-4 模拟输入模式

如图 5-4 所示的 I/O 端口位在模拟输入工作模式下的基本结构与图 5-3 最大的不同，就是它的输入驱动器中的 TTL 肖特基触发器处于被禁止的状态，它被强制输出一个 0 给输入数据寄存器，而且输入驱动器中的上拉和下拉电路都被断开（图 5-4 中未画），这样，I/O 端口位上的模拟信号会在几乎零消耗的情况下进入片上外设。

再来看输出配置。当 I/O 端口位被配置为开漏输出工作模式时，其基本结构如图 5-5 所示。

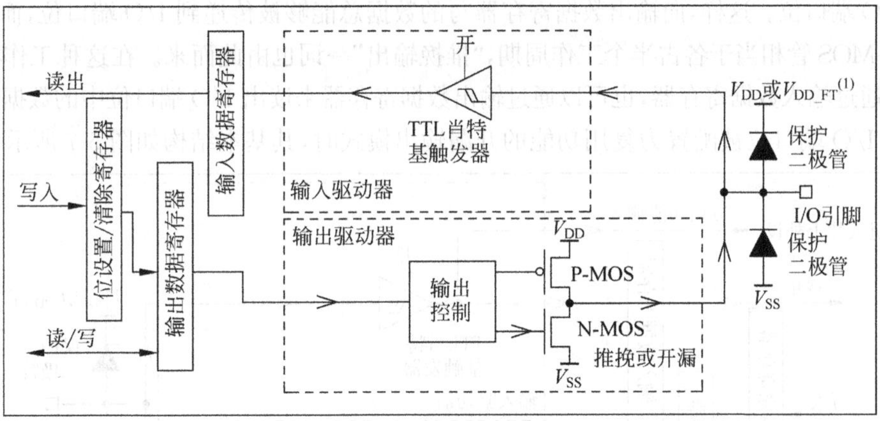

图 5-5 开漏输出模式

在如图 5-5 所示的 I/O 端口位在开漏输出模式下的基本结构中，输入、输出驱动器均启动，可以通过位设置/清除寄存器或直接对输出数据寄存器（稍后会介绍这些寄存器）进行写操作，来设置 I/O 端口位中的数据，数据经过输出控制后，传递给其后面的相关 MOS 管电路。在输出控制的后面，上面的 P-MOS 管不工作，只有下面的 N-MOS 管工作。如果对数据写 0，则 N-MOS 管导通，数据 0 会被传递到 I/O 端口位；如果对数据写 1，则 N-MOS 管截止,I/O 端口位处于高阻状态,即它可能是 0,也可能是 1。在输入驱动器中,TTL 肖特基触发器处于被激活状态,可以通过输入数据寄存器读出 I/O 端口位的数据。也可以读输出数据寄存器,但读取的值不一定就是 I/O 端口位中的数据(读取的值为 0 的时候是,为 1 的时候则不一定)

当 I/O 端口位被配置为推挽输出模式时,其基本结构如图 5-6 所示。

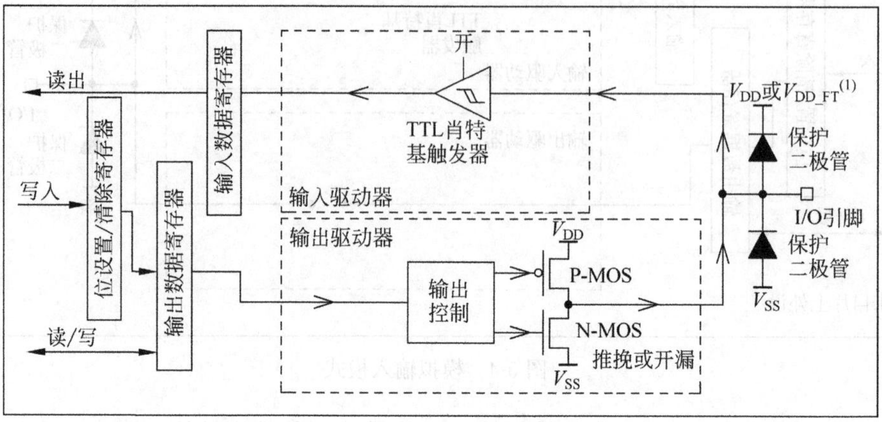

图 5-6 推挽输出模式

如图 5-6 所示的 I/O 端口位在推挽输出模式下的基本结构与图 5-5 的最大的不同,就是它输出驱动器中输出控制后面的 P-MOS 管和 N-MOS 管都会工作。当向 I/O 端口位的输出数据寄存器写 0 时,N-MOS 管导通,P-MOS 管截止,数据 0 会被传递到 I/O 端口位;当向 I/O 端口位的输出数据寄存器写 1 时,N-MOS 管截止,P-MOS 管导通,数据 1 会被传递到 I/O 端口位。这样,向输出数据寄存器写的数据总能够被传递到 I/O 端口位,而 P-MOS 管和 N-MOS 管相当于各占半个工作周期,"推挽输出"一词也由此而来。在这种工作模式下,既可以通过输入数据寄存器,也可以通过输出数据寄存器来读出 I/O 端口位中的数据。

当 I/O 端口位被配置为复用功能的开漏输出模式时,其基本结构如图 5-7 所示。

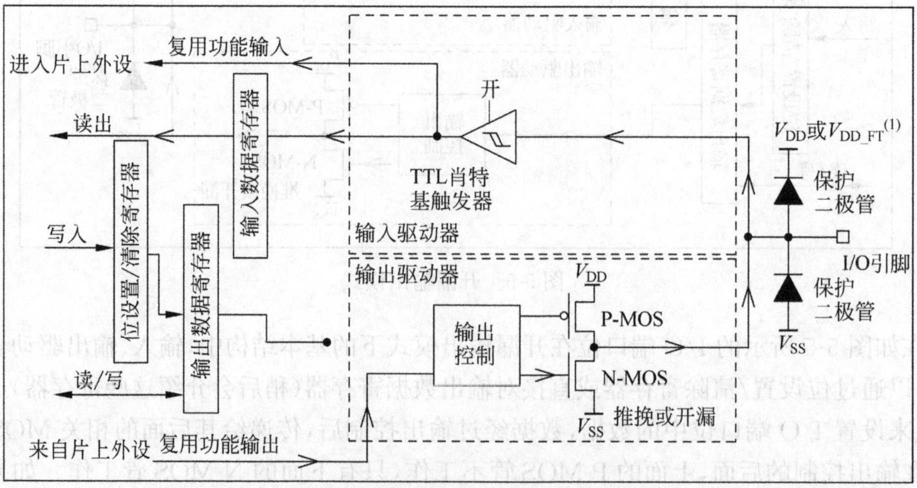

图 5-7 复用功能的开漏输出模式

如图 5-7 所示的 I/O 端口位在复用功能开漏输出模式下的基本结构与如图 5-5 所示的 I/O 端口位在开漏输出模式下的最大的不同，就是它的输出驱动器中输出控制的数据，来自片上外设的复用功能输出，并且它的输入驱动器中 TTL 肖特基触发器输出的数据还会作为复用功能的输入进入片上外设。

当 I/O 端口位被配置为复用功能的推挽输出模式时，其基本结构如图 5-8 所示。

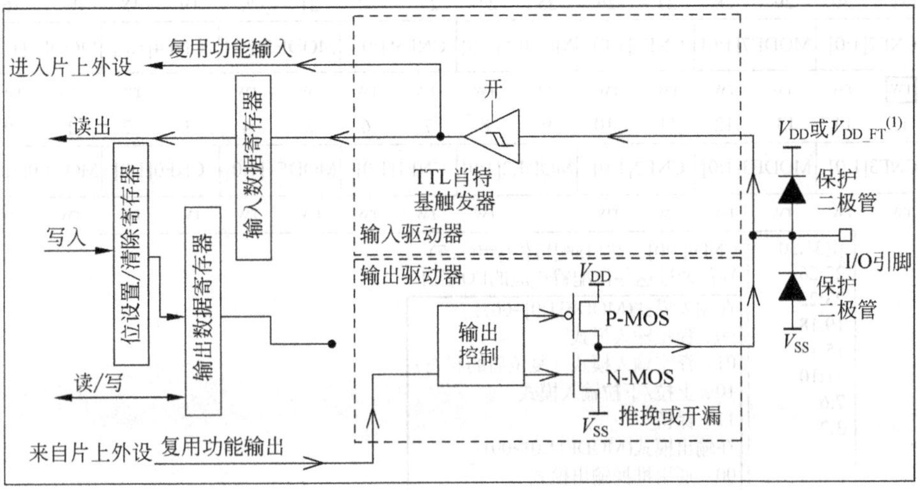

图 5-8 推挽复用输出模式

如图 5-8 所示的 I/O 端口位在复用功能推挽输出模式下的基本结构与如图 5-6 所示的 I/O 端口位在推挽输出模式下的最大的不同，就是它的输出驱动器中输出控制的数据来源，来自片上外设的复用功能输出，并且它的输入驱动器中 TTL 肖特基触发器输出的数据还会作为复用功能的输入进入片上外设。

以上就是 STM32 的 I/O 端口位的 8 种工作模式。当芯片上电复位后，除了与 JTAG 相关的 I/O 端口位之外，其他所有的 I/O 端口位都会被配置为浮空输入模式。而与 JTAG 相关的 I/O 端口位则会被配置为上拉或下拉输入模式，具体如下：

PA15——JTDI 置于上拉输入模式；

PA14——JTCK 置于下拉输入模式；

PA13——JTMS 置于上拉输入模式；

PB4——JNRTST 置于上拉输入模式。

5.2 GPIO 端口的相关寄存器

STM32 最多有 7 个 GPIO 端口(GPIOA～GPIOG)，每个 GPIO 端口有 7 个相关的寄存器，因此，STM32 最多有 7×7=49 个 GPIO 端口相关的寄存器，分别是：GPIOx_CRL(x=A,…,G)，GPIOx_CRH(x=A,…,G)，GPIOx_IDR(x=A,…,G)，GPIOx_ODR(x=A,…,G)，GPIOx_BSRR(x=A,…,G)，GPIOx_BRR(x=A,…,G)，GPIOx_LCKR(x=A,…,G)，它们都是 32 位的寄存器，并且都只能以 32 位(字)的形式被访问，不能以 16 位(半字)或 8 位(字节)的形式被访问。

5.2.1 端口配置低寄存器

端口配置低寄存器(GPIOx_CRL)(x=A,…,G)中各位的含义如图 5-9 所示。

偏移地址：0x00

复位值：0x4444 4444

31	30	29	28	27	26	25	24	23	22	21	20	19	18	17	16
CNF7[1:0]		MODE7[1:0]		CNF6[1:0]		MODE6[1:0]		CNF5[1:0]		MODE5[1:0]		CNF4[1:0]		MODE4[1:0]	
rw	rw	rw	rw	rw	rw	rw	rw	rw	rw	rw	rw	rw	rw	rw	rw

15	14	13	12	11	10	9	8	7	6	5	4	3	2	1	0
CNF3[1:0]		MODE3[1:0]		CNF2[1:0]		MODE2[1:0]		CNF1[1:0]		MODE1[1:0]		CNF0[1:0]		MODE0[1:0]	
rw	rw	rw	rw	rw	rw	rw	rw	rw	rw	rw	rw	rw	rw	rw	rw

位31:30 27:26 23:22 19:18 15:14 11:10 7:6 3:2	CNFy[1:0]：端口x配置位(y=0,...,7) 软件通过这些位配置相应的I/O端口 在输入模式(MODE[1:0]=00)： 00：模拟输入模式 01：浮空输入模式（复位后的状态） 10：上拉/下拉输入模式 11：保留 在输出模式(MODE[1:0]>00)： 00：通用推挽输出模式 01：通用开漏输出模式 10：复用功能推挽输出模式 11：复用功能开漏输出模式
位29:28 25:24 21:20 17:16 13.12 9:8,5:4 1:0	**MODEy[1:0]**：端口x的模式位(y=0,...,7) 软件通过这些位配置相应的I/O端口 00：输入模式（复位后的状态） 01：输出模式，最大速度10MHz 10：输出模式，最大速度2MHz 11：输出模式，最大速度50MHz

图 5-9 端口配置低寄存器(GPIOx_CRL)(x=A,…,G)

如图 5-9 所示的端口配置低寄存器(GPIOx_CRL)(x=A,…,G)共有 32 位，可读/写。从第 0 位开始，到第 31 位，每 4 位为一组，一共可以分为 8 组，每组包含端口 x 的一组模式位 MODEy[1:0](y=0,…,7)和一组配置位 CNFy[1:0](y=0,…,7)，可以通过设置它们的值来配置端口 x 的第 y 位的工作模式。

当 MODEy[1:0]的值被设置为 00(二进制，下同)时，端口 x 的第 y 位被配置为输入模式；当 MODEy[1:0]的值分别被设置为 01、10 或 11 时，端口 x 的第 y 位被配置为输出模式，且对应的最大输出速度分别为 10MHz、2MHz 和 50MHz。

当 MODEy[1:0]的值被设置为 00 时(输入模式)，当 CNFy[1:0]的值分别被设置为 00、01 或 10 时，端口 x 的第 y 位分别被配置为模拟输入、浮空输入或上拉/下拉输入模式(至于究竟是上拉还是下拉输入模式，需要通过设置后面将要介绍的 GPIOx_ODR 寄存器来确定)，CNFy[1:0]的值为 11 的情况保留未被使用。

当 MODEy[1:0]的值被设置为 01、10 或 11 时(输出模式)，当 CNFy[1:0]的值分别被设置为 00、01、10 或 11 时，端口 x 的第 y 位分别被配置为推挽输出、开漏输出、复用功能推挽输出或复用功能开漏输出的工作模式。

注意，GPIOx_CRL 在芯片上电复位后的初值为 0x44444444，即在芯片上电复位后，GPIOx_CRL 的每一组模式位 MODEy[1:0]和每一组配置位 CNFy[1:0]的值会被分别设置为 00 和 01，因此，STM32 的 I/O 端口位（除 JTAG 相关的之外）在初始状态下会被配置为浮空输入工作模式。

5.2.2 端口配置高寄存器

端口配置高寄存器(GPIOx_CRH)(x=A,…,G)的内容如图 5-10 所示。

偏移地址：0x04

复位值：0x4444 4444

31	30	29	28	27	26	25	24	23	22	21	20	19	18	17	16
CNF15[1:0]		MODE15[1:0]		CNF14[1:0]		MODE14[1:0]		CNF13[1:0]		MODE13[1:0]		CNF12[1:0]		MODE12[1:0]	
rw	rw	rw	rw	rw	rw	rw	rw	rw	rw	rw	rw	rw	rw	rw	rw

15	14	13	12	11	10	9	8	7	6	5	4	3	2	1	0
CNF11[1:0]		MODE11[1:0]		CNF10[1:0]		MODE10[1:0]		CNF9[1:0]		MODE9[1:0]		CNF8[1:0]		MODE8[1:0]	
rw	rw	rw	rw	rw	rw	rw	rw	rw	rw	rw	rw	rw	rw	rw	rw

位31:30 27:26 23:22 19:18 15:14 11:10 7:6 3:2	**CNFy[1:0]**：端口x配置位(y=8,...,15) 软件通过这些位配置相应的I/O端口 在输入模式(MODE[1:0]=00)： 00：模拟输入模式 01：浮空输入模式（复位后的状态） 10：上拉/下拉输入模式 11：保留 在输出模式(MODE[1:0]>00)： 00：通用推挽输出模式 01：通用开漏输出模式 10：复用功能推挽输出模式 11：复用功能开漏输出模式
位29:28 25:24 21:20 17:16 13.12 9:8,5:4 1:0	**MODEy[1:0]**：端口x的模式位(y=8,...,15) 软件通过这些位配置相应的I/O端口 00：输入模式（复位后的状态） 01：输出模式，最大速度10MHz 10：输出模式，最大速度2MHz 11：输出模式，最大速度50MHz

图 5-10 端口配置高寄存器(GPIOx_CRH)(x=A,…,G)

如图 5-10 所示的端口配置高寄存器(GPIOx_CRH)(x=A,…,G)和如图 5-9 所示的端口配置低寄存器(GPIOx_CRL)(x=A,…,G)非常相似，所不同的只是 GPIOx_CRL 对应的是端口 x 的低 8 位(第 0 位～第 7 位)的工作模式的配置，而 GPIOx_CRH 对应的是端口 x 的高 8 位(第 8 位～第 15 位)的工作模式的配置。这样通过设置 GPIOx_CRL 和 GPIOx_CRH，就可以配置端口 x 的全部 16 位(0～15)的工作模式。

5.2.3 端口输入数据寄存器

端口输入数据寄存器(GPIOx_IDR)(x=A,…,G)的内容如图 5-11 所示。

地址偏移：0x08

复位值：0x000 XXXX

31	30	29	28	27	26	25	24	23	22	21	20	19	18	17	16
保留															

15	14	13	12	11	10	9	8	7	6	5	4	3	2	1	0
IDR15	IDR14	IDR13	IDR12	IDR11	IDR10	IDR9	IDR8	IDR7	IDR6	IDR5	IDR4	IDR3	IDR2	IDR1	IDR0
r	r	r	r	r	r	r	r	r	r	r	r	r	r	r	r

位31:16	保留，始终读为0。
位15:0	**IDRy[15:0]**：端口输入数据(y=0,...,15) 这些位为只读并只能以字（16位）的形式读出。读出的值为对应I/O口的状态。

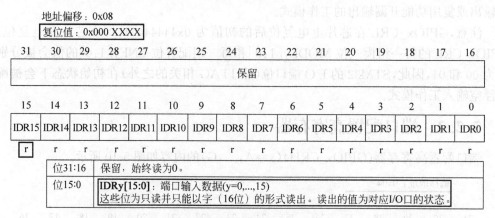

图 5-11　端口输入数据寄存器(GPIOx_IDR)(x＝A,…,G)

在图 5-11 所示的端口输入数据寄存器(GPIOx_IDR)(x＝A,…,G)中，第 0～15 位分别对应端口 x 的 16 位的输入电平状态(1 对应输入高电平，0 对应输入低电平)，这些位只能读并且只能以字的形式被读出。第 16～31 位保留，它们始终被读为 0。

在芯片上电复位后，该寄存器的初值被设置为 0x0000XXXX，因为端口 x 的 16 位默认处于浮空输入模式，所以它们的电平状态也处于浮空状态，不能确定它们输入的是高电平还是低电平。

5.2.4　端口输出数据寄存器

端口输出数据寄存器(GPIOx_ODR)(x＝A,…,G)的内容如图 5-12 所示。

地址偏移：0Ch

复位值：0x0000 0000

31	30	29	28	27	26	25	24	23	22	21	20	19	18	17	16
保留															

15	14	13	12	11	10	9	8	7	6	5	4	3	2	1	0
ODR15	ODR14	ODR13	ODR12	ODR11	ODR10	ODR9	ODR8	ODR7	ODR6	ODR5	ODR4	ODR3	ODR2	ODR1	ODR0
rw	rw	rw	rw	rw	rw	rw	rw	rw	rw	rw	rw	rw	rw	rw	rw

位31:16	保留，始终读为0。
位15:0	**ODRy[15:0]**：端口输出数据(y=0,...,15)(Port output data) 这些位可读可写并只能以字（16位）的形式操作。 注：对GPIOx_BSRR(x=A,...,E)，可以分别地对各个ODR位进行独立的设置/清除。

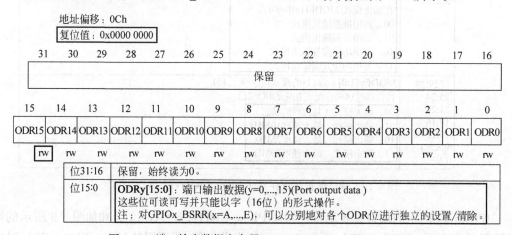

图 5-12　端口输出数据寄存器(GPIOx_ODR)(x＝A,…,G)

在图 5-12 所示的端口输出数据寄存器(GPIOx_ODR)(x＝A,…,G)中，第 0～15 位分别对应端口 x 的 16 位的输出电平状态(1 对应输出高电平，0 对应输出低电平)，这些位可读可写并且只能以字(16 位)的形式进行操作，第 16～31 位保留，它们始终被读为 0。

在芯片上电复位后，该寄存器的初值被设置为 0x00000000，即在输出模式下，端口 x 的 16 位默认都输出低电平。

前面在介绍 GPIOx_CRL(x＝A,…,G)寄存器时,曾经提到过,当 I/O 端口位被配置为上拉/下拉输入模式时,究竟是选择上拉还是下拉输入模式,需要通过设置 GPIOx_ODR(x＝A,…,G)寄存器来进一步确定,现在给出《STM32 中文参考手册》中的关于 I/O 端口位工作模式与 GPIOx_CRL 以及 GPIOx_ODR 寄存器关系的两个表,如图 5-13 所示。

端口位配置表

配置模式		CNF1	CNF0	MODE1 MODE0	PxODR寄存器
通用输出	推挽(Push-Pull)	0	0	01 10 11 见表18	0或1
	开漏(Open-Drain)		1		0或1
复用功能输出	推挽(Push-Pul)	1	0		不使用
	开漏(Open-Drain)		1		不使用
输入	模拟输入	0	0	00	不使用
	浮空输入		1		不使用
	下拉输入	1	0		0
	上拉输入				1

输出模式位表

MODE[1:0]	意义
00	保留
01	最大输出速度为10MHz
10	最大输出速度为2MHz
11	最大输出速度为50MHz

图 5-13 端口位配置表和输出模式位表

5.2.5 端口位设置/清除数据寄存器

端口位设置/清除数据寄存器(GPIOx_BSRR)(x＝A,…,G)的内容如图 5-14 所示。

地址偏移：0x10

复位值：0x0000 0000

31	30	29	28	27	26	25	24	23	22	21	20	19	18	17	16
BR15	BR14	BR13	BR12	BR11	BR10	BR9	BR8	BR7	BR6	BR5	BR4	BR3	BR2	BR1	BR0
w	w	w	w	w	w	w	w	w	w	w	w	w	w	w	w

15	14	13	12	11	10	9	8	7	6	5	4	3	2	1	0
BS15	BS14	BS13	BS12	BS11	BS10	BS9	BS8	BS7	BS6	BS5	BS4	BS3	BS2	BS1	BS0
w	w	w	w	w	w	w	w	w	w	w	w	w	w	w	w

位31:16	**BRy**：清除端口x的位y(y=0,...,15) 这些位只能写入并只能以字（16位）的形式操作。 0：对对应的ODRy位不产生影响 1：清除对应的ODRy位为0 注：如果同时设置了BSy和BRy的对应位，BSy位起作用。
位15:0	**BSy**：设置端口x的位y(y=0,...,15) 这些位只能写入并只能以字（16位）的形式操作。 0：对对应的ODRy位不产生影响 1：设置对应的ODRy位为1

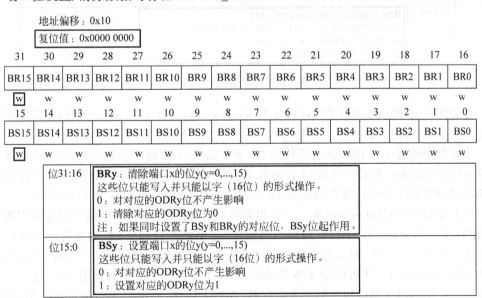

图 5-14 端口位设置/清除数据寄存器(GPIOx_BSRR)(x＝A,…,G)

在如图 5-14 所示的寄存器(GPIOx_BSRR)(x=A,…,G)中,第 0~15 位为对应端口 x 的第 0~15 位的设置位,第 16~31 位为对应端口 x 的第 0~15 位的清除位,这些位只能被写入,并且只能以字(16 位)的形式被操作。

当对设置位的第 y(y=0,…,15)位 BSy 进行操作时,如果对该位写 0,则不会对 GPIOx_ODR 寄存器的第 y 位产生影响;如果对该位写 1,则清除对应的 ODRy 位为 0。

当对清除位的第 y(y=0,…,15)位 BRy 进行操作时,如果对该位写 0,则不会对 GPIOx_ODR 寄存器的第 y 位产生影响;如果对该位写 1,设置对应的 ODRy 位为 1。

这个寄存器的主要作用在于:通过对它进行设置,可以单独地设置或清除 GPIOx_ODR 寄存器中的相关位,以达到更改某个端口位的输出电平状态而不影响其他端口位的效果,其实在如图 5-12 所示的 GPIOx_ODR 寄存器的表中的最后进行了相关的说明,大家可以回去看一下。最后,需要注意的是,如果同时设置了 GPIOx_BSRR 寄存器中相对应的 BSy 和 BRy 位,则 BSy 位起作用。

5.2.6 端口位清除数据寄存器

端口位清除数据寄存器(GPIOx_BRR)(x=A,…,G)的内容如图 5-15 所示。

地址偏移:0x14

复位值:0x0000 0000

31	30	29	28	27	26	25	24	23	22	21	20	19	18	17	16
保留															

15	14	13	12	11	10	9	8	7	6	5	4	3	2	1	0
BR15	BR14	BR13	BR12	BR11	BR10	BR9	BR8	BR7	BR6	BR5	BR4	BR3	BR2	BR1	BR0
w	w	w	w	w	w	w	w	w	w	w	w	w	w	w	w

位31:16	保留。
位15:0	**BRy**:清除端口x的位y(y=0,...,15) 这些位只能写入并只能以字(16位)的形式操作。 0:对对应的ODRy位不产生影响 1:清除对应的ODRy位为0

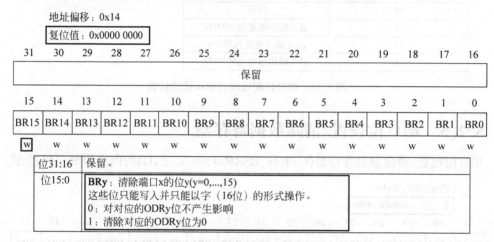

图 5-15 端口位清除数据寄存器(GPIOx_BRR)(x=A,…,G)

在如图 5-15 所示的寄存器(GPIOx_BSRR)(x=A,…,G)中,第 0~15 位对应端口 x 的第 0~15 位的清除位,这些位只能被写入,并且只能以字(16 位)的形式被操作。

当对其中的第 y 位 BRy 进行操作时,如果对该位写 0,则不会对 GPIOx_ODR 寄存器的第 y 位产生影响;如果对该位写 1,清除对应的 ODRy 位为 0。GPIOx_BSRR 寄存器的低 16 位与 GPIOx_BSRR 寄存器的高 16 位的功能基本相同,它的高 16 位则保留。

以上介绍了与 GPIOx(x=A,…,G)相关的 6 个寄存器,还有一个端口配置锁定寄存器(GPIOx_LCKR)(x=A,…,G),用得不是很多,这里就不介绍了,有兴趣的读者可以参考《STM32 中文参考手册》中 8.2.7 节的内容进行学习。这里顺便说明一下,关于 STM32 的 GPIO 端口的内容在《STM32 中文参考手册》的 8.1 节和 8.2 节中有详细介绍,整个 8.2 节全部是在介绍 GPIO 端口相关的 7 个寄存器,在该手册中,一般在每章的最后一节,都会将该章主讲的知识点所涉及的全部寄存器都详细地列出,因为本章还有另一个重要知识点 AFIO,因此 GPIO 相关的寄存器放在了 8.2 节中。

5.3 GPIO 端口的相关库函数

通过 5.2 节的学习，大家应该对 GPIO 端口相关的几个主要的寄存器有了一个总体的认识和基本的了解。本节将在 5.2 节的基础上介绍 ST 官方固件库中提供的与 GPIO 端口相关的一些重要的库函数，为 5.4 节 GPIO 端口的应用实例打下基础。

首先打开在 3.4 节中建立的工程模板 Template，并在它的 FWLIB 子文件夹下找到 stm32f10x_gpio.c 文件，如图 5-16 所示。

打开 stm32f10x_gpio.c 文件，在开始处的头文件包含区域，找到与该文件相对应的 stm32f10x_gpio.h 头文件被包含的预处理命令，然后对其右击，在弹出的快捷菜单中选择 Open document 'stm32f10x_gpio.h'或 Go to Headerfile 'stm32f10x_gpio.h'命令，如图 5-17 所示。

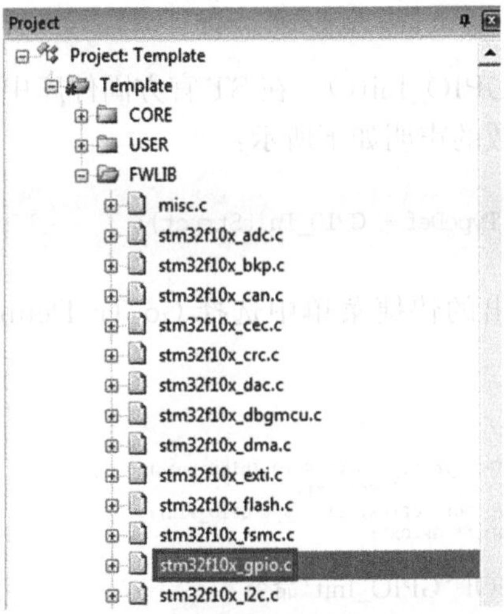

图 5-16 在 FWLIB 子文件夹下找到 stm32f10x_gpio.c 文件

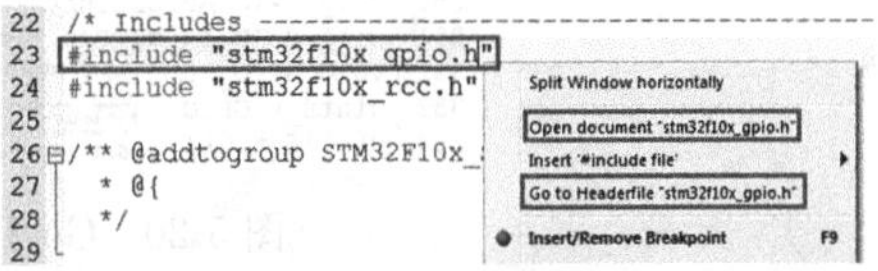

图 5-17 打开 stm32f10x_gpio.h 头文件

另一个打开 stm32f10x_gpio.h 头文件的方法是在工程的 USER 或 FWLIB 子文件夹下的任何一个源文件所包含的头文件列表中找到并打开它。以 main.c 为例，如图 5-18 所示，当然，这需要首先对工程进行编译。

在 stm32f10x_gpio.h 头文件的最后，可以看到一系列以"GPIO"开头的函数声明，如图 5-19 所示。

它们都是与 GPIO 端口相关的函数，这些函数的定义都在 stm32f10x_gpio.c 源文件中。在 3.1.3 节介绍 ST 官方固件库包时，曾经讲到，函数库文件夹 Libraries 中包含一个名为 STM32F10x_StdPeriph_Driver 的文件夹，该文件夹中又包含了 inc 和 src 两个文件夹，它们又分别包含着 ST 官方提供的各种库函数相关的源文件(.c 文件)和头文件(.h 文件)，且一个源文件对应一个相关的头文件。现在可以告诉大家，关于库函数的定义基本上都在相关的源文件中，而其声明基本上都在相关的头文件中。

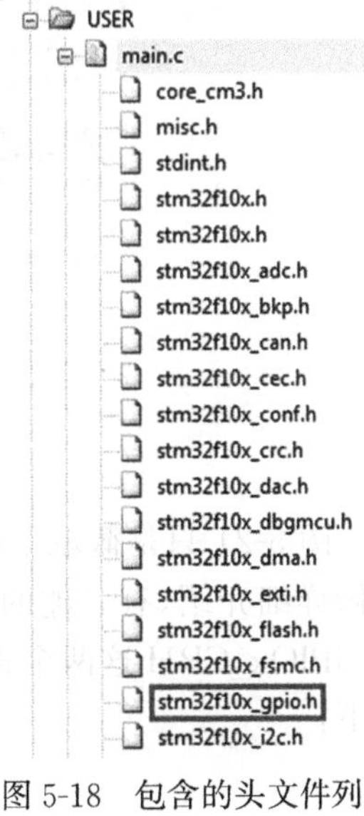

图 5-18 包含的头文件列表

```
void GPIO_DeInit(GPIO_TypeDef* GPIOx);
void GPIO_AFIODeInit(void);
void GPIO_Init(GPIO_TypeDef* GPIOx, GPIO_InitTypeDef* GPIO_InitStruct);
void GPIO_StructInit(GPIO_InitTypeDef* GPIO_InitStruct);
uint8_t GPIO_ReadInputDataBit(GPIO_TypeDef* GPIOx, uint16_t GPIO_Pin);
uint16_t GPIO_ReadInputData(GPIO_TypeDef* GPIOx);
uint8_t GPIO_ReadOutputDataBit(GPIO_TypeDef* GPIOx, uint16_t GPIO_Pin);
uint16_t GPIO_ReadOutputData(GPIO_TypeDef* GPIOx);
void GPIO_SetBits(GPIO_TypeDef* GPIOx, uint16_t GPIO_Pin);
void GPIO_ResetBits(GPIO_TypeDef* GPIOx, uint16_t GPIO_Pin);
void GPIO_WriteBit(GPIO_TypeDef* GPIOx, uint16_t GPIO_Pin, BitAction BitVal);
void GPIO_Write(GPIO_TypeDef* GPIOx, uint16_t PortVal);
void GPIO_PinLockConfig(GPIO_TypeDef* GPIOx, uint16_t GPIO_Pin);
void GPIO_EventOutputConfig(uint8_t GPIO_PortSource, uint8_t GPIO_PinSource);
void GPIO_EventOutputCmd(FunctionalState NewState);
void GPIO_PinRemapConfig(uint32_t GPIO_Remap, FunctionalState NewState);
void GPIO_EXTILineConfig(uint8_t GPIO_PortSource, uint8_t GPIO_PinSource);
void GPIO_ETH_MediaInterfaceConfig(uint32_t GPIO_ETH_MediaInterface);
```

图 5-19 GPIO 端口相关的函数声明

5.3.1 GPIO_Init()函数

首先来介绍 GPIO 端口的相关初始化函数 GPIO_Init()。在 ST 官方固件库中，一般名字以“_Init”结尾的函数都是初始化函数。该函数的声明如下所示：

```
void GPIO_Init(GPIO_TypeDef * GPIOx, GPIO_InitTypeDef * GPIO_InitStruct);
```

在该函数声明处对 GPIO_Init 右击，在弹出的快捷菜单中选择 Go To Definition Of ‘GPIO_Init’命令，如图 5-20 所示。

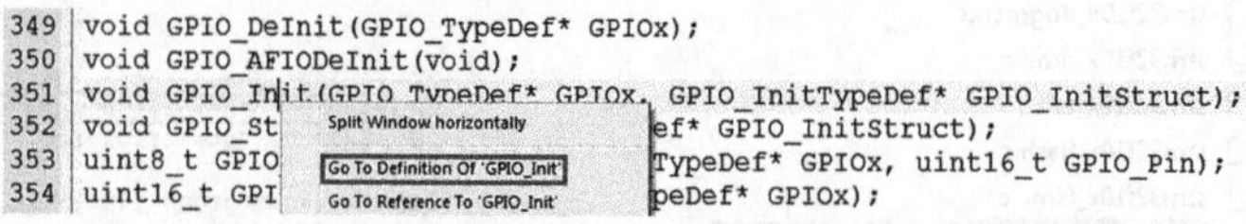
349 void GPIO_DeInit(GPIO_TypeDef* GPIOx);
350 void GPIO_AFIODeInit(void);
351 void GPIO_Init(GPIO_TypeDef* GPIOx, GPIO_InitTypeDef* GPIO_InitStruct);
352 void GPIO_St
ef* GPIO_InitStruct);
353 uint8_t GPIO
TypeDef* GPIOx, uint16_t GPIO_Pin);
354 uint16_t GPI
peDef* GPIOx);
Split Window horizontally
Go To Definition Of 'GPIO_Init'
Go To Reference To 'GPIO_Init'

图 5-20 Go To Definition Of ‘GPIO_Init’命令

程序会跳转到 stm32f10x_gpio.c 源文件中的该函数定义处，如图 5-21 所示。

```
void GPIO_Init(GPIO_TypeDef* GPIOx, GPIO_InitTypeDef* GPIO_InitStruct)
{
  uint32_t currentmode = 0x00, currentpin = 0x00, pinpos = 0x00, pos = 0x00;
  uint32_t tmpreg = 0x00, pinmask = 0x00;
  /* Check the parameters */
  assert_param(IS_GPIO_ALL_PERIPH(GPIOx));
  assert_param(IS_GPIO_MODE(GPIO_InitStruct->GPIO_Mode));
  assert_param(IS_GPIO_PIN(GPIO_InitStruct->GPIO_Pin));

/*---------------------------- GPIO Mode Configuration -----------------------*/
  currentmode = ((uint32_t)GPIO_InitStruct->GPIO_Mode) & ((uint32_t)0x0F);
  if ((((uint32_t)GPIO_InitStruct->GPIO_Mode) & ((uint32_t)0x10)) != 0x00)
  {
    /* Check the parameters */
    assert_param(IS_GPIO_SPEED(GPIO_InitStruct->GPIO_Speed));
    /* Output mode */
```

图 5-21 GPIO_Init()函数的定义

图 5-21 只是截取了该函数定义中的前几行代码，关于该函数的具体实现过程，此处不做详细介绍，有兴趣的读者可以自己尝试，其实该函数最终就是通过设置 GPIOx_CRL 或 GPIOx_CRH 这两个寄存器来实现配置 GPIO 端口引脚工作模式的功能，相关的代码如下：

```
GPIOx->CRL = tmpreg;
GPIOx->CRH = tmpreg;
```

下面重点介绍关于该函数的应用。

可以看到，该函数的两个参数分别是 GPIO_TypeDef 和 GPIO_InitTypeDef 的指针类型的。用刚才的方法单击进入 GPIO_TypeDef 的定义，程序会跳转到 stm32f10x.h 头文件中的如下代码处：

```
typedef struct
{
  __IO uint32_t CRL;
  __IO uint32_t CRH;
  __IO uint32_t IDR;
  __IO uint32_t ODR;
  __IO uint32_t BSRR;
  __IO uint32_t BRR;
  __IO uint32_t LCKR;
} GPIO_TypeDef;
```

这是一个结构体类型，它有 7 个成员变量，实际上它们分别对应着与 GPIO 端口相关的 7 个寄存器，大家从它们的名字中也能看出它们之间是互相对应的。该结构体类型实际上对应的是一个 GPIO 端口。

再单击进入 GPIO_InitTypeDef 的定义，程序会跳转到 stm32f10x_gpio.h 头文件中的如下代码处：

```
typedef struct
{
  uint16_t GPIO_Pin;
  GPIOSpeed_TypeDef GPIO_Speed;
  GPIOMode_TypeDef GPIO_Mode;
}GPIO_InitTypeDef;
```

这也是一个结构体类型，它有 3 个成员变量，其中，GPIO_Speed 和 GPIO_Mode 分别是 GPIOSpeed_TypeDef 和 GPIOMode_TypeDef 类型的。再分别进入它们的定义，可以看到，它们的定义都在 stm32f10x_gpio.h 头文件中。

GPIOSpeed_TypeDef 的定义如下所示：

```
typedef enum
{
  GPIO_Speed_10MHz = 1,
  GPIO_Speed_2MHz,
  GPIO_Speed_50MHz
}GPIOSpeed_TypeDef;
```

可以看出，GPIOSpeed_TypeDef 是一个枚举类型，其枚举值分别对应端口引脚在输出模式下的输出速度为 10MHz、2MHz 以及 50MHz。

GPIOMode_TypeDef 的定义如下所示：

```
typedef enum
{
GPIO_Mode_AIN = 0x0,
  GPIO_Mode_IN_FLOATING = 0x04,
  GPIO_Mode_IPD = 0x28,
  GPIO_Mode_IPU = 0x48,
  GPIO_Mode_Out_OD = 0x14,
  GPIO_Mode_Out_PP = 0x10,
  GPIO_Mode_AF_OD = 0x1C,
  GPIO_Mode_AF_PP = 0x18
}GPIOMode_TypeDef;
```

可以看出，GPIOSpeed_TypeDef 也是一个枚举类型，其枚举值分别对应 GPIO 端口的 8 种工作模式，依次为模拟输入、浮空输入、下拉输入、上拉输入、开漏输出、推挽输出、复用功能开漏输出以及复用功能推挽输出。

结合它们的名字和注释(可以参考具体代码)，不难猜出它们的含义：

GPIO_Pin——要被初始化的 GPIO 端口的引脚；

GPIO_Speed——要被初始化的 GPIO 端口引脚的(输出)速度；

GPIO_Mode——要被初始化的 GPIO 端口引脚的工作模式。

现在，相信大家应该对该函数有一个大体的了解了。下面通过一个例子来具体说明对该函数的应用及其应用过程中的一些重要技巧。

例如，现在要将 GPIOA 的第 5 个引脚 PA5 配置为推挽输出工作模式，那么可以编写如下的程序代码：

```
GPIO_InitTypeDef GPIO_InitStructure;
GPIO_InitStructure.GPIO_Pin = GPIO_Pin_5;                //端口引脚号为 5
GPIO_InitStructure.GPIO_Mode = GPIO_Mode_Out_PP;         //推挽输出模式
GPIO_InitStructure.GPIO_Speed = GPIO_Speed_50MHz;        //输出速度为 50MHz
GPIO_Init(GPIOA, &GPIO_InitStructure);                   //GPIO 端口 A
```

首先，需要说明的是，这只是一段孤立的代码，实际应用中当然还需要添加其他相关代码或命令，这里只是为了讲解怎样应用这个函数(下同)。

这段代码首先定义了一个 GPIO_InitTypeDef 结构体类型的变量 GPIO_InitStructure，然后对 GPIO_InitStructure 的 3 个成员变量分别进行赋值，最后调用 GPIO_Init()函数完成相关的初始化操作。注意，因为 GPIO_Init()函数的相应形参是 GPIO_InitTypeDef 指针类型的，而定义的变量 GPIO_InitStructure 是 GPIO_InitTypeDef 类型的，所以，在 GPIO_Init()函数的调用过程中，要用"&GPIO_InitStructure"来作相应的实参。

可能大家会有疑问，在上面的代码中，对 GPIO_Init()函数的实参 GPIOA 以及 GPIO_InitStructure 的成员变量 GPIO_Pin 的赋值要到哪里去找呢？下面就来回答这个问题同时以该函数为例介绍应用 ST 官方库函数的一些重要技巧。

首先，在 Template 工程的 USER 子文件夹下打开 main. c 文件，并将其中 main()函数中的代码全部注释起来。注释的快速方法是选中要注释的代码，然后在 MDK 工具栏中单击 Edit→Advanced→Comment Selection 命令，取消注释的快速方法则是相应地单击 Edit→Advanced→Uncomment Selection 命令。

然后可以试着在 main()函数中逐条输入以上的 5 条代码。因为要调用的 GPIO_Init()函数的声明之前已经在 stm32f10x_gpio.h 头文件中找到，所以可以先输入这个函数的名称，然后再分别确定它的相关实参，如下所示。

```
GPIO_Init();
```

对 GPIO_Init()函数的实参的选取，实际上可以通过如图 5-20 所示该函数定义中的前几行对函数形参进行有效性验证的代码来实现。具体来说，在如图 5-20 所示的 GPIO_Init()函数的定义中，在定义了相关的局部变量之后，多次通过调用 assert_param()函数来对 GPIO_Init()函数的各个形参或其成员变量进行有效性验证，相关代码如下：

```
assert_param(IS_GPIO_ALL_PERIPH(GPIOx));
assert_param(IS_GPIO_MODE(GPIO_InitStruct->GPIO_Mode));
assert_param(IS_GPIO_PIN(GPIO_InitStruct->GPIO_Pin));
assert_param(IS_GPIO_SPEED(GPIO_InitStruct->GPIO_Speed));
```

只需要对其中的宏 IS_GPIO_ALL_PERIPH、IS_GPIO_MODE、IS_GPIO_PIN 和 IS_GPIO_SPEED 右击，在弹出的快捷菜单中选择 Go To Definition Of 命令，进入它们的定义，就可以查看到相关取值的定义。

单击进入 IS_GPIO_ALL_PERIPH 的定义，可以看到，程序跳转到 stm32f10x_gpio.h 头文件中的如下代码处：

```
#define IS_GPIO_ALL_PERIPH(PERIPH) (((PERIPH) == GPIOA) || \
                                    ((PERIPH) == GPIOB) || \
                                    ((PERIPH) == GPIOC) || \
                                    ((PERIPH) == GPIOD) || \
                                    ((PERIPH) == GPIOE) || \
                                    ((PERIPH) == GPIOF) || \
                                    ((PERIPH) == GPIOG))
```

它的作用就是判断 PERIPH 是否是 GPIOA～GPIOG 中的一个，这里的“\”表示下一行代码与该行是连续的。从中可以很容易地找到需要的 GPIO 端口，并将它作为被调用的 GPIO_Init()函数的第一个实参写入。

对于 GPIO_Init()函数的第二个实参，因为它对应的形参是一个 GPIO_InitTypeDef 结构体类型的变量，因此，需要先定义一个该结构体类型的变量：

```
GPIO_InitTypeDef GPIO_InitStructure;
```

然后，需要对该结构体类型变量的各成员分别进行赋值，在 GPIO_InitStructure 的后面输入“.”，可以看到，GPIO_InitStructure 的 3 个成员变量会自动显示出来，如图 5-22 所示。

这样，就可以很容易地写出 GPIO_InitStructure 的 3 个成员变量，再分别对它们进行赋值。

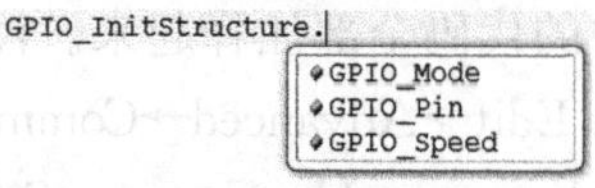

图 5-22　GPIO_InitStructure 的 3 个成员变量

然后，用前面的方法，单击进入 IS_GPIO_ALL_PERIPH 的定义，程序会跳转到 stm32f10x_gpio. h 头文件中的如下代码处：

```
#define IS_GPIO_MODE(MODE) (((MODE) == GPIO_Mode_AIN) || \
((MODE) == GPIO_Mode_IN_FLOATING) || \
                    ((MODE) == GPIO_Mode_IPD) || \
((MODE) == GPIO_Mode_IPU) || \
                    ((MODE) == GPIO_Mode_Out_OD) ||\
                    ((MODE) == GPIO_Mode_Out_PP) || \
                    ((MODE) == GPIO_Mode_AF_OD) ||\
                    ((MODE) == GPIO_Mode_AF_PP))
```

与刚才 IS_GPIO_ALL_PERIPH(PERIPH)的情况相似，从中可以很容易地找到需要配置的 GPIO 端口的工作模式，并将其赋值给 GPIO_InitStructure 的成员变量 GPIO_Mode，如下所示：

```
GPIO_InitStructure.GPIO_Mode = GPIO_Mode_Out_PP;
```

在这段代码的前面，实际上就是 GPIOMode_TypeDef 的定义，如图 5-23 所示。

```
typedef enum
{ GPIO_Mode_AIN = 0x0,
  GPIO_Mode_IN_FLOATING = 0x04,
  GPIO_Mode_IPD = 0x28,
  GPIO_Mode_IPU = 0x48,
  GPIO_Mode_Out_OD = 0x14,
  GPIO_Mode_Out_PP = 0x10,
  GPIO_Mode_AF_OD = 0x1C,
  GPIO_Mode_AF_PP = 0x18
}GPIOMode_TypeDef;

#define IS_GPIO_MODE(MODE) (((MODE) == GPIO_Mode_AIN) || ((MODE) == GPIO_Mode_IN_FLOATING) || \
                           ((MODE) == GPIO_Mode_IPD) || ((MODE) == GPIO_Mode_IPU) || \
                           ((MODE) == GPIO_Mode_Out_OD) || ((MODE) == GPIO_Mode_Out_PP) || \
                           ((MODE) == GPIO_Mode_AF_OD) || ((MODE) == GPIO_Mode_AF_PP))
```

图 5-23　GPIOMode_TypeDef 及 IS_GPIO_MODE(MODE)的定义

再单击进入 IS_GPIO_ALL_PERIPH 的定义，程序会跳转到 stm32f10x_gpio. h 头文件中的相关代码处，如图 5-24 所示。

在图 5-24 中，在 IS_GPIO_ALL_PERIPH(PIN)定义的前面，就是对所有 GPIO 端口引脚的定义 GPIO_Pin_0～GPIO_Pin_15，以及一个对全部 16 个 GPIO 端口引脚都选中的定义，从中可以很容易地找到需要的 GPIO 端口引脚，并将其赋值给 GPIO_InitStructure 的成员变量 GPIO_Pin，如下所示：

```
GPIO_InitStructure.GPIO_Pin = GPIO_Pin_5;
```

IS_GPIO_ALL_PERIPH(PIN)的定义如下：

```
#define IS_GPIO_PIN(PIN) ((((PIN) & (uint16_t)0x00) == 0x00) && ((PIN) != (uint16_t)0x00))
```

```
#define GPIO_Pin_0                 ((uint16_t)0x0001)  /*!< Pin 0 selected */
#define GPIO_Pin_1                 ((uint16_t)0x0002)  /*!< Pin 1 selected */
#define GPIO_Pin_2                 ((uint16_t)0x0004)  /*!< Pin 2 selected */
#define GPIO_Pin_3                 ((uint16_t)0x0008)  /*!< Pin 3 selected */
#define GPIO_Pin_4                 ((uint16_t)0x0010)  /*!< Pin 4 selected */
#define GPIO_Pin_5                 ((uint16_t)0x0020)  /*!< Pin 5 selected */
#define GPIO_Pin_6                 ((uint16_t)0x0040)  /*!< Pin 6 selected */
#define GPIO_Pin_7                 ((uint16_t)0x0080)  /*!< Pin 7 selected */
#define GPIO_Pin_8                 ((uint16_t)0x0100)  /*!< Pin 8 selected */
#define GPIO_Pin_9                 ((uint16_t)0x0200)  /*!< Pin 9 selected */
#define GPIO_Pin_10                ((uint16_t)0x0400)  /*!< Pin 10 selected */
#define GPIO_Pin_11                ((uint16_t)0x0800)  /*!< Pin 11 selected */
#define GPIO_Pin_12                ((uint16_t)0x1000)  /*!< Pin 12 selected */
#define GPIO_Pin_13                ((uint16_t)0x2000)  /*!< Pin 13 selected */
#define GPIO_Pin_14                ((uint16_t)0x4000)  /*!< Pin 14 selected */
#define GPIO_Pin_15                ((uint16_t)0x8000)  /*!< Pin 15 selected */
#define GPIO_Pin_All               ((uint16_t)0xFFFF)  /*!< All pins selected */

#define IS_GPIO_PIN(PIN) ((((PIN) & (uint16_t)0x00) == 0x00) && ((PIN) != (uint16_t)0x00))
```

图 5-24　所有 GPIO 引脚及 IS_GPIO_ALL_PERIPH(PIN)的定义

它实际上就是验证 PIN 是否来自前面定义的 16 个 GPIO 端口引脚中的一个或多个。因为 16 个引脚中的每一个都对应 16 位二进制数的其中 1 位，16 个引脚刚好对应 16 位，所以，这 16 个引脚中的每一个是否被选中与其他引脚是否被选中彼此之间是相互独立的。如果想一次选中多个引脚，则可以用“|”操作符将它们“捆绑”起来。例如，这里如果还想将 GPIOA 的第 6 和第 7 个引脚 PA6 和 PA7 也配置为与 PA5 相同的工作模式，那么只需将相关的代码修改为：

```
GPIO_InitStructure.GPIO_Pin = GPIO_Pin_5 | GPIO_Pin_6 | GPIO_Pin_7;
```

而不必对 PA6 和 PA7 都像上面 PA5 那样赋值一次。

最后，单击进入 IS_GPIO_SPEED 的定义，如图 5-25 所示。

```
typedef enum
{
  GPIO_Speed_10MHz = 1,
  GPIO_Speed_2MHz,
  GPIO_Speed_50MHz
}GPIOSpeed_TypeDef;
#define IS_GPIO_SPEED(SPEED) (((SPEED) == GPIO_Speed_10MHz) || ((SPEED) == GPIO_Speed_2MHz) || \
                              ((SPEED) == GPIO_Speed_50MHz))
```

图 5-25　GPIOSpeed_TypeDef 及 IS_GPIO_SPEED(SPEED)的定义

在图 5-25 中，在 IS_GPIO_SPEED(SPEED)的前面，就是对 GPIOSpeed_TypeDef 的定义，从中也可以很容易地找到我们需要的端口引脚的输出速度，这里选择 50MHz，并将其对应的枚举成员赋值给 GPIO_InitStructure 的成员变量 GPIO_Speed，如下所示：

```
GPIO_InitStructure.GPIO_Speed = GPIO_Speed_50MHz;
```

通过上面这 3 个例子，可以看出，ST 官方固件库中很多关于取值的相关定义就在对该值进行相关有效性验证的前面。而且，ST 官方固件库提供的代码有很好的可读性，基本上从被定义的某值所对应的宏的名字，就可以明白它所表示的含义，而当选取某值时，只需要选取它所对应的宏就可以了，其他工作 ST 官方固件库都已经为我们做好了，这样既减轻了大家编程的工作量，又提高了代码的可读性。

在确定了对 GPIO_InitStructure 的 3 个成员变量的赋值之后，再将“&GPIO_InitStructure”

作为被调用的 GPIO_Init()函数的第二个实参写入,这样,这段代码就全部写完了。很显然,通过这种方式来调用 GPIO_Init()函数并选取它的相关实参,可以使编程更加高效和便捷。

一般情况下,在 ST 官方提供的每个库函数定义中的起始部分,在相关局部变量的定义之后,都会通过 assert_param()函数来对该库函数的形参进行相关的有效性验证,而通过它就可以很容易地获得对该函数的相关实参的选取。这个对库函数的使用技巧非常重要,在后面会再次提到它,到时大家可以结合实际应用来体会它的具体作用。

5.3.2 GPIO_SetBits()函数和 GPIO_ResetBits()函数

下面介绍与 GPIO 端口相关的其他重要函数。首先来看 GPIO_SetBits()和 GPIO_ResetBits(),它们的声明分别如下所示:

```
void GPIO_SetBits(GPIO_TypeDef * GPIOx, uint16_t GPIO_Pin);
void GPIO_ResetBits(GPIO_TypeDef * GPIOx, uint16_t GPIO_Pin);
```

对于这两个函数,相信大家在经过了刚才对 GPIO_Init()函数的学习之后,再结合这两个函数的名字及其形参,不难猜出它们要实现的功能。没错,它们的作用分别是将端口 GPIOx 的引脚 GPIO_Pin 上的输出电平设置为高电平和低电平,或者说,将该电平对应的二进制数据置 1 和清 0。它们的定义或具体实现过程分别如下所示:

```
void GPIO_SetBits(GPIO_TypeDef * GPIOx, uint16_t GPIO_Pin)
{
  assert_param(IS_GPIO_ALL_PERIPH(GPIOx));
  assert_param(IS_GPIO_PIN(GPIO_Pin));
  GPIOx->BSRR = GPIO_Pin;
}
void GPIO_ResetBits(GPIO_TypeDef * GPIOx, uint16_t GPIO_Pin)
{
  assert_param(IS_GPIO_ALL_PERIPH(GPIOx));
  assert_param(IS_GPIO_PIN(GPIO_Pin));
  GPIOx->BRR = GPIO_Pin;
}
```

可以看出,可以分别通过设置 GPIOx_BSR 和 GPIOx_BRR 寄存器来实现其相应的功能。

如果想要将 PA5 引脚上的输出电平置 1 或清 0,则可以在通过调用 5.3.2 节中介绍的 GPIO_Init()函数对其进行相关的初始化操作后,再通过调用本节介绍的这两个函数来实现上述的要求,如下所示:

```
GPIO_SetBits(GPIOA, GPIO_Pin_5);
GPIO_ResetBits(GPIOA, GPIO_Pin_5);
```

5.3.3 GPIO_Write()函数和 GPIO_WriteBit()函数

在 5.2 节中曾经讲到,对 GPIOx_BSR 和 GPIOx_BRR 寄存器的设置实际上最终的结果是设置 GPIOx_ODR 寄存器。在 stm32f10x_gpio.c 源文件中，当然也定义了直接对 GPIOx_ODR 寄存器进行写操作的相关库函数——GPIO_Write()函数，它的声明如下：

```
void GPIO_Write(GPIO_TypeDef * GPIOx, uint16_t PortVal);
```

显然，只能一次性对端口 GPIOx 上的输出电平数据赋值 PortVal，其具体实现过程如下所示：

```
void GPIO_Write(GPIO_TypeDef * GPIOx, uint16_t PortVal)
{
  assert_param(IS_GPIO_ALL_PERIPH(GPIOx));
  GPIOx -> ODR = PortVal;
}
```

还有一个名字与之类似的函数 GPIO_WriteBit()，声明如下：

```
void GPIO_WriteBit(GPIO_TypeDef * GPIOx, uint16_t GPIO_Pin, BitAction BitVal);
```

该函数的功能实际上是 GPIO_SetBits()和 GPIO_ResetBits()这两个函数的结合，即对端口 GPIOx 的引脚 GPIO_Pin 上的输出电平数据赋值 BitVal。

5.3.4 GPIO_ReadInputDataBit()函数、GPIO_ReadInputData()函数、GPIO_ReadOutputDataBit()函数和 GPIO_ReadOutputData()函数

还有 4 个分别对 GPIOx_IDR 和 GPIOx_ODR 寄存器进行读操作的库函数，它们的声明分别如下：

```
uint8_t GPIO_ReadInputDataBit(GPIO_TypeDef * GPIOx, uint16_t GPIO_Pin);
uint16_t GPIO_ReadInputData(GPIO_TypeDef * GPIOx);
uint8_t GPIO_ReadOutputDataBit(GPIO_TypeDef * GPIOx, uint16_t GPIO_Pin);
uint16_t GPIO_ReadOutputData(GPIO_TypeDef * GPIOx);
```

这些函数的作用分别是：返回读取的端口 GPIOx 的引脚 GPIO_Pin 上的输入电平数据、返回读取的整个 GPIOx 端口(即端口 GPIOx 上所有引脚的)的输入电平数据、返回读取的端口 GPIOx 的引脚 GPIO_Pin 上的输出电平数据以及返回读取的整个 GPIOx 端口(即端口 GPIOx 上所有引脚的)的输出电平数据。

5.3.5 GPIO_DeInit()函数

还有一个与 GPIO_Init()函数名字类似的函数 GPIO_DeInit()，它的声明如下：

```
void GPIO_DeInit(GPIO_TypeDef * GPIOx);
```

该函数的作用是将端口 GPIOx 的所有相关寄存器的值都初始化到芯片上电复位后的默认状态。这个函数用得不是很多，在这里给大家介绍它，是想告诉大家，在 ST 官方固件

库中，一般名字以“_DeInit”结尾的函数，都是初始化到默认状态的相关函数。

这样就将与GPIO端口相关的常用库函数全部都介绍完了。这些函数实际上都是通过对底层的相关寄存器进行操作来实现相应的功能的。

目前，对大家的要求是只需掌握怎样使用它们就可以了。如果以后想进行更深层次的开发，可以尝试着学习这些库函数的具体实现，这样可以加深对这些库函数的理解。此外，以后可能需要自己编写相关芯片的外设驱动函数等，学习ST官方库函数的具体实现过程，是很有帮助的。

最后需要说明的是，在5.2节介绍GPIO端口相关的寄存器的内容，是为了让大家对本节介绍的GPIO端口相关的库函数有更深刻的理解。

当用STM32进行实际项目开发时，通过ST官方提供的库函数就可以实现许多功能，但如果只会简单的调用，而不理解其底层操作的原理，那相当于只学会了皮毛，而没有掌握其内在的实质——单片机的应用开发实际上就是通过对它的底层寄存器进行相关的操作来实现其相应的功能，这样以后在较复杂的项目开发过程中很难做到举一反三，因为STM32有许多功能无法只靠ST官方提供的库函数来实现。因此，只有在理解了STM32底层寄存器工作原理的基础上，再去调用ST官方提供的库函数，才能在实际项目开发的过程中取得事半功倍的效果。

5.4 GPIO端口的应用实例

通过前面几节的学习，相信大家应该对STM32的GPIO端口的工作原理、相关寄存器以及相关库函数都有了一定程度的理解。本节将在前面学习的基础上，并在本书相关的硬件开发平台的支持下，应用STM32的GPIO端口实现两个典型的案例。

首先，需要说明的是，硬件开发平台——天信通STM32F107开发板的主控芯片STM32F107VCT6只有5个GPIO端口，即GPIOA～GPIOE，每个GPIO端口上都有16个端口位，一共有80个GPIO端口位。

5.4.1 流水灯

单片机I/O端口的一个典型应用就是通过输出高低电平来实现控制LED(Light Emitting Diode，发光二极管)的亮灭，并可以进一步实现流水灯。如果大家学过51单片机，对此应该不会感到陌生。本节应用STM32的GPIO端口来实现流水灯，并以这个典型实例作为本书所有应用实例的开始。

1. 实例描述

本实例通过控制开发板的相关GPIO端口引脚不断地输出高低电平来使得开发板中的4个LED依次亮，在每一个LED亮时，其他LED灭，从而实现流水灯的效果。

2. 硬件电路

本实例相关的硬件电路如图5-26所示。

在图5-26中，发光二极管D2、D3、D4和D5的正极分别通过限流电阻$R54$、$R53$、$R52$和$R51$连接到3.3V，它们的负极分别连接到开发板的PE9、PE11、PE13和PE14引脚。根据二极管的单向导电性，只有当正极与负极的电压差不小于开启电压时，二极管才能导通。

因此,在该电路中,当 PE9、PE11、PE13 或 PE14 引脚输出低电平时,与其相对应的发光二极管(即 D2、D3、D4 或 D5)会亮; 而当 PE9、PE11、PE13 或 PE14 引脚输出高电平时,与其相对应的发光二极管不会亮。

3. 软件设计

下面进行本应用实例的软件设计。

首先,新建一个名为“流水灯”的文件夹,并在其中用 3.4 节中介绍的基于固件库新建工程模板的方法新建一个名为 LED 的工程。在 MDK 中,在向工程 LED 的 FWLIB 子目录下添加文件时,可以只添加 stm32f10x_gpio.c 和 stm32f10x_rcc.c 这两个文件,因为本实例只会用到这两个文件中的库函数。在 main.c 文件中,可以暂时只保留一个空的 main()函数。

然后,在“流水灯”文件夹中新建一个名为 HARDWARE 的文件夹,再在 HARDWARE 文件夹中新建一个名为 LED 的文件夹,如图 5-27 所示。

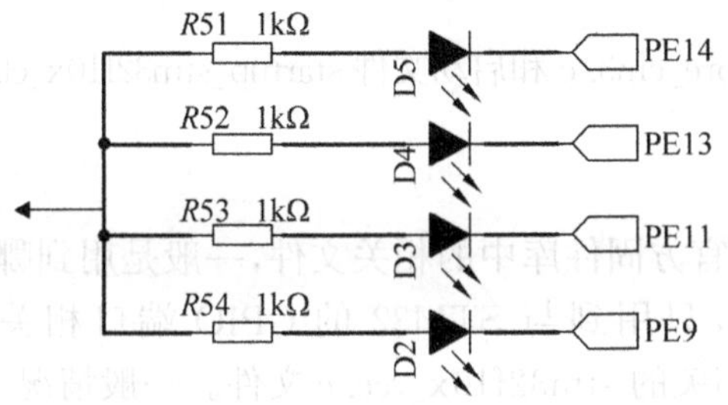

图 5-26 LED 相关的硬件电路

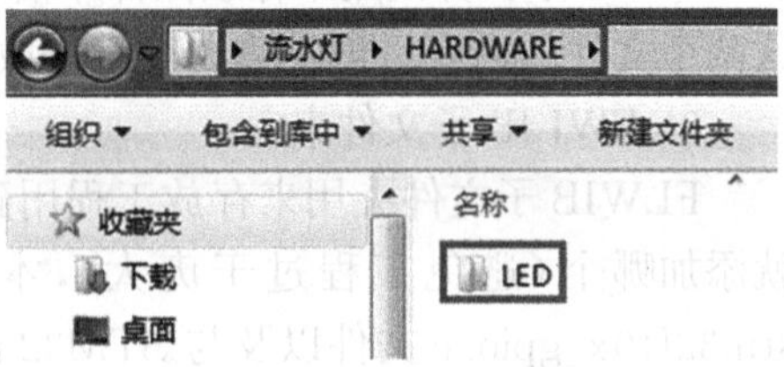

图 5-27 HARDWARE 文件夹中的 LED 文件夹

现在,在 MDK 的菜单栏上单击 File→New 命令,或者在 MDK 的工具栏上单击其相关的图标,新建两个文件,然后在菜单栏上单击 File→Save 命令,或者在工具栏上单击图标,将它们保存在刚才新建的 LED 文件夹中,并分别将它们命名为 led.c 和 led.h。注意,这一步也可以直接在如图 5-27 所示的 LED 文件夹中通过右击,在弹出的快捷菜单中选择“新建”→“文本文档”命令的方式来进行创建,只需要将原本文件名的扩展名.txt 相应地修改为.c 和.h 即可,这里是为了给大家介绍用 MDK 新建文件的基本应用。

然后,在 MDK 中将 led.c 源文件添加到 LED 工程的 HARDWARE 子目录中。并且在 LED 工程选项中,将 led.h 头文件的路径添加到 LED 工程要包含的头文件的路径列表中。如果对以上操作不是很清楚,可以参考 3.4 节中的相关内容。

现在,LED 工程在 MDK 中的目录结构如图 5-28 所示。

在图 5-28 中,除了给出了 LED 工程的文件夹结构,还对 LED 工程的各子文件夹的内容做了简单的介绍,其中的一部分内容曾经在 3.1.3 节介绍 STM32 官方固件库时提到过,但那时大家会感觉有些抽象,现在结合实际例程,再次对它们进行讲解,相信大家会对它们有更深刻的理解。

1) USER 子文件夹

USER 子文件夹中共包含 3 个文件:main.c、stm32f10x_it.c 和 system_stm32f10x.c。其中,main.c 文件主要用来编写 main 函数; stm32f10x_it.c 文件主要用来定义部分中断服务函数; system_stm32f10x.c 文件主要用来定义 SystemInit 时钟初始化函数。

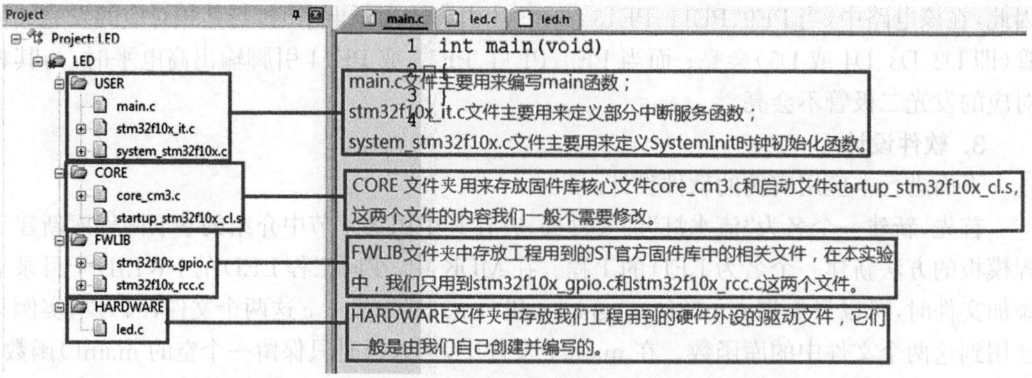

图 5-28　LED工程的文件夹结构及其各子文件夹内容简介

2）CORE 子文件夹

CORE 子文件夹用来存放固件库核心文件 core_cm3. c 和启动文件 startup_stm32f10x_cl. s，这两个文件的内容一般不需要进行修改。

3）FWLIB 子文件夹

FLWIB 子文件夹用来存放工程用到的 ST 官方固件库中的相关文件，一般是用到哪个就添加哪个（避免工程过于庞大），本实例中，只用到与 STM32 的 GPIO 端口相关的 stm32f10x_gpio. c 文件以及与 STM32 的时钟相关的 stm32f10x_rcc. c 文件。一般情况下，所有的工程都需要添加 stm32f10x_rcc. c 文件，因为在系统初始化以及使用外设的过程中都会调用到时钟相关的库函数。

4）HARDWARE 子文件夹

HARDWARE 子文件夹用来存放工程相关的硬件外设的驱动文件，它们一般需要由自己进行创建并编写，如本工程中的 led. c 文件。

现在，开始编写程序代码。

第一步，在 led. h 头文件中添加如下程序代码：

```
#ifndef __LED_H
#define __LED_H
#include "stm32f10x.h"
void Init_LED(void);
#endif
```

如果大家是用前面介绍的第二种方法新建的 led. c 和 led. h 文件，则可以通过在 MDK 的菜单栏中单击 File→Open 命令的方法打开 led. h 文件。

下面简单解释一下这段代码的含义。

首先，文件通过条件编译预处理命令，避免了编译过程中出现 led. h 头文件被重复定义的错误，如下所示：

```
#ifndef __LED_H
#define __LED_H
...
#endif
```

上面的这段预处理命令被称为是条件编译预处理命令。所谓预处理命令,顾名思义,即在编译之前会预先处理的命令。引入这段条件编译预处理命令的目的是防止 led. h 头文件被重复定义。大家以后在实际工程中可以看到几乎所有的被包含的头文件的开头都会采用这种形式,实际上 ST 官方固件库提供的所有头文件的开头也都采用了这种形式。它的具体含义为:如果未定义宏__LED_H,则定义它,并执行它后面的一直到#endif 之前的代码;反之,不会执行#endif 之前的代码。宏__LED_H 实际上对应的就是该头文件,通过这种方式,可避免 led. h 头文件因被多次包含而重复定义所带来的编译错误。

然后,在条件编译预处理命令之间,文件通过文件包含预处理命令包含了 stm32f10x. h 头文件,如下所示:

```
#include "stm32f10x.h"
```

前面介绍过,这个头文件包含了许多重要的结构体以及宏的定义,此外,它还包含了系统寄存器定义声明以及包装内存操作,它几乎在整个 STM32 应用程序开发的过程中都会被使用到。可以在其右键快捷菜单中选择"Open document 'stm32f10x. h'"命令打开该文件,查看其中的相关定义。

此外,文件还声明了 LED 相关的初始化函数 LED_Init(),如下所示,这个函数会在 led. c 文件中定义。

```
void LED_Init(void);
```

至此,led. h 文件中的所有程序代码就全部讲解完了。

第二步,在 led. c 文件中添加如下程序代码:

```
#include "led.h"

void LED_Init(void)
{
GPIO_InitTypeDef GPIO_InitStructure;
RCC_APB2PeriphClockCmd(RCC_APB2Periph_GPIOE, ENABLE);
GPIO_InitStructure.GPIO_Pin = GPIO_Pin_9 | GPIO_Pin_11 | GPIO_Pin_13 | GPIO_Pin_14;
 GPIO_InitStructure.GPIO_Mode = GPIO_Mode_Out_PP;
 GPIO_InitStructure.GPIO_Speed = GPIO_Speed_50MHz;
 GPIO_Init(GPIOE, &GPIO_InitStructure);
 GPIO_SetBits(GPIOE, GPIO_Pin_9 | GPIO_Pin_11 | GPIO_Pin_13 | GPIO_Pin_14 );
}
```

在该文件中,首先包含了 led. h 头文件,这相当于同时包含了 stm32f10x. h 头文件。在该文件中,主要对 LED_Init()函数进行定义,该函数的主要功能是初始化 LED 相关的 GPIO 端口位,即配置 LED 相关的 GPIO 端口位的工作模式。

在 4. 2 节中曾经讲到,对于 STM32,使用它的任何一个外设之前都必须首先使能与它相关的时钟。因此,在 LED_Init()函数中,首先需要做的就是初始化将要用到的 GPIO 端口的时钟。另外,所有的通用端口(即 GPIO 端口)的时钟都来自 APB2 时钟。

这里可以通过设置相关的寄存器来实现 GPIO 端口的时钟使能，当然，更简单的方法还是通过调用 ST 官方提供的库函数来实现。

ST 官方提供的时钟相关的库函数，都被定义在 stm32f10x_rcc. c 源文件中，打开相应的 stm32f10x_rcc. h 头文件，在该文件的最后，可以看到一系列时钟相关的函数声明，从中可以找到 RCC_APB2PeriphClockCmd()函数的声明，如下所示：

```
void RCC_APB2PeriphClockCmd(uint32_t RCC_APB2Periph, FunctionalState NewState);
```

该函数的功能就是使能挂在 APB2 高级外设总线上的外设的时钟，单击进入它的定义，如图 5-29 所示。

```
void RCC_APB2PeriphClockCmd(uint32_t RCC_APB2Periph, FunctionalState NewState)
{
  /* Check the parameters */
  assert_param(IS_RCC_APB2_PERIPH(RCC_APB2Periph));
  assert_param(IS_FUNCTIONAL_STATE(NewState));
  if (NewState != DISABLE)
  {
    RCC->APB2ENR |= RCC_APB2Periph;
  }
  else
  {
    RCC->APB2ENR &= ~RCC_APB2Periph;
  }
}
```

图 5-29 RCC_APB2PeriphClockCmd()函数的定义

在对 RCC_APB2PeriphClockCmd()函数进行调用时，可以按照 5.3 节中介绍的方法来选取相应的实参。找到如图 5-29 所示的该函数定义中的通过 assert_param()对函数形参进行有效性验证的相关代码，然后分别右击其中的 IS_RCC_APB2_PERIPH 和 IS_FUNCTIONAL_STATE，在弹出的快捷菜单中选择 Go to Definition of 命令。对 IS_RCC_APB2_PERIPH 进行这样的操作，程序会跳转到 stm32f10x_rcc. h 文件中的相关代码处，如图 5-30 所示。

```
/** @defgroup APB2_peripheral
  * @{
  */

#define RCC_APB2Periph_AFIO              ((uint32_t)0x00000001)
#define RCC_APB2Periph_GPIOA             ((uint32_t)0x00000004)
#define RCC_APB2Periph_GPIOB             ((uint32_t)0x00000008)
#define RCC_APB2Periph_GPIOC             ((uint32_t)0x00000010)
#define RCC_APB2Periph_GPIOD             ((uint32_t)0x00000020)
#define RCC_APB2Periph_GPIOE             ((uint32_t)0x00000040)
#define RCC_APB2Periph_GPIOF             ((uint32_t)0x00000080)
#define RCC_APB2Periph_GPIOG             ((uint32_t)0x00000100)
#define RCC_APB2Periph_ADC1              ((uint32_t)0x00000200)
#define RCC_APB2Periph_ADC2              ((uint32_t)0x00000400)
#define RCC_APB2Periph_TIM1              ((uint32_t)0x00000800)
#define RCC_APB2Periph_SPI1              ((uint32_t)0x00001000)
#define RCC_APB2Periph_TIM8              ((uint32_t)0x00002000)
#define RCC_APB2Periph_USART1            ((uint32_t)0x00004000)
#define RCC_APB2Periph_ADC3              ((uint32_t)0x00008000)
#define RCC_APB2Periph_TIM15             ((uint32_t)0x00010000)
#define RCC_APB2Periph_TIM16             ((uint32_t)0x00020000)
#define RCC_APB2Periph_TIM17             ((uint32_t)0x00040000)
#define RCC_APB2Periph_TIM9              ((uint32_t)0x00080000)
#define RCC_APB2Periph_TIM10             ((uint32_t)0x00100000)
#define RCC_APB2Periph_TIM11             ((uint32_t)0x00200000)

#define IS_RCC_APB2_PERIPH(PERIPH) ((((PERIPH) & 0xFFC00002) == 0x00) && ((PERIPH) != 0x00))
```

图 5-30 APB2 总线上所有外设时钟及 IS_RCC_APB2_PERIPH(PERIPH)的定义

在图 5-30 中，在 IS_RCC_APB2_PERIPH(PERIPH)定义的前面，是对 APB2 总线上所有外设时钟的定义。对于这些宏定义，基本上通过它们的名字就可以知道它们所对应的外设，从中可以很容易地找到要使能的端口 GPIOE 的时钟所对应的宏定义 RCC_APB2Periph_GPIOE，并将它作为要被调用的 RCC_APB2PeriphClockCmd()函数的相应实参，剩下的工作 ST 官方固件库都已经为我们做好了。

IS_RCC_APB2_PERIPH(PERIPH)的定义如下所示：

```
#define IS_RCC_APB2_PERIPH(PERIPH) ((((PERIPH) & 0xFFC00002) == 0x00) && ((PERIPH) != 0x00))
```

它的作用就是检验 PERIPH 是否来自前面定义的挂在 APB2 总线上的外设时钟。可以看到，每一个挂在 APB2 总线上的外设时钟都被定义为一个 32 位二进制数的其中一位，与前面 GPIO 端口引脚的定义相似，它们当中每一个外设时钟是否被选中与其他外设时钟是否被选中彼此之间都是相互独立的。因此，当需要同时使能多个挂在 APB2 总线上的外设时钟时，也可以像之前对 GPIO 端口引脚的操作那样，用“|”将它们“捆绑”起来。

这里对 APB2 总线上所有外设时钟的定义，实际上相当于给出了一种查找某一个外设挂在哪个外设总线上的方法，当要使能一个外设的时钟而不知道它挂在哪个外设总线上的时候，就可以通过这种方法进行查找。大家可以在如图 5-30 所示的这段代码的前后分别看到挂在 AHB 总线和 APB1 总线上的外设定义。

然后，在 IS_FUNCTIONAL_STATE 的右键快捷菜单中选择 Go to Definition of 命令，程序会跳转到 stm32f10x.h 文件中的相关代码处，如图 5-31 所示。

```
typedef enum {DISABLE = 0, ENABLE = !DISABLE} FunctionalState;
#define IS_FUNCTIONAL_STATE(STATE) (((STATE) == DISABLE) || ((STATE) == ENABLE))
```

图 5-31 FunctionalState 及 IS_FUNCTIONAL_STATE(STATE)的定义

很显然，在这里应该选择 ENABLE 作为 RCC_APB2PeriphClockCmd()函数的相应实参。

这样，就通过调用 RCC_APB2PeriphClockCmd()函数完成了对 GPIOE 时钟的使能，如下所示：

```
RCC_APB2PeriphClockCmd(RCC_APB2Periph_GPIOE, ENABLE);
```

下面继续来看 LED_Init()函数中的代码。在初始化了 GPIOE 的时钟后，下一步需要初始化本应用实例中用到的相关 I/O 端口位，这可以通过调用 GPIO_Init()函数来实现。关于该函数及其具体应用，在 5.3 节中有过详细的讲解，此处不再赘述。函数中的相关代码如下所示：

```
GPIO_InitTypeDef GPIO_InitStructure;
RCC_APB2PeriphClockCmd(RCC_APB2Periph_GPIOE, ENABLE);
GPIO_InitStructure.GPIO_Pin = GPIO_Pin_9 | GPIO_Pin_11 | GPIO_Pin_13 | GPIO_Pin_14;
GPIO_InitStructure.GPIO_Mode = GPIO_Mode_Out_PP;
GPIO_InitStructure.GPIO_Speed = GPIO_Speed_50MHz;
GPIO_Init(GPIOE, &GPIO_InitStructure);
```

关于这段代码,应注意以下几点:

第一,局部变量 GPIO_InitStructure 的定义一定要在函数的最开始,要在刚才讲解的 RCC_APB2PeriphClockCmd()函数调用语句的前面;

第二,因为端口引脚 PE9、PE11、PE13 和 PE14 都要被配置为推挽输出工作模式,而且它们来自同一个 GPIO 端口,所以这里可以通过如下代码来简化编码工作:

```
GPIO_InitStructure.GPIO_Pin = GPIO_Pin_9 | GPIO_Pin_11 | GPIO_Pin_13 | GPIO_Pin_14;
```

第三,GPIO_Init()函数的第二个形参是 GPIO_InitTypeDef 的指针类型的,而定义的变量 GPIO_InitStructure 是 GPIO_InitTypeDef 类型的,因此,在调用该函数时,应先对 GPIO_InitStructure 取地址,再将其作为 GPIO_Init()函数的第二个实参。

最后,再来看看 LED_Init()函数中的最后一条语句:

```
GPIO_SetBits(GPIOE, GPIO_Pin_9 | GPIO_Pin_11 | GPIO_Pin_13 | GPIO_Pin_14 );
```

GPIO_SetBits()函数在 5.3 节中也曾经介绍过,它的作用就是将相关 GPIO 端口引脚的输出数据置 1,因为本应用实例中的所有 LED,都是在其相关引脚输出低电平时亮,高电平时不亮,所以,在这里将它们的输出都设置为高电平,即让它们一开始都不亮。

至此,led.c 文件中的所有程序代码就全部讲解完了。

第三步,在 main.c 文件中添加如下程序代码:

```
#include "stm32f10x.h"
#include "led.h"

void Delay(u32 count)
{
    while(count -- );
}

int main(void)
{
 LED_Init();
 while(1)
 {
     GPIO_ResetBits(GPIOE, GPIO_Pin_9);
     GPIO_SetBits(GPIOE, GPIO_Pin_11 | GPIO_Pin_13 | GPIO_Pin_14 );
     Delay(14400 * 200);

     GPIO_ResetBits(GPIOE, GPIO_Pin_11);
     GPIO_SetBits(GPIOE, GPIO_Pin_9 | GPIO_Pin_13 | GPIO_Pin_14 );
     Delay(14400 * 200);

     GPIO_ResetBits(GPIOE, GPIO_Pin_13);
     GPIO_SetBits(GPIOE, GPIO_Pin_9 | GPIO_Pin_11 | GPIO_Pin_14 );
     Delay(14400 * 200);
```

```
        GPIO_ResetBits(GPIOE, GPIO_Pin_14);
        GPIO_SetBits(GPIOE, GPIO_Pin_9 | GPIO_Pin_11 | GPIO_Pin_13 );
        Delay(14400 * 200);
    }
}
```

这段代码相对来说比较简单。

首先，在文件起始处包含了 stm32f10x.h 和 led.h 头文件；其次，定义了一个很简单的延时函数；最后，在 main()函数中，先调用 LED_Init()函数对 LED 相关的 GPIO 端口引脚进行相关的初始化，然后在 while(1)死循环中，让 4 个 LED——D2、D3、D4 和 D5 依次亮起，且在每个 LED 亮时其他 LED 不亮，并且通过延时函数让每个 LED 亮的状态持续一段固定的时间。要想让某个 LED 亮，就需要使其相关的引脚输出低电平，这里是通过 GPIO_ResetBits()函数来实现的，这个函数在 5.3 节也曾经介绍过，它的作用是将相关的 GPIO 端口位清 0。最后，需要注意的是，延时函数是必不可少的，而且延时的时间也不能过短，因为人眼能够分辨事物变化的最小时间间隔大约为 20ms，所以延时的时间不能小于这个数。经测验，延时函数 Delay()的实参大约为 14 400 时，对应的延时时间大约为 1ms，就以 14 400×200 作为 Delay()函数的实参，这样，延时时间近似为 200ms。

至此，本应用例程的编程工作就全部完成了。

4. 例程下载验证

将该例程下载到开发板，来验证它是否实现了流水灯的效果。通过 JLINK 下载方式将其下载到开发板，并按 RESET 按键对其复位，可以看到，D2、D3、D4 和 D5 以大约 200ms 的时间间隔循环往复地不停闪烁，实现了流水灯的效果。

5.4.2 按键控制 LED

5.4.1 节用 GPIO 端口的输出工作模式实现了流水灯。本节将用 GPIO 端口的输入工作模式来实现它的另一个典型应用——按键。

1. 实例描述

本应用实例将会通过按键来控制 LED 的亮灭，开发板共有 4 个开关按键和 4 个 LED，编程实现用这 4 个开关按键分别控制这 4 个 LED 的亮灭。即对某一个按键按下一次，它所控制的 LED 的亮灭状态就改变一次。

2. 硬件电路

本实例相关的硬件电路分别如图 5-32 和图 5-33 所示。

如图 5-32 所示的 LED 相关的硬件电路在 5.4.1 节已经介绍过，此处不再赘述。

在如图 5-33 所示的按键相关的硬件电路中，开关按键 S1、S3、S4 和 S5 的一端都接 DGND，另一端分别接 PC6、PC7、PC8 和 PC9 引脚，且分别通过上拉电阻 *R*34、*R*82、*R*87

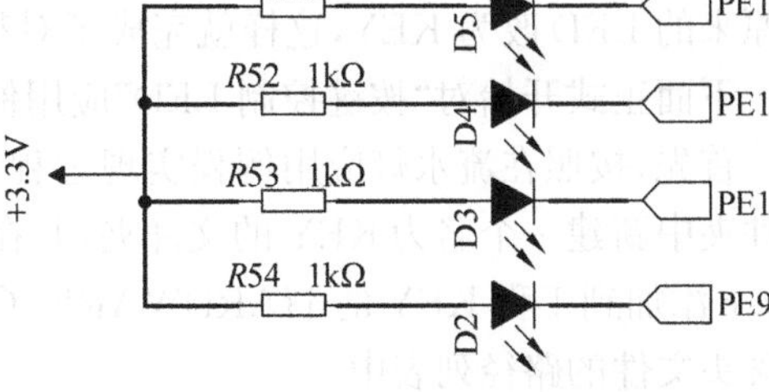

图 5-32 LED 相关的硬件电路

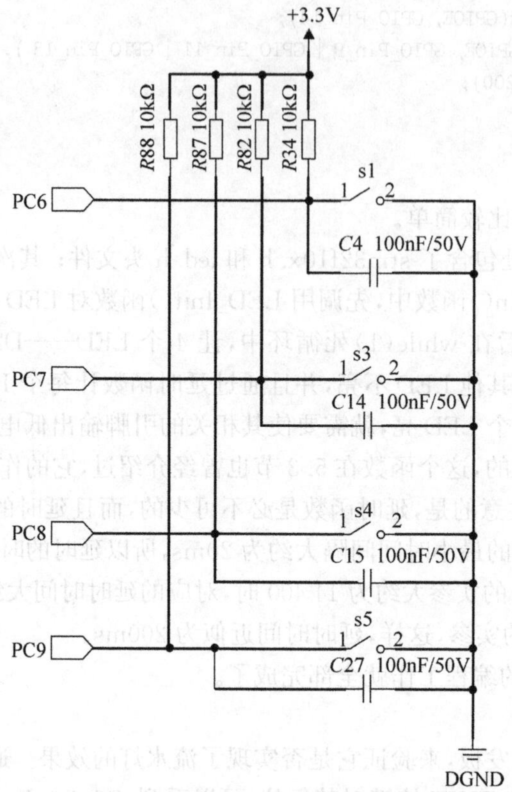

图 5-33 按键相关的硬件电路

和 $R88$ 接到 3.3V 高电平，其中电容 $C4$、$C14$、$C15$ 和 $C27$ 的作用是按键消抖滤波。当按键未被按下时，相关的引脚被拉高到 3.3V 高电平；当按键被按下时，相关的引脚被 DGND 拉低到低电平。因此，通过检测各开关按键相关引脚的输入电平，就可以判断它们是否被按下。

3. 软件设计

下面进行本应用实例的软件设计。

因为本应用实例是在流水灯应用实例的基础上完成的，所以，为了讲解方便，就直接在流水灯应用例程上进行修改。对复制的流水灯应用例程的工程文件夹及相关工程文件的名称进行修改，将 USER 文件夹中的 LED. uvprojx 和 LED. uvoptx 分别重命名为 KEY 加相关的后缀名，并将 OBJ 文件夹中的所有文件删除。然后，进入工程，将工程的目录名由原来的 LED 改为 KEY，最后在工程选项的 OUTPUT 标签下，将 Name of Executable 中的内容由原来的 LED 改为 KEY，这样就完成了对整个工程的重命名操作。

下面正式开始对“按键控制 LED”应用例程的实现。

首先，按照在流水灯应用例程实现过程中讲解的方法，在工程文件夹的 HARDWARE 文件夹中新建一个名为 KEY 的文件夹，并在其中新建 2 个文件——key. c 和 key. h，然后将 key. c 添加到工程 KEY 的 HARDWARE 子文件夹中，将 key. h 文件的路径添加到工程要包含头文件的路径列表中。

然后，开始编写程序代码。

第一步，在 key. h 文件中，添加如下程序代码：

```
#ifndef __KEY_H
#define __KEY_H
#include "stm32f10x.h"
#include "bitband.h"

#define KEY1 GPIO_ReadInputDataBit(GPIOC,GPIO_Pin_6)
#define KEY2 GPIO_ReadInputDataBit(GPIOC,GPIO_Pin_7)
#define KEY3 GPIO_ReadInputDataBit(GPIOC,GPIO_Pin_8)
#define KEY4 GPIO_ReadInputDataBit(GPIOC,GPIO_Pin_9)

void Delay(u32 count);
void KEY_Init(void);
u8 KEY1_Scan(void);
u8 KEY2_Scan(void);
u8 KEY3_Scan(void);
u8 KEY4_Scan(void);
#endif
```

这段代码定义了4个宏KEY1、KEY2、KEY3和KEY4，它们分别表示4个按键所对应GPIO端口引脚的输入电平，这是通过调用GPIO_ReadInputDataBit()函数来实现的，这个函数在5.3节中曾经简单介绍过，它的功能就是读取某个GPIO端口引脚上的输入数据。

此外，还声明了延时函数Delay()、按键初始化函数KEY_Init()以及4个按键扫描函数KEY1_Scan()、KEY2_Scan()、KEY3_Scan()和KEY4_Scan()。

第二步，在key.c文件中，添加如下程序代码：

```
#include "key.h"

void Delay(u32 count)
{
 while(count--);
}

void KEY_Init()
{
 GPIO_InitTypeDef GPIO_InitStructure;
 RCC_APB2PeriphClockCmd(RCC_APB2Periph_GPIOC,ENABLE);
 GPIO_InitStructure.GPIO_Pin = GPIO_Pin_6|GPIO_Pin_7|GPIO_Pin_8|GPIO_Pin_9;
 GPIO_InitStructure.GPIO_Mode = GPIO_Mode_IPU;
 GPIO_Init(GPIOE, &GPIO_InitStructure);
}

u8 KEY1_Scan()
{
 static u8 key_up1 = 1;
 if(key_up1 && KEY1 == 0)
```

```
{
      Delay(14400 * 10);
      if(KEY1 == 0)
      {
           key_up1 = 0;
           return 1;
      }
 }
 else if(KEY1 == 1)
      key_up1 = 1;
 return 0;
}

u8 KEY2_Scan()
{
 static u8 key_up2 = 1;
 if(key_up2 && KEY2 == 0)
 {
      Delay(14400 * 10);
      if(KEY2 == 0)
      {
           key_up2 = 0;
           return 1;
      }
 }
 else if(KEY2 == 1)
      key_up2 = 1;
 return 0;
}

u8 KEY3_Scan()
{
 static u8 key_up3 = 1;
 if(key_up3 && KEY3 == 0)
 {
      Delay(14400 * 10);
      if(KEY3 == 0)
      {
           key_up3 = 0;
           return 1;
      }
 }
 else if(KEY3 == 1)
      key_up3 = 1;
 return 0;
}

u8 KEY4_Scan()
{
 static u8 key_up4 = 1;
```

```
    if(key_up4 && KEY4 == 0)
    {
        Delay(14400 * 10);
        if(KEY4 == 0)
        {
            key_up4 = 0;
            return 1;
        }
    }
    else if(KEY4 == 1)
        key_up4 = 1;
    return 0;
}
```

这段代码首先定义了延时函数 Delay()，因为在后面的 4 个按键扫描函数中会用到它，然后定义了按键初始化函数 KEY_Init()，它与流水灯实验例程中的 KEY_Init()函数相似，此处不再赘述。需要注意的是，这里按键相关的 GPIO 端口引脚的工作模式应配置为输入上拉模式。

下面重点介绍这 4 个按键扫描函数，它们的实现过程完全相同，就以 KEY1_Scan()为例来对它们进行讲解。

众所周知，按键有支持连续按下操作的，比如计算机的键盘；也有不支持连续按下操作的，比如电视机遥控器的按键，它在被按下一次后必须经过一次弹起才能进行下一次被按下的操作，否则，即使保持一直被按下的状态，也只能实现按下一次的效果。很显然，这里要实现的按键属于第二种，否则，按下一次相关按键，它所控制的 LED 会不停地在亮灭状态之间快速转换，因为转换时间太短，甚至看不出它的变化，而只会看到它亮，一直到松开按键，而这时按键的亮灭状态几乎完全是随机的，根本无法控制。

因此，在 KEY1_Scan()函数中定义了一个 static 类型的变量 key1_up，它被用来标记当检测到按键 S1 当前处于被按下状态时，它在此之前是否已经处于被按下状态。当它的值为 1 时，表明它之前未处于被按下状态，即它是从弹起状态被按下的，则此次按下有效；当它的值为 0 时，表明它之前已处于被按下状态，则此次按下无效。因为 static 类型的变量被存储在静态存储区，所以在 KEY1_Scan()函数每次被调用完成之后，key1_up 对应的内存不会被释放，因此它具有“记忆”功能，用它可以标记在本次检测前按键 S1 是否处于被按下状态。需要说明的是，在 KEY1_Scan()函数中，对 key1_up 的初始化操作只会被执行一次，当再次调用该函数时，相关语句不会再次被执行：

```
static u8 key_up1 = 1;
```

在 KEY1_Scan()函数中，当检测到按键 S1 之前处于未被按下的状态且当前它被按下时，首先需要通过延时函数来消除抖动，如下所示：

```
if(key_up1 && KEY1 == 0)
{
 Delay(14400 * 10);
```

```
    …
}
```

这是因为在按键被按下的实际过程中,其相关的引脚并不是从高电平直接变为低电平,而是会经历一个按键抖动的过程,如图 5-34 所示。

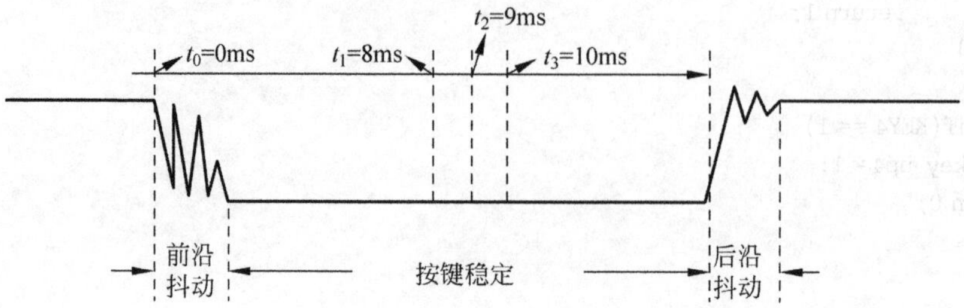

图 5-34 按键抖动过程

按键抖动有前沿抖动和后沿抖动,分别对应按键在被按下和松开的过程中按键的抖动过程。一般来说,按键抖动过程持续的时间为 5～10ms。这里用延时函数延时 10ms 来消除按键在按下过程中的前沿抖动。

在消除按键的抖动后,再判断 S1 是否被按下,如果是,则将 key_up 的值清 0 标记 S1 已处于被按下状态,然后函数返回 1,表明 S1 被按下,如下所示:

```
if(KEY4 == 0)
{
 key_up4 = 0;
 return 1;
}
```

当 S1 处于未被按下状态时,需将 key_up 的值置 1,以保证当它被按下时能够及时地检测到,如下所示:

```
else if(KEY4 == 1)
 key_up4 = 1;
```

最后,函数返回 0,则表示未检测到 S1 被按下,如下所示:

```
return 0;
```

其他几个按键扫描函数的实现过程与 KEY1_Scan()函数完全相同,此处不再赘述。

至此,key.c 文件中的所有程序代码就全部讲解完了。

第三步,在 main.c 文件中,将原来的代码删除,添加如下程序代码:

```
#include "led.h"
#include "key.h"

int main(void)
```

```
{
  vu8 key = 0;
  LED_Init();
  KEY_Init();
  while(1)
  {
      if(KEY1_Scan())
      {
          if(GPIO_ReadOutputDataBit(GPIOE,GPIO_Pin_9))
          {
              GPIO_ResetBits(GPIOE,GPIO_Pin_9);
          }
          else
          {
              GPIO_SetBits(GPIOE,GPIO_Pin_9);
          }
      }

      if(KEY2_Scan())
      {
          if(GPIO_ReadOutputDataBit(GPIOE,GPIO_Pin_11))
          {
              GPIO_ResetBits(GPIOE,GPIO_Pin_11);
          }
          else
          {
              GPIO_SetBits(GPIOE,GPIO_Pin_11);
          }
      }

      if(KEY3_Scan())
      {
          if(GPIO_ReadOutputDataBit(GPIOE,GPIO_Pin_13))
          {
              GPIO_ResetBits(GPIOE,GPIO_Pin_13);
          }
          else
          {
              GPIO_SetBits(GPIOE,GPIO_Pin_13);
          }
      }

      if(KEY4_Scan())
      {
          if(GPIO_ReadOutputDataBit(GPIOE,GPIO_Pin_14))
          {
              GPIO_ResetBits(GPIOE,GPIO_Pin_14);
          }
          else
          {
```

```
                GPIO_SetBits(GPIOE,GPIO_Pin_14);
            }
        }
        Delay(14400 * 10);
    }
}
```

这段代码相对来说比较简单。首先定义一个 vu8(volatile u8)类型的变量 key,表示它可能会被意想不到地改变。然后分别调用 LED_Init()和 KEY_Init()函数初始化 LED 和按键相关的 GPIO 端口引脚。最后在一个 while(1)的死循环中,每隔大约 10ms,依次调用 4 个按键扫描函数来检测相关按键是否被按下,如果有,则将相关按键所对应的 LED 的亮灭状态改变一次。

这里通过调用 GPIO_ReadOutputDataBit()函数来判断相关 LED 当前的亮灭状态,该函数在 5.3 节曾经介绍过,它的作用是返回相关 GPIO 端口引脚的输出数据,它与在 key.h 文件中调用的 GPIO_ReadInputDataBit()函数相似,后者是返回相关 GPIO 端口引脚的输入数据。然后,根据 LED 当前的亮灭状态,即相关 GPIO 端口引脚的输出数据,相应地将它当前的亮灭状态改变一次,这当然是通过 GPIO_ResetBits()和 GPIO_SetBits()函数来实现的。

至此,本应用例程的编程工作就全部完成了。

4. 例程下载验证

将该例程下载到开发板,来验证它是否实现了按键控制 LED 的效果。通过 JLINK 下载方式将其下载到开发板,并按 RESET 按键对其复位,可以看到,分别通过按下一次按键 S1、S3、S4 和 S5,可以分别将它们所对应的 LED,即 D2、D3、D4 和 D5 的亮灭状态改变一次,我们的例程实现了按键控制 LED 的效果。

本章小结

本章介绍 STM32 中最基本同时也是应用最普遍的外设——GPIO 端口,它是 STM32 与外部进行数据交换的通道,同时,它也是应用 STM32 内置外设的通道。本章介绍了 STM32 的 GPIO 端口的知识,8 种工作模式以及它们各自的工作原理;介绍了与 GPIO 端口相关的 7 个寄存器及库函数以及应用;通过与 GPIO 端口相关的两个典型的应用实例,在应用中理解 GPIO 端口的功能,了解固件库在应用程序开发过程中的强大作用。

寄存器的名称和地址的映射关系及位带操作

第6章

在经过了第5章对GPIO端口及其应用的相关学习后，本章首先介绍ST官方固件库中定义的各寄存器的名称和它们在STM32单片机中的实际地址之间的映射关系，让大家对通过库函数来操作寄存器的原理有一个更深刻的理解；然后介绍CM3内核中的一种可以直接操作寄存器的位的功能——位带操作，并将它应用到在第5章实现的一个应用例程中。

本章的学习目标如下：

- 理解并掌握ST官方固件库中寄存器的名称和STM32的实际寄存器地址之间的映射关系；
- 理解位带操作的实现原理；
- 理解并掌握对位带操作的应用。

6.1 寄存器的名称和地址的映射关系

前面曾经多次提到，对单片机进行操作，最终都是通过对它的底层寄存器进行相关的操作来完成的。对于第5章的两个应用实例，虽然都是通过调用ST官方提供的相关库函数来实现其相应功能的，但实际上它们最终都是通过操作STM32底层的相关寄存器得以实现的。这些寄存器基本上都是在stm32f10x.h头文件中定义的。例如，大家多次使用到的GPIO端口相关的7个寄存器，在stm32f10x.h头文件中定义如下：

```
typedef struct
{
  __IO uint32_t CRL;
  __IO uint32_t CRH;
  __IO uint32_t IDR;
  __IO uint32_t ODR;
  __IO uint32_t BSRR;
  __IO uint32_t BRR;
  __IO uint32_t LCKR;
} GPIO_TypeDef;
```

大家可以通过按Ctrl+F快捷键在文件中快速搜索到它的位置。

或许大家会有疑问，当使用它们时，为什么它们就能够表示相关的寄存器定义呢？例

如,对于 GPIO_SetBits()函数,其具体实现如下:

```
void GPIO_SetBits(GPIO_TypeDef * GPIOx, uint16_t GPIO_Pin)
{
  assert_param(IS_GPIO_ALL_PERIPH(GPIOx));
  assert_param(IS_GPIO_PIN(GPIO_Pin));
  GPIOx -> BSRR = GPIO_Pin;
}
```

在第 5 章的应用例程中,调用该函数时,如下所示:

```
GPIO_SetBits(GPIOE,GPIO_Pin_9);
```

它实际上就是执行了如下语句:

```
GPIOE -> BSRR = (1 << 9);
```

即将 GPIOE_BSRR 寄存器的第 9 位置 1。那么,这里 GPIOE→BSRR 又是怎么与 GPIOE_BSRR 寄存器对应起来的呢?

如果之前学过 51 单片机,应该记得在相关的 reg51.h/reg52.h 头文件中,是这样定义寄存器的:

```
sfr P0 = 0x80;
```

因为 51 单片机 P0 寄存器的地址为 0x80,这样就将"P0"这个名称和 P0 寄存器建立起了映射关系。以后要对地址为 0x80 的 P0 寄存器赋值时,只要通过"P0"这个名称来进行操作就可以了,比如:

```
P0 = 0x01;
```

在 STM32 单片机中,当然也可以这样做,但是 STM32 单片机的寄存器数量比 51 单片机要多得多,因此,在 ST 官方提供的 stm32f10x.h 头文件中是按照以下方式进行定义的。

在《STM32 中文参考手册》的 8.5 节有一个关于 GPIO 寄存器地址映射和复位值的表,如图 6-1 所示。

可以看到,图 6-1 中列出的 GPIO 端口相关的 7 个寄存器的顺序(从上到下)和 stm32f10x.h 头文件中定义的 GPIO_TypeDef 结构体类型的 7 个成员变量对应的寄存器的顺序是完全相同的。图 6-1 中左侧第一列表示的是这 7 个寄存器的相对偏移地址,分别为 0x00、0x04、0x08、0x0c、0x10、0x14 和 0x18(它们分别对应图 6-1 中表格第一列的内容),这个偏移地址是相对 GPIOA 的地址而言的。偏移量依次增加 4,实际上也说明每个寄存器都占用 4 字节(32 位),GPIO_TypeDef 结构体类型的 7 个成员变量也分别占用 4 字节(__IO uint32_t 类型)。

在 stm32f10x.h 头文件中,找到关于 GPIOE 的定义,如下所示:

```
#define GPIOE              ((GPIO_TypeDef * ) GPIOE_BASE)
```

偏移	寄存器	31	30	29	28	27	26	25	24	23	22	21	20	19	18	17	16	15	14	13	12	11	10	9	8	7	6	5	4	3	2	1	0
000h	GPIOx_CRL	CNF7 [1:0]		MODE7 [1:0]		CNF6 [1:0]		MODE6 [1:0]		CNF5 [1:0]		MODE5 [1:0]		CNF4 [1:0]		MODE4 [1:0]		CNF3 [1:0]		MODE3 [1:0]		CNF2 [1:0]		MODE2 [1:0]		CNF1 [1:0]		MODE1 [1:0]		CNF0 [1:0]		MODE0 [1:0]	
	复位值	0	1	0	1	0	1	0	1	0	1	0	1	0	1	0	1	0	1	0	1	0	1	0	1	0	1	0	1	0	1	0	1
004h	GPIOx_CRH	CNF15 [1:0]		MODE15 [1:0]		CNF14 [1:0]		MODE14 [1:0]		CNF13 [1:0]		MODE13 [1:0]		CNF12 [1:0]		MODE12 [1:0]		CNF11 [1:0]		MODE11 [1:0]		CNF10 [1:0]		MODE10 [1:0]		CNF9 [1:0]		MODE9 [1:0]		CNF8 [1:0]		MODE8 [1:0]	
	复位值	0	1	0	1	0	1	0	1	0	1	0	1	0	1	0	1	0	1	0	1	0	1	0	1	0	1	0	1	0	1	0	1
008h	GPIOx_IDR	保留																IDR[15:0]															
	复位值																	0	0	0	0	0	0	0	0	0	0	0	0	0	0	0	0
00Ch	GPIOx_ODR	保留																ODR[15:0]															
	复位值																	0	0	0	0	0	0	0	0	0	0	0	0	0	0	0	0
010h	GPIOx_BSRR	BR[15:0]																BSR[15:0]															
	复位值	0	0	0	0	0	0	0	0	0	0	0	0	0	0	0	0	0	0	0	0	0	0	0	0	0	0	0	0	0	0	0	0
014h	GPIOx_BRR	保留																BR[15:0]															
	复位值																	0	0	0	0	0	0	0	0	0	0	0	0	0	0	0	0
018h	GPIOx_LCKR	保留															LCKK	LCK[15:0]															
	复位值																0	0	0	0	0	0	0	0	0	0	0	0	0	0	0	0	0

图 6-1 GPIO 寄存器地址映射和复位值

对照前面关于 GPIO_TypeDef 的定义，可以看到，实际上这里是将 GPIOE 的基地址 GPIOE_BASE 的值强制转化为 GPIO_TypeDef 结构体类型并将它作为 GPIOE 的定义。那么 GPIOE_BASE 的值又是多少呢？单击进入它的定义，如下所示：

```
#define GPIOE_BASE            (APB2PERIPH_BASE + 0x1800)
```

因为 GPIOE 是挂载在 APB2 外设总线之下的，因此，这里是将 APB2 外设总线的基地址 APB2PERIPH_BASE 加上 GPIOE_BASE 相对 APB2PERIPH_BASE 的偏移量 0x1800 来作为 GPIOE_BASE 的定义的。再单击进入 APB2PERIPH_BASE 的定义，如下所示：

```
#define APB2PERIPH_BASE       (PERIPH_BASE + 0x10000)
```

可以看到，APB2PERIPH_BASE 的定义方式与前面 GPIOE_BASE 相同，这里是将外设基地址 PERIPH_BASE 加上 APB2PERIPH_BASE 相对 PERIPH_BASE 的偏移量来作为 APB2PERIPH_BASE 的定义的。再单击进入 PERIPH_BASE 的定义，如下所示：

```
#define PERIPH_BASE           ((uint32_t)0x40000000)
```

可以看到，PERIPH_BASE 是一个常量。

由外设基地址 PERIPH_BASE（常量）加上 APB2 外设总线基地址相对外设基地址的偏移量，得到 APB2 外设总线基地址 APB2PERIPH_BASE，再由 GPIOE 的基地址相对 APB2 外设总线基地址的偏移量，得到 GPIOE 的基地址 GPIOE_BASE，最后根据 GPIOE 各相关寄存器的地址相对 GPIOE 基地址的偏移量，得到 GPIOE 各相关寄存器的地址。可以计算 GPIOE 的基地址为：

$$0x40000000+0x10000+0x1800=0x40011800$$

GPIOE 相关的 7 个寄存器相对 GPIOE 基地址的偏移量在图 6-1 中已经得知，所以就得到了这 7 个寄存器的实际地址，如表 6-1 所示。

表 6-1 GPIOE 各寄存器的偏移地址和实际地址

寄 存 器	偏 移 地 址	实际地址＝基地址＋偏移地址
GPIOE→CRL	0x00	0x40011800＋0x00
GPIOE→CRH	0x04	0x40011800＋0x04
GPIOE→IDR	0x08	0x40011800＋0x08
GPIOE→ODR	0x0c	0x40011800＋0x0c
GPIOE→BSRR	0x10	0x40011800＋0x10
GPIOE→BRR	0x14	0x40011800＋0x14
GPIOE→LCKR	0x18	0x40011800＋0x18

对于 ST 官方固件库中定义的其他寄存器，道理是一样的。ST 官方固件库就是通过这样的方法，将 STM32 的各寄存器的名称和它们在 STM32 中的实际地址映射起来的，实际上，其实现原理和 reg51. h/reg52. h 文件中的实现原理在本质上是一样的。

6.2 位带操作

6.2.1 位带操作概述

第 5 章的两个应用例程都是通过调用相关的库函数来操作 STM32 的 GPIO 端口，这比直接操作 GPIO 端口的相关寄存器要简单得多。但是，实际上还有一种更加简单的方法，可以直接操作 GPIO 端口相关寄存器的位，这就是被称为位带操作的方法。关于位带操作，在《Cortex-M3 权威指南》(中文版)的第 87～94 页有详细的讲解，这里只对它进行一个简单的介绍，因为在目前这个学习阶段，除了对 GPIO 端口的相关操作之外，对它用得并不多。

位带操作的基本思想是将寄存器中的每一位映射为一个 32 位的地址，当访问相关地址的时候，就相当于访问该寄存器的这个位。仍以 GPIOE_BSRR 寄存器为例，现在将它的第 9 位映射为一个 32 位的地址，那么，当向这个地址的内容赋值 1 时，就相当于将 GPIOE_BSRR 的第 9 位置 1；反之，当向这个地址的内容赋值 0 时，就相当于对 GPIOE_BSRR 的第 9 位清 0。

需要说明的是，并不是所有的寄存器都可以进行位带操作。在 CM3 内核中，有两个存储区可以实现位带操作：一个是 SRAM 区的最低 1MB 范围(0x20000000～0x2000FFFFF)，另一个是片上外设区的最低 1MB 范围(0x40000000～0x400FFFFF)。这两个存储区内的地址除了可以像普通的 RAM 那样使用以外，还分别具有自己的“位带别名区”，位带别名区把相应地址的每个比特都膨胀为一个 32 位的字，通过位带别名区访问这些字时，就可以达到访问原始比特的目的。在支持了位带操作后，就可以使用普通的加载/存储指令来对单一的比特进行读写。位带区和位带别名区的膨胀关系如图 6-2 和图 6-3 所示。

从图 6-3 中可以看出，SARM 位带区共 1MB，将该区中的每一个位映射为一个 32 位的地址，因此，位带别名区共有 1MB×32＝32MB。

关于位带操作的优越性，可能大家最容易想到的就是通过操作 GPIO 端口的相关引脚

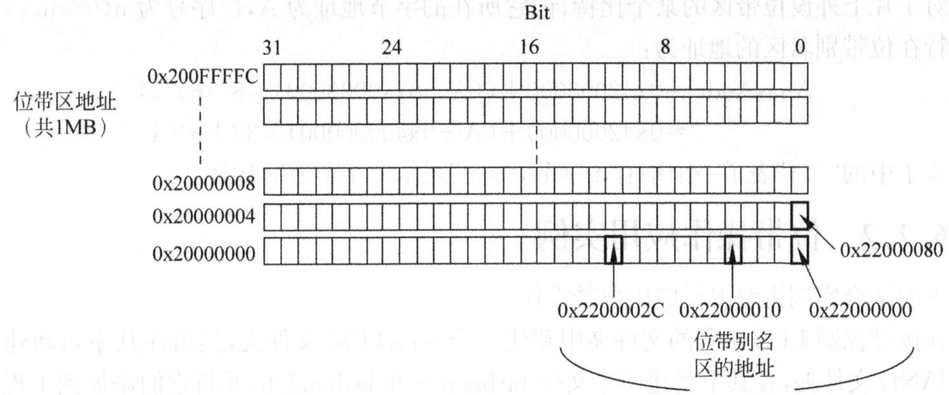

图 6-2 位带区和位带别名区的膨胀关系图 1

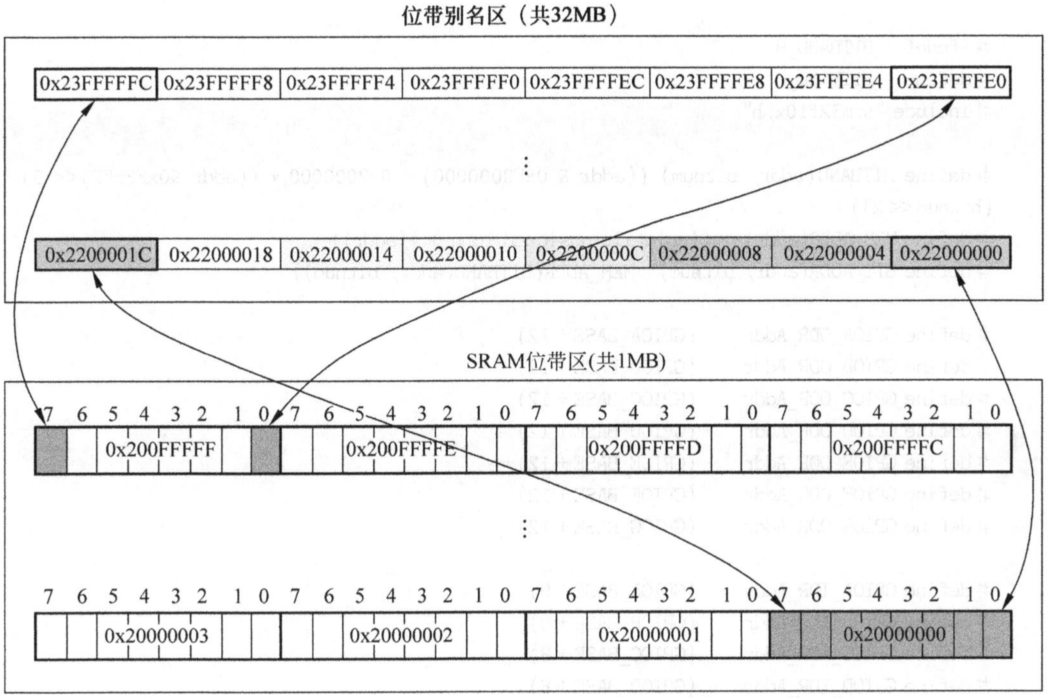

图 6-3 位带区和位带别名区的膨胀关系图 2

来控制 LED 的闪烁；另外，它对操作串行接口器件也提供了很大的方便，总之位带操作对于硬件 I/O 密集型的底层程序用处极大。此外，它还有许多其他方面的用处，这里不做具体介绍，因为目前基本上还用不到。

下面简单介绍下位带区和位带别名区两者之间的映射关系。

对于 SRAM 位带区的某个比特，记它所在的字节地址为 A，位序号为 n($0 \leqslant n \leqslant 7$)，则该比特在位带别名区的地址为：

$$
\begin{aligned}
\text{AliasAddr} &= \text{0x22000000} + ((A - \text{0x20000000}) \times 8 + n) \times 4 \\
&= \text{0x22000000} + (A - \text{0x20000000}) \times 32 + n \times 4
\end{aligned}
$$

对于片上外设位带区的某个比特，记它所在的字节地址为 A，位序号为 n(0≤n≤7)，则该比特在位带别名区的地址为：

$$\begin{aligned}\text{AliasAddr} &= 0x42000000+((A-0x40000000)\times 8+n)\times 4\\ &= 0x42000000+(A-0x40000000)\times 32+n\times 4\end{aligned}$$

以上式子中的"×4"表示一个字有 4 字节，"×8"表示 1 字节有 8 比特。

6.2.2 位带操作应用实例

下面结合实例讲解怎样应用位带操作。

在按键控制 LED 工程的文件夹中新建一个 SYSTEM 文件夹，然后在其中再新建一个 BITBAND 文件夹，在其中新建两个文件 bitband.c 和 bitband.h，并将它们添加到工程相关的子文件夹及工程所包含头文件的路径列表中。

然后，在 bitband.h 头文件中添加如下代码：

```
#ifndef __BITBAND_H
#define __BITBAND_H
#include "stm32f10x.h"

#define BITBAND(addr, bitnum) ((addr & 0xF0000000) + 0x2000000 + ((addr &0xFFFFF)<< 5) +
(bitnum<< 2))
#define MEM_ADDR(addr) *((volatile unsigned long *)(addr))
#define BIT_ADDR(addr, bitnum)  MEM_ADDR(BITBAND(addr, bitnum))

#define GPIOA_ODR_Addr    (GPIOA_BASE+12)
#define GPIOB_ODR_Addr    (GPIOB_BASE+12)
#define GPIOC_ODR_Addr    (GPIOC_BASE+12)
#define GPIOD_ODR_Addr    (GPIOD_BASE+12)
#define GPIOE_ODR_Addr    (GPIOE_BASE+12)
#define GPIOF_ODR_Addr    (GPIOF_BASE+12)
#define GPIOG_ODR_Addr    (GPIOG_BASE+12)

#define GPIOA_IDR_Addr    (GPIOA_BASE+8)
#define GPIOB_IDR_Addr    (GPIOB_BASE+8)
#define GPIOC_IDR_Addr    (GPIOC_BASE+8)
#define GPIOD_IDR_Addr    (GPIOD_BASE+8)
#define GPIOE_IDR_Addr    (GPIOE_BASE+8)
#define GPIOF_IDR_Addr    (GPIOF_BASE+8)
#define GPIOG_IDR_Addr    (GPIOG_BASE+8)

#define PAout(n)    BIT_ADDR(GPIOA_ODR_Addr,n)
#define PAin(n)     BIT_ADDR(GPIOA_IDR_Addr,n)

#define PBout(n)    BIT_ADDR(GPIOB_ODR_Addr,n)
#define PBin(n)     BIT_ADDR(GPIOB_IDR_Addr,n)

#define PCout(n)    BIT_ADDR(GPIOC_ODR_Addr,n)
#define PCin(n)     BIT_ADDR(GPIOC_IDR_Addr,n)
```

```
#define PDout(n)      BIT_ADDR(GPIOD_ODR_Addr,n)
#define PDin(n)       BIT_ADDR(GPIOD_IDR_Addr,n)

#define PEout(n)      BIT_ADDR(GPIOE_ODR_Addr,n)
#define PEin(n)       BIT_ADDR(GPIOE_IDR_Addr,n)

#define PFout(n)      BIT_ADDR(GPIOF_ODR_Addr,n)
#define PFin(n)       BIT_ADDR(GPIOF_IDR_Addr,n)

#define PGout(n)      BIT_ADDR(GPIOG_ODR_Addr,n)
#define PGin(n)       BIT_ADDR(GPIOG_IDR_Addr,n)

#endif
```

这段#define 预处理命令为访问 GPIO 口的 IDR 和 ODR 寄存器的各位提供了方便。从最下面开始看起，以 PA 为例，如下所示。

```
#define PAout(n)      BIT_ADDR(GPIOA_ODR_Addr,n)
#define PAin(n)       BIT_ADDR(GPIOA_IDR_Addr,n)
```

单击进入 BIT_ADDR 的定义，如下所示。

```
#define BIT_ADDR(addr, bitnum)     MEM_ADDR(BITBAND(addr, bitnum))
```

再分别单击进入 BIT_ADDR 和 BITBAND 的定义，如下所示。

```
#define MEM_ADDR(addr) *((volatile unsigned long *)(addr))
#define BITBAND(addr, bitnum) ((addr & 0xF0000000) + 0x2000000 + ((addr & 0xFFFFF)<< 5) +
(bitnum<< 2))
```

可以看到，宏 MEM_ADDR(addr)只是定义了一个强制的类型转换，因此，PAout(n)和 PAin(n)的定义实际上最终还是归结到宏 BITBAND(addr, bitnum)的定义上。

实际上，BITBAND (addr, bitnum)的定义与前面讲到的片上外设的位带区与其相应的位带别名区的映射关系是相同的。

片上外设的位带区与其相应的位带别名区的映射关系如下：

$$AliasAddr = 0x42000000 + (A - 0x40000000) \times 32 + n \times 4$$

而在 BITBAND(addr, bitnum)的定义中，

(addr & 0xF0000000) +0x2000000 即对应 0x42000000，

(addr & 0xFFFFF)<<5 即对应(A－0x40000000)×32，

(bitnum<<2)即对应 n×4，

只不过这里是用位操作，其中的 addr 表示位带区中某一个位所在的 32 位地址，bitnum 表示该位在其地址中的偏移量。

现在，再回到 PAin(n) 和 PAout(n)的定义，它们在调用 BIT_ADDR 宏定义时，对应的位带操作区中的 32 位地址分别为 GPIOD_IDR_Addr 和 GPIOD_ODR_Addr，位偏移量都

为 n,再分别进入 GPIOD_IDR_Addr 和 GPIOD_ODR_Addr 的定义,如下所示:

```
#define GPIOD_IDR_Addr     (GPIOD_BASE + 8)
#define GPIOD_ODR_Addr     (GPIOD_BASE + 12)
```

6.2.1 节曾经讲到,这两个地址都是确定的常量,因此,PAin(n) 和 PAout(n)的定义分别为 GPIOA_IDR 和 GPIOA_ODR 寄存器中的第 n 位映射到位带别名区中的地址。通过访问 PAin(n)和 PAout(n),就可以分别达到访问 GPIOA_IDR 和 GPIOA_ODR 的第 n 位的目的。

打开 bitband.c 文件,在其中包含 bitband.h 头文件。

```
#include "bitband.h"
```

现在,打开 led.h 头文件,添加如下代码:

```
#define LED1 PEout(9)
#define LED2 PEout(11)
#define LED3 PEout(13)
#define LED4 PEout(14)
```

当然,不要忘记包含 bitband.h 头文件。这样,就可以通过宏定义 LED1、LED2、LED3 和 LED4 来直接操作 LED 相关的 GPIO 端口引脚了。

打开 main.c 文件,可将 main()函数中 4 个 if 条件语句中的代码进行相应的修改,以 if (KEY1_Scan())为例,修改如下:

```
if(KEY1_Scan())
{
LED1 = ~LED1;
}
```

可以看到,应用位带操作,可以大大地减少编程的工作量。

这里,大家可能会有疑问:是否可以用 GPIO_ReadOutputDataBit()函数取代位带操作?

例如,先定义宏 LED1 如下:

```
#define LED1 GPIO_ReadOutputDataBit(GPIOE,GPIO_Pin_9)
```

然后进行同样的操作,如下所示:

```
LED1 = ~LED1;
```

这样显然是不可以的!因为 GPIO_ReadOutputDataBit()函数的功能只支持读取相关 GPIO 端口位的数据,函数返回的是一个右值,而不是一个左值,所以,不能进行这样的操作。

本节讲解了位带操作，大家如果不能理解它的原理，也没有关系，目前只要求大家掌握bitband.h头文件中的宏定义的应用。最后，为了配合后续内容的讲解，请将本应用实例中创建的SYSTEM文件夹都复制到第5章的流水灯应用例程中，并将bitband.c文件添加到工程的SYSTEM子文件夹，将bitband.h的路径添加到工程所包含的头文件路径列表中，最后将以下代码复制到流水灯应用例程中的led.h头文件中。

```
#include "bitband.h"
#define LED1 PEout(9)
#define LED2 PEout(11)
#define LED3 PEout(13)
#define LED4 PEout(14)
```

需要说明的是，在后面的应用例程中会多次用到位带操作，到时大家只需把本节实现的BITBAND文件夹复制到相关工程的SYSTEM文件夹就可以了。为了讲解方便，本书的许多应用例程都选择对流水灯应用例程进行复制后在它上面直接进行修改。

本章小结

本章介绍了ST官方固件库中定义的各寄存器的名称和它们在STM32单片机中的实际地址之间的映射关系，随后介绍了位带操作的实现原理，最后以实例介绍了对位带操作的应用。

第 7 章

NVIC与中断管理

学过 51 单片机的读者对中断的概念应该不会感到陌生。中断在 51 单片机中占有非常重要的地位。在 STM32 单片机中，中断的概念上升到了内核的级别。本章将介绍 CM3 内核级别上的中断管理及其相关的 NVIC(Nested Vectored Interrupt Controller)——嵌套向量中断控制器。

首先，介绍 CM3 异常及其优先级管理的相关概念和知识；然后，介绍本章的重点——NVIC，包括它的概念、功能、与它相关的重要寄存器组以及 ST 官方固件库中包含的重要函数及其应用。

学习本章时，可以参考《Cortex-M3 权威指南》中第 7 章和第 8 章的内容。

本章的学习目标如下所示：

- 理解 CM3 中异常以及优先级管理的相关概念和知识；
- 理解 NVIC 的概念及其功能；
- 理解并掌握与 NVIC 相关的重要寄存器组的作用并掌握对它们进行配置的方法；
- 理解并掌握对 ST 官方固件库中与 NVIC 相关的一些常用库函数的应用方法。

7.1 CM3 的异常及其优先级管理

CM3 在内核水平上搭载了一个异常响应系统，支持 11(16－4－1)个系统异常和最多 240 个外部中断。这里需要说明的是，在 ARM 程序运行的过程中，凡是打断程序正常运行的事件，都被称为异常，也就是说，当有指令执行了“非法操作”，或者访问了被禁止访问的内存空间，以及系统因各种原因产生了各种类型的错误(Fault)，或者当有不可屏蔽的中断发生时，都会打断程序的正常运行，这些情况被统称为异常。异常和中断在不严格的情况下也可混用，但一般所说的“中断”是指来自外部的中断。

CM3 预定义的 256 个异常类型如图 7-1 所示。

在图 7-1 中，编号 0～15 对应的为系统异常，编号 16～255 对应的为外部中断。可以看出，除了个别异常的优先级固定以外，其他异常的优先级都是可编程的。需要注意的是，在一般情况下，240 个外部中断不会全部被使用。最终决定使用其中的多少个，是由芯片制造商决定的。

在 CM3 中，优先级对于异常来说是非常重要的，它会影响一个异常能否被响应以及何时被响应。优先级的数值越小，优先级越高。CM3 支持中断嵌套，使得高优先级异常可以

编号	类型	优先级	简介
0	N/A	N/A	没有异常在运行
1	复位	−3（最高）	复位
2	NMI	−2	不可屏蔽中断（来自外部NMI输入脚）
3	硬(Hard)Fault	−1	所有被除能的Fault，都将被识别成硬Fault。除能的原因包括当前被禁用，或者FAULTMASK被置位。
4	MemManage Fault	可编程	存储器管理Fault，MPU访问犯规以及访问非法位置均可引发。企图在“非执行区”取指也会引发此Fault
5	总线Fault	可编程	从总线系统收到了错误响应，原因可以是预取流产(Abort)或数据流产，或者企图访问协处理器
6	用法(Usage) Fault	可编程	由于程序错误导致的异常。通常是使用了一条无效指令，或者是非法的状态转换，例如尝试切换到ARM状态
7~10	保留	N/A	N/A
11	SVCall	可编程	执行系统服务调用指令(SVC)引发的异常
12	调试监视器	可编程	调试监视器(断点，数据观察点，或者是外部调试请求)
13	保留	N/A	N/A
14	PendSV	可编程	为系统设备而设的“可悬挂请求”(Pendable request)
15	SysTick	可编程	系统滴答定时器
16	IRQ #0	可编程	外中断#0
17	IRQ #1	可编程	外中断#1
…	…	…	…
255	IRQ #239	可编程	外中断#239

图 7-1 CM3 预定义的异常类型

抢占低优先级异常。有 3 个系统异常——复位、NMI 以及 Fault，它们有固定的优先级，并且为负数，因此，它们的优先级是最高的。其他优先级都是可编程设置的，但不能为负数。

原则上，CM3 支持 3 个固定的高优先级和最多可达 256 级的可编程优先级。但是，绝大多数 CM3 芯片都会精简设计，以致实际上支持的优先级数会比 256 更少，比如 8 级、16 级或 32 级等。它们在设计时会裁掉表达优先级的几个低端有效位，以达到减少优先级数的目的，不管使用多少位，优先级号都是以 MSB 来对齐的。

例如，对于 8 位(2 的 8 次方等于 256)的优先级配置相关的寄存器，如果只使用到了其中的 4 位来表达优先级，则寄存器的结构如表 7-1 所示。

表 7-1 使用 4 位来表达优先级的情况

Bit7	Bit6	Bit5	Bit4	Bit3	Bit2	Bit1	Bit0
用于表达优先级				没有用到，读回 0			

在表 7-1 中，Bit0～Bit3 没有被用到，读它们总会返回 0，写它们则忽略写入的值。而 Bit4～Bit7 则被用来表达优先级，它们可以表达 16(2 的 4 次方)级优先级。

如果使用更多的位来表达优先级，则能够使用的优先级的值也更多，同时需要的门也更多，这会带来更高的成本和功耗。CM3 允许使用表达优先级的最少位数为 3，即至少要支持 8 级优先级。

CM3 支持最多 256 级的可编程优先级，但只能支持最多 128 级的抢占优先级。这是因为，为了使抢占机能变得可控，CM3 还把 256 级优先级按位分成高低两段，分别称为抢占优先级和子优先级。

NVIC 中有一个被称为应用程序中断及复位控制的寄存器(AIRCR)，它里面有一个位段名为 PRIGROUP，意为优先级分组，如图 7-2 所示。

位段	名称	类型	复位值	描述
31:16	VECTKEY	RW	-	访问钥匙：任何对该寄存器的写操作，都必须同时把0x05FA写入此段，否则写操作被忽略。若读取此半字，则OxFA05
15	ENDIANESS	R	-	指示端设置。1=大端(BE8)，0=小端。此值是在复位时确定的，不能更改。
10:8	PRIGROUP	R/W	0	优先级分组
2	SYSRESETREQ	W	-	请求芯片控制逻辑产生一次复位
1	VECTCLRACTIVE	W	-	清零所有异常的活动状态信息。通常只在调试时用，或者在OS从错误中恢复时用
0	VECTRESET	W	-	复位CM3处理器内核（调试逻辑除外），但是此复位不影响芯片上在内核以外的电路

图 7-2 AIRCR 寄存器中的 PRIGROUP 位段

该位段的值对每一个优先级可配置的异常都有影响——它把优先级配置相关的寄存器分为 2 个位段：左边 MSB 所在的位段对应抢占优先级，右边 LSB 所在的位段对应子优先级，如表 7-2 所示。

表 7-2 抢占优先级和子优先级位段与 PRIGROUP 位段的关系

AIRCR[10:8]位段值	分组位置(第几位)	表达抢占优先级的位段	表达子优先级的位段
000	0	[7:1]	[0:0]
001	1	[7:2]	[1:0]
010	2	[7:3]	[2:0]
011	3	[7:4]	[3:0]
100	4	[7:5]	[4:0]
101	5	[7:6]	[5:0]
110	6	[7:7]	[6:0]
111	7	无	[7:0]

从表 7-2 中可以看出 PRIGROUP 位段的值决定了在 8 位的优先级配置相关的寄存器中抢占优先级位段和子优先级位段的分组的位置。例如，如果 PRIGROUP 位段的值为 1，则抢占优先级位段和子优先级位段在第 1 位进行划分，即第 2 位～第 7 位表达抢占优先级，第 0 位～第 1 位表达子优先级。可以看出，子优先级最少有 1 个位段，而抢占优先级最多有 7 个位段。

抢占优先级和子优先级对异常优先级的影响可以描述为：

- 高抢占优先级的异常可以打断正在进行的低抢占优先级的异常；
- 低抢占优先级的异常不能打断正在进行的同级或高抢占优先级的异常；
- 对于抢占优先级相同的两个异常，当它们同时发生的时候，子优先级更高的异常先被响应；

- 对于抢占优先级和子优先级都相同的两个异常，哪个先发生，哪个就先被响应。

例如，前面表 7-1 中有 4 个位用来表达优先级，如果 Bit7 和 Bit6 用来表达抢占优先级，Bit5 和 Bit4 用来表达子优先级，则可以设置 4 级的抢占优先级，分别为 0～3；也可以设置 4 级的子优先级，分别为 0～3。现在假设有异常 A、B 和 C，它们的抢占优先级分别为 2、1、2，它们的子优先级分别为 1、3、0，则它们之间的优先级顺序为 B>C>A，B 可以打断正在进行的 A 或 C；反之则不行，C 不能打断正在进行的 A，但当 A 和 C 同时发生时，C 会先被响应。

7.2 NVIC 概述

CM3 在内核水平上搭载了一个中断控制器——嵌套向量中断控制器 NVIC（Nested Vectored Interrupt Controller），它与 CM3 内核的逻辑紧密耦合。CM3 的所有中断机制都由 NVIC 来实现，NVIC 提供了如下功能：

- 嵌套中断支持；
- 向量中断支持；
- 动态优先级调整支持；
- 中断延迟缩短；
- 中断屏蔽。

下面对 NVIC 的这些功能进行简单说明。

1）嵌套中断支持

NVIC 提供了嵌套的中断支持。所有的外部中断和大多数的系统异常都可以被编程设置为不同的优先级。当一个中断发生时，NVIC 会比较它的优先级与当前正在运行的中断的优先级。如果新的中断的优先级比当前的高，那么对新中断的处理就会覆盖当前正在运行的中断任务。

2）向量中断支持

Cortex-M3 处理器具有向量中断支持的功能。当一个中断被接受时，会从内存中的一个中断向量表中中断服务程序的首地址，而不需用软件来确定中断服务程序的首地址，这样，就节省了处理中断请求的时间。

3）动态优先级调整支持

中断的优先级可以在运行期间被软件更改。正在被处理的中断直到中断处理程序完成为止都会被阻止进一步激活，因此，改变它们的优先级不会有意外重入的风险。

4）中断延迟缩短

Cortex-M3 处理器也包含了许多缩短中断延迟的高级功能，包括自动的现场保护和恢复，降低从一个中断服务程序到另一个中断服务程序的切换延迟以及处理迟到的中断等。

5）中断屏蔽

外部中断和系统异常可以基于它们的优先级被屏蔽或使用中断屏蔽寄存器 BASEPRI、PARMASK 和 FAULTMASK 被完全屏蔽。这是为了用来确保时间关键的任务能够在不被打扰的情况下按时完成。

本节的内容在《Cortex-M3 权威指南》（中文版）的第 29～30 页有更详细的讲解，建议大家与《Cortex-M3 权威指南》(英文版)对照阅读。

7.3 NVIC 相关的寄存器

NVIC 相关的寄存器除了包含控制寄存器和中断处理的控制逻辑之外，还包含 MPU 的控制寄存器、SysTick 定时器以及调试控制。本节主要介绍 NVIC 与外部中断相关的几个重要的寄存器。

因为本书主要讲解对 STM32 单片机的应用，所以在这里直接结合 STM32 单片机来介绍这几个寄存器。首先看看 STM32 对 CM3 内核的外部中断资源的选取。

前面讲到，CM3 支持 16 个系统异常和 240 个外部中断，并且具有 256 级的可编程优先级设置。但 STM32 并没有使用 CM3 的全部资源，而是只用了它的一部分。STM32 支持 16 个内核异常和 68 个可屏蔽中断，在 STM32F107 系列中，这 68 个可屏蔽中断全部都包含(对其他系列并不是这样)，具体可参见《STM32 中文参考手册》第 130 页的表 54。对于配置中断优先级相关的寄存器，STM32 也没有完全用到它的 8 位资源，而是只用到了其中的 4 位，因此，STM32 只支持 16 级的可编程优先级设置。

下面来看一下在 ST 官方固件库中对 NVIC 与外部中断相关的这几个寄存器的定义。首先打开之前的流水灯应用例程，然后在 main.c 文件包含的头文件列表中找到并打开 core_cm3.h 头文件，在其中找到关于对 NVIC_Type 定义的相关代码，如下所示：

```
typedef struct
{
  __IO uint32_t ISER[8];
       uint32_t RESERVED0[24];
  __IO uint32_t ICER[8];
       uint32_t RESERVED1[24];
  __IO uint32_t ISPR[8];
       uint32_t RESERVED2[24];
  __IO uint32_t ICPR[8];
       uint32_t RESERVED3[24];
  __IO uint32_t IABR[8];
       uint32_t RESERVED4[56];
  __IO uint8_tIP[240];
       uint32_t RESERVED5[644];
  __O uint32_t STIR;
} NVIC_Type;
```

同前面 GPIO 端口相关寄存器的定义一样，这里也用结构体类型成员变量的形式定义了 NVIC 中断相关的 7 个寄存器。下面具体介绍这几个寄存器的作用。

需要说明的是，这几个寄存器在《Cortex-M3 权威指南》(中文版)第 8 章中都有详细的介绍，大家可以参考其中的内容进行深入地学习。

7.3.1 中断使能寄存器组和中断失能寄存器组

ISER[8]：ISER 的全称是 Interrupt Set-Enable Register，它是一个中断使能寄存器组。

CM3 内核支持 240 个中断,这里用 8 个 32 位寄存器来对它们进行控制,每个位控制一个中断。但是 STM32F107 的可屏蔽中断只有 68 个,因此,对我们来说,这里用得到的只有 ISER[0]、ISER[1]和 ISER[2]这 3 个,其中 ISER[0]的 bit0～bit31 分别对应中断 0～31,ISER[1]的 bit0～bit31 分别对应中断 32～63,ISER[2]的 bit0～bit3 分别对应中断 64～67。要想使能哪个中断,就设置其相应的 ISER 位为 1,具体每一位对应哪个中断,可以参考 stm32f10x.h 头文件中第 167～472 行的代码,其中定义了不同类型 STM32 产品的中断编号。

ICER[8]:ICER 的全称是 Interrupt Clear-Enable Registers,它是一个中断失能寄存器组,它的作用与 ISER 刚好相反,是用来清除某个中断的使能的。它的每个位所对应的中断和 ISER 是相同的。需要注意的是,如果要使某一个中断失能,则需要在 ICER 寄存器中将它所对应的位置 1 而非清 0,因为 NVIC 的相关寄存器都是写 1 有效、写 0 无效的。

这两个寄存器在《Cortex-M3 权威指南》(中文版)中相应的名称分别为 SETENA 和 CLRENA,它们的内容如图 7-3 所示。

名称	类型	地址	复位值	描述
SETENA0	R/W	0xE000_E100	0	中断0~31的使能寄存器，共32个使能位 位[n]，中断#n使能（异常号16+n）
SETENA1	R/W	0xE000_E104	0	中断32~63的使能寄存器，共32个使能位
…	…	…		…
SETENA7	R/W	0xE000_E11C	0	中断224~239的使能寄存器，共16个使能位
CLRENA0	R/W	0xE000_E180	0	中断0~31的失能寄存器，共32个失能位 位[n]，中断#n除能（异常号16+n）
CLRENA1	R/W	0xE000_E184	0	中断32~63的失能寄存器，共32个失能位
…	…	…		…
CLRENA7	R/W	0xE000_E19C	0	中断224~239的失能寄存器，共16个失能位

图 7-3 SETENA 和 CLRENA 寄存器

7.3.2 中断挂起寄存器组和中断解挂寄存器组

如果中断发生时正在处理同级或更高优先级异常,或者中断被屏蔽,则中断不能立即得到响应,此时中断会被挂起。中断的挂起状态可以通过下面两个寄存器组 ISPR[8]和 ICPR[8]来读取,还可以对它们进行写操作来手动挂起中断。

ISPR[8]:ISPR 的全称是 Interrupt Set-Pending Registers,它是一个设置中断挂起寄存器组,它的每个位所对应的中断和 ISER 也是相同的。通过将相应位置 1,可以将正在进行的某一中断挂起,而执行同一级或更高级的中断,对它的位写 0 是无效的;通过读取相应位,则可以获取某一中断的挂起状态。

ICPR[8]:ICPR 的全称是 Interrupt Clear-Pending Registers,它是一个设置中断解挂寄存器组,它每个位对应的中断和 ISER 也是相同的,它的作用和 ISPR 相反,通过将相应位置 1,可以将挂起的某一中断解挂,对它的位写 0 是无效的;通过读取相应位,也可以获取某一中断的挂起状态。

这两个寄存器在《Cortex-M3 权威指南》(中文版)中相应的名称分别为 SETPEND 和 CLRPEND,它们的内容如图 7-4 所示。

名称	类型	地址	复位值	描述
SETPEND0	R/W	0xE000_E200	0	中断0~31的挂起寄存器，共32个挂起位 位[n]，中断#n挂起（异常号16+n）
SETPEND1	R/W	0xE000_E204	0	中断32~63的挂起寄存器，共32个挂起位
…	…	…	…	…
SETPEND7	R/W	0xE000_E21C	0	中断224~239的挂起寄存器，共16个挂起位
CLRPEND0	R/W	0xE000_E280	0	中断0~31的解挂寄存器，共32个解挂位 位[n]，中断#n解挂（异常号16+n）
CLRPEND1	R/W	0xE000_E284	0	中断32~63的解挂寄存器，共32个解挂位
…	…	…	…	…
CLRPEND7	R/W	0xE000_E29C	0	中断224~239的解挂寄存器，共16个解挂位

图 7-4 SETPEND 和 CLRPEND 寄存器

7.3.3 中断激活标志位寄存器组

IABR[8]：IABR 的全称是 Interrupt Active Bit Registers,它是一个中断激活标志位寄存器组,它的每个位对应的中断和 ISER 也是相同的,如果该寄存器中的某一位为 1,则表示它所对应的中断正在被执行。与前面 4 个都是可读写的寄存器组不同,它是一个只读寄存器组,通过它可以知道当前在执行的中断是哪一个。中断在被执行完成后,该寄存器中的相应位会被硬件自动清 0。

该寄存器在《Cortex-M3 权威指南》(中文版)中相应的名称为 ACTIVE,它的内容如图 7-5 所示。

名称	类型	地址	复位值	描述
ACTIVE0	RO	0xE000_E300	0	中断0~31的活动状态寄存器，共32个状态位 位[n]，中断#n活动状态（异常号16+n）
ACTIVE1	RO	0xE000_E304	0	中断32~63的活动状态寄存器，共32个状态位
…	…	…	…	…
ACTIVE7	RO	0xE000_E31C	0	中断224~239的活动状态寄存器，共16个 状态位

图 7-5 ACTIVE 寄存器

7.3.4 中断优先级寄存器组

IP[240]：IP 的全称是 Interrupt Priority registers,它是设置中断优先级相关的寄存器组。这个寄存器组非常重要,STM32 的中断分组与这个寄存器组密切相关。IP 寄存器组由 240 个 8 位的寄存器组成。注意,之前介绍的 5 个寄存器组都是 32 位的,而 IP 寄存器组是 8 位的。240 个 8 位寄存器分别对应 240 个可屏蔽中断,每个 8 位寄存器对应 1 个可屏蔽中断。因为 STM32F107 只用到了 68 个可屏蔽中断,所以这个寄存器只有 IP[0]~IP[67]

被应用到。

前面曾经提到，STM32 只用到了该寄存器的高 4 位，而它的低 4 位则被保留。在高 4 位中又需要确定几位表示抢占优先级，几位表示子优先级，这是通过 AIRCR 寄存器中的第 8～10 位的 PRIGROUP 位段来确定的，如表 7-3 所示。

表 7-3 AIRCR 设置与中断优先级位段分配

组	AIRCR[10:8]	IP[7:4]分配情况	分配结果
0	111	0:4	0 位抢占优先级，4 位子优先级
1	110	1:3	1 位抢占优先级，3 位子优先级
2	101	2:2	2 位抢占优先级，2 位子优先级
3	100	3:1	3 位抢占优先级，1 位子优先级
4	011	4:0	4 位抢占优先级，0 位子优先级

关于表 7-3 中第一列的组 0～组 4，会在 7.4 节中进行详细介绍。

该寄存器在《Cortex-M3 权威指南》（中文版）中相应的名称为 PRI，它的内容如图 7-6 所示。

名称	类型	地址	复位值	描述
PRI_0	R/W	0xE000_E400	0（8位）	外部中断#0的优先级
PRI_1	R/W	0xE000_E401	0（8位）	外部中断#1的优先级
…	…	…	…	…
PRI_239	R/W	0xE000_EEF	0（8位）	外部中断#239的优先级

图 7-6 PRI 寄存器

7.4 NVIC 相关的库函数

7.3 节介绍了 ST 官方固件库中定义的 NVIC 与外部中断相关的几个重要的寄存器。本节将在 7.3 节的基础上介绍 ST 官方固件库中提供的 NVIC 与外部中断相关的几个库函数。

打开流水灯应用例程，并打开 misc.h 头文件，在该文件中的最后可以看到与 NVIC 相关的一系列函数的声明列表，如图 7-7 所示。

```
void NVIC_PriorityGroupConfig(uint32_t NVIC_PriorityGroup);
void NVIC_Init(NVIC_InitTypeDef* NVIC_InitStruct);
void NVIC_SetVectorTable(uint32_t NVIC_VectTab, uint32_t Offset);
void NVIC_SystemLPConfig(uint8_t LowPowerMode, FunctionalState NewState);
void SysTick_CLKSourceConfig(uint32_t SysTick_CLKSource);
```

图 7-7 NVIC 相关的库函数声明列表

这些函数的定义都在 misc.c 文件中，需要在工程的 FWLIB 子文件夹下添加这个文件。

这里主要介绍其中的两个函数：NVIC_PriorityGroupConfig()函数和 NVIC_Init()函数。

7.4.1 NVIC_PriorityGroupConfig()函数

首先来看 NVIC_PriorityGroupConfig()函数,它又被称为中断优先级分组函数(从它的名字也可以看出),单击进入它的定义,如图 7-8 所示。

```
void NVIC_PriorityGroupConfig(uint32_t NVIC_PriorityGroup)
{
  /* Check the parameters */
  assert_param(IS_NVIC_PRIORITY_GROUP(NVIC_PriorityGroup));

  /* Set the PRIGROUP[10:8] bits according to NVIC_PriorityGroup value */
  SCB->AIRCR = AIRCR_VECTKEY_MASK | NVIC_PriorityGroup;
}
```

图 7-8 NVIC_PriorityGroupConfig()函数的定义

可以看到,该函数的主要作用就是通过设置 AIRCR 寄存器的中断优先级分组位段,来设置中断优先级的分组,即抢占优先级和子优先级的位段分组。单击进入 IS_NVIC_PRIORITY_GROUP 的定义,可以看到对该函数的参数 NVIC_PriorityGroup 的有效性验证,如图 7-9 所示。

```
#define NVIC_PriorityGroup_0         ((uint32_t)0x700) /*!< 0 bits for pre-emption priority
                                                            4 bits for subpriority */
#define NVIC_PriorityGroup_1         ((uint32_t)0x600) /*!< 1 bits for pre-emption priority
                                                            3 bits for subpriority */
#define NVIC_PriorityGroup_2         ((uint32_t)0x500) /*!< 2 bits for pre-emption priority
                                                            2 bits for subpriority */
#define NVIC_PriorityGroup_3         ((uint32_t)0x400) /*!< 3 bits for pre-emption priority
                                                            1 bits for subpriority */
#define NVIC_PriorityGroup_4         ((uint32_t)0x300) /*!< 4 bits for pre-emption priority
                                                            0 bits for subpriority */

#define IS_NVIC_PRIORITY_GROUP(GROUP) (((GROUP) == NVIC_PriorityGroup_0) || \
                                       ((GROUP) == NVIC_PriorityGroup_1) || \
                                       ((GROUP) == NVIC_PriorityGroup_2) || \
                                       ((GROUP) == NVIC_PriorityGroup_3) || \
                                       ((GROUP) == NVIC_PriorityGroup_4))
```

图 7-9 IS_NVIC_PRIORITY_GROUP(GROUP)

如图 7-8 所示的 NVIC_PriorityGroup_0～ NVIC_PriorityGroup_4 实际上分别对应 7.3.4 节中表 7-3 中第 1 列的组 0～组 4。

如果想设置中断优先级分组为 2,则需要在这里选择参数 NVIC_PriorityGroup_2,然后调用该函数,如下所示:

```
NVIC_PriorityGroupConfig(NVIC_PriorityGroup_2);
```

这样,就确定了高 2 位用来作为抢占优先级,低 2 位用来作为子优先级。

需要注意的是,这个函数一般在程序中只调用一次,即中断优先级分组设置好后最好不要更改;否则,可能会带来麻烦,比如将原来设置的各中断优先级的排列顺序打乱等。

7.4.2 NVIC_Init()函数

设置好中断优先级分组后,对于每个中断,又怎样来确定它的抢占优先级和子优先级呢?这就需要通过 NVIC_Init()函数了。NVIC_Init()函数的声明如下所示:

```
void NVIC_Init(NVIC_InitTypeDef * NVIC_InitStruct);
```

可以看到，与前面的 GPIO_Init()函数相似，该函数的声明中也有一个结构体类型的参数。单击进入 NVIC_InitTypeDef 结构体类型的定义，如下所示：

```
typedef struct
{
  uint8_t NVIC_IRQChannel;
  uint8_t NVIC_IRQChannelPreemptionPriority;
  uint8_t NVIC_IRQChannelSubPriority;
  FunctionalState NVIC_IRQChannelCmd;
} NVIC_InitTypeDef;
```

可以看到，NVIC_InitTypeDef 结构体类型共有 4 个成员变量，它们的作用分别为：

NVIC_IRQChannel——确定要初始化的中断号，这个可以在 stm32f10x. h 头文件中的第 167～472 行中查找到，这里还需要根据芯片的具体类型来进行查找。

NVIC_IRQChannelPreemptionPriority——确定中断的抢占优先级级别。

NVIC_IRQChannelSubPriority——确定中断的子优先级级别。

NVIC_IRQChannelCmd——确定将要被初始化的中断是否会被使能。

例如，现在要使能串口 1 的中断，并使它的抢占优先级为 1、子优先级为 2，那么需要首先在 stm32f10x. h 头文件中的第 167～472 行中找到 STM32 互联型产品定义（对应的宏为 STM32F10X_CL）的串口 1 的中断号，如图 7-10 所示。

```
#ifdef STM32F10X_CL
  ADC1_2_IRQn             = 18,     /*!< ADC1 and ADC2 global Interrupt
  CAN1_TX_IRQn            = 19,     /*!< USB Device High Priority or CAN
  CAN1_RX0_IRQn           = 20,     /*!< USB Device Low Priority or CAN1
  CAN1_RX1_IRQn           = 21,     /*!< CAN1 RX1 Interrupt
  CAN1_SCE_IRQn           = 22,     /*!< CAN1 SCE Interrupt
  EXTI9_5_IRQn            = 23,     /*!< External Line[9:5] Interrupts
  TIM1_BRK_IRQn           = 24,     /*!< TIM1 Break Interrupt
  TIM1_UP_IRQn            = 25,     /*!< TIM1 Update Interrupt
  TIM1_TRG_COM_IRQn       = 26,     /*!< TIM1 Trigger and Commutation In
  TIM1_CC_IRQn            = 27,     /*!< TIM1 Capture Compare Interrupt
  TIM2_IRQn               = 28,     /*!< TIM2 global Interrupt
  TIM3_IRQn               = 29,     /*!< TIM3 global Interrupt
  TIM4_IRQn               = 30,     /*!< TIM4 global Interrupt
  I2C1_EV_IRQn            = 31,     /*!< I2C1 Event Interrupt
  I2C1_ER_IRQn            = 32,     /*!< I2C1 Error Interrupt
  I2C2_EV_IRQn            = 33,     /*!< I2C2 Event Interrupt
  I2C2_ER_IRQn            = 34,     /*!< I2C2 Error Interrupt
  SPI1_IRQn               = 35,     /*!< SPI1 global Interrupt
  SPI2_IRQn               = 36,     /*!< SPI2 global Interrupt
  USART1_IRQn             = 37,     /*!< USART1 global Interrupt
  USART2_IRQn             = 38,     /*!< USART2 global Interrupt
```

图 7-10 互联型产品中各中断号的定义

ST 官方固件库中提供的代码为我们带来了很大的便利，只需要调用它所对应的宏 USART1_IRQn 就可以了，这也是在建立工程时需要在工程设置中添加宏 STM32F10X_CL 定义的原因，在确定好其他参数后，就可以调用 NVIC_Init()函数对其进行初始化了，如下所示：

```
NVIC_InitTypeDef NVIC_InitStruct;
NVIC_InitStruct. NVIC_IRQChannel = USART1_IRQn;
NVIC_InitStruct. NVIC_IRQChannelPreemptionPriority = 1;
NVIC_InitStruct. NVIC_IRQChannelSubPriority = 2;
NVIC_InitStruct. NVIC_IRQChannelCmd = ENABLE;
NVIC_Init(&NVIC_InitStruct);
```

需要注意的是，在对 NVIC_Init()函数进行调用时，与前面的 GPIO_Init()函数相似，要对变量 NVIC_InitStruct 取地址后再将其作为函数的实参。

本节主要介绍了 ST 官方固件库中提供的 NVIC 与外部中断相关的两个库函数，分别是中断优先级分组函数 NVIC_PriorityGroupConfig()和中断初始化函数 NVIC_Init()。这主要是为后面使用 STM32 的中断先打下一个基础。关于中断相关的其他库函数，会在后面的章节中结合应用实例进行讲解。

本章小结

本章介绍 CM3 内核级别上的中断管理以及与它相关的 NVIC 嵌套中断向量控制器。首先介绍了 CM3 异常以及优先级管理的概念和知识，接着介绍了本章的重点 NVIC，包括 NVIC 的概念、功能、相关的寄存器、相关的库函数及其配置应用方法。

第 8 章

EXTI 控制器及其应用

第 7 章从 CM3 内核的水平上讲解了中断以及对中断进行管理的 NVIC。本章将介绍 STM32 的 EXTI 控制器，即外部中断/事件控制器，它可以被用作 GPIO 端口的输入中断。

首先介绍 EXTI 控制器的基本概念和知识；然后介绍 EXTI 控制器相关的寄存器；接着介绍 EXTI 控制器相关的库函数；最后，介绍 EXTI 控制器用作 GPIO 输入中断的一个应用实例。

大家在对本章进行学习时，可以参考《STM32 中文参考手册》中第 9 章的相关内容。

本章的学习目标如下：

- 理解并掌握 EXTI 控制器的相关概念和知识；
- 理解并掌握与 EXTI 控制器相关的重要寄存器并掌握对它们进行配置的方法；
- 理解并掌握 ST 官方固件库中包含的与 EXTI 相关的一些重要库函数及其应用；
- 理解并掌握 EXTI 控制器的一个重要应用实例——用作 GPIO 输入中断。

8.1 EXTI 控制器概述

EXTI 控制器即外部中断/事件控制器，是由 20 或 19 个（互联型产品为 20 个，其他类型产品为 19 个）用于产生中断/事件请求的边沿检测器组成的。开发板的主控芯片 STM32F107 的 EXTI 控制器支持 20 个外部中断/事件请求，每个中断/事件都可以被独立地触发或屏蔽，且都设有专门的状态位。这 20 个外部中断/事件请求对应着 20 个中断/事件输入线（EXTI0～EXTI19），它们所对应的中断/事件分别为：

EXTI0～15——对应外部 GPIO 口的输入中断。

EXTI16——连接到 PVD 输出。

EXTI17——连接到 RTC 闹钟事件。

EXTI18——连接到 USB 唤醒事件。

EXTI19——连接到以太网唤醒事件。

这里需要说明的是，EXTI 控制器中的“外部中断”与本章之前提到的相对于“系统异常”的“外部中断”是两个概念，后者是泛指来自 CM3 内核之外的所有外部异常，而这里的外部中断，是指外部 GPIO 端口的输入中断。前面在介绍 GPIO 端口的时候，就曾经提到过，在 STM32 中，所有的 GPIO 端口引脚都可以被用作中断，实际上就是这里所说的输入中断。

这里，大家可能会有疑问，开发板的主控芯片 STM32F107 有 80 个 GPIO 端口引脚，对于一些其他类型的 STM32 芯片，可能会有更多的 GPIO 端口引脚，它们是怎么与 16 个中断输入线对应起来的呢？原来，STM32 使 EXTI0～EXTI15 分别对应 GPIOx. 0～GPIOx. 15（x＝A，B，C，D，E，F，G），例如，EXTI0 对应 GPIOA. 0、GPIOB. 0、……、GPIOG. 0，EXTI1 对应 GPIOA. 1、GPIOB. 1、……、GPIOG. 1，这样就可以将 STM32 最多情况下的 112 个 GPIO 端口引脚全部都对应起来了。输入中断线和 GPIO 端口引脚的对应关系如图 8-1 所示。

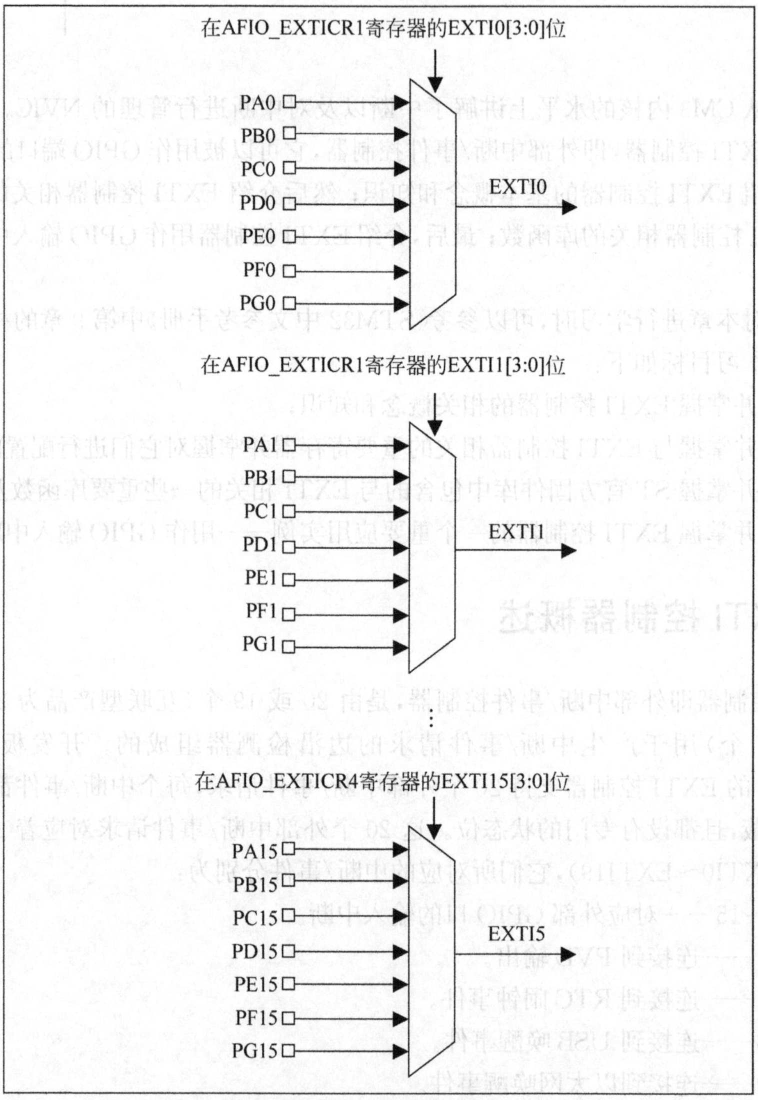

图 8-1　输入中断线和 GPIO 端口引脚的对应关系

在图 8-1 中，每个中断输入线最多对应 7 个 GPIO 端口引脚，且每次只能对应这 7 个引脚中的 1 个，通过设置相关的寄存器可对它们进行选择。

8.2 EXTI 相关的寄存器

本节介绍 EXTI 相关的寄存器，来让大家对 EXTI 的功能有更深刻的理解。因为 EXTI 相对 STM32 的其他外设来说功能比较简单，所以它的寄存器相对来说比较少。

8.2.1 中断屏蔽寄存器

关于中断屏蔽寄存器(EXTI_IMR)各位的描述如图 8-2 所示。

偏移地址：0x00

复位值：0x0000 0000

31	30	29	28	27	26	25	24	23	22	21	20	19	18	17	16
保留												MR19	MR18	MR17	MR16
												rw	rw	rw	rw

15	14	13	12	11	10	9	8	7	6	5	4	3	2	1	0
MR15	MR14	MR13	MR12	MR11	MR10	MR9	MR8	MR7	MR6	MR5	MR4	MR3	MR2	MR1	MR0
rw	rw	rw	rw	rw	rw	rw	rw	rw	rw	rw	rw	rw	rw	rw	rw

位31:20	保留，必须始终保持为复位状态(0)。
位19:0	**MRx**：线x上的中断屏蔽 0：屏蔽来自线x上的中断请求； 1：开放来自线x上的中断请求。 注：位19只适用于互联型产品，对于其他产品为保留位。

图 8-2 中断屏蔽寄存器(EXTI_IMR)

从图 8-2 中可以看出，该寄存器只有第 0～19 位有效(第 19 位只对互联型产品有效)，其中，位 MRx(x=0～19)为中断线 x 上的中断屏蔽位。即如果将位 MRx 设置为 1，则将开放来自中断线 x 上的中断请求；反之，如果将该位清零，则会屏蔽中断线 x 上的中断请求。

8.2.2 事件屏蔽寄存器

关于事件屏蔽寄存器(EXTI_EMR)各位的描述如图 8-3 所示。

从图 8-3 中可以看出，该寄存器与 8.2.1 节中介绍的中断屏蔽寄存器非常相似。该寄存器同样只有第 0～19 位有效(第 19 位只对互联型产品有效)，所不同的是，其中的位 MRx(x=0～19)为中断线 x 上的事件屏蔽位。即如果将位 MRx 设置为 1，则将开放来自中断线 x 上的事件请求；反之，如果将该位清零，则会屏蔽中断线 x 上的事件请求。

8.2.3 上升沿触发选择寄存器

关于上升沿触发选择寄存器(EXTI_RTSR)各位的描述如图 8-4 所示。

从图 8-4 中可以看出，该寄存器同样只有第 0～19 位有效(第 19 位只对互联型产品有效)。其中，位 TRx(x=0～19)为中断线 x 上的上升沿触发事件配置位。即如果将位 TRx 设置为 1，则会允许输入线 x 上的上升沿触发(中断和事件)；反之，如果将该位清零，则会禁止输入线 x 上的上升沿触发(中断和事件)。

偏移地址：0x04
复位值：0x0000 0000

31	30	29	28	27	26	25	24	23	22	21	20	19	18	17	16
保留												MR19	MR18	MR17	MR16
												rw	rw	rw	rw

15	14	13	12	11	10	9	8	7	6	5	4	3	2	1	0
MR15	MR14	MR13	MR12	MR11	MR10	MR9	MR8	MR7	MR6	MR5	MR4	MR3	MR2	MR1	MR0
rw	rw	rw	rw	rw	rw	rw	rw	rw	rw	rw	rw	rw	rw	rw	rw

位31:20	保留，必须始终保持为复位状态(0)。
位19:0	**MRx**：线x上的事件屏蔽 0：屏蔽来自线x上的事件请求； 1：开放来自线x上的事件请求。 注：位19只适用于互联型产品，对于其他产品为保留位。

图 8-3　事件屏蔽寄存器(EXTI_EMR)

偏移地址：0x08
复位值：0x0000 0000

31	30	29	28	27	26	25	24	23	22	21	20	19	18	17	16
保留												TR19	TR18	TR17	TR16
												rw	rw	rw	rw

15	14	13	12	11	10	9	8	7	6	5	4	3	2	1	0
TR15	TR14	TR13	TR12	TR11	TR10	TR9	TR8	TR7	TR6	TR5	TR4	TR3	TR2	TR1	TR0
rw	rw	rw	rw	rw	rw	rw	rw	rw	rw	rw	rw	rw	rw	rw	rw

位31:20	保留，必须始终保持为复位状态(0)。
位19:0	**TRx**：线x上的上升沿触发事件配置位 0：禁止输入线x上的上升沿触发（中断和事件）； 1：允许输入线x上的上升沿触发（中断和事件）。 注：位19只适用于互联型产品，对于其他产品为保留位。

注意：外部唤醒线是边沿触发的，这些线上不能出现毛刺信号。
在写EXTI_RTSR寄存器时，在外部中断线上的上升沿信号不能被识别，挂起位也不会被置位。
在同一中断线上，可以同时设置上升沿和下降沿触发。即任一边沿都可触发中断

图 8-4　上升沿触发选择寄存器(EXTI_RTSR)

8.2.4　下降沿触发选择寄存器

关于下降沿触发选择寄存器(EXTI_FTSR)各位的描述如图 8-5 所示。

从图 8-5 中可以看出，该寄存器与 8.2.3 节中介绍的上升沿触发选择寄存器非常相似。该寄存器同样只有第 0～19 位有效(第 19 位只对互联型产品有效)。所不同的是，其中的位 TRx(x=0～19)为中断线 x 上的下降沿触发事件配置位。即如果将位 TRx 设置为 1，则会允许输入线 x 上的下降沿触发(中断和事件)；反之，如果将该位清零，则会禁止输入线 x 上的下降沿触发(中断和事件)。

偏移地址：0x0C
复位值：0x0000 0000

31	30	29	28	27	26	25	24	23	22	21	20	19	18	17	16
保留												TR19	TR18	TR17	TR16
												rw	rw	rw	rw

15	14	13	12	11	10	9	8	7	6	5	4	3	2	1	0
TR15	TR14	TR13	TR12	TR11	TR10	TR9	TR8	TR7	TR6	TR5	TR4	TR3	TR2	TR1	TR0
rw	rw	rw	rw	rw	rw	rw	rw	rw	rw	rw	rw	rw	rw	rw	rw

位31:20	保留，必须始终保持为复位状态(0)。
位19:0	**TRx**：线x上的下降沿触发事件配置位 0：禁止输入线x上的下降沿触发（中断和事件）； 1：允许输入线x上的下降沿触发（中断和事件）。 注：位19只适用于互联型产品，对于其他产品为保留位。

注意：外部唤醒线是边沿触发的，这些线上不能出现毛刺信号。
在写EXTI_FTSR寄存器时，在外部中断线上的下降沿信号不能被识别，挂起位也不会被置位。
在同一中断线上，可以同时设置上升沿和下降沿触发。即任一边沿都可触发中断

图 8-5 下降沿触发选择寄存器(EXTI_FTSR)

8.2.5 软件中断事件寄存器

关于软件中断事件寄存器(EXTI_SWIER)各位的描述如图 8-6 所示。

偏移地址：0x10
复位值：0x0000 0000

31	30	29	28	27	26	25	24	23	22	21	20	19	18	17	16
保留												SWIER 19	SWIER 18	SWIER 17	SWIER 16
												rw	rw	rw	rw

15	14	13	12	11	10	9	8	7	6	5	4	3	2	1	0
SWIER 15	SWIER 14	SWIER 13	SWIER 12	SWIER 11	SWIER 10	SWIER 9	SWIER 8	SWIER 7	SWIER 6	SWIER 5	SWIER 4	SWIER 3	SWIER 2	SWIER 1	SWIER 0
rw	rw	rw	rw	rw	rw	rw	rw	rw	rw	rw	rw	rw	rw	rw	rw

位31:20	保留，必须始终保持为复位状态(0)。
位19:0	**SWIERx**：线x上的软件中断 当该位为0时，写1将设置EXTI_PR中相应的挂起位。如果在EXTI_IMR和EXTI_EMR中允许产生该中断，则此时将产生一个中断。 注：通过清除EXTI_PR的对应位（写入1），可以清除该位为0。 注：位19只适用于互联型产品，对于其他产品为保留位。

图 8-6 软件中断事件寄存器(EXTI_SWIER)

从图 8-6 中可以看出，该寄存器同样只有第 0～19 位有效（第 19 位只对互联型产品有效）。其中，位 SWIERx（x=0～19）对应中断线 x 上的软件中断。即当在中断屏蔽寄存器中将相应的中断屏蔽位设置为 1 后，当位 SWIERx 被设置为 0 的情况下，将它设置为 1，将会产生一个中断请求，并在挂起寄存器（EXTI_PR）中设置相应位。通过清除挂起寄存器（EXTI_PR）中的相应位（将该位设置为 1），则可以将该寄存器中的位 SWIERx 清为零。

8.2.6 挂起寄存器

关于挂起寄存器(EXTI_PR)各位的描述如图 8-7 所示。

偏移地址：0x14
复位值：0xxxx xxxx

31	30	29	28	27	26	25	24	23	22	21	20	19	18	17	16
保留												PR19	PR18	PR17	PR16
												rc wl	rc wl	rc wl	rc wl

15	14	13	12	11	10	9	8	7	6	5	4	3	2	1	0
PR15	PR14	PR13	PR12	PR11	PR10	PR9	PR8	PR7	PR6	PR5	PR4	PR3	PR2	PR1	PR0
rc wl	rc wl	rc wl	rc wl	rc wl	rc wl	rc wl	rc wl	rc wl	rc wl	rc wl	rc wl	rc wl	rc wl	rc wl	rc wl

位31:20	保留，必须始终保持为复位状态(0)。
位19:0	**PRx**：挂起位 0：没有发生触发请求； 1：发生了选择的触发请求。 当在外部中断线上发生了选择的边沿事件，该位被置1，在该位中写入1可以清除它，也可以通过改变边沿检测的极性清除。 注：位19只适用于互联型产品，对于其他产品为保留位。

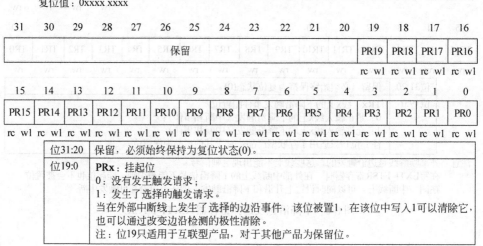

图 8-7 挂起寄存器(EXTI_PR)

从图 8-7 中可以看出，该寄存器有效位为第 0～19 位。其中，位 PRx(x=0～19)为中断线 x 上的挂起位。即当外部中断线 x 上产生了选择的边沿事件，相应的位 PRx 会被置 1。对该位写 1 可以将该位清零。

8.3 EXTI 相关的库函数

本节介绍 ST 官方固件库提供的与 EXTI 相关的库函数。

8.3.1 GPIO_EXTILineConfig()函数

在 ST 官方固件库中，对如图 8-1 所示输入中断线上的 GPIO 端口的选择进行配置的函数为 GPIO_EXTILineConfig()，该函数的定义在 stm32f10x. gpio. c 文件中，它的声明如下所示：

```
void GPIO_EXTILineConfig(uint8_t GPIO_PortSource, uint8_t GPIO_PinSource);
```

函数中的两个参数分别对应哪个端口以及哪个中断输入线。

例如，函数调用语句如下：

```
GPIO_EXTILineConfig(GPIO_PortSourceGPIOC, GPIO_PinSource6);
```

则表示中断输入线 EXTI6 选择了 GPIOC 端口，也就是 GPIOC. 6 引脚被用作输入中断。

需要注意的是，在调用这个函数之前，需要先使能一个名为 AFIO 的时钟，如下所示：

```
RCC_APB2PeriphClockCmd(RCC_APB2Periph_AFIO,ENABLE);
```

这是因为，如在《STM32 中文参考手册》8.4 节的开头处所说明的，对寄存器 AFIO_EVCR（事件控制寄存器）、AFIO_MAPR（重映射和调试 I/O 配置）以及 AFIO_EXTICRX（外部中断配置寄存器）进行读写前，应当首先打开 AFIO 的时钟，而这里 GPIO_EXTILineConfig()函数实际上配置的就是 AFIO_EXTICRX 寄存器。

8.3.2 EXTI_Init()函数

设置好中断输入线选择的端口后，需要确定端口在中断输入线上以什么方式触发中断，这就需要通过相关的 EXTI 初始化函数 EXTI_Init()了，该函数被定义在 stm32f10x_exti.c 文件中，它的声明如下所示：

```
void EXTI_Init(EXTI_InitTypeDef * EXTI_InitStruct);
```

该函数也是通过一个结构体类型的参数来进行初始化的。单击进入 EXTI_InitTypeDef 结构体类型的定义，如下所示：

```
typedef struct
{
  uint32_t EXTI_Line;
  EXTIMode_TypeDef EXTI_Mode;
  EXTITrigger_TypeDef EXTI_Trigger;
  FunctionalState EXTI_LineCmd;
}EXTI_InitTypeDef;
```

EXTI_InitTypeDef 结构体类型的 4 个成员变量的含义分别为：

EXTI_Line——表示哪个中断线；

EXTI_Mode——表示中断的模式(中断或事件)；

EXTI_Trigger——中断的触发方式(上升沿、下降沿、上升沿和下降沿触发)

EXTI_LineCmd——中断是否使能。

接着上面的例子来进行说明，程序代码如下：

```
EXTI_InitTypeDef EXTI_InitStructure;
EXTI_InitStructure.EXTI_Line = EXTI_Line6;                        //输入线 EXTI6
EXTI_InitStructure.EXTI_Mode = EXTI_Mode_Interrupt;               //中断模式
EXTI_InitStructure.EXTI_Trigger = EXTI_Trigger_Falling;           //下降沿触发
EXTI_InitStructure.EXTI_LineCmd = ENABLE;                         //中断使能
EXTI_Init(&EXTI_InitStructure);
```

因为这里涉及中断，需要配置 GPIOC.6 输入中断的优先级，假设之前已经设置了中断优先级分组为 NVIC_PriorityGroup_2，相关的程序代码如下：

```
NVIC_InitTypeDef NVIC_InitStruct;
NVIC_InitStruct.NVIC_IRQChannel = EXTI6_IRQn;
NVIC_InitStruct.NVIC_IRQChannelPreemptionPriority = 1;
NVIC_InitStruct.NVIC_IRQChannelSubPriority = 2;
NVIC_InitStruct.NVIC_IRQChannelCmd = ENABLE;
NVIC_Init(&NVIC_InitStruct);
```

这段代码在7.4节已经介绍过,此处不再赘述。

8.3.3 EXTI的中断处理函数

下面编写相关的中断处理函数。在《STM32中文参考手册》中可以看到,互联型产品外部I/O端口的中断向量有EXTI0、EXTI1、EXTI2、EXTI3、EXTI4、EXTI9_5以及EXTI15_10。也就是说,对于中断线EXTI0～EXTI4,它们分别具有一个相关的中断向量,即EXTI0～EXTI4,而中断线EXTI9～EXTI15则共用一个中断向量EXTI9_5,而中断线EXTI10～EXTI15则共用中断向量EXTI15_10。

在ST官方固件库中对它们的定义出现在相关的启动文件startup_stmf10x_cl.s中,分别为:EXTI0_IRQHandler、EXTI1_IRQHandler、EXTI2_IRQHandler、EXTI3_IRQHandler、EXTI4_IRQHandler、EXTI9_5_IRQHandler以及EXTI15_10_IRQHandler。

中断处理函数的定义没有参数,没有返回类型,且不需要声明,接8.3.2节的例子,对于GPIOC.6,它的中断处理函数应当被定义为如下所示:

```
void EXTI9_5_IRQHandler(void)
{
  …
}
```

8.3.4 EXTI_GetITStatus()函数和EXTI_ClearITPendingBit()函数

在中断处理函数的定义中,一般还会调用两个函数,它们同样被定义在stm32f10x_exti.c文件中,其声明如下所示:

```
ITStatus EXTI_GetITStatus(uint32_t EXTI_Line);
void EXTI_ClearITPendingBit(uint32_t EXTI_Line);
```

第一个函数的作用是:检测中断输入线上的中断是否发生,也即先判断相关中断是否使能,如果是,则检测相关中断标志位是否被置位,它一般用在中断服务函数的开头,用来检测是产生了哪个中断。

第二个函数的作用是:清除相关中断输入线上的中断标志位,它一般被用在中断服务函数的结尾,清除已经被处理的中断标志位,以便下次响应该中断。

对于这两个函数的应用非常简单,对于它们相关参数的选取的方法,在前面也曾多次提到过。这里,接着8.3.3节的例子,对于GPIOC.6,它的中断服务函数应当如下所示:

```
void EXTI9_5_IRQHandler(void)
{
 If(EXTI_GetITStatus(EXTI_Line6) == SET)
 {
    …
 }
 …
 EXTI_ClearITPendingBit(EXTI_Line6);
 …
}
```

8.3.5 EXTI_GetFlagStatus()函数和 EXTI_ClearFlag()函数

在 stm32f10x_exti.c 文件中，还定义了两个与 EXTI_GetITStatus()函数和 EXTI_ClearITPendingBit()函数功能相似的函数，其声明分别如下：

```
FlagStatus EXTI_GetFlagStatus(uint32_t EXTI_Line);
void EXTI_ClearFlag(uint32_t EXTI_Line);
```

EXTI_GetITStatus()函数和 EXTI_GetFlagStatus()函数的不同就在于，前者会首先判断中断输入线上的相关中断是否被使能，在此前提下，再检测该中断输入线上的相关中断标志是否被置位；而后者则是直接检测中断输入线上的相关中断标志是否被置位。也就是说，EXTI_GetITStatus()函数是检测相关的中断是否发生，而 EXTI_GetFlagStatus()函数是检测相关的中断标志是否被置位。

EXTI_ClearITPendingBit()函数的功能与 EXTI_ClearFlag()函数则完全相同。

对这两个函数的使用分别与 EXTI_GetITStatus()函数和 EXTI_ClearITPendingBit()函数的使用相同，此处不再赘述。

8.4 EXTI 外部中断的应用实例

本节综合第 7 章和第 8 章学过的所有知识来实现一个实际应用——按键控制 LED 闪烁。

1. 实例描述

大家可能会说，在前面不是已经实现过这个应用了吗？前面那是通过将 GPIO 用作通用 I/O 的输入，而现在是通过将 GPIO 用作输入中断，在实际程序运行中，中断方式响应 GPIO 的输入往往更加高效。

2. 硬件电路

本实验课程相关的硬件电路和按键实验课程的完全相同，此处不再赘述。4 个 LED 相关的 I/O 引脚分别为 PE9、PE11、PE13 和 PE14，4 个按键相关的 I/O 引脚分别为 PC6、PC7、PC8 和 PC9。

3. 软件设计

为了讲解的方便，本例程直接在按键例程上进行相应的修改。

复制按键例程后，将它的工程名进行相应的修改，然后在工程文件夹中的 HARDWARE 子文件夹中新建一个 EXTI 文件夹，并在其中新建两个文件 exti.c 和 exti.h，分别将它们添加到工程的 HARDWARE 子文件夹，以及工程所包含的头文件路径列表中。因为本例程会用到 NVIC 和 EXTI 相关的库函数，所以还需要在工程的 FWLIB 子文件夹中添加相应的 misc.c 以及 stm32f10x_exti.c 文件。

下面，开始编写程序代码。

第一步，在 exti.h 头文件中添加如下代码：

```
#ifndef __EXTI_H
#define __EXTI_H

#include "stm32f10x.h"
void EXTIx_Init(void);
#endif
```

这段代码和前面例程的相关头文件的代码相似。

第二步，在 exti.c 文件中添加如下代码：

```
#include "exti.h"
#include "led.h"
#include "key.h"

void EXTIx_Init(void)
{
 EXTI_InitTypeDef EXTI_InitStructure;
 NVIC_InitTypeDef NVIC_InitStructure;

 KEY_Init();                                          //按键初始化
 //初始化端口复用功能相关的时钟
 RCC_APB2PeriphClockCmd(RCC_APB2Periph_AFIO,ENABLE);

 //配置中断线 6 选择的端口,并对其相关的中断进行初始化
 GPIO_EXTILineConfig(GPIO_PortSourceGPIOC,GPIO_PinSource6);
 EXTI_InitStructure.EXTI_Line = EXTI_Line6;
 EXTI_InitStructure.EXTI_Mode = EXTI_Mode_Interrupt;
 EXTI_InitStructure.EXTI_Trigger = EXTI_Trigger_Falling;
 EXTI_InitStructure.EXTI_LineCmd = ENABLE;
 EXTI_Init(&EXTI_InitStructure);

//配置中断线 7 选择的端口,并对其相关的中断进行初始化
 GPIO_EXTILineConfig(GPIO_PortSourceGPIOC,GPIO_PinSource7);
 EXTI_InitStructure.EXTI_Line = EXTI_Line7;
 EXTI_Init(&EXTI_InitStructure);

 //配置中断线 8 选择的端口,并对其相关的中断进行初始化
 GPIO_EXTILineConfig(GPIO_PortSourceGPIOC,GPIO_PinSource8);
 EXTI_InitStructure.EXTI_Line = EXTI_Line8;
 EXTI_Init(&EXTI_InitStructure);
```

```
//配置中断线9选择的端口,并对其相关的中断进行初始化
 GPIO_EXTILineConfig(GPIO_PortSourceGPIOC,GPIO_PinSource9);
 EXTI_InitStructure.EXTI_Line = EXTI_Line9;
 EXTI_Init(&EXTI_InitStructure);

 //对相关的中断通道进行初始化
 NVIC_InitStructure.NVIC_IRQChannel = EXTI9_5_IRQn;
 NVIC_InitStructure.NVIC_IRQChannelPreemptionPriority = 1;
 NVIC_InitStructure.NVIC_IRQChannelSubPriority = 1;
 NVIC_InitStructure.NVIC_IRQChannelCmd = ENABLE;
 NVIC_Init(&NVIC_InitStructure);
}

void EXTI9_5_IRQHandler(void)
{
 Delay(14400 * 10);                              //延时消除按下抖动
 if(KEY1 == 0)
 {
     LED1 = ~LED1;
 }
 else if(KEY2 == 0)
 {
     LED2 = ~LED2;
 }
 else if(KEY3 == 0)
 {
     LED3 = ~LED3;
 }
 else if(KEY4 == 0)
 {
     LED4 = ~LED4;
 }
//清除中断线上的相关中断标志位
 EXTI_ClearITPendingBit(EXTI_Line6);
 EXTI_ClearITPendingBit(EXTI_Line7);
 EXTI_ClearITPendingBit(EXTI_Line8);
 EXTI_ClearITPendingBit(EXTI_Line9);
}
```

这段代码中的大部分在本章之前的内容中都进行了详细分析。这里再简单回顾一下。

在EXTIx_Init()函数中,首先,调用KEY_Init()函数对按键相关的端口引脚进行初始化,用外部端口的输入中断,还是需要先配置好它相关的工作模式。然后,为了后面调用GPIO_EXTILineConfig()函数,还需要使能AFIO时钟。

```
RCC_APB2PeriphClockCmd(RCC_APB2Periph_AFIO,ENABLE);
```

接着,通过调用相关的GPIO_EXTILineConfig()函数以及EXTI_Init()函数对中断线上的端口选择进行配置并对其相关的中断进行初始化,最后,调用NVIC_Init()函数对各

EXTI中断线对应的中断通道进行相应的初始化，当然在此之前需要调用NVIC_PriorityGroupConfig()函数，先对中断优先级分组进行配置，对这个函数的调用放在main()函数中的起始处。需要注意的是，因为按键相关的端口引脚为PC6、PC7、PC8以及PC9，而对于中断线EXTI5～EXTI9，它们共用一个中断向量，在NVIC中当然也对应着一个中断通道，对它们初始化一次就可以了。

然后，在相关的中断服务函数EXTI9_5_IRQHandler()中，还是需要先调用延时函数来消除按键按下时的抖动，然后根据按键按下的情况来改变相关LED的亮灭状态，最后，不要忘记，清除所有输入中断的相关标志位。

第三步，在main.c文件中，将原来的代码删除，重新输入如下程序代码：

```
#include "led.h"
#include "exti.h"

int main(void)
{
 NVIC_PriorityGroupConfig(NVIC_PriorityGroup_2);
 LED_Init();
 EXTIx_Init();
 while(1);
}
```

这段代码非常简单，唯一需要注意的是，在main()函数的结尾处，需要用语句"while(1);"，让程序在这里一直执行，等待端口输入中断的发生。

这样，本应用例程的编程工作就全部都完成了。

4. 例程下载验证

将程序下载到开发板中，验证下它是否实现了相关的功能。用JLINK将程序下载到开发板中，按下RESET按键，可以看到，分别通过按下一次开关按键S1、S3、S4和S5，可以分别将它们所对应的LED，即D2、D3、D4和D5的亮灭状态改变一次，我们的例程实现了与5.4.2节应用例程相同的按键控制LED的效果。

本章小结

本章介绍了STM32的外部中断/事件控制器EXTI控制器，首先对EXTI控制器做了概述，然后介绍了EXTI控制器的相关寄存器和库函数，最后通过输入中断完成按键控制LED闪烁的具体实现。

第 9 章

SysTick 定时器及其应用

在 8.3 节讲解 EXTI 相关的寄存器时，曾经提到过 SysTick 定时器，它常被用来进行延时，或者被用作实时系统的心跳时钟。本章讲解 SysTick 定时器及其应用。

大家在对本章进行学习时，可以参考《Cortex-M3 权威指南》第 8 章最后一部分的内容——关于 SysTick 定时器的介绍。

本章的学习目标如下：

- 理解并掌握 SysTick 定时器的基本概念和知识；
- 理解并掌握与 SysTick 定时器相关的一些重要的寄存器并掌握对它们进行配置的方法；
- 理解并掌握 ST 官方固件库中提供的与 SysTick 定时器相关的一些重要的库函数及其应用；
- 理解并掌握 SysTick 定时器的两个重要应用实例，即分别通过中断和查询的方式实现定时。

9.1 SysTick 定时器概述

在 CM3 处理器的内部包含了一个简单的定时器——SysTick 定时器，它被称为系统定时器或滴答定时器。SysTick 定时器能产生中断，且它产生的中断优先级也是可以设置的，CM3 为它专门指定了一个异常类型，并且在向量表中有它的一席之地。SysTick 定时器被捆绑在 NVIC 中，用于产生 SYSTICK 异常（异常号为 15）。

SysTick 定时器常被用来进行延时，或者实时系统的心跳时钟，因为这样可以节省 MCU 的资源。

SysTick 定时器实际上是一个 24 位的倒计数定时器，当它计数到 0 时，将从 RELOAD 寄存器中自动重装载定时初值。此外，只要不把与它相关的 SysTick 控制及状态寄存器中的使能位清除，它就永不停息，即使在睡眠模式下也能工作。

9.2 SysTick 定时器相关的寄存器

本节介绍与 SysTick 定时器相关的几个重要的寄存器。

9.2.1 SysTick 控制及状态寄存器

下面介绍 SysTick 控制及状态寄存器,如图 9-1 所示。

表 8.9 SysTick 控制及状态寄存器(地址:0xE000_E010)

位段	名称	类型	复位值	描述
16	COUNTFLAG	R	0	如果在上次读取本寄存器后,SysTick已经数到了0,则该位为1。如果读取该位,该位将自动清零
2	CLKSOURCE	R/W	0	0=外部时钟源(STCLK) 1=内核时钟(FCLK)
1	TICKINT	R/W	0	1=SysTick倒数到0时产生SysTick异常请求 0=数到0时无动作
0	ENABLE	R/W	0	SysTick定时器的使能位

图 9-1 SysTick 控制及状态寄存器

图 9-1 是直接从《Cortex-M3 权威指南》第 8 章中摘取的表 8.9,其中将 SysTick 控制及状态寄存器中 4 个重要的位列了出来。

其中,第 0 位 ENABLE 是 SysTick 定时器的使能位。

第 1 位 TICKINT 用于设置 SysTick 定时器倒数到 0 时是否产生异常请求。

第 2 位 CLKSOURCE 则用于设置 SysTick 定时器是使用外部时钟源还是内核时钟,对于 STM32,外部时钟源是 HCLK,即 AHB 总线时钟的 1/8,而内核时钟是 HCLK。

第 16 位 COUNTFLAG,表示计数标记,如果在上次读取本寄存器后,SysTick 定时器计数到了 0,则该位为 1。读取该位后,该位会被自动清零。

9.2.2 SysTick 重装载数值寄存器

下面介绍 SysTick 重装载数值寄存器,如图 9-2 所示。

表 8.10 SysTick 重装载数值寄存器(地址:0xE000_E014)

位段	名称	类型	复位值	描述
23:0	RELOAD	R/W	0	当倒数至零时,将被重装载的值

图 9-2 SysTick 重装载数值寄存器

图 9-2 是直接从《Cortex-M3 权威指南》(中文版)第 8 章中摘取的表 8.10,它共有 24 个有效位段,用来表示 SysTick 定时器倒计数到 0 时,将被重装载的值。

9.2.3 SysTick 当前数值寄存器

下面介绍 SysTick 当前数值寄存器,如图 9-3 所示。

表 8.11 SysTick 当前数值寄存器(地址:0xE000_E018)

位段	名称	类型	复位值	描述
23:0	CURRENT	R/Wc	0	读取时返回当前倒计数的值,写它则使之清零,同时还会清除在SysTick控制及状态寄存器中的COUNTFLAG标志

图 9-3 SysTick 当前数值寄存器

图 9-3 是直接从《Cortex-M3 权威指南》(中文版)第 8 章中摘取的表 8.11,它也共有 24 个有效位段,它在被读取时会返回当前倒计数的值,而对它进行写操作会将它清零,同时还会清除 SysTick 控制及状态寄存器的第 16 位 COUNTFLAG 标志。

SysTick 定时器还有一个相关的寄存器,名为 SysTick 校准数值寄存器,因为它用得不多,所以在此就不介绍了,具体可以参考《Cortex-M3 权威指南》(中文版)第 8 章中的表 8.12。

9.3　SysTick 定时器相关的库函数

本节介绍 ST 官方固件库中提供的与 SysTick 定时器相关的几个重要的库函数。

在此之前,先来看一下 ST 官方固件库中对 SysTick 定时器相关的 4 个寄存器的定义,这 4 个寄存器是在 core_cm3.h 头文件中被定义的,如下所示:

```
typedef struct
{
  __IO uint32_t CTRL;
  __IO uint32_t LOAD;
  __IO uint32_t VAL;
  __I uint32_t CALIB;
} SysTick_Type;
```

SysTick_Type 结构体类型定义中的 4 个成员变量依次分别对应在 9.2 节中介绍或提到的 SysTick 定时器相关的 4 个寄存器。

9.3.1　SysTick_CLKSourceConfig()函数

首先,来看一下 SysTick 时钟源选择函数——SysTick_CLKSourceConfig(),该函数的定义在 misc.c 文件中,如下所示:

```
void SysTick_CLKSourceConfig(uint32_t SysTick_CLKSource)
{
  assert_param(IS_SYSTICK_CLK_SOURCE(SysTick_CLKSource));
  if (SysTick_CLKSource == SysTick_CLKSource_HCLK)
  {
    SysTick->CTRL |= SysTick_CLKSource_HCLK;
  }
  else
  {
    SysTick->CTRL &= SysTick_CLKSource_HCLK_Div8;
  }
}
```

可以看出,该函数主要是通过设置 SysTick 控制及状态寄存器的第 2 位 CLKSOURCE 来选择 SysTick 定时器的时钟源。

现在,如果要使得 SysTick 定时器选择外部时钟源,则可以通过调用该函数来实现,如下所示：

```
SysTick_CLKSourceConfig(SysTick_CLKSource_HCLK_Div8);
```

9.3.2 SysTick_Config()函数

然后，再来看一下 SysTick 定时器配置函数 SysTick_Config()，因为该函数是一个内联函数，所以它被定义在 core_cm3.h 头文件中，如下所示：

```
static __INLINE uint32_t SysTick_Config(uint32_t ticks)
{
  if (ticks > SysTick_LOAD_RELOAD_Msk)
return (1);
      SysTick->LOAD = (ticks & SysTick_LOAD_RELOAD_Msk) - 1;
      NVIC_SetPriority (SysTick_IRQn, (1<<__NVIC_PRIO_BITS) - 1);
  SysTick->VAL = 0;
  SysTick->CTRL = SysTick_CTRL_CLKSOURCE_Msk |
                  SysTick_CTRL_TICKINT_Msk |
                  SysTick_CTRL_ENABLE_Msk;
  return (0);
}
```

该函数的作用就是配置 SysTick 定时器。它先在 SysTick 重装载数值寄存器中设置 SysTick 定时器倒计数到 0 时要被重装载的值。注意，该值不能大于 0xFFFFFF，因为 SysTick 重装载数值寄存器的有效位只有 24 位；然后，通过调用 NVIC_SetPriority()函数设定 SysTick 定时器的中断优先级；接着将 SysTick 当前数值寄存器的初值设为 0；最后，通过设置 SysTick 控制及状态寄存器的相关位来设置 SysTick 定时器选择内核时钟，且在倒计数到 0 时产生异常请求，并使能 SysTick 定时器。

现在，如果要用 SysTick 定时器产生 1ms 的定时，则可以通过调用该函数来配置 SysTick 定时器，如下所示：

```
SysTick_Config(72000);
```

函数中的实参 72 000 是怎么来的呢？

因为 SysTick_Config()函数默认使用内核时钟，其大小为 72MHz，即周期为 $1/72\mu s$，现在要产生 1ms，需要的周期数 $ticks=1ms/(1/72)\mu s=72\,000$。

另一个与 SysTick 定时器相关的函数是 SysTick 定时器的中断服务函数，它的声明如下：

```
void SysTick_Handler(void);
```

像上面这个例子，只通过 SysTick_Config()函数来配置 SysTick 定时器是不够的，还必须通过使用中断服务函数 SysTick_Handler()才能实现相关的功能，具体的实现会在 SysTick 定时器的相关应用实例中进行详细的讲解。

9.4 SysTick 定时器的应用实例

本节在前面所介绍内容的基础上实现 SysTick 定时器的两个应用实例。

9.4.1 中断方式实现定时

在 9.3 节的最后提到过用中断方式来实现 SysTick 定时器的定时操作，本节结合应用实例说明其具体实现过程。

1. 实例描述

在 5.4.1 节实现流水灯应用实例时，曾经用了一个非常简单的延时函数来实现 LED 亮/灭之间的时间间隔，这当然是可以的，但如果是在要求时间间隔精准的情况下，就必须通过定时器来实现了。本节将实现这样一个实例——使 4 个 LED 同时闪烁，其亮/灭持续时间都是通过 SysTick 定时器设定的。

2. 硬件电路

本应用实例的硬件电路和 5.4.1 节流水灯的应用实例完全相同，此处不再赘述。

3. 软件设计

为了讲解方便，还是选择将流水灯应用例程进行复制后直接在它上面修改，将修改后的例程命名为 SYSTICK。

首先，在例程的 SYSTEM 文件夹中新建一个 SYSTICK 文件夹，并在其中新建两个文件 systick.c 和 systick.h，然后分别将它们添加到工程的 SYSTEM 子文件夹及工程所包含头文件的列表中。

现在，开始编写程序代码。

第一步，在 systick.h 头文件中，添加如下程序代码：

```
#ifndef __SYSTICK_H
#define __SYSTICK_H
#include "stm32f10x.h"
#define HCLK 72000000
void SysTick_Init(u32 ticks);
void Delay(vu32 count);
#endif
```

这部分代码非常简单，主要是声明了两个函数——SysTick_Init()和 Delay()，并定义了一个宏 HCLK。

第二步，在 systick.c 文件中，添加如下程序代码：

```
#include "systick.h"

static vu32 temp;

void Delay(vu32 count)
{
```

```
  temp = count;
  while(temp!= 0);
 }

 void SysTick_Init(u32 ticks)
 {
  while(SysTick_Config(ticks));
 }

 void SysTick_Handler(void)
 {
  if(temp!= 0)
    temp -- ;
 }
```

这段代码主要定义了3个函数。

其中,SysTick_Init()通过调用SysTick_Config()来实现对SysTick定时器的配置,形参ticks对应SysTick定时器产生一次异常所需要HCLK时钟的个数,此外,这里采用while()语句,是为了保证SysTick定时器配置成功,如下所示:

```
while(SysTick_Config(ticks));
```

配置好SysTick定时器后,就可以调用其相关的中断处理函数来实现定时,如下所示:

```
void SysTick_Handler(void)
{
 if(temp!= 0)
   temp -- ;
}
```

SysTick定时器每产生一次异常,static类型的变量temp自减1,直到它减到0为止。

需要特别注意的是,因为SysTick定时器属于CM3内核的资源,所以在stm32f10x_it.c文件中定义了它的中断处理函数SysTick_Handler(),因此,在这里实现SysTick_Handler()时,必须首先将stm32f10x_it.c文件中的相关定义注释起来,否则编译会报错。

temp的初值是在哪里获取的呢?当然是Delay()函数,也就是最终要实现的延时函数,如下所示:

```
void Delay(vu32 count)
{
 temp = count;
 while(temp!= 0);
}
```

在Delay()函数中,将其形参count的值赋给temp,然后一直等待,直到temp的值变为0。

这样,如果通过SysTick_Config()函数配置SysTick定时器每n秒产生一次异常,则通过 Delay()函数产生的延时即为 n×count 秒。

第三步，在 main.c 文件中，删除原来的代码，添加新的程序代码如下：

```
#include "stm32f10x.h"
#include "led.h"
#include "systick.h"

int main(void)
{
 LED_Init();
 SysTick_Init(HCLK/1000);
 while(1)
 {
      GPIO_ResetBits(GPIOE, GPIO_Pin_9 | GPIO_Pin_11 | GPIO_Pin_13 | GPIO_Pin_14);
      Delay(500);
      GPIO_SetBits(GPIOE, GPIO_Pin_9 | GPIO_Pin_11 | GPIO_Pin_13 | GPIO_Pin_14 );
      Delay(500);
 }
}
```

这段代码相对来说比较简单。唯一需要注意的是，在调用 SysTick_Init()函数时，将它的参数配置为 HCLK/1000，如下所示：

```
SysTick_Init(HCLK/1000);
```

这样，SysTick 定时器每经过 HCLK/1000 个 HCLK 时钟信号会产生一次异常，对应的时间为：HCLK/1000×(1/HCLK)=1/1000，即 0.001s，也即 1ms。在 Delay()函数中将实参设置为 500，即延时 500ms，这样实现的功能即 4 个 LED 以 500ms 的间隔闪烁。

至此，本应用例程的编程工作就全部完成了。

4. 例程下载

将该例程下载到开发板，来验证它是否实现了相应的效果。通过 JLINK 下载方式将其下载到开发板，并按 RESET 按键对其复位，可以看到，4 个 LED——D2、D3、D4 和 D5 以 500ms 的间隔同时闪烁。本例程使用 Systick 定时器实现了延时操作。大家可以打开 PC 的时间软件，对照例程使用 Systick 定时器与前面流水灯例程使用简单的延时函数进行延时，哪一种方式更加准确。

9.4.2 查询方式实现定时

在 9.4.1 节中用中断方式实现了 SysTick 定时器的定时，但用中断方式显然更占用资源，在很多情况下，还是选择用查询方式来实现定时，本节结合应用实例来讲解 SysTick 定时器的这种实现定时的方式。

1. 实例描述

本节实现的应用实例的运行结果和 9.4.1 节的相同，都是让 4 个 LED 同时进行闪烁，它们亮/灭持续的时间都是通过 SysTick 定时器设定的，但这里是通过查询方式而非中断方式来使用 SysTick 定时器实现它的定时功能的。

2. 硬件电路

本应用实例的硬件电路和 9.4.1 节的完全相同。

3. 软件设计

下面进行本应用实例的软件设计。

为了讲解方便,将 9.4.1 节的实例进行复制后直接在它上面进行修改。

因为不需要再添加文件,所以直接开始编程。

第一步,在 systick.h 头文件中将原来的代码删除,并重新添加如下代码:

```
#ifndef __SYSTICK_H
#define __SYSTICK_H
#include "stm32f10x.h"
void Delay_Init(void);
void Delay_us(u32 count);
void Delay_ms(u16 count);
#endif
```

在这段代码中,主要声明了 3 个函数——Delay_Init()、Delay_us()和 Delay_ms()。

第二步,在 systick.c 文件中将原来的代码删除,并重新添加如下代码:

```
#include "systick.h"

static u8 ticks_us = 0;
static u16 ticks_ms = 0;

void Delay_Init(void)
{
 SysTick_CLKSourceConfig(SysTick_CLKSource_HCLK_Div8);
 ticks_us = 9;
 ticks_ms = 9000;
}

void Delay_us(u32 count)
{
 u32 temp;
 SysTick -> LOAD = ticks_us * count - 1;
 SysTick -> VAL = 0;
 SysTick -> CTRL| = SysTick_CTRL_ENABLE_Msk;
 do
 {
      temp = SysTick -> CTRL;
 }
 while((temp&0x01)&&!(temp&(1 << 16)));
 SysTick -> CTRL& = ~SysTick_CTRL_ENABLE_Msk;
 SysTick -> VAL  = 0X00;
}

void Delay_ms(u16 count)
```

```
{
 u32 temp;
 SysTick->LOAD = ticks_ms * count - 1;
 SysTick->VAL = 0;
 SysTick->CTRL| = SysTick_CTRL_ENABLE_Msk;
 do
 {
     temp = SysTick->CTRL;
 }
 while((temp&0x01)&&!(temp&(1<<16)));
 SysTick->CTRL& = ~SysTick_CTRL_ENABLE_Msk;
 SysTick->VAL  = 0X00;
}
```

在这段代码中，首先定义了两个 static 类型的变量 ticks_us 和 ticks_ms，如下所示：

```
static u8 ticks_us = 0;
static u16 ticks_ms = 0;
```

它们分别表示延时 1μs 和 1ms 对应的 SysTick 定时器时钟周期的个数。

然后，在 Delay_Init()函数中设置了 SysTick 定时器时钟源，并在此基础上对 ticks_us 和 ticks_ms 进行了赋值，如下所示：

```
void Delay_Init(void)
{
 SysTick_CLKSourceConfig(SysTick_CLKSource_HCLK_Div8);
 ticks_us = 9;
 ticks_ms = 9000;
}
```

通过调用 SysTick_CLKSourceConfig()函数，设置 SysTick 定时器选择外部时钟源，即 1/8 的 HCLK，大小为 9MHz，在这种情况下，SysTick 定时器延时 1μs 和 1ms 需要的时钟周期个数分别为 9 和 9000。

最后分析 Delay_us()函数和 Delay_ms()函数，它们的实现形式基本相同，就以 Delay_us()函数为例，如下所示：

```
void Delay_us(u32 count)
{
 u32 temp;
 SysTick->LOAD = ticks_us * count - 1;
 SysTick->VAL = 0;
 SysTick->CTRL| = SysTick_CTRL_ENABLE_Msk;
 do
 {
     temp = SysTick->CTRL;
 }
 while((temp&0x01)&&!(temp&(1<<16)));
```

```
SysTick->CTRL&=~SysTick_CTRL_ENABLE_Msk;
 SysTick->VAL =0X00;
}
```

Delay_us()函数的具体实现和以往大不相同,它主要是通过对 SysTick 定时器的相关寄存器直接进行设置来实现其相应功能的。

函数先通过设置 SysTick 重装载数值寄存器的值,来设定 SysTick 定时器倒计数到 0 所需要的时钟个数,如下所示:

```
SysTick->LOAD=ticks_us*count-1;
```

因为 SysTick 定时器定时 1μs 所需要的时钟个数为 ticks_us,所以定时 count 微秒需要的时钟个数为 ticks_us * count,又因为设置 SysTick 定时器从初值 0 开始倒计数,所以为 SysTick 重装载数值寄存器设置的值应再减 1。

为 SysTick 定时器设定初值是通过对 SysTick 当前数值寄存器进行设置来实现的,如下所示:

```
SysTick->VAL=0;
```

对该寄存器进行写操作后,会将它清零,同时清除 SysTick 控制及状态寄存器中的第 16 位 COUNTFLAG 计数标记。

然后,通过设置 SysTick 控制及状态寄存器的第 0 位 ENABLE 使能位来使能 SysTick 定时器,如下所示:

```
SysTick->CTRL|=SysTick_CTRL_ENABLE_Msk;
```

下面通过不断读取 SysTick 控制及状态寄存器的值,并检测它的第 16 位 COUNTFLAG 计数标记是否为 1 来判断 SysTick 定时器是否已倒计数到 0,如下所示:

```
do
{
 temp=SysTick->CTRL;
}
while((temp&0x01)&&!(temp&(1<<16)));
```

最后,将 SysTick 当前数值寄存器清零,并清除 SysTick 控制及状态寄存器的第 0 位 ENABLE 使能位,来使 SysTick 定时器停止工作,如下所示:

```
SysTick->CTRL&=~SysTick_CTRL_ENABLE_Msk;
SysTick->VAL =0X00;
```

Delay_ms()函数的实现过程和 Delay_us()函数几乎完全相同,唯一不同的是其中相应的地方使用 ticks_ms,即定时 1ms 所需要的时钟个数。

需要注意的是,因为 SysTick 重装载数值寄存器的有效位数为 24 位,所以 SysTick 定时器一次能够定时的最大时间是有限的，即 0xFFFFFF 个 SysTick 定时器时钟周期，因此，在调用 Delay_us()和 Delay_ms()这两个函数时，对它们所选取的实参也不能超过其相应的最大值，即对于 Delay_us()函数，因为 0xFFFFFF/tick_us=1 864 135. 111…，所以能够选取的实参的最大值为 1 864 135；对于 Delay_ms()函数，因为 0xFFFFFF/tick_ms=1864. 135 111…，所以能够选取的实参的最大值为 1864。如果在调用这两个函数时选取的实参大于这两个相应的最大值，虽然编译不会报错，但会出现延时不准的情况，因为在设置 SysTick 重装载数值寄存器的过程中，只会截取(ticks_us * count-1)的低 24 位的数值。如果一定要实现延时更长时间的功能，只能通过多次调用这两个函数来实现。

第三步，在 main. c 文件中将原来的代码删除，并重新添加如下代码：

```
#include "stm32f10x.h"
#include "led.h"
#include "systick.h"

int main(void)
{
 LED_Init();
 Delay_Init();
 while(1)
 {
     GPIO_ResetBits(GPIOE, GPIO_Pin_9 | GPIO_Pin_11 | GPIO_Pin_13 | GPIO_Pin_14);
     Delay_ms(500);
    GPIO_SetBits(GPIOE, GPIO_Pin_9 | GPIO_Pin_11 | GPIO_Pin_13 | GPIO_Pin_14 );
     Delay_ms(500);
 }
}
```

这段代码和 9. 4. 1 节应用例程中的相关代码实现的功能完全相同，就是让 4 个 LED 以 500ms 的间隔闪烁，这里唯一需要注意的是，在调用 Delay_ms()函数前，需要先调用 Delay_Init()函数进行相关的初始化操作。

至此，本应用例程的编程工作就全部完成了。

需要说明的是，在本应用例程中实现的两个相关的延时函数——Delay_ms()和 Delay_us()会在后面的应用例程中被多次使用到。到时，大家只需把本节实现的 SYSTICK 文件夹相应地复制到工程的 SYSTEM 文件夹中就可以了。

为了配合本书后续内容的讲解，请将本例程中创建的 SYSTICK 文件夹复制到流水灯例程的 SYSTEM 文件夹中，并将 systick. c 文件添加到工程的 SYSTEM 文件夹中，将 systick. h 头文件的路径添加到工程所包含的头文件列表中，此外，还需要将 misc. c 文件添加到工程的 FWLIB 文件夹中。本书后面的许多应用例程都是选择对流水灯例程进行复制后直接在它上面进行修改，这样就可以方便地使用 SYSTICK 定时器了。

4. 例程下载

将该例程下载到开发板，来验证它是否实现了相应的效果。通过 JLINK 下载方式将其下载到开发板，并按 RESET 按键对其复位，可以看到，与 5. 4. 1 应用例程实现的效果相同，4 个 LED——D2、D3、D4 和 D5 以 500ms 的间隔闪烁。

本章小结

本章讲解了 STM32 的 SysTick 定时器，首先介绍了 EXTI 控制器的概述，然后介绍了 SysTick 定时器的相关寄存器和库函数，最后以中断方式和查询方式两种方式重新改写 LED 流水灯控制程序，使其获得精确延时，为使用 SysTick 定时器进行时间控制应用程序提供了实例。

第 10 章

USART 及其应用

USART 全称为 Universal Synchronous/Asynchronous Receiver/Transmitter，即通用同步异步收发器，也就是通常所说的串行通信接口。串行通信接口是单片机非常重要的一个通信接口。

本章讲解 STM32 的 USART 及其应用。在学习本章内容时，可以参考《STM32 中文参考手册》第 25 章。

本章的学习目标如下：

- 理解并掌握串行通信的基础知识；
- 理解并掌握 STM32 的 USART 的工作原理和基础知识；
- 理解并掌握与 USART 相关的一些重要的寄存器并掌握其配置方法；
- 理解并掌握 ST 官方固件库中提供的与 USART 相关的一些重要的库函数及其应用；
- 理解并掌握对 USART 的应用实例——在芯片和 PC 之间实现串口通信。

10.1 串行通信基础知识简介

计算机通信是指计算机与外部设备或计算机与计算机之间的信息交换。计算机通信可以分为并行通信和串行通信两种方式。在多微机系统以及现代测控系统中信息的交换多采用串行通信方式。

并行通信通常是将数据字节的各位用多条数据线同时进行传输，如图 10-1 所示。

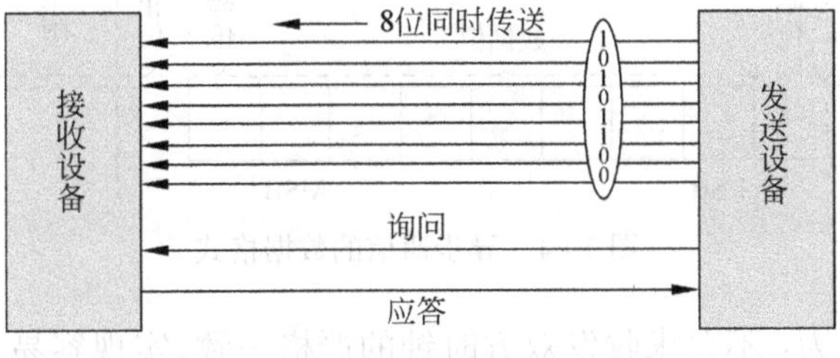

图 10-1 并行通信

并行通信控制简单、传输速度快，但由于传输线较多，远距离传输时成本较高，且接收方的各位同时接收到数据存在困难。

串行通信是将数据字节的各位在一条数据线上按顺序逐个进行传输，如图 10-2 所示。

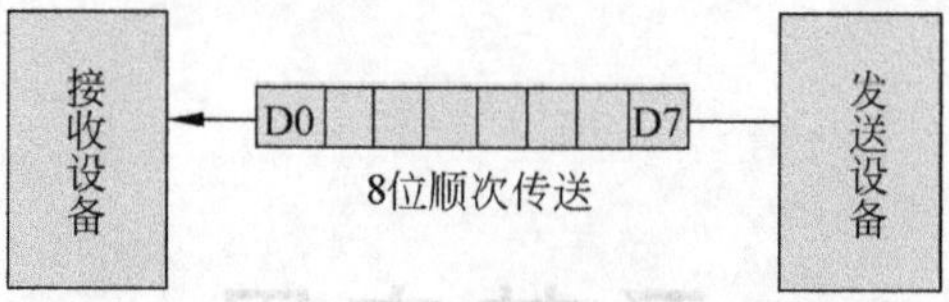

图 10-2 串行通信

串行通信传输线少，远距离传输时成本低，且可以利用电话网等现成的设备，但数据的传输速度相对较慢，且传输控制比并行通信更加复杂。

10.1.1 异步通信和同步通信

串行通信按照收发双方的时钟是否同步可以分为异步通信和同步通信两种方式。

1. 异步通信

异步通信是指通信的发送与接收设备分别使用各自的时钟控制数据的发送和接收过程。为使双方的收发能够协调，要求发送和接收设备的时钟尽可能一致。我们应用的UART(通用异步收发器)以及单总线等都属于异步通信方式。

异步通信是以字符(或称字符构成的帧)为单位进行传输的，字符与字符之间的间隙，即时间间隔是任意的，但每个字符的各位之间的时间间隔是固定的，即字符之间的时间间隔不一定是“位时间间隔”的整数倍的关系，但同一字符内的各位之间的时间间隔一定是“位时间间隔”的整数倍的关系，如图 10-3 所示。

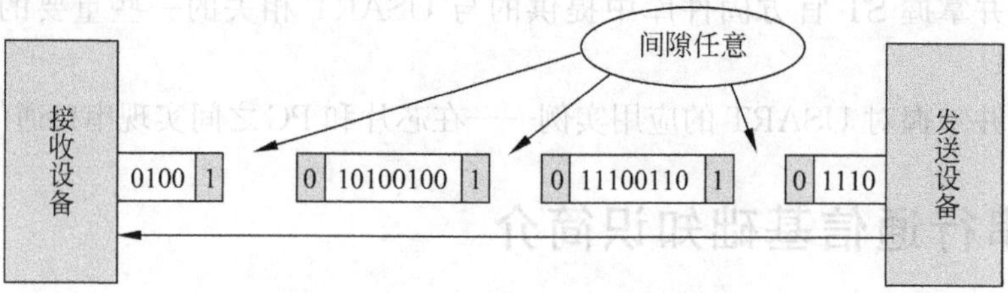

图 10-3 异步通信中字符之间的时间间隔

异步通信的数据格式如图 10-4 所示。

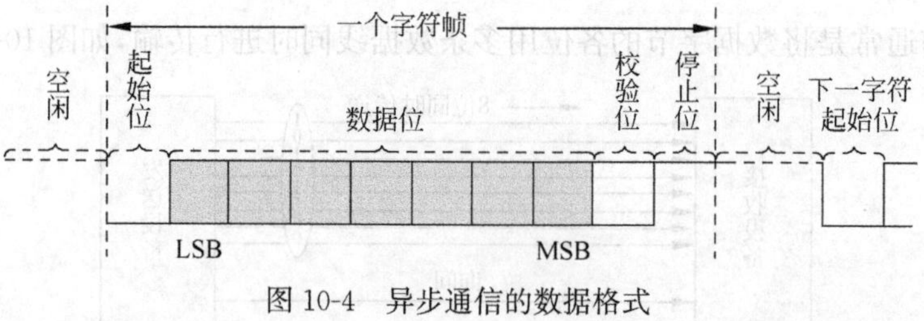

图 10-4 异步通信的数据格式

异步通信的特点为：不要求收发双方时钟的严格一致，实现容易，设备开销较小，但每个字符要附加 2～3 位用于起止位，各帧之间还有间隔，因此传输效率不高。

2. 同步通信

同步通信要求通信的收发双方具有同频同相的同步时钟信号，收发双方要保持完全的同步，SPI 以及 I^2C 通信接口都属于同步通信方式。

同步通信要建立在发送方时钟对接收方时钟的直接控制上，这样才能使双方达到完全的同步。此时，传输数据字符的各位之间的时间间隔为“位时间间隔”的整数倍，同时传输的字符之间不留间隙，即既保持位同步关系，又保持字符同步关系。

因为本章主要讲解的是异步通信方式，所以在这里不对同步通信方式进行详细的讲解。

10.1.2 串行通信的数据传输方向

在串行通信中，数据的传输方向有单工、半双工和全双工 3 种方式。

1. 单工

单工是指通信数据只能在一个方向上进行传输，不能进行反向传输。

2. 半双工

半双工是指通信数据可以在两个方向上进行传输，但在同一时刻，数据只能在一个方向上进行传输。它实际上是一种切换方向的单工通信。

3. 全双工

全双工是指通信数据可以在两个方向上同时进行传输。全双工通信是两个单工通信的结合，它要求发送设备和接收设备都具有独立的发送和接收能力。

串行通信的这 3 种数据传输方式如图 10-5 所示。

这里结合 10.1.1 节中的内容，给出一个根据串行通信的通信方式及数据传输方式来划分的几种常见的串行通信接口及它们的相关引脚说明，如表 10-1 所示。

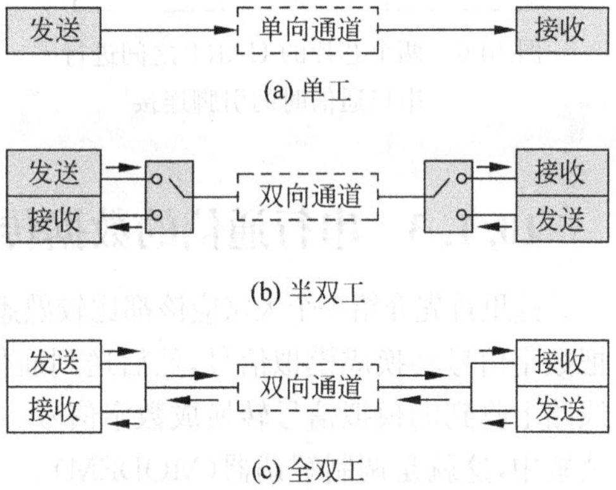

图 10-5 串行通信的 3 种数据传输方式

表 10-1 几种常见的串行通信接口

串行通信接口	相关引脚说明	通信方式	通信方向
UART(通用异步收发器)	TxD：发送端 RxD：接收端 GND：公共地	异步通信	全双工
1-wire(单总线)	DQ：发送/接收端	异步通信	半双工
SPI(串行外设接口)	SCK：同步时钟 MISO：主机输入，从机输出 MOSI：主机输出，从机输入	同步通信	全双工
I^2C(两线式串行通信总线)	SCL：同步时钟 SDA：数据输入/输出端	同步通信	半双工

本章主要介绍 UART，对于表 10-1 中的其他几种串行通信接口，大家现在不理解也没有关系，部分相关知识后面会讲解到。

首先介绍 UART 通信接口的相关引脚——TxD、RxD 和 GND。其中，TxD 对应 UART 的数据发送引脚或称发送端(T 表示 Transmit)，RxD 对应 UART 的数据接收引脚或称接收端(R 表示 Receive)，GND 对应公共地，它们是 UART 在进行串口通信时最重要的3个引脚。

在两个芯片的UART之间进行串口通信时,一个芯片的UART的TxD和RxD应当分别与另一个芯片的UART的RxD和TxD对应连接起来,它们的GND应当互相连接,如图10-6所示。

当一个芯片的UART与PC的UART之间进行串口通信时,在它们的引脚进行这样的相互连接之前,芯片的UART的引脚线路还需要经过RS232转换器的转换,将原来的TTL电平转换为PC的RS232电平,如图10-7所示。

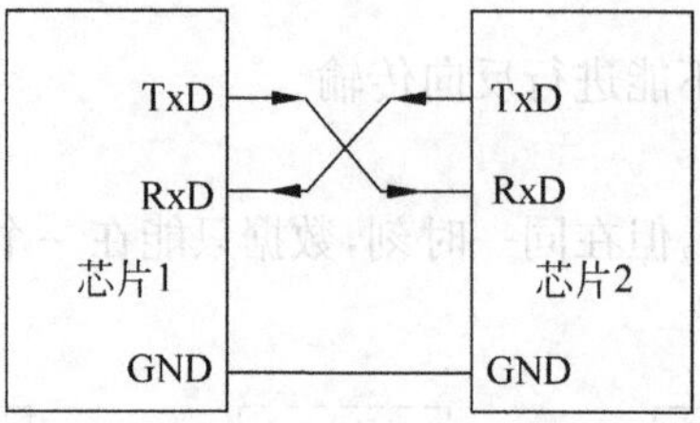

图10-6 两个芯片的UART之间进行串口通信时的引脚连接

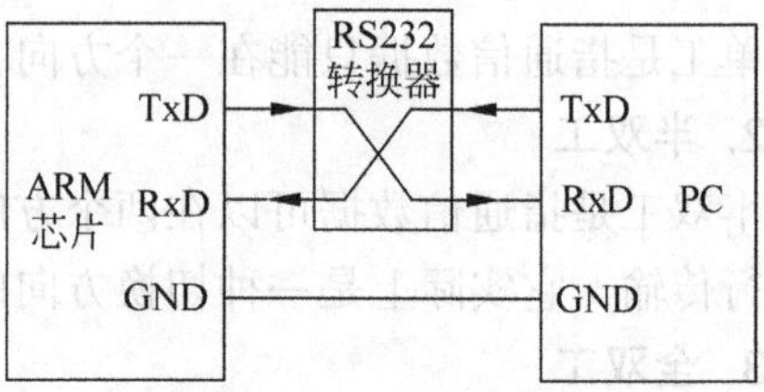

图10-7 芯片与PC机的UART之间进行串口通信时的引脚连接

10.1.3 串行通信的数据传输速率

这里首先介绍一个大家应该都比较熟悉的概念——调制解调器。利用调制器(Modulator)把数字信号转换成模拟信号,然后送到通信线路上去,再由解调器(Demodulator)把从通信线路上收到的模拟信号转换成数字信号。由于通信是双向的,调制器和解调器合并在一个装置中,这就是调制解调器(MODEM)。

串行通信的数据传输速率一般用波特率来表示,但在介绍它之前,先来看另一个名词——比特率。比特率是每秒钟传输二进制代码的位数,单位是位/秒(bps)。如每秒钟传送240个字符,而每个字符包含10个位(1个起始位、1个停止位、8个数据位),这时的比特率为:240个/秒×10位/个=2400bps。

波特率是数据信号对载波的调制速率,它用单位时间内载波调制状态改变的次数来表示,单位是:波特(Baud)。

比特率与波特率的关系为:比特率=波特率×单个调制状态对应的二进制位数。两相调制(单个调制状态对应1个二进制位)的比特率等于波特率;四相调制(单个调制状态对应2个二进制位)的比特率为波特率的2倍;八相调制(单个调制状态对应3个二进制位)的比特率为波特率的3倍;以此类推。

10.1.4 串行通信的错误校验

1. 奇偶校验

在发送数据时,数据位尾随的1位为奇偶校验位(1或0)。奇校验时,数据位中1的个数与校验位1的个数之和应为奇数;偶校验时,数据中1的个数与校验位1的个数之和应为偶数。接收字符时,对1的个数进行校验,若发现不一致,则说明在数据传输过程中出现了错误。

2. 代码和校验

代码和校验是发送方将所发数据块求和(或各字节异或),产生一个字节的校验字符(校验和)附加到数据块的末尾。接收方接收到数据后对数据块(除校验字节外)求和(或各字节异或),再将所得结果与接收到的检验和进行比较,如果不一致,则说明在数据传输过程中出现了错误。

3. 循环冗余校验

这种校验是通过某种数学运算实现有效信息与校验位之间的循环检验,常用于对磁盘信息的传输、存储区的完整性校验等。这种校验方法纠错能力强,广泛应用于同步通信中。

10.2 USART 概述

作为单片机应用最普遍的一种数据通信接口,串口在单片机的实际应用程序开发和调试的过程中具有非常重要的作用。

STM32 的串口资源非常丰富,在 2.2 节曾经介绍过,STM32F107 芯片总共具有 3 个 USART 和 2 个 UART。前面曾经多次提到这两个名词,这里再次对它们进行一个总结。USART 的全称是 Universal Synchronous/Asynchronous Receiver/Transmitter,即通用同步异步收发器,它既可以被用来进行同步方式的串行通信,也可以被用来进行异步方式的串行通信; UART 的全称是 Universal Asynchronous Receiver/Transmitter,即通用异步收发器,它只能被用来进行异步方式的串行通信。

关于 STM32 的 USART,在《STM32 中文参考手册》的第 25 章有非常详细的讲解,大家可以参考其中相关的内容,这里只介绍其重点内容。

USART 为与使用工业标准 NRZ 异步串行数据格式的外部设备之间进行全双工数据交换提供了一种灵活的方法。USART 利用分数波特率发生器提供宽范围的波特率选择。USART 支持同步单向通信和半双工单向通信,也支持 LIN(局部互联网)、智能卡协议和 IrDA(红外数据组织)SIR ENDEC 规范,以及调制解调器(CTS/RTS)操作,它还允许多处理器通信。使用多缓冲器配置的 DMA 方式,USART 还可以实现高速数据通信。

因为本章主要介绍 STM32 的 USART 的全双工异步通信方式及其应用,所以下面对 USART 的介绍主要是关于它的全双工异步通信方式的。

其他相关内容,可以参考《STM32 中文参考手册》。

USART 与全双工异步通信方式相关的主要特点如下:

- 全双工的异步通信;
- 分数波特率发生器系统,提供精确的波特率——发送端和接收端共用的可编程波特率,最高可达 4.5Mbps;
- 可编程的数据字长度(8 位或 9 位);
- 可配置的停止位(支持 1 或 2 个停止位);
- 可配置的使用 DMA 多缓冲器通信;
- 单独的发送器和接收器使能位;
- 检测标志:接收缓冲器满、发送缓冲器空和传输结束标志;
- 校验控制:发送校验位以及对接收数据进行校验;

• 4 个错误检测标志：溢出错误、噪音错误、帧错误以及校验错误；
• 10 个带中断标志的中断源，可触发相应的中断。

USART 的全双工异步通信至少需要两个引脚，即在 10.1.2 节已经介绍过的接收数据输入(RX)和发送数据输出(TX)。当发送器被激活，并且不发送数据时，TX 引脚处于高电平。数据帧除了包含(8 或 9 位)数据字和(1 或 2 位)停止位外，还包含一个起始位，在起始位期间，TX 引脚处于低电平，在停止位期间，TX 引脚处于高电平。此外，数据字为低有效位在前。

USART 的整个系统如图 10-8 所示。

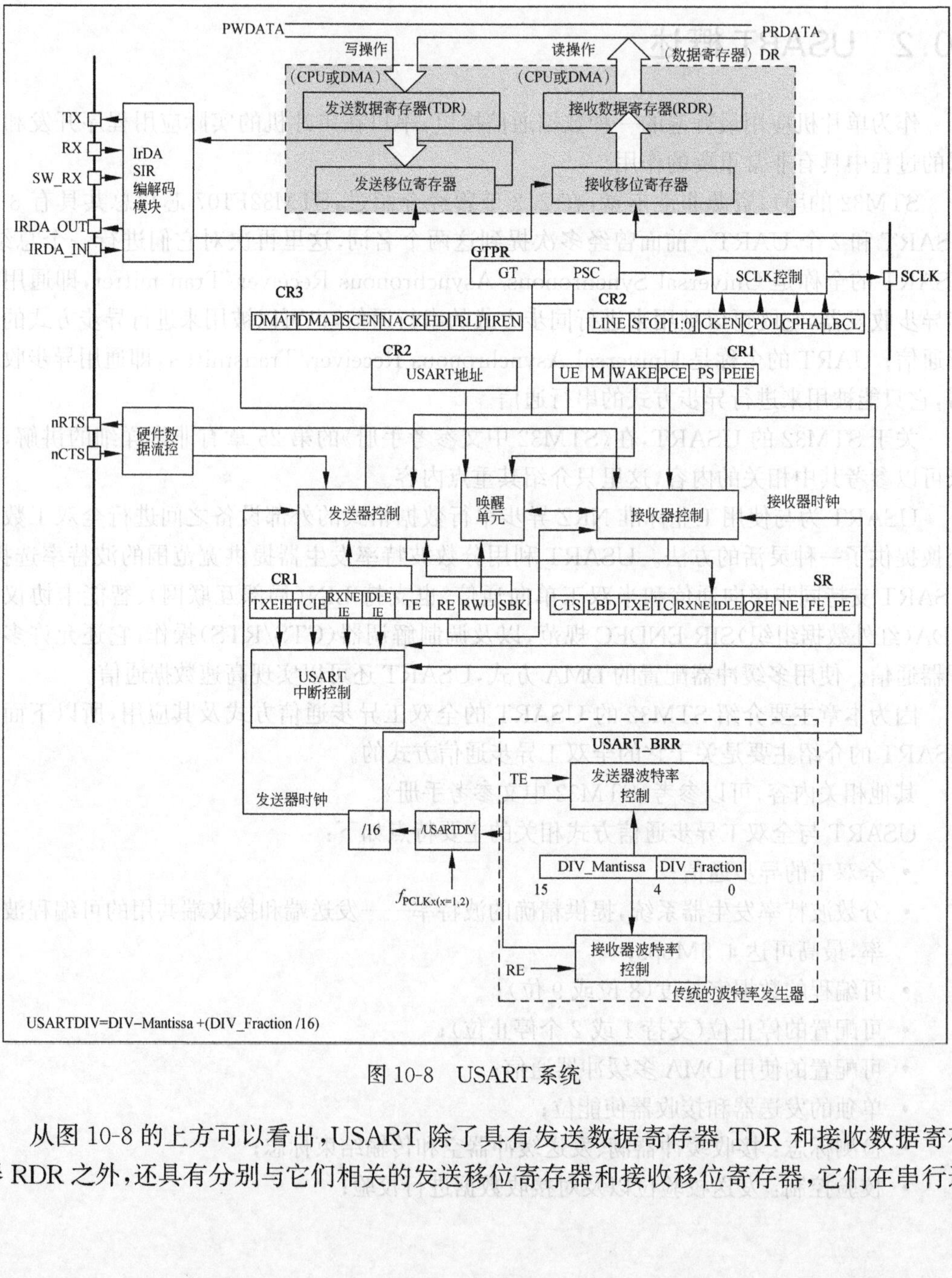

图 10-8 USART系统

从图 10-8 的上方可以看出，USART 除了具有发送数据寄存器 TDR 和接收数据寄存器 RDR 之外，还具有分别与它们相关的发送移位寄存器和接收移位寄存器，它们在串行通信的过程中共同实现数据按位依次逐个进行发送和接收的过程，它们也共同组成了USART的数据寄存器DR，即虚线框中的灰色区域。发送移位寄存器和接收移位寄存器分别是由发送器和接收器的相关控制单元控制的，它们的时钟即发送器时钟和接收器时钟来自图10-8下方的外设总线时钟 f_{PCLKx}（x＝1，2）（其中，USART1对应APB2时钟，USART2、UART3、UART4和UART5对应APB1时钟）经过1/USARTDIV分频再经过1/16分频后的结果，这也对应了前面所讲的发送端和接收端共用可编程的波特率。分频值USARTDIV是由图10-8中右下方虚线框中的波特率发生器提供的。波特率发生器共有16位，其中高12位的位段DIV_Mantissa表示波特率的整数部分，低4位的位段DIV_Fraction表示波特率的小数部分。USARTDIV的值为USARTDIV＝DIV_Mantissa＋(DIV_Fraction/16)。该系统中还有一些重要的与USART相关的寄存器，如SR、CR1等，将在10.3节对它们进行详细的讲解。

总结一下，应用USART全双工异步通信的方式，需要设置的相关参数有：

- 数据位(8位或9位)；
- 是否使用奇偶校验位；
- 停止位(1位或2位)；
- 波特率；
- 是否使用硬件流控制。

10.3 USART相关的寄存器

本节介绍与STM32的USART相关的几个重要的寄存器。《STM32中文参考手册》的25.6节对USART相关的寄存器有详解的说明，大家可以参考其中的内容。这里只是其中的重点内容进行讲解。

10.3.1 状态寄存器

USART的状态寄存器(USART_SR)的简单说明如图10-9所示。

地址偏移：0x00

复位值：0x00C0

31	30	29	28	27	26	25	24	23	22	21	20	19	18	17	16
保留															

15	14	13	12	11	10	9	8	7	6	5	4	3	2	1	0
保留						CTS	LBD	TXE	TC	RXNE	IDLE	ORE	NE	FE	PE
						rc w0	rc w0	r	rc w0	rc w0	r	r	r	r	r

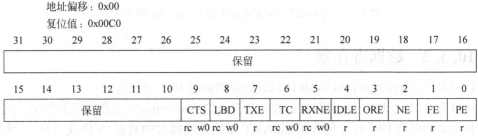

图10-9 USART_SR寄存器

可以看出，USART_SR寄存器只有10个有效位(bit0～bit9)，其他位均被保留。这10个有效位分别对应是USART的10个状态标记，关于它们的详细说明，大家可以参考《STM32中文参考手册》的相关内容。在这里重点介绍其中的3个位。

bit5：RxNE，即Rx Not Empty，也就是接收数据寄存器RDR非空。当接收移位寄存器中的数据被转移到 RDR 中时，该位会被硬件置 1。如果在 USART_CR1 寄存器中相关的中断使能位 RxNEIE 为 1，则产生相应的中断。对 RDR 的读操作可以将该位清 0。该位也可以通过对其写 0 来清除，只有在多缓存通信中才推荐这种清除程序。

bit7：TxE，即 TX Empty，也就是发送数据寄存器 TDR 为空。当 TDR 中的数据被硬件转移到接收移位寄存器中时，该位会被硬件置 1。如果在 USART_CR1 寄存器中的相关使能位 TxEIE 为 1 的话，则会产生相应的中断。对 TDR 的写操作，会将该位清 0。在单缓冲传输中会使用该位。

bit6：TC，即 Transmission Complete，也就是发送完成。当包含有数据的一帧发送完成后，TxE=1 时，硬件会将该位置 1。如果在 USART_CR1 寄存器中的相关使能位 TCIE 为 1，则产生相应的中断。可通过软件序列清除该位(先对 USART_SR 进行读操作，再对 TDR 进行写操作)。在多缓存通信中清除该位也可以通过对其写 0 来处理。

目前，主要用的是 bit5 和 bit6，即 RxNE 位和 TC 位，在这里介绍 bit7，即 TxE 位，主要是为了介绍 TC 位。在《STM32 中文参考手册》中对这 3 个位的说明如图 10-10 所示。

位7	**TxE**：发送数据寄存器空 当TDR寄存器中的数据被硬件转移到移位寄存器的时候，该位被硬件置位。如果USART_CR1寄存器中的TxEIE为1，则产生中断。对USART_DR的写操作，将该位清零。 0：数据还没有被转移到移位寄存器； 1：数据已经被转移到移位寄存器。 注：单缓冲器传输中使用该位。
位6	**TC**：发送完成 当包含有数据的一帧发送完成后，并且TxE=1时，由硬件将该位置1。如果USART_CR1中的TCIE为1，则产生中断。由软件序列清除该位（先读USART_SR，然后写入USART_DR）。TC位也可以通过写入0来清除，只有在多缓存通信中才推荐这种清除程序。 0：发送还未完成； 1：发送完成。
位5	**RxNE**：读数据寄存器非空 当RDR移位寄存器中的数据被转移到USART_DR寄存器中，该位被硬件置位。如果USART_CR1寄存器中的RxNEIE为1，则产生中断。对USART DR的读操作可以将该位清零。RxNE位也可以通过写入0来清除，只有在多缓存通信中才推荐这种清除程序。 0：数据没有收到； 1：收到数据，可以读出。

图 10-10　USART_SR 寄存器中的 RxNE、TC 和 TxE 位

10.3.2　数据寄存器

USART 的数据寄存器(USART_DR)的说明如图 10-11 所示。

可以看出，USART_DR 寄存器只有 9 个有效位(bit0～bit8)，其他位均被保留。这 9 个有效位组成的位段 DR[8:0]包含了 USART 要发送或接收的数据(8 位或 9 位)。实际上 USART_DR 是由发送数据寄存器 TDR 和接收数据寄存器 RDR 以及与它们相关的发送和接收移位寄存器组成的，参见图 10-8 上方虚线框中的灰色区域。当 USART 被用于发送，即执行写操作时，TDR 及其相关的发送移位寄存器会工作；当 USART 被用于接收，即执行读操作时，RDR 及其相关的接收移位寄存器会工作。此外，如果在 USART_CR1 寄存器中设置了校验相关的使能位，那么 DR 中的 MSB(根据数据长度的不同，可能是第 7 位或第 8 位)是相关的校验位。

地址偏移：0x04
复位值：不确定

31	30	29	28	27	26	25	24	23	22	21	20	19	18	17	16
保留															

15	14	13	12	11	10	9	8	7	6	5	4	3	2	1	0
保留							DR[8:0]								
							rw	rw	rw	rw	rw	rw	rw	rw	rw

位31:9	保留位，硬件强制为0
位8:0	**DR[8:0]**：数据值 包含了发送或接收的数据。由于它是由两个寄存器组成的：一个给发送用(TDR)，一个给接收用（RDR），该寄存器兼具读和写的功能。TDR寄存器提供了内部总线和输出移位寄存器之间的并行接口。RDR寄存器提供了输入移位寄存器和内部总线之间的并行接口。 当使能校验位(USART CR1中PCE位被置位)进行发送时，写到MSB的值（根据数据的长度不同，MSB是第7位或者第8位）会被后来的校验位该取代。 当使能校验位进行接收时，读到的MSB位是接收到的校验位

图 10-11 USART_DR 寄存器

10.3.3 波特率寄存器

首先，给出 USART 在进行全双工异步通信时其波特率的计算公式，如图 10-12 所示。

$$\text{Tx/Rx波特率}=\frac{f_{CK}}{(16\times \text{USARTDIV})}$$

这里的f_{CK}是给外设的时钟（PCLK1用于USART2、USART3、USART4、USART5，PCLK2用于USART1）
USARTDIV是一个无符号的定点数。这12位的值设置在USART_BRR寄存器。

图 10-12 USART 波特率的计算公式

其实，关于 USART 波特率的计算方法，在结合图 10-8 讲解 USART 系统时也曾经简单提到过，即需要通过设置 USART 的波特率寄存器(USART_BRR)来确定分频因子 USARTDIV 的值。

USART 的波特率寄存器的说明如图 10-13 所示。

注意：如果TE或RE被分别禁止，波特计数器停止计数

地址偏移：0x08
复位值：0x0000

31	30	29	28	27	26	25	24	23	22	21	20	19	18	17	16
保留															

15	14	13	12	11	10	9	8	7	6	5	4	3	2	1	0
DIV_Mantissa[11:0]												DIV_Fraction[3:0]			
rw	rw	rw	rw	rw	rw	rw	rw	rw	rw	rw	rw	rw	rw	rw	rw

位31:16	保留位，硬件强制为0
位15:4	DIV_Mantissa[11:0]：USARTDIV的整数部分 这12位定义了USART分频器除法因子(USARTDIV)的整数部分
位3:0	DIV_Fraction[3:0]：USARTDIV的小数部分 这4位定义了USART分频器除法因子(USARTDIV)的小数部分

图 10-13 USART_BRR 寄存器

可以看出，USART_BRR 寄存器只有 16 个有效位（bit0～bit15），其他位均被保留。在这 16 个有效位中，高 12 位的位段 DIV_Mantissa 定义了上述分频因子 USARTDIV 的整数部分，低 4 位的位段 DIV_Fraction 则定义了 USARTDIV 的小数部分。

例如，现在要设置 USART1 的波特率为 115 200，因为 USART1 对应 APB2 时钟频率为 72MHz，根据图 10-12 中给出的计算公式，可以得出，USARTDIV 的值为：

$$USARTDIV=72\ 000\ 000/(16\times 115\ 200)=39.0625$$

则可以将整数部分的值 39 转换成十六进制数（即 0x27）后将其赋给 DIV_Mantissa，而小数部分的值 0.0625 乘以 16 后再将其转换成十六进制数（即 0x1）后将其赋给 DIV_Fraction。

需要注意的是，如果在 USART_CR1 寄存器中，发送和接收相关的使能位 TE 和 RE 分别被清 0，则波特率计数器停止计数。

10.3.4 控制寄存器 1

前面，在介绍 USART 的其他几个寄存器的时候，曾经多次提到 USART_CR1 寄存器，现在就来具体介绍。USART 的控制寄存器 1（USART_CR1）的简单说明如图 10-14 所示。

地址偏移：0x0C

复位值：0x0000

31	30	29	28	27	26	25	24	23	22	21	20	19	18	17	16
保留															

15	14	13	12	11	10	9	8	7	6	5	4	3	2	1	0
保留		UE	M	WAKE	PCE	PS	PEIE	TXEIE	TCIE	RXNEIE	IDLEIE	TE	RE	RWU	SBK
res		rw	rw	rw	rw	rw	rw	rw	rw	rw	rw	rw	rw	rw	rw

图 10-14 USART_CR1 寄存器

可以看出，USART_CR1 寄存器只有 14 个有效位（bit0～bit13），其他位均被保留。这 14 个有效位分别对应各种使能及选择操作，关于它们的详细说明，大家可以参考《STM32 中文参考手册》的相关内容。这里重点介绍其中的 5 个位。

bit2：RE，即 Receiver Enable，也就是接收器使能，可以通过软件来设置或清除该位以实现使能或禁用接收器。

bit3：TE，即 Transmitter Enable，也就是发送器使能，可以通过软件来设置或清除该位以实现使能或禁用发送器。

USART_CR1 寄存器的 RE 和 TE 位如图 10-15 所示。

bit5：RxNEIE，即 Rx Not Empty Interrupt Enable，也就是接收缓冲区非空中断使能，可以通过软件来设置或清除该位以实现使能或禁用接收缓冲区非空的中断。

bit6：TCIE，即 Transmission Completion Interrupt Enable，也就是发送完成中断使能，可以通过软件来设置或清除该位以实现使能或禁用发送完成中断。

USART_CR1 寄存器的 RxNEIE 和 TCIE 位如图 10-16 所示。

bit13：UE，即 USART Enable，也就是 USART 的使能位，可以通过软件来设置或清除该位以实现使能或禁用 USART 模块。

USART_CR1 寄存器的 UE 位如图 10-17 所示。

位3	**TE**：发送使能 该位使能发送器。该位由软件设置或清除。 0：禁止发送； 1：使能发送。 注：(1) 在数据传输过程中，除了在智能卡模式下，如果TE位上有个0脉冲（即设置为0之后再设置为1），会在当前数据字传输完成后，发送一个“前导符”（空闲总线）。 (2) 当TE被设置后，在真正发送开始之前，有一个比特时间的延迟。
位2	**RE**：接收使能 该位由软件设置或清除。 0：禁止接收； 1：使能接收，并开始搜寻Rx引脚上的起始位。

图 10-15　USART_CR1 寄存器的 RE 和 TE 位

位6	TCLE：发送完成中断使能 该位由软件设置或清除。 0：禁止产生中断； 1：当USART_SR中的TC为1时，产生USART中断。
位5	**RxNEIE**：接收缓冲区非空中断使能 该位由软件设置或清除。 0：禁止产生中断； 1：当USART_SR中的ORE或者RxNE为1时，产生USART中断。

图 10-16　USART_CR1 寄存器的 RxNEIE 和 TCIE 位

位13	**UE**：USART使能 当该位被清零，在当前字节传输完成后USART的分频器和输出停止工作，以减少功耗。 该位由软件设置和清零。 O: USART分频器和输出被禁止； 1：USART模块使能。

图 10-17　USART_CR1 寄存器的 UE 位

USART_CR1 寄存器还有一些关于使能以及选择校验方式和选择数据字长的位，不对它们进行详细讲解，只给出《STM32 中文参考手册》中对它们的说明，如图 10-18 和图 10-19 所示。

位10	**PCE**：检验控制使能 用该位选择是否进行硬件校验控制（对于发送来说就是校验位的产生：对于接收来说就是校验位的检测）。当使能了该位，在发送数据的最高位（如果M=1，最高位就是第9位：如果M=0，最高位就是第8位）插入校验位；对接收到的数据检查其校验位。软件对它置1或清零。一旦设置了该位，当前字节传输完成后，校验控制才生效。 0：禁止校验控制； 1：使能校验控制。
位9	**PS**：校验选择 当校验控制使能后，该位用来选择是采用偶校验还是奇校验。软件对它置1或清0。当前字节传输完成后，该选择生效。 0：偶校验； 1：奇校验。

图 10-18　USART_CR1 寄存器的 PS 位和 PCE 位

位12	M：字长 该位定义了数据字的长度，由软件对其设置和清零 0：一个起始位，8个数据位，n个停止位； 1：一个起始位，9个数据位，n个停止位。 注：在数据传输过程中（发送或接收时），不能修改这个位。

图 10-19 USART_CR1 寄存器的 M 位

USART 还有两个相关的控制寄存器，分别为控制寄存器 2 和控制寄存器 3，即 USART_CR2 和 USART_CR3，它们当中的大多数有效位目前还用不到，因此在这里就不具体介绍了。最后，简单说明一下，USART 的停止位的个数是在 USART_CR2 寄存器中进行设置的。

10.4 USART 相关的库函数

本节介绍 ST 官方固件库中提供的与 USART 相关的几个重要的库函数，它们都被定义在 stm32f10x_usart.c 文件中。在 stm32f10x_usart.h 头文件中的最后可以看到对它们的声明，如图 10-20 所示。

```
void USART_DeInit(USART_TypeDef* USARTx);
void USART_Init(USART_TypeDef* USARTx, USART_InitTypeDef* USART_InitStruct);
void USART_StructInit(USART_InitTypeDef* USART_InitStruct);
void USART_ClockInit(USART_TypeDef* USARTx, USART_ClockInitTypeDef* USART_ClockInitStruct);
void USART_ClockStructInit(USART_ClockInitTypeDef* USART_ClockInitStruct);
void USART_Cmd(USART_TypeDef* USARTx, FunctionalState NewState);
void USART_ITConfig(USART_TypeDef* USARTx, uint16_t USART_IT, FunctionalState NewState);
void USART_DMACmd(USART_TypeDef* USARTx, uint16_t USART_DMAReq, FunctionalState NewState);
void USART_SetAddress(USART_TypeDef* USARTx, uint8_t USART_Address);
void USART_WakeUpConfig(USART_TypeDef* USARTx, uint16_t USART_WakeUp);
void USART_ReceiverWakeUpCmd(USART_TypeDef* USARTx, FunctionalState NewState);
void USART_LINBreakDetectLengthConfig(USART_TypeDef* USARTx, uint16_t USART_LINBreakDetectLength);
void USART_LINCmd(USART_TypeDef* USARTx, FunctionalState NewState);
void USART_SendData(USART_TypeDef* USARTx, uint16_t Data);
uint16_t USART_ReceiveData(USART_TypeDef* USARTx);
void USART_SendBreak(USART_TypeDef* USARTx);
void USART_SetGuardTime(USART_TypeDef* USARTx, uint8_t USART_GuardTime);
void USART_SetPrescaler(USART_TypeDef* USARTx, uint8_t USART_Prescaler);
void USART_SmartCardCmd(USART_TypeDef* USARTx, FunctionalState NewState);
void USART_SmartCardNACKCmd(USART_TypeDef* USARTx, FunctionalState NewState);
void USART_HalfDuplexCmd(USART_TypeDef* USARTx, FunctionalState NewState);
void USART_OverSampling8Cmd(USART_TypeDef* USARTx, FunctionalState NewState);
void USART_OneBitMethodCmd(USART_TypeDef* USARTx, FunctionalState NewState);
void USART_IrDAConfig(USART_TypeDef* USARTx, uint16_t USART_IrDAMode);
void USART_IrDACmd(USART_TypeDef* USARTx, FunctionalState NewState);
FlagStatus USART_GetFlagStatus(USART_TypeDef* USARTx, uint16_t USART_FLAG);
void USART_ClearFlag(USART_TypeDef* USARTx, uint16_t USART_FLAG);
ITStatus USART_GetITStatus(USART_TypeDef* USARTx, uint16_t USART_IT);
void USART_ClearITPendingBit(USART_TypeDef* USARTx, uint16_t USART_IT);
```

图 10-20 USART 相关的库函数声明列表

10.4.1 USART_Init()函数

首先，对于 USART 的初始化函数——USART_Init()的声明如下：

```
void USART_Init(USART_TypeDef * USARTx, USART_InitTypeDef * USART_InitStruct);
```

进入函数的定义，如图 10-21 所示。

```
void USART_Init(USART_TypeDef* USARTx, USART_InitTypeDef* USART_InitStruct)
{
  uint32_t tmpreg = 0x00, apbclock = 0x00;
  uint32_t integerdivider = 0x00;
  uint32_t fractionaldivider = 0x00;
  uint32_t usartxbase = 0;
  RCC_ClocksTypeDef RCC_ClocksStatus;
  /* Check the parameters */
  assert_param(IS_USART_ALL_PERIPH(USARTx));
  assert_param(IS_USART_BAUDRATE(USART_InitStruct->USART_BaudRate));
  assert_param(IS_USART_WORD_LENGTH(USART_InitStruct->USART_WordLength));
  assert_param(IS_USART_STOPBITS(USART_InitStruct->USART_StopBits));
  assert_param(IS_USART_PARITY(USART_InitStruct->USART_Parity));
  assert_param(IS_USART_MODE(USART_InitStruct->USART_Mode));
  assert_param(IS_USART_HARDWARE_FLOW_CONTROL(USART_InitStruct->USART_HardwareFlowControl));
```

图 10-21 USART_Init()函数的定义

可以看出，USART_Init()函数的声明和定义方式和前面介绍的 GPIO_Init()函数有些类似。

在对它第一个形参 USARTx 进行有效性验证的相关代码处，单击进入 IS_USART_ALL_PERIPH(PERIPH)的定义，可以看到：

```
#define IS_USART_ALL_PERIPH(PERIPH) (((PERIPH) == USART1) || \
                                     ((PERIPH) == USART2) || \
                                     ((PERIPH) == USART3) || \
                                     ((PERIPH) == UART4) || \
                                     ((PERIPH) == UART5))
```

也就是说，函数的第一个形参 USARTx 用来确定选择哪个 U(S)ART。

再来看函数的第二个形参 USART_InitStruct，它是一个 USART_InitTypeDef 结构体指针类型的变量，单击进入 USART_InitTypeDef 的定义，可以看到：

```
typedef struct
{
  uint32_t USART_BaudRate;
  uint16_t USART_WordLength;
  uint16_t USART_StopBits;
  uint16_t USART_Parity;
  uint16_t USART_Mode;
  uint16_t USART_HardwareFlowControl;
} USART_InitTypeDef;
```

USART_InitTypeDef 结构体类型共有 6 个成员，从它们的名字中或许能猜出它们就是对应 USART 在进行串行通信时需要设置的各个参数，它们所表示的含义分别如下：

USART_BaudRate——对应串行通信的波特率；

USART_WordLength——对应串行通信发送或接收的一帧的字长；

USART_StopBits——对应串行通信中停止位的个数；

USART_Parity——对应串行通信中的校验方式；

USART_Mode——对应串行通信的模式，即发送使能还是接收使能还是发送和接收都使能；

USART_HardwareFlowControl——对应串行通信中是否采用硬件流控制。

关于对这 6 个成员变量所对应的 USART 串行通信的各个参数的选取方法，相信大家应该对此非常熟悉了,就是在 USART_Init()函数的定义中,在对第 2 个形参 USART_InitStruct 的各成员变量进行有效性验证的相关代码中,单击进入相关的宏定义,即可进行相应的选择,在这里就不具体再演示了。

下面举一个例子来说明对这个函数的应用。现在,如果要想使用 USART1,设置它在进行串行通信时的各参数分别为:波特率 115 200,8 位数据位,1 位停止位,不使用校验,同时使能 USART1 的发送和接收,不采用硬件流控制,则可以编写如下一段代码来对 USART1 进行相应的初始化操作:

```
USART_InitTypeDef USART_InitStructure;
USART_InitStruct.USART_BaudRate = 115200;                         //波特率为 115200
USART_InitStruct.USART_HardwareFlowControl = USART_HardwareFlowControl_None;
                                                                  //不采用硬件流控制
//同时使能发送和接收
USART_InitStruct.USART_Mode = USART_Mode_Rx|USART_Mode_Tx;
USART_InitStruct.USART_Parity = USART_Parity_No;                  //不用校验
USART_InitStruct.USART_StopBits = USART_StopBits_1;               //1 位停止位
USART_InitStruct.USART_WordLength = USART_WordLength_8b;          //8 位数据位
USART_Init(USART1,&USART_InitStruct);                             //初始化 USART1
```

在经过了前面对 STM32 的库函数的学习和应用后,相信这段代码对大家来说应该非常简单。相关的宏定义,大家可以在 stm32f10x_usart.h 头文件中进行查找。

结合 10.3 节中学过的 USART 的相关寄存器,可以看出,该函数是通过配置 USART 的波特率寄存器和各控制寄存器来实现其功能的。

10.4.2 USART_DeInit()函数

与 GPIO 端口相同,USART 也有一个复位初始化函数——USART_DeInit(),它的声明如下:

```
void USART_DeInit(USART_TypeDef * USARTx);
```

它的作用就是将 USART 所有相关的设置都恢复到初始的状态,这个函数只有一个形参,它的使用非常简单,例如,要想对 USART1 进行复位初始化操作,即可通过调用该函数来实现,如下所示:

```
USART_DeInit(USART1);
```

如果在 10.4.1 节 USART_Init()函数的应用举例后面再调用这个函数,那么原先通过 USART_Init()函数设置的 USART1 串行通信的参数就全都无效了,它们会恢复到芯片上电复位后的初始状态。

该函数一般用在通过 USART_Init()函数对 USART 进行初始化操作之前。

10.4.3 USART_Cmd()函数

与 GPIO 端口不同的是,在调用 USART_Init()函数对 USART 进行了相关的初始化操作后，还不能使用它，必须对其进行使能操作后，才能使用它。对它进行使能操作是通过USART 的使能函数 USART_Cmd()来实现的。该函数的声明如下：

```
void USART_Cmd(USART_TypeDef * USARTx, FunctionalState NewState);
```

实际上，该函数就是通过设置或清除 USART_CR1 寄存器的 UE 位来实现其功能的。它的两个形参的类型也都是我们非常熟悉的，对它的使用也非常简单，如果在 10.4.1 节的例子中对 USART1 进行初始化后，要想使能 USART1，就可以通过调用该函数来实现，如下所示：

```
USART_Cmd(USART1, ENABLE);
```

10.4.4 USART_ITConfig()函数

USART_ITConfig()函数的声明如下所示：

```
void USART_ITConfig(USART_TypeDef * USARTx, uint16_t USART_IT, FunctionalState NewState);
```

该函数的主要作用是对 USART 的中断进行相应的配置(使能或禁止)，它是通过配置USART 的各控制寄存器来实现其功能的。对于该函数的第一个和第三个形参的类型应该非常熟悉，它的第二个形参对应 USART 中断的类型。在函数的定义中，找到对它进行有效性验证的相关代码，并单击相关的宏定义，可以看到，如下所示：

```
#define IS_USART_CONFIG_IT(IT) (((IT) == USART_IT_PE) || \
((IT) == USART_IT_TXE) || \
                          ((IT) == USART_IT_TC) || \
((IT) == USART_IT_RXNE) || \
                          ((IT) == USART_IT_IDLE) || \
                          ((IT) == USART_IT_LBD) || \
                          ((IT) == USART_IT_CTS) || \
                          ((IT) == USART_IT_ERR))
```

在这里，可以选择要使能的 USART 的中断类型，例如接收缓冲区非空中断 RxNE、发送完成中断 TC 等。如果要使能 USART1 的这两个中断，则可以通过调用该函数来实现，如下所示：

```
USART_ITConfig(USART1, USART_IT_RXNE, ENABLE);
USART_ITConfig(USART1, USART_IT_TC, ENABLE);
```

10.4.5 USART_SendData()函数

USART_SendData()函数的声明如下所示：

```
void USART_SendData(USART_TypeDef * USARTx, uint16_t Data);
```

该函数的主要作用是实现 USART 发送数据的操作，它是通过对 USART_DR 寄存器进行写操作来实现其功能的。对该函数的使用也非常简单，如果要通过 USART1 发送一个 uint16_t 类型的数据变量 data，则可以通过调用该函数来实现，如下所示：

```
USART_SendData(USART1, data);
```

10.4.6 USART_ReceiveData()函数

USART_ReceiveData()函数的声明如下所示：

```
uint16_t USART_ReceiveData(USART_TypeDef * USARTx);
```

该函数的主要作用是实现 USART 接收数据的操作，它是通过对 USART_DR 寄存器进行读操作来实现其功能的。对该函数的使用也非常简单，如果要接收通过 USART1 发送过来的数据并将其赋值给 uint16_t 类型的变量 data，则可以通过调用该函数来实现，如下所示：

```
uint16_t data;
data = USART_ReceiveData(USART1);
```

10.4.7 USART_GetITStatus()函数和 USART_GetFlagStatus()函数

USART_GetITStatus()函数的声明如下所示：

```
ITStatus USART_GetITStatus(USART_TypeDef * USARTx, uint16_t USART_IT);
```

该函数的功能是检测 USART 的某个中断是否被触发，它的两个形参的类型都是大家非常熟悉的。该函数一般用在 USART 相关的中断服务程序的开头，用来判断是否触发了 USART 相关的中断。例如，如果要判断是否触发了 USART1 的接收缓冲区非空的中断，则可以调用该函数来实现，如下所示：

```
if(USART_GetITStatus(USART1, USART_IT_RXNE))
{…}
```

与该函数功能相似的一个函数为 USART_GetFlagStatus()，它的声明如下所示：

```
FlagStatus USART_GetFlagStatus(USART_TypeDef * USARTx, uint16_t USART_FLAG);
```

该函数的功能是检测 USART 的某个中断标志是否被置位，它的返回类型与形参列表与 USART_GetITStatus()函数的完全相同。它们的调用方式也完全相同。

如果要判断 USART1 的接收缓冲区非空的中断标志是否被置位，则可以通过调用该函数来实现，如下所示：

```
if(USART_GetFlagStatus(USART1, USART_IT_RXNE))
{…}
```

这两个函数的不同在于，USART_GetITStatus()是先判断 USART 的某个中断是否被使能，然后再去检测相关的中断标志是否被置位，它是通过对 USART 的相关控制寄存器和 USART_SR 寄存器进行读操作来实现其功能的；而 USART_GetFlagStatus()是直接检测 USART 的相关中断标志是否被置位，它是通过对 USART_SR 寄存器进行读操作来实现其功能的。USART_GetITStatus()的功能是检测 USART 的相关中断是否被触发，而 USART_GetFlagStatus()的功能则是检测 USART 的相关中断标志是否被置位。

10.4.8 USART_ClearITPendingBit()函数和 USART_ClearFlag()函数

USART_ClearITPendingBit()函数和 USART_ClearFlag()函数的声明分别如下所示：

```
void USART_ClearITPendingBit(USART_TypeDef * USARTx, uint16_t USART_IT);
void USART_ClearFlag(USART_TypeDef * USARTx, uint16_t USART_FLAG);
```

可以看出，这两个函数的返回类型和形参列表完全相同，它们的功能也完全相同，即清除 USART 的相关中断标志位。它们都是通过对 USART_SR 进行写操作来实现其功能的。在中断服务程序的最后，一般都需要清除 USART 的相关中断标志位。例如，如果要清除 USART1 的接收缓冲区非空的中断标志位，则可以通过这两个函数来实现，如下所示：

```
USART_ClearITPendingBit(USART1, USART_IT_RXNE);
USART_ClearFlag(USART1, USART_IT_RXNE);
```

10.5 端口引脚的复用功能

10.5.1 端口引脚复用功能的概念

STM32 有很多的内置外设。内置外设是指芯片制造商在芯片内核之外提供的诸如串口、定时器、ADC 这样的外围设备。这些外设的外部引脚都是与 GPIO 的引脚复用的。也就是说，当一个 GPIO 的引脚被用作芯片内置外设的功能引脚，它就被称为复用。在前面介绍的 GPIO 的 8 种工作模式中，开漏复用输出和推挽复用输出，它们的全称应该是“复用功能的开漏输出”和“复用功能的推挽输出”，其中的“复用”，就是指引脚被用作外设的某个功能引脚。端口引脚的复用可以大大节省芯片空间，提高芯片资源的利用率。

关于 STM32 的 GPIO 引脚具体可以用作哪些外设的功能引脚，可以查阅《STM32 中文参考手册》的 8.3 节，也可以在芯片的数据手册中进行查找。

在《STM32 中文参考手册》可以看到 USART1 对应的复用功能引脚，如图 10-22 所示。

表47 USART1重映射

复用功能	USART1_REMAP=0	USART1_REMAP=1
USART1_Tx	PA9	PB6
USART1_Rx	PA10	PB7

图 10-22 USART1 重映射

在图 10-22 中，USART1 的 Tx(发送引脚)和 Rx(接收引脚)对应的复用功能的引脚有两组：第一组为 PA9 和 PA10，第二组为 PB6 和 PB7。第一组的上方为“USART1_REMAP＝0”，第二组的上方为“USART1_REMAP＝1”。这是什么意思呢？这涉及本节要讲解的另一个概念——重映射。

在 STM32 中，每一个内置外设的功能引脚在默认状态下都对应着 GPIO 的某个引脚，为了使工程师在进行相关设计时可以更好地安排引脚的走向和布线，并使不同器件封装的外设 I/O 功能的数量达到最优，在 STM32 中引入了重映射的概念，即可以把一些复用功能的引脚重新映射到其他一些引脚上，这需要通过设置相关的寄存器来完成。这样，复用功能就不会再映射到原先的引脚了。

在图 10-22 中，USART1 的 Tx 和 Rx 在默认状态下对应的复用功能的引脚分别为 PA9 和 PA10，当对它们进行重映射后，它们就分别对应 PB6 和 PB7 了。

对于 USART1，只有一种重映射，但对于像 TIM3(定时器 3)这样的内置外设，则有两种重映射——完全重映射和部分重映射，如图 10-23 所示。

<table>
<tr><th>复用功能</th><th>TIM3_REMAP[1:0]=00
（没有重映射）</th><th>TIM3_REMAP[1:0]=10
（部分重映射）</th><th>TIM3_REMAP[1:0]=11
（完全重映射）(1)</th></tr>
<tr><td>TIM3_CH1</td><td>PA6</td><td>PB4</td><td>PC6</td></tr>
<tr><td>TIM3_CH2</td><td>PA7</td><td>PB5</td><td>PC7</td></tr>
<tr><td>TIM3_CH3</td><td colspan="2">PB0</td><td>PC8</td></tr>
<tr><td>TIM3_CH4</td><td colspan="2">PB1</td><td>PC9</td></tr>
</table>

(1) 重映射只适用于64、100和144脚的封装

图 10-23 TIM3 复用功能重映射

从图 10-23 中，可以看出，TIM3 对应的复用功能引脚分为没有重映射、部分重映射和完全重映射 3 种情况。没有重映射对应默认情况下的复用功能引脚；部分重映射既有部分功能引脚被重映射为其他引脚，又有一部分没有被重映射为其他引脚；完全重映射则是所有的功能引脚都被重映射为其他引脚。

从图 10-23 中，还可以看到重映射的种种限制条件，因此，更好地查看 STM32 端口引脚复用功能的方式，是通过芯片的数据手册。在《STM32F107 数据手册》第 3 章的引脚定义相关的表中，可以查看芯片引脚的复用功能的相关信息，如图 10-24 所示。

图 10-24 所示的引脚定义表中的最后一列为 Alternate functions，即复用功能，它的下面又分为两列：第一列为 Default，即默认状态；第二列为 Remap，即重映射状态。可以看到，有的引脚在默认状态或重映射状态下会对应多个外设功能引脚，在这种情况下，不要让这些外设同时工作。

Pins			Pin name	Type(1)	I/O Level(2)	Main function(3) (after reset)	Alternate functions(4)	
BGA100	LQFP64	LQFP100					Default	Remap
A8	50	77	PA15	I/O	FT	JTDI	SPI3_NSS/I2S3_WS	TIM2_CH1_ETR/PA15 SPI1_NSS
B9	51	78	PC10	I/O	FT	PC10	UART4_TX	USART3_TX/ SPI3_SCK/I2S3_CK

图 10-24　引脚定义表

10.5.2　调用库函数实现端口引脚的复用功能

本节讲解怎样调用 ST 官方固件库中提供的库函数来实现端口引脚的复用功能。前面多次提到，所有库函数最终都是通过配置相关的寄存器来实现其相关功能的，而端口引脚复用功能相关的寄存器在《STM32 中文参考手册》的 8.4 节中有详细的描述，大家可以参考其中相关的内容。

下面以 USART1 为例具体介绍怎样通过调用库函数来实现端口引脚的复用功能。

第一步，需要使能所有相关的时钟，其中包括 GPIO 端口的相关时钟，以及外设 USART1 的相关时钟，如果要用到重映射，则还需要使能 AFIO 时钟。假设这里使用 USART1 重映射后的功能引脚为 PB6 和 PB7，程序代码如下：

```
RCC_APB2PeriphClockCmd(RCC_APB2Periph_GPIOB, ENABLE);
RCC_APB2PeriphClockCmd(RCC_APB2Periph_USART1, ENABLE);
RCC_APB2PeriphClockCmd(RCC_APB2Periph_AFIO, ENABLE);
```

至于怎样查找一个外设对应的时钟使能函数，前面已经介绍得很详细了。

第二步，需要开启 USART1 的重映射。这需要使用定义在 stm32f10x_gpio.c 文件中的 GPIO_PinRemapConfig()函数，程序代码如下：

```
GPIO_PinRemapConfig(GPIO_Remap_USART1, ENABLE);
```

关于函数中参数的选取，前面也已经介绍过了。

第三步，需要配置相关复用功能引脚的工作模式，这部分可以参考《STM32 中文参考手册》8.1.11 节的内容，其中列出了各种外设相关的复用功能引脚需要配置的工作模式，如图 10-25 所示。

USART 的 TX 引脚需被配置为推挽复用输出模式，RX 需被配置为浮空输入或上拉输入模式，程序代码如下：

```
//设置 PB6 为推挽复用输出模式
GPIO_InitTypeDef GPIO_InitStructure;
```

```
GPIO_InitStructure.GPIO_Pin = GPIO_Pin_6;
GPIO_InitStructure.GPIO_Mode = GPIO_Mode_AF_PP;
GPIO_InitStructure.GPIO_Speed = GPIO_Speed_50MHz;
GPIO_Init(GPIOB, &GPIO_InitStructure);

//设置 PB7 为浮空输入模式
GPIO_InitStructure.GPIO_Pin = GPIO_Pin_7;
GPIO_InitStructure.GPIO_Mode = GPIO_Mode_IN_FLOATING;
GPIO_Init(GPIOB, &GPIO_InitStructure);
```

USART引脚	配置	GPIO配置
USARTx_TX	全双工模式	推挽复用输出
	半双工同步模式	推挽复用输出
USARTx_RX	全双工模式	浮空输入或带上拉输入
	半双工同步模式	未用，可作为通用I/O
USARTx_CK	同步模式	推挽复用输出
USARTx_RTS	硬件流量控制	推挽复用输出
USARTx_CTS	硬件流量控制	浮空输入或带上拉输入

图 10-25　USART 引脚需配置的工作模式

需要说明的是，在实际编程过程中，如果以上 3 段代码放在一个函数中，那么 GPIO_InitStructure 的定义必须放在最前面。

这样，通过 3 段代码就实现了对 USART1 重映射之后的复用功能引脚的初始化。如果选择不用重映射，则只需要将上面关于重映射部分的代码去掉并将相关复用功能引脚替换为默认状态下的复用功能引脚就可以了。

10.6　USART 的应用实例

1. 实例描述

本应用实例主要通过使用 STM32 的 USART 实现芯片和 PC 之间的串口通信功能。因为天信通 STM32F107 开发板载有一个 RS232 通信接口，所以可以通过串口数据连接线将其与 PC 的串口连接起来(如果 PC 没有串口，也可以通过 USB 转串口数据连接线将开发板的 RS232 通信接口和 PC 的 USB 接口连接起来)，然后在 PC 上打开串口调试助手软件，设置好相应的串口号和其他串口参数，在发送区向芯片发送一系列数据，编程实现芯片在接收到相关数据后再将其返回给 PC，在串口调试助手的接收区就能接收到刚才发送的数据。

2. 硬件电路

首先，介绍本应用实例的相关硬件电路。本应用实例主要使用开发板板载的 RS232 通信接口，它的相关硬件电路如图 10-26 所示。

可以看出，开发板板载的 RS232 通信接口对应的是主控芯片 STM32F107 的 USART2，USART2 选择使用的发送引脚 TX2 和接收引脚 RX2 分别对应芯片的 PD5 和 PD6 引脚。

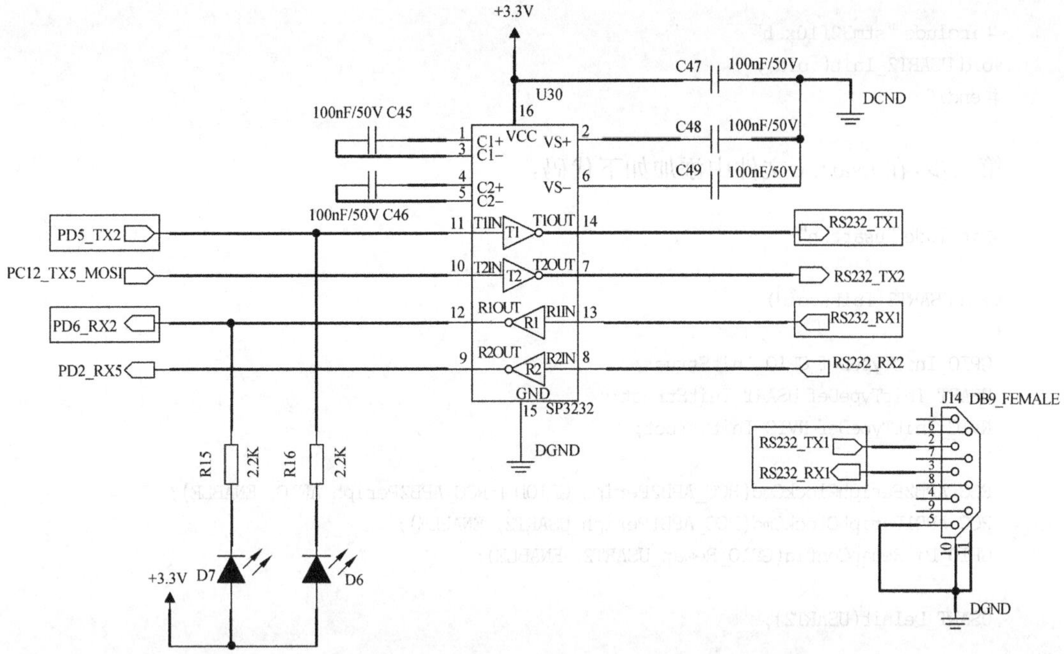

图 10-26　RS232 通信接口的相关硬件电路

在《STM32 中文参考手册》或《STM32F107 数据手册》中可以看到，PD5 和 PD6 引脚对应的是 USART2 的重映射引脚，如图 10-27 所示。

复用功能	USART2_REMAP=0	USART2_REMAP=1(1)
USART2_CTS	PA0	PD3
USART2_RTS	PA1	PD4
USART2_TX	PA2	PD5
USART2_RX	PA3	PD6
USART2_CK	PA4	PD7

(1) 重映射只适用于100和144脚的封装

图 10-27　USART2 重映射

3. 软件设计

下面进行本应用实例的软件设计。

为了讲解方便，还是选择将流水灯应用例程进行复制后，直接在它上面进行修改。

首先，在工程的 HARDWARE 文件夹中新建一个名为 USART 的文件夹，并在其中新建两个文件 usart. c 和 usart. h，然后将它们分别添加到工程的 HARDWARE 子文件夹和工程所包含的头文件列表中。此外，由于本实例会应用到 USART，所以还需要在工程的 FWLIB 子文件夹中添加相关的 stm32f10x_usart. c 文件。

下面开始编写程序代码。

第一步，在 usart. h 文件中添加如下代码：

```
#ifndef __USART_H
#define __USART_H
```

```
#include "stm32f10x.h"
void USART2_Init(void);
#endif
```

第二步,在 usart.c 文件中添加如下代码:

```
#include "usart.h"

void USART2_Init(void)
{
 GPIO_InitTypeDef GPIO_InitStruct;
 USART_InitTypeDef USART_InitStruct;
 NVIC_InitTypeDef NVIC_InitStruct;

 RCC_APB2PeriphClockCmd(RCC_APB2Periph_GPIOD | RCC_APB2Periph_AFIO, ENABLE);
 RCC_APB1PeriphClockCmd(RCC_APB1Periph_USART2, ENABLE);
 GPIO_PinRemapConfig(GPIO_Remap_USART2, ENABLE);

 USART_DeInit(USART2);

 GPIO_InitStruct.GPIO_Mode = GPIO_Mode_AF_PP;
 GPIO_InitStruct.GPIO_Pin = GPIO_Pin_5;
 GPIO_InitStruct.GPIO_Speed = GPIO_Speed_50MHz;
 GPIO_Init(GPIOD,&GPIO_InitStruct);

 GPIO_InitStruct.GPIO_Mode = GPIO_Mode_IN_FLOATING;
 GPIO_InitStruct.GPIO_Pin = GPIO_Pin_6;
 GPIO_Init(GPIOD,&GPIO_InitStruct);

 USART_InitStruct.USART_BaudRate = 115200;
 USART_InitStruct.USART_HardwareFlowControl = USART_HardwareFlowControl_None;
 USART_InitStruct.USART_Mode = USART_Mode_Rx|USART_Mode_Tx;
 USART_InitStruct.USART_Parity = USART_Parity_No;
 USART_InitStruct.USART_StopBits = USART_StopBits_1;
 USART_InitStruct.USART_WordLength = USART_WordLength_8b;
 USART_Init(USART2,&USART_InitStruct);

 NVIC_InitStruct.NVIC_IRQChannel = USART2_IRQn;
 NVIC_InitStruct.NVIC_IRQChannelCmd = ENABLE;
 NVIC_InitStruct.NVIC_IRQChannelPreemptionPriority = 1;
 NVIC_InitStruct.NVIC_IRQChannelSubPriority = 1;
 NVIC_Init(&NVIC_InitStruct);

 USART_ITConfig(USART2,USART_IT_RXNE,ENABLE);
 USART_Cmd(USART2,ENABLE);
}

void USART2_IRQHandler(void)
```

```
{
 u8 temp;
 if(USART_GetITStatus(USART2,USART_IT_RXNE))
 {
      temp = USART_ReceiveData(USART2);
      USART_SendData(USART2,temp);
      while(USART_GetFlagStatus(USART2,USART_FLAG_TC));
 }
}
```

这段代码主要定义了两个函数，即 USART2 的初始化函数 USART2_Init()和中断处理函数 USART2_IRQHandler()。

USART2_Init()函数的定义实际上就是综合了本章前面几节所讲解的知识以及本书第 7 章对 NVIC 相关的应用。

首先，要使能相关外设的时钟，其中包括 USART2 的时钟以及 USART2 相关的复用端口引脚的时钟，因为本实例还用到了 USART2 的重映射，所以还需要使能 AFIO 时钟，相关代码如下：

```
RCC_APB2PeriphClockCmd(RCC_APB2Periph_GPIOD | RCC_APB2Periph_AFIO, ENABLE);
RCC_APB1PeriphClockCmd(RCC_APB1Periph_USART2, ENABLE);
```

因为要用到 USART2 的重映射，所以还需要进行如下配置：

```
GPIO_PinRemapConfig(GPIO_Remap_USART2, ENABLE);
```

下面开始对 USART2 进行相关的设置。在此之前，可以先通过调用 USART_DeInit()函数对它进行复位初始化操作，如下所示：

```
USART_DeInit(USART2);
```

当然，这一步不是必需的。

然后，需要对 USART2 相关的复用端口引脚进行相应的初始化操作，配置其相应的工作模式，相关代码如下：

```
GPIO_InitTypeDef GPIO_InitStruct;
GPIO_InitStruct.GPIO_Mode = GPIO_Mode_AF_PP;
GPIO_InitStruct.GPIO_Pin = GPIO_Pin_5;
GPIO_InitStruct.GPIO_Speed = GPIO_Speed_50MHz;
GPIO_Init(GPIOD,&GPIO_InitStruct);

GPIO_InitStruct.GPIO_Mode = GPIO_Mode_IN_FLOATING;
GPIO_InitStruct.GPIO_Pin = GPIO_Pin_6;
GPIO_Init(GPIOD,&GPIO_InitStruct);
```

将 USART 的 TX 对应的 PD5 引脚设置为复用推挽输出模式，将 RX 对应的 PD6 引脚设置为浮空输入模式。

然后，需要初始化 USART2 的串行通信的参数，相关代码如下：

```
USART_InitTypeDef USART_InitStruct;
USART_InitStruct.USART_BaudRate = 115200;
USART_InitStruct.USART_HardwareFlowControl = USART_HardwareFlowControl_None;
USART_InitStruct.USART_Mode = USART_Mode_Rx|USART_Mode_Tx;
USART_InitStruct.USART_Parity = USART_Parity_No;
USART_InitStruct.USART_StopBits = USART_StopBits_1;
USART_InitStruct.USART_WordLength = USART_WordLength_8b;
USART_Init(USART2,&USART_InitStruct);
```

这里设置 USART2 串行通信的各参数分别为：波特率 115 200，不采用硬件流控制，发送和接收都被使能，无校验，停止位为 1，数据位为 8。稍后在开发板与 PC 之间进行串口通信时，也需要对 PC 的串行通信参数进行同样的设置。

因为在本例程的后面会用到 USART2 的中断，所以这里还需要对 USART2 的中断优先级进行相应的设置，相关代码如下：

```
NVIC_InitTypeDef NVIC_InitStruct;
NVIC_InitStruct.NVIC_IRQChannel = USART2_IRQn;
NVIC_InitStruct.NVIC_IRQChannelCmd = ENABLE;
NVIC_InitStruct.NVIC_IRQChannelPreemptionPriority = 1;
NVIC_InitStruct.NVIC_IRQChannelSubPriority = 1;
NVIC_Init(&NVIC_InitStruct);
```

关于中断的分组设置，会在 main()函数的开头进行。

然后，需要使能 USART2 的相关中断，相关代码如下：

```
USART_ITConfig(USART2,USART_IT_RXNE,ENABLE);
```

因为会在开发板主控芯片的 USART2 接收到数据后，再将该数据返回给 PC，所以应使能 USART2 的接收缓冲区非空的中断。

最后，对 USART2 进行使能，相关代码如下：

```
USART_Cmd(USART2,ENABLE);
```

这样，对于 USART2_Init()函数就讲解完了。这里顺便总结一下对 STM32 的 USART 进行初始化操作的步骤。

(1) 使能所有相关外设的时钟，其中包括相关 USART 的时钟，以及该 USART 相关的复用端口引脚的时钟，如果要用到该 USART 的端口重映射，则需要使能 AFIO 的时钟，同时还需要对该 USART 进行相关的重映射配置。

(2) 调用 USART_DeInit()函数对该 USART 进行复位初始化操作，这一步不是必需的。

(3) 调用 GPIO_Init()函数对该 USART 相关的复用端口引脚进行初始化操作,为其配置相应的工作模式,具体可以参考《STM32 中文参考手册》的 8.1.11 节。

(4) 调用 USART_Init()函数对该 USART 的各个串行通信的参数进行设置。

(5) 如果要使用该 USART 的相关中断,则需要调用 NVIC_Init()函数对该 USART 的中断优先级进行相应的设置,还需要调用 USART_ITConfig()函数使能该 USART 的相关中断。

(6) 最后,调用 USART_Cmd()函数使能该 USART。

对其他外设进行初始化操作的步骤和对 USART 进行初始化操作的步骤类似。

现在,再来看看 USART2 的中断处理函数,相关代码如下所示:

```
void USART2_IRQHandler(void)
{
 u8 temp;
 if(USART_GetITStatus(USART2,USART_IT_RXNE))
 {
     temp = USART_ReceiveData(USART2);
     USART_SendData(USART2,temp);
     while(USART_GetFlagStatus(USART2,USART_FLAG_TC));
 }
}
```

在 USART2_IRQHandler()函数中,需要先通过 USART_GetITStatus()函数检验是否触发了 USART2 接收缓冲区非空的中断,如果触发了该中断,则通过 USART_ReceiveData()函数读取接收到的数据,再通过 USART_SendData()函数将其发送出去。在发送数据之后,需要等待发送完成,因此,要用 while()语句不断检测发送完成的标志是否被置位,如下所示:

```
while(USART_GetFlagStatus(USART2,USART_FLAG_TC));
```

注意,在该中断处理函数中没有调用 USART_ClearITPendingBit()函数或 USART_ClearFlag()函数来清除相关的中断标志位。这是因为,对于接收缓冲区非空的中断标志,即 USART_SR 寄存器中的 RXNE 位,当对 USART_DR 寄存器进行读操作时,该位会被自动清除;对于发送完成的中断标志,即 USART_SR 寄存器中的 TC 位,也可以通过软件进行清除,即先对 USART_SR 寄存器进行读操作,再对 USART_DR 寄存器进行写操作。因此,这两个中断标志位在相关代码执行的过程中都会被自动清除。

至此,关于 usart.c 文件中的代码就全部讲解完了。

第三步,在 main.c 文件中删除旧的代码,添加新的代码如下:

```
#include "stm32f10x.h"
#include "usart.h"

int main(void)
```

```
{
 NVIC_PriorityGroupConfig(NVIC_PriorityGroup_2);
 USART2_Init();
 while(1);
}
```

这段代码非常简单。在 main()函数中,先通过调用 NVIC_PriorityGroupConfig()函数对中断优先级进行相应的分组配置,然后调用 USART2_Init()函数对 USART2 进行相应的初始化操作,最后用“while(1);”语句让程序永远地“停”在这里执行空语句操作,等待 USART2 的接收缓冲区非空中断的发生,当 USART2 接收到数据时,程序会跳转到 USART2 的中断服务程序(即中断处理函数)中,执行相应的操作,完成后,程序会继续“停”在这里,等待下一次 USART2 的接收缓冲区非空中断的发生。这里的“while(1);”语句是不可缺少的;否则,程序不会等待相关中断的发生。

4. 下载验证

将该例程下载到开发板,验证它是否实现了相应的效果。首先,用 USB 转串口数据连接线将开发板的 RS232 接口和 PC 的 USB 接口连接起来。然后,通过 JLINK 下载方式将其下载到开发板,并按 RESET 按键对其复位。最后,在 PC 中打开串口调试助手软件,设置好相应的串口号和其他串口参数,注意,串口号可以在 PC 的设备管理器的端口中进行查找,其他串口参数应与进行软件设计时对 USART2 设置的串口参数保持一致。

然后,在发送区中发送一串字符,可以看到,在接收区中会显示相同的一串字符,如图 10-28 所示。这串字符就是芯片的 USART2 在从 PC 接收到之后又将其发送回给 PC 的。显然,我们的例程实现了在芯片与 PC 之间进行串口通信的效果。

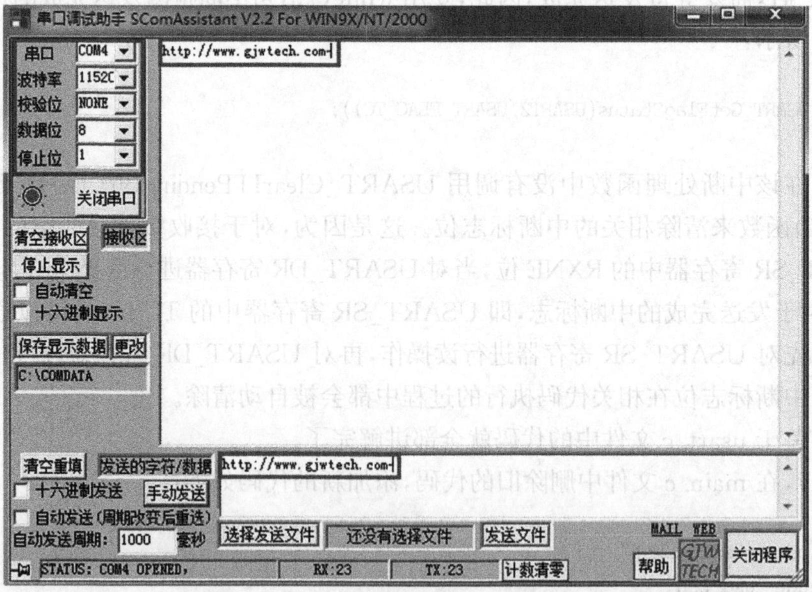

图 10-28 串口调试助手的软件界面

本章小结

串行通信是单片机数据传输的重要方式。本章首先讲解了数据通信基本概念，其中包括并行通信、串行通信、同步通信、异步通信、数据传输方向、波特率、校验方式等内容；其次讲解了 STM32 的 USART 的工作原理和基础知识，包括 USART 的配置情况、内部结构、通信时序等内容；随后介绍了 USART 相关寄存器(包括寄存器定义、参数说明和相关配置等内容)、USART 相关的库函数(包括函数定义、参数说明和使用实例)、端口引脚的复用功能(包括概念、调用方式)等内容；最后给出了一个芯片和 PC 之间实现串口通信的实例，其主要内容为串口初始化。

第 11 章 独立看门狗及其应用

看门狗一词，对于学习过单片机的人来说应该不会感到陌生。那么，它究竟是什么？它的作用是什么？本章就会为大家解答上述问题。

本章和第 12 章将分别介绍 STM32 内置的两个看门狗——独立看门狗(IWDG)和窗口看门狗(WWDG)及其应用。大家在学习本章时，可以参考《STM32 中文参考手册》第 17 章中的相关内容。

本章的学习目标如下：

- 理解并掌握看门狗的基本概念和基础知识；
- 理解并掌握 STM32 的独立看门狗的工作原理和基础知识；
- 理解并掌握与 IWDG 相关的一些重要的寄存器并掌握对它们进行配置的方法；
- 理解并掌握 ST 官方固件库中提供的与 IWDG 相关的一些重要的库函数及其应用；
- 理解并掌握 IWDG 的应用实例，并通过该实例加深对看门狗概念和作用的理解。

11.1 看门狗概述

说起看门狗，很多人对它只有一个模糊的概念。那看门狗究竟是什么呢？它的作用和工作原理又是什么呢？

在由单片机构成的微型计算机系统中，由于单片机在工作时经常会受到来自外界的电磁干扰而造成其内部寄存器或内存中的数据出现混乱，进而导致程序指针出现错误，如不指向程序区或取出错误的程序指令等，最终使程序陷入死循环，程序的正常运行被打断，这种现象又被称为程序跑飞，这时，由单片机控制的系统无法继续正常工作，进而造成整个系统陷入停滞状态，甚至发生不可预料的后果。为了避免这种情况的出现，需要对单片机的运行状态进行实时监控，这就产生了一种专门用于监控单片机程序运行状态的模块或芯片，即“看门狗”。

看门狗内部一般都包含一个相关的定时器，程序正常运行时，需要在定时器设定的时间范围内不断地对看门狗进行“喂狗”操作，每一次“喂狗”，都会将看门狗内部的定时器清零，让它重新开始计时；如果在看门狗定时器设定的时间范围内没有进行“喂狗”操作(例如程序跑飞了)，则看门狗会给单片机一个复位信号，使单片机进行复位操作，然后重新开始运行其中的程序。通过这种方法，看门狗就在一定程度上防止了程序跑飞现象的出现。

11.2　IWDG 概述

STM32F1 系列芯片内置了两个看门狗，即本章要介绍的独立看门狗（IWDG）和第 12 章要介绍的窗口看门狗（WWDG）。它们为 STM32 的应用提供了更高的安全性、时间上的精确性以及灵活性。这两个看门狗设备可以用来检测和解决由软件错误引起的系统故障，当相关的定时器计时超过给定的最大时间值时，它们会使系统复位或触发一个中断（仅限于 WWDG）。

IWDG 由 STM32 内部专用的 40kHz 低速时钟（LSI）来驱动，因此，即使系统主时钟发生故障它仍然可以正常工作。需要注意的是，内部低速时钟（LSI）是一个 RC 振荡电路，它提供的并不是一个准确的 40kHz 的时钟，而是一个在 30～60kHz 范围的可变化的时钟，在应用 IWDG 的时候，用 40kHz 计算得到的喂狗超时时间与实际的值之间会有一定的偏差，由此可见，IWDG 对喂狗超时时间的计算不会很精确。因此，IWDG 最适合应用于那些需要看门狗作为一个在主程序之外能够完全独立工作，并且对时间精度要求较低的场合。

IWDG 模块的功能框图如图 11-1 所示。

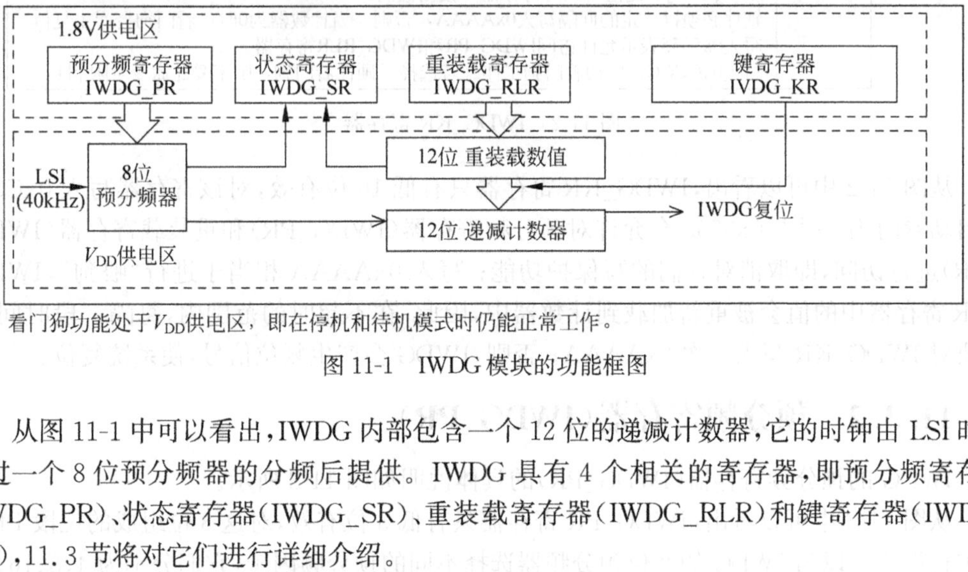

看门狗功能处于V_{DD}供电区，即在停机和待机模式时仍能正常工作。

图 11-1　IWDG 模块的功能框图

从图 11-1 中可以看出，IWDG 内部包含一个 12 位的递减计数器，它的时钟由 LSI 时钟经过一个 8 位预分频器的分频后提供。IWDG 具有 4 个相关的寄存器，即预分频寄存器（IWDG_PR）、状态寄存器（IWDG_SR）、重装载寄存器（IWDG_RLR）和键寄存器（IWDG_KR），11.3 节将对它们进行详细介绍。

首先简要描述这几个寄存器对 IWDG 的工作过程。

在键寄存器（IWDG_KR）中写入 0xCCCC，独立看门狗开始工作，此时 12 位的递减计数器开始从其复位值 0xFFF 递减计数，当计数器递减到末尾即 0x000 时，会产生一个复位信号（IWDG_RESET），使系统复位。无论何时，只要在键寄存器（IWDG_KR）中写入 0xAAAA，重装载寄存器（IWDG_RLR）中的值就会被重新加载到计数器，从而避免产生看门狗复位。

需要说明的是，预分频寄存器（IWDG_PR）和重装载寄存器（IWDG_RLR）都具有写保护功能。要修改这两个寄存器的值，必须先向键寄存器（IWDG_KR）中写入 0x5555。以不同的值写入这个寄存器将会打乱操作顺序，寄存器将会重新被保护。重装载操作（即写入 0xAAAA）也会启动写保护功能。

11.3 IWDG相关的寄存器

本节具体介绍前面提到的几个IWDG相关的寄存器。

11.3.1 键寄存器(IWDG_KR)

IWDG的键寄存器(IWDG_KR)的具体说明如图11-2所示。

地址偏移：0x00

复位值：0x0000 0000（在待机模式复位）

31	30	29	28	27	26	25	24	23	22	21	20	19	18	17	16
保留															

15	14	13	12	11	10	9	8	7	6	5	4	3	2	1	0
KEY[15:0]															
w	w	w	w	w	w	w	w	w	w	w	w	w	w	w	w

位31:16	保留，始终读为0。
位15:0	**KEY[15:0]**：键值（只写寄存器，读出值为0x0000） 软件必须以一定的间隔写入0xAAAA，否则，当计数器为0时，看门狗会产生复位。 写入0x5555表示允许访问IWDG_PR和IWDG_RLR寄存器。 写入0xCCCC，启动看门狗工作（若选择了硬件看门狗，则不受此命令字限制）。

图11-2　IWDG_KR寄存器

从图11-2中可以看出，IWDG_KR寄存器只有低16位有效，对该寄存器写入0xCCCC会启动看门狗；写入0x5555会允许对预分频寄存器(IWDG_PR)和重装载寄存器(IWDG_RLR)进行访问，即取消对它们的写保护功能；写入0xAAAA相当于进行“喂狗”，IWDG_RLR寄存器中的值会被重新加载到计数器中，因此，在不超时的范围内，每隔一段时间，就需要对IWDG_KR写入一次0xAAAA；否则，IWDG会产生复位信号，使系统复位。

11.3.2 预分频寄存器(IWDG_PR)

IWDG的预分频寄存器(IWDG_PR)的具体说明如图11-3所示。

从图11-3中可以看出，IWDG_PR寄存器只有低3位有效，对这3位组成的位段PR的值进行设置可以为IWDG的8位预分频器选择不同的预分频因子，它们分别为4、8、16、32、64、128和256。

11.3.3 重装载寄存器(IWDG_RLR)

IWDG的重装载寄存器(IWDG_ RLR)的具体说明如图11-4所示。

从图11-4中可以看出，IWDG_PR寄存器只有低12位有效，这12位组成的位段RL的值就是对IWDG的12位计数器进行重装载的值。每当向IWDG_KR寄存器写入0xAAAA时，这个重装载值就会被传送到IWDG的12位计数器中，之后，计数器会从这个值开始递减计数。看门狗的超时时间可通过该值和LSI时钟经过IWDG预分频器分频后所得的时钟周期来计算得出。

地址偏移：0x04

复位值：0x0000 0000

31	30	29	28	27	26	25	24	23	22	21	20	19	18	17	16
保留															

15	14	13	12	11	10	9	8	7	6	5	4	3	2	1	0
保留													PR[2:0]		
													rw	rw	rw

位31:3	保留，始终读为0。
位2:0	**PR[2:0]**：预分频因子 这些位具有写保护设置。通过设置这些位来选择计数器时钟的预分频因子。要改变预分频因子，IWDG SR寄存器的PVU位必须为0。 000：预分频因子=4　　100：预分频因子=64 001：预分频因子=8　　101：预分频因子=128 010：预分频因子=16　　110：预分频因子=256 011：预分频因子=32　　111：预分频因子=256 注意：对此寄存器进行读操作，将从VDD电压域返回预分频值。如果写操作正在进行，则读回的值可能是无效的。因此，只有当IWDG_SR寄存器的PVU位为0时，读出的值才有效。

图 11-3　IWDG_PR 寄存器

地址偏移：0x08

复位值：0x0000 0FFF（待机模式时复位）

31	30	29	28	27	26	25	24	23	22	21	20	19	18	17	16
保留															

15	14	13	12	11	10	9	8	7	6	5	4	3	2	1	0
保留				RL[11:0]											
				rw	rw	rw	rw	rw	rw	rw	rw	rw	rw	rw	rw

位31:12	保留，始终读为0。
位11:0	RL[11:0]：看门狗计数器重装载值 这些位具有写保护功能。用于定义看门狗计数器的重装载值，每当向IWDG_KR寄存器写入0xAAAA时，重装载值会被传送到计数器中。随后计数器从这个值开始递减计数。 看门狗超时周期可通过此重装载值和时钟预分频值来计算。 只有当IWDG_SR寄存器中的RVU位为0时，才能对此寄存器进行修改。 注：对此寄存器进行读操作，将从VDD电压域返回预分频值。如果写操作正在进行，则读回的值可能是无效的。因此，只有当IWDG SR寄存器的RVU位为0时，读出的值才有效。

图 11-4　IWDG_RLR 寄存器

IWDG 还有一个状态寄存器(IWDG_SR)，相对来说它不是很重要，在这里就不介绍了。

11.4　IWDG 相关的库函数

本节介绍 IWDG 相关的库函数。IWDG 相关的库函数都被定义在 stm32f10x_iwdg. c 文件中，在 stm32f10x_iwdg. h 头文件中的最后可以看到对这些函数的声明，如图 11-5 所示。

下面具体介绍这些库函数。

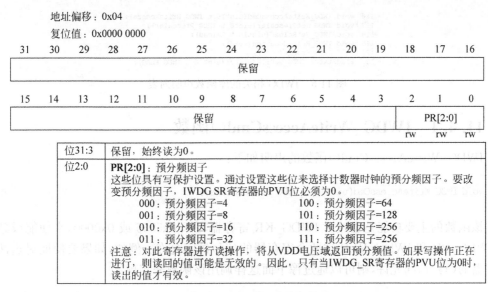

```
void IWDG_WriteAccessCmd(uint16_t IWDG_WriteAccess);
void IWDG_SetPrescaler(uint8_t IWDG_Prescaler);
void IWDG_SetReload(uint16_t Reload);
void IWDG_ReloadCounter(void);
void IWDG_Enable(void);
FlagStatus IWDG_GetFlagStatus(uint16_t IWDG_FLAG);
```

图 11-5 IWDG 相关的库函数声明列表

11.4.1 IWDG_WriteAccessCmd()函数

IWDG_WriteAccessCmd()函数的声明如下：

```
void IWDG_WriteAccessCmd(uint16_t IWDG_WriteAccess);
```

该函数的主要功能是通过对 IWDG_KR 寄存器写入 0x5555 或 0x0000，来使能或禁止对 IWDG_PR 和 IWDG_RLR 这两个寄存器的(写)访问允许。例如，如果要使能对这两个寄存器的(写)访问允许，则可以通过像下面这样调用该函数来实现：

```
IWDG_WriteAccessCmd(IWDG_WriteAccess_Enable);
```

对于该函数相关实参的选取，可以参考 stm32f10x_iwdg.h 头文件中的相关定义。

11.4.2 IWDG_SetPrescaler()函数

IWDG_SetPrescaler()函数的声明如下：

```
void IWDG_SetPrescaler(uint8_t IWDG_Prescaler);
```

该函数的主要功能是通过设置 IWDG_PR 寄存器的 PR 位段的值来设置 IWDG 的预分频器的预分频因子。例如，如果要设置 IWDG 的预分频器的预分频因子为 64，则可以通过像下面这样调用该函数来实现：

```
IWDG_SetPrescaler(IWDG_Prescaler_64);
```

11.4.3 IWDG_SetReload()函数

IWDG_SetReload()函数的声明如下：

```
void IWDG_SetReload(uint16_t Reload);
```

该函数的主要功能是通过设置 IWDG_RLR 寄存器的 RL 位段的值来设置对 IWDG 的 12 位计数器进行重装载的值。例如，如果要设置对 IWDG 的 12 位计数器进行重装载的值为 1000，则可以通过像下面这样调用该函数来实现：

```
IWDG_SetReload(1000);
```

注意，在调用该函数时，对它写入的实参值不应超过 0xFFFF；否则，超出的部分会被略去。

11.4.4 IWDG_ReloadCounter()函数

IWDG_ReloadCounter()函数的声明如下：

```
void IWDG_ReloadCounter(void);
```

该函数的主要功能是通过对 IWDG_KR 寄存器写入 0xAAAA 来将 IWDG_RLR 寄存器的 RL 位段的值重新装载到 IWDG 的 12 位计数器中。

11.4.5 IWDG_Enable()函数

IWDG_Enable()函数的声明如下：

```
void IWDG_Enable(void);
```

该函数的主要功能是通过对 IWDG_KR 寄存器写入 0xCCCC 来启动 IWDG。

11.5 IWDG 的应用实例

本节将编写一个 IWDG 的应用例程，来让大家体验 IWDG 的功能。

1. 实例描述

本应用实例会通过按键来实现“喂狗”操作，同时通过 LED 亮灭状态的不同来显示 IWDG 是否产生复位信号来使系统复位。

2. 硬件电路

本实例的相关硬件电路和 5.4.2 节按键控制 LED 应用实例的完全相同，此处不再赘述。

3. 软件设计

现在开始进行本例程的软件设计。

为了讲解方便，复制将 5.4.2 节实现的按键控制 LED 应用例程并将它重命名为 IWDG 后直接在上面进行修改。

首先，在工程的 HARDWARE 文件夹中新建一个 IWDG 文件夹，并在其中新建两个文件 iwdg.c 和 iwdg.h，然后将 iwdg.c 添加到工程的 HARDWARE 子文件夹，将 IWDG 文件夹添加到工程所包含的头文件路径列表中。此外，由于本实例会应用到 IWDG，还需要在工程的 FWLIB 子文件夹中添加相关的 stm32f10x_iwdg.c 文件。

下面开始编写程序代码。

第一步，在 iwdg.h 头文件中添加如下代码：

```
#ifndef __IWDG_H
#define __IWDG_H
#include "stm32f10x.h"
void IWDG_Init(u8 prescaler, u16 reload);
```

```
void IWDG_Feed(void);
#endif
```

这段代码主要声明了 IWDG 相关的初始化函数 IWDG_Init()和喂狗函数 IWDG_Feed()。因为在 IWDG_Init()函数的定义中设置 IWDG 定时器相关预分频器的预分频因子和对 IWDG 定时器计数值进行重装载的值，所以为该函数设置了两个形参 prescaler 和 reload，它们分别对应预分频因子和重装载的值。

第二步，在 iwdg.c 文件中添加如下代码：

```
#include "iwdg.h"

void IWDG_Init(u8 prescaler, u16 reload)
{
 IWDG_WriteAccessCmd(IWDG_WriteAccess_Enable);
 IWDG_SetPrescaler(prescaler);
 IWDG_SetReload(reload);
 IWDG_ReloadCounter();
 IWDG_Enable();
}

void IWDG_Feed(void)
{
 IWDG_ReloadCounter();
}
```

这段代码主要定义了 IWDG_Init()函数和 IWDG_Feed()函数。

在 IWDG_Init()函数的定义中，先通过调用 IWDG_WriteAccessCmd()函数来使能对 IWDG_PR 和 IWDG_RLR 这两个寄存器的写访问允许，如下所示：

```
IWDG_WriteAccessCmd(IWDG_WriteAccess_Enable);
```

然后分别通过调用 IWDG_SetPrescaler()函数和 IWDG_SetReload()函数来设置 IWDG 定时器相关预分频器的预分频因子和对 IWDG 定时器的计数值进行重装载的值，如下所示：

```
IWDG_SetPrescaler(prescaler);
IWDG_SetReload(reload);
```

接着通过调用 IWDG_ReloadCounter()函数来对 IWDG 定时器的计数值进行重装载操作，如下所示：

```
IWDG_ReloadCounter();
```

最后通过调用 IWDG_Enable()函数来启动 IWDG，如下所示：

```
IWDG_Enable();
```

IWDG_Feed()函数实际上就是通过调用 IWDG_ReloadCounter()函数来对 IWDG 定时器的计数值进行重装载操作，如下所示：

```
IWDG_ReloadCounter();
```

第三步，在 main.c 文件中删除原先的代码，并添加如下新的代码：

```
#include "led.h"
#include "key.h"
#include "systick.h"
#include "iwdg.h"

int main(void)
{
 Delay_Init();
 LED_Init();
 KEY_Init();
 Delay_ms(1000);
 LED2 = 0;
 IWDG_Init(IWDG_Prescaler_64, 1250);
 while(1)
 {
     if(KEY2_Scan())
     {
         IWDG_Feed();
     }
 }
}
```

在 main()函数中，先通过调用各自相关的初始化函数对分别 SYSTICK 定时器、LED 和按键进行相应的初始化操作，不要忘记在此之前需要包含与它们相关的各头文件。

因为在对 LED 进行相应的初始化操作后，所有的 LED 都为不亮的状态，所以这里延时 1s 后让 LED2(即 D3，下同)亮，如下所示：

```
Delay_ms(1000);
LED2 = 0;
```

然后，调用 IWDG_Init()函数对 IWDG 进行相应的初始化操作，设置 IWDG 定时器相关预分频器的预分频因子为 64，对 IWDG 定时器的计数值进行重装载的值为 1250，这样对 IWDG 进行"喂狗"操作的最大超时时间 Tout 为：

$$Tout=64/(40\times1000)\times1250=2(s)$$

即对 IWDG 进行"喂狗"操作的最大超时时间为 2s。若超过 2s 还没有"喂狗"，则 IWDG 会产生复位信号，使系统复位。

最后，在 while(1)循环中，不断检测开关按键 KEY2(即 S3，下同)是否被按下，如果按下，则进行"喂狗"操作。

至此，本例程的编码工作全部完成。

程序的运行过程如下：当程序开始运行后，LED2 会在不亮的状态下持续 1s，然后亮起，之后如果不及时进行“喂狗”操作，那么 LED2 会在亮的状态下持续 2s，之后，系统会自动进行复位，然后重复上述过程；在 LED2 亮起后，如果每次都能够在不超过 2s 的时间内按下 KEY2，及时进行“喂狗”操作，则 LED2 会一直保持亮的状态。

4. 下载验证

将例程下载到开发板，验证它是否实现了上述效果。通过 JLINK 将代码下载到开发板，按下 RESET 键对其进行复位。可以看到，在大约 1s 后，LED2 开始亮起，如果一直不进行“喂狗”操作，则 LED2 会在持续亮 2s 后灭掉，之后又会在持续灭 1s 后亮起，并不断重复上述的过程；如果在 LED2 亮起后，不断地及时(在 2s 内)进行喂狗操作，则 LED2 会一直保持亮的状态。很显然，例程的运行结果与之前的分析相吻合。通过对上述例程运行结果的两种不同现象的对比，相信大家也能更加深刻地理解 IWDG 的功能。

本章小结

本章讲解了看门狗的基本概念和基础知识，分析了独立看门狗的工作原理和基础知识；随后介绍了独立看门狗相关寄存器，包括寄存器定义、参数说明和相关配置等内容；接着介绍了独立看门狗相关的库函数，包括函数定义、参数说明和主要功能等内容；最后给出一个通过按键来实现“喂狗”操作，同时通过 LED 亮灭状态的不同来显示 IWDG 是否产生复位信号来使系统复位的实例。

第 12 章

窗口看门狗及其应用

第 11 章讲解了 IWDG 及其应用，本章讲解窗口看门狗(WWDG)及其应用，可以参考《STM32 中文参考手册》第 18 章中的相关内容。

本章的学习目标如下：

- 理解并掌握 STM32 的窗口看门狗(WWDG)的工作原理和基础知识；
- 理解并掌握与 WWDG 相关的一些重要的寄存器并掌握对它们进行配置的方法；
- 理解并掌握 ST 官方固件库中提供的与 WWDG 相关的一些重要的库函数以及对它们的应用；
- 理解并掌握 WWDG 的应用实例，并通过该实例加深对 WWDG 与 IWDG 不同功能的理解。

12.1 WWDG 概述

第 11 章介绍了 IWDG，在 IWDG 启动后，如果在设定的超时时刻到来之前，没有对它进行“喂狗”操作，那么它就会产生一个复位信号，使系统复位。WWDG 与 IWDG 有相似之处，在 WWDG 启动后，也需要在一个设定的时间范围内对它进行“喂狗”操作，注意，这里所说的时间，是指发生“喂狗”操作与 WWDG 开始计时所间隔的时间(后同)。但是，与 IWDG 不同的是，对 WWDG 进行“喂狗”操作的时间不仅有一个上限值，还有一个下限值，即对 WWDG 进行“喂狗”操作既不能太晚，也不能太早；否则，就会使 WWDG 产生一个复位信号，使系统复位。可以看出，对 WWDG 进行“喂狗”操作的时间需要在一个窗口范围内，窗口看门狗因此而得名。

WWDG 最适合那些要求看门狗在精确计时窗口起作用的应用程序，因此，WWDG 通常被用来监测由外部干扰或不可预见的逻辑条件造成的应用程序背离正常的运行序列而产生的软件故障。

WWDG 的功能框图如图 12-1 所示。

从图 12-1 可以看出，WWDG 模块包含两个相关的寄存器——看门狗配置寄存器(WWDG_CFR)和看门狗控制寄存器(WWDG_CR)，12.2 节将对它们进行详细介绍。这里通过它们对 WWDG 的工作过程进行一个简单的描述。

WWDG_CFR 寄存器的第 0～6 位组成的位段 W[6:0]表示 WWDG 的窗口值，WWDG_CR 寄存器的第 0～6 位组成的位段 T[6:0]对应一个 7 位的递减计数器，它的时钟

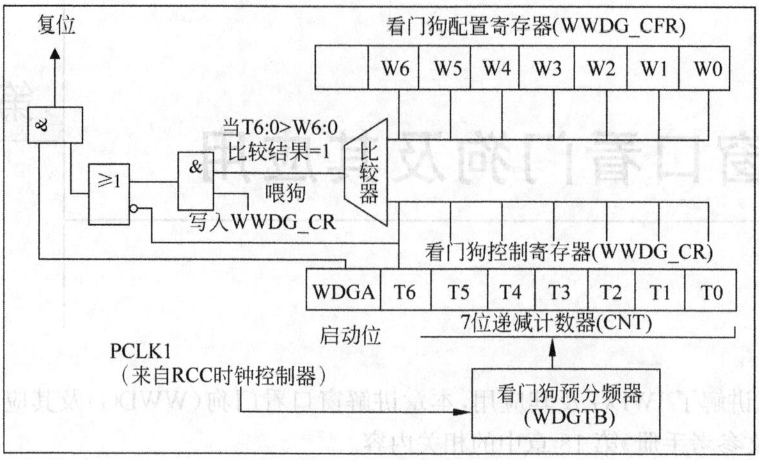

图 12-1 WWDG 的功能框图

信号来自 APB1 总线时钟，还需要经过 WWDG 预分频器（WDGTB）的分频。WWDG_CR 寄存器的第 7 位 WDGA 相当于 WWDG 的使能位。

在 WDGA=1，即 WWDG 被使能的情况下，有两种情况会导致 WWDG 产生复位信号：一种是当 WWDG 的递减计数器的当前值 T[6:0]大于 WWDG 的窗口值 W[6:0]的时候，对 WWDG_CR 寄存器进行写操作，即对 WWDG 进行“喂狗”，也就是“喂狗”操作发生的时间小于所设定的下限值的时候；另一种是当 T[6:0]的第 7 位 T6 由 1 变为 0，即 T[6:0]的值由 0x40 递减为 0x3F 的时候，也就是在超过“喂狗”时间的上限值之前，一直都没有对 WWDG 进行“喂狗”操作。

WWDG 的时序图如图 12-2 所示。

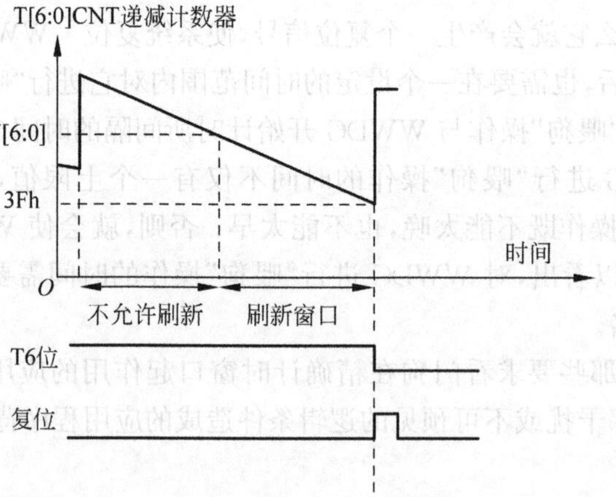

图 12-2 WWDG 的时序图

从图 12-2 中可以看出，在 WWDG 的计数器值 T[6:0]从其初值递减到窗口值（W[6:0]+1）对应的这段时间范围内，不允许对其进行“喂狗”操作；在 T[6:0]从窗口值 W[6:0]递减到 0x40（即图 12-2 中 CNT 递减过程中递减为 3Fh 之前的一次计数）对应的这段时间范围内，允许对其进行“喂狗”操作；当 T[6:0]中的值从 0x40 递减到 0x3F（即图 12-2 中的 3Fh），即它的第 7 位 T6 由 1 变为 0 时，WWDG 会产生复位信号，使系统复位。

窗口值 W[6:0]和 0x40 分别是图 12-2 中所示的 T[6:0]刷新窗口的上限值和下限值，它们也分别对应上述“喂狗”操作发生时间的下限值和上限值。要想避免系统复位，WWDG 的递减计数器必须在其当前计数值不大于窗口值 W[6:0]且不小于 0x40 的时候被重新装载，而设置的窗口值 W[6:0] 则不应小于 0x40，否则就没有所谓窗口的意义。

在 11 章讲解 IWDG 的时候曾经提到，WWDG 能够产生中断，该中断被称为早期唤醒中断(EWI)，通过设置 WWDG_CFG 寄存器中的 EWI 位可以使能该中断。在被使能的情况下，当 WWDG 的递减计数器递减到 0x40 的时候，该中断会被触发，可以通过编写相应的中断服务程序对 WWDG 进行“喂狗”操作以避免它产生复位信号。

12.2 WWDG 相关的寄存器

本节介绍 WWDG 相关的几个寄存器。

12.2.1 控制寄存器(WWDG_CR)

WWDG 的控制寄存器(WWDG_CR)的具体说明如图 12-3 所示。

地址偏移：0x00

复位值：0x7F

31	30	29	28	27	26	25	24	23	22	21	20	19	18	17	16
保留															

15	14	13	12	11	10	9	8	7	6	5	4	3	2	1	0
保留								WDGA	T6	T5	T4	T3	T2	T1	T0
								rs	rw	rw	rw	rw	rw	rw	rw

位31:8	保留
位7	**WDGA**：激活位 此位由软件置1，但仅能由硬件在复位后清零。当WDGA=1时，看门狗可以产生复位 0：禁止看门狗 1：启用看门狗
位6:0	**T[6:0]**：7位计数器（MSB至LSB） 这些位用来存储看门狗的计数器值。每（$4096x2^{WDGTB}$）个PCLK1周期减1。当计数器值从0x40变为0x3F时(T6变成0)，产生看门狗复位

图 12-3 WWDG_CR 寄存器

实际上在 12.1 节中介绍 WWDG 的功能框图时就已经介绍了该寄存器，它只有第 0～6 位有效。

其中，第 0～6 位组成的位段 T[6:0]构成了一个 7 位的递减计数器，当该计数器的值从 0x40 递减到 0x3F，即第 7 位 T6 由 1 变为 0 时，WWDG 会产生一个复位信号。

第 7 位 WDGA 为 WWDG 的激活位或者说是使能位，注意，它由软件置 1，但只能在系统复位后由硬件清零。

12.2.2 配置寄存器(WWDG_CFR)

WWDG 的配置寄存器(WWDG_CFR)的具体说明如图 12-4 所示。

地址偏移：0x04

复位值：0x7F

31	30	29	28	27	26	25	24	23	22	21	20	19	18	17	16
保留															

15	14	13	12	11	10	9	8	7	6	5	4	3	2	1	0
保留						EWI	WDG TB1	WDG TB0	W6	W5	W4	W3	W2	W1	W0
						rs	rw	rw	rw	rw	rw	rw	rw	rw	rw

位31:8	保留
位9	**EWI**：提前唤醒中断 此位若置1，则当计数器值达到40h，即产生中断 此中断只能由硬件在复位后清除
位8:7	**WDGTB[1:0]**：时基 预分频器的时基可以设置如下： 00：CK计时器时钟（PCLK1除以4096）除以1 01：CK计时器时钟（PCLK1除以4096）除以2 10：CK计时器时钟（PCLK1除以4096）除以4 11：CK计时器时钟（PCLK1除以4096）除以8
位6:0	W[6:0]：7位窗口值 这些位包含了用来与递减计数器进行比较用的窗口值

图 12-4 WWDG_CFR 寄存器

该寄存器只有第 0～9 位有效。

其中，第 0～6 位组成的位段 W[6:0]表示 WWDG 的 7 位窗口值，在对 WWDG 的计数器进行重新装载时，会将 WWDG_CR 寄存器的 T[6:0]位段的值与该窗口值进行比较，如果 T[6:0]＞W[6:0]，则 WWDG 会产生复位信号，实际上在 12.2.1 节中也对此进行过介绍。

第 7、8 位组成的位段 WDGTB[1:0]表示 WWDG 的时基，即通过它可以确定 WWDG 的递减计数器的时钟频率，它的值为 APB1 总线时钟的频率除以 4096 后再除以 WDGTB[1:0]位段对应的分频因子所得的值。

第 9 位 EWI 为 WWDG 的提前唤醒中断的使能位，当该位为 1 时，则当 WWDG 的计数器递减到 0x40 时，会产生相应的中断。该位只能在系统复位后由硬件清除。

12.2.3 状态寄存器(WWDG_SR)

WWDG 的状态寄存器(WWDG_SR)的具体说明如图 12-5 所示。

地址偏移：0x08

复位值：0x00

31	30	29	28	27	26	25	24	23	22	21	20	19	18	17	16
保留															

15	14	13	12	11	10	9	8	7	6	5	4	3	2	1	0
保留															EWIF
															rc w0

位31:1	保留
位0	**EWIF**：提前唤醒中断标志 当计数器值达到40h时，此位由硬件置1。它必须通过软件写0来清除。对此位写1无效。若中断未被使能，此位也会被置1

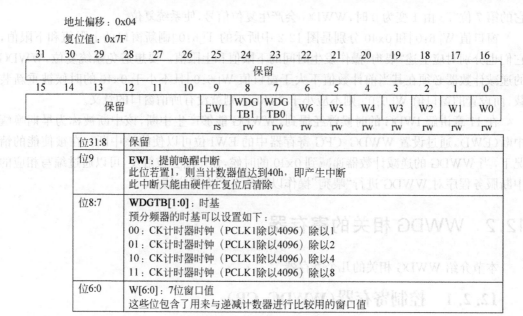

图 12-5 WWDG_SR 寄存器

该寄存器只有 1 位有效位，即第 0 位，它表示提前唤醒中断的标志。当 WWDG 的计数器递减到 0x40 时，该位会被硬件置 1，它必须通过软件来清零。注意，即使提前唤醒中断没有被使能，在计数器递减到 0x40 时，该位还是会被置 1。

12.3 WWDG 相关的库函数

本节在 12.2 节的基础上介绍 ST 固件库中提供的 WWDG 相关的库函数。

WWDG 相关的库函数被定义在 stm32f10x_wwdg.c 文件中，其声明如图 12-6 所示。

```
void WWDG_DeInit(void);
void WWDG_SetPrescaler(uint32_t WWDG_Prescaler);
void WWDG_SetWindowValue(uint8_t WindowValue);
void WWDG_EnableIT(void);
void WWDG_SetCounter(uint8_t Counter);
void WWDG_Enable(uint8_t Counter);
FlagStatus WWDG_GetFlagStatus(void);
void WWDG_ClearFlag(void);
```

图 12-6 WWDG 相关的库函数声明列表

12.3.1 WWDG_SetPrescaler()函数

WWDG_SetPrescaler()函数的声明如下：

```
void WWDG_SetPrescaler(uint32_t WWDG_Prescaler);
```

该函数的功能主要是通过设置 WWDG_CFR 寄存器的 WDGTB 位段的值来设置 WWDG 的时基。例如，如果要设置 WWDG 的预分频因子为 4，则可以通过调用该函数来实现，如下所示：

```
WWDG_SetPrescaler (WWDG_Prescaler_4);
```

12.3.2 WWDG_SetWindowValue()函数

WWDG_SetWindowValue()函数的声明如下：

```
void WWDG_SetWindowValue(uint8_t WindowValue);
```

该函数的功能主要是通过设置 WWDG_CFR 寄存器的 W[6:0]位段的值来设置 WWDG 的窗口值，注意该值不能超过 0x7F，而且不应小于 0x40，否则就没有所谓“窗口”的意义。例如，如果要设置 WWDG 的窗口值为 0x5F，则可以通过调用该函数来实现，如下所示：

```
WWDG_SetWindowValue(0x5F);
```

12.3.3 WWDG_EnableIT()函数

WWDG_EnableIT()函数的声明如下：

```
void WWDG_EnableIT(void);
```

该函数的功能主要是通过设置 WWDG_CFR 寄存器的 EWI 位来使能 WWDG 的提前唤醒中断。

12.3.4 WWDG_SetCounter()函数

WWDG_SetCounter()函数的声明如下：

```
void WWDG_SetCounter(uint8_t Counter);
```

该函数的功能主要是通过设置 WWDG_CR 寄存器的 T[6:0]位段的值来设置对 WWDG 递减计数器进行重装载的值，注意该值不能超过 0x7F，而且不应小于 0x40。例如，如果要设置对 WWDG 递减计数器进行重装载的值为 0x7F，则可以通过调用该函数来实现，如下所示：

```
WWDG_SetCounter(0x7F);
```

12.3.5 WWDG_Enable()函数

WWDG_Enable()函数的声明如下：

```
void WWDG_Enable(uint8_t Counter);
```

该函数的功能主要是先通过设置 WWDG_CR 寄存器的 T[6:0] 位段的值来设置 WWDG 递减计数器的初值，再通过将 WWDG_CR 寄存器的 WDGA 位置 1 来启动 WWDG。例如，如果要设置 WWDG 递减计数器的初值 0x7F，并且启动 WWDG，则可以通过调用该函数来实现，如下所示：

```
WWDG_Enable (0x7F);
```

12.3.6 WWDG_GetFlagStatus()函数

WWDG_GetFlagStatus()函数的声明如下：

```
FlagStatus WWDG_GetFlagStatus(void);
```

该函数的功能主要是通过读取 WWDG_SR 寄存器的 EWIF 位的值来获取 WWDG 的提前唤醒中断标志。例如，如果要查看 WWDG 的提前唤醒中断标志是否被置位，则可以通过调用该函数来实现，如下所示：

```
if(FlagStatus WWDG_GetFlagStatus())
{…}
```

12.3.7 WWDG_ClearFlag()函数

WWDG_ClearFlag()函数的声明如下：

```
void WWDG_ClearFlag(void);
```

该函数的功能主要是通过对 WWDG_SR 寄存器的 EWIF 位清零来清除 WWDG 的提前唤醒中断标志。

12.4 WWDG 的应用实例

本节通过一个 WWDG 应用例程来体验其功能。

1. 实例描述

因为 WWDG 具有提前唤醒中断的功能，所以本实例通过 WWDG 的中断服务程序进行喂狗操作，同时通过不同 LED 的亮灭和闪烁来显示在喂狗和不喂狗两种情况下程序的不同运行结果。

2. 硬件电路

本实例的相关硬件电路与 5.4.1 节流水灯应用实例的完全相同，在此不再赘述。

3. 软件设计

为了讲解方便，选择将 5.4.1 节实现的流水灯应用例程进行复制并将它重命名为 WWDG 后直接进行修改。

首先，在工程的 HARDWARE 文件夹中新建一个 WWDG 文件夹，并在其中新建两个文件 wwdg.c 和 wwdg.h，然后将 wwdg.c 添加到工程的 HARDWARE 子文件夹，将 WWDG 文件夹添加到工程所包含的头文件路径列表中。此外，由于本实例会应用到 WWDG，所以还需要在工程的 FWLIB 子文件夹中添加相关的 stm32f10x_wwdg.c 文件。

下面开始编写程序代码。

第一步，在 wwdg.h 头文件中添加如下代码：

```
#ifndef __WWDG_H
#define __WWDG_H
#include "stm32f10x.h"
#define WWDG_CNT_MAX 0x7F
#define WWDG_CNT_MIN 0x40
void WWDG_Init(u8 tval, u8 wval, u32 prescaler);
void WWDG_Feed(u8 tval);
#endif
```

这段代码主要声明了 WWDG 相关的初始化函数 WWDG_Init()和喂狗函数 WWDG_Feed()。因为在 WWDG_Init()函数的定义中，会设置 WWDG 的倒计数器初值、窗口值以及倒计数器相关预分频器的分频因子，所以为该函数设置了3个形参 tval、wval 和 prescaler，它们分别对应上述3个值。在 WWDG_Feed()函数的定义中，因为会为 WWDG 的倒计数器重新加载倒计数的初值，所以为该函数设置了一个形参 tval 对应该值。此外，还定义了两个宏 WWDG_CNT_MAX 和 WWDG_CNT_MIN，它们分别表示 WWDG 的倒计数器能够设置的倒计数初值的最大值和最小值。

第二步，在 wwdg.c 文件中添加如下代码：

```
#include "wwdg.h"
#include "led.h"

void WWDG_Init(u8 tval, u8 wval, u32 prescaler)
{
 NVIC_InitTypeDef NVIC_InitStruct;
 RCC_APB1PeriphClockCmd(RCC_APB1Periph_WWDG,ENABLE);
 WWDG_SetPrescaler(prescaler);
 WWDG_SetWindowValue(wval);
if(tval > WWDG_CNT_MAX)
      tval = WWDG_CNT_MAX;
 if(tval < WWDG_CNT_MIN)
      tval = WWDG_CNT_MIN;
 WWDG_Enable(tval);
 WWDG_ClearFlag();
 NVIC_InitStruct.NVIC_IRQChannel = WWDG_IRQn;
 NVIC_InitStruct.NVIC_IRQChannelPreemptionPriority = 2;
 NVIC_InitStruct.NVIC_IRQChannelSubPriority = 2;
 NVIC_InitStruct.NVIC_IRQChannelCmd = ENABLE;
 NVIC_Init(&NVIC_InitStruct);
 WWDG_EnableIT();
}

void WWDG_Feed(u8 tval)
{
 if(tval > WWDG_CNT_MAX)
      tval = WWDG_CNT_MAX;
 if(tval < WWDG_CNT_MIN)
      tval = WWDG_CNT_MIN;
 WWDG_SetCounter(tval);
}

void WWDG_IRQHandler(void)
{
 if(WWDG_GetFlagStatus())
 {
      WWDG_Feed(WWDG_CNT_MAX);
      LED2 = ~LED2;
      WWDG_ClearFlag();
 }
}
```

这段代码主要定义了 WWDG_Init()和 WWDG_Feed()函数以及 WWDG 的相关中断处理函数。下面分别来对它们进行讲解。

在 WWDG_Init()函数的定义中，先通过调用 RCC_APB1PeriphClockCmd()函数使能 WWDG 的时钟，如下所示：

```
RCC_APB1PeriphClockCmd(RCC_APB1Periph_WWDG,ENABLE);
```

然后，分别通过调用 WWDG_SetPrescaler()和 WWDG_SetWindowValue()函数设置 WWDG 的倒计数器的相关预分频器的分频因子和 WWDG 的窗口值，如下所示：

```
WWDG_SetPrescaler(prescaler);
WWDG_SetWindowValue(wval);
```

接着，通过调用 WWDG_Enable()函数为 WWDG 的倒计数器设置倒计数初值，并启动 WWDG，如下所示：

```
if(tval > WWDG_CNT_MAX)
  tval = WWDG_CNT_MAX;
if(tval < WWDG_CNT_MIN)
  tval = WWDG_CNT_MIN;
WWDG_Enable(tval);
```

注意，在调用 WWDG_Enable()函数之前，对要设置的倒计数初值相关的形参 tval 的值进行有效性验证，以保证它在 0x40～0x7F 范围内。

最后，需要设置 WWDG 相关的提前唤醒中断。首先调用 WWDG_ClearFlag()函数清除相关的中断标志位，然后调用 NVIC_Init()函数对 WWDG 相关的中断进行相应的设置，最后调用 WWDG_EnableIT()函数使能 WWDG 的提前唤醒中断，如下所示：

```
WWDG_ClearFlag();
NVIC_InitStruct.NVIC_IRQChannel = WWDG_IRQn;
NVIC_InitStruct.NVIC_IRQChannelPreemptionPriority = 2;
NVIC_InitStruct.NVIC_IRQChannelSubPriority = 2;
NVIC_InitStruct.NVIC_IRQChannelCmd = ENABLE;
NVIC_Init(&NVIC_InitStruct);
WWDG_EnableIT();
```

需要注意的是，WWDG 的中断使能需要在 WWDG 的使能之后进行，即 WWDG_EnableIT()函数的调用应当在 WWDG_Enable()函数的调用之后进行；否则，WWDG 的中断功能不会发挥作用。

下面再来看一下 WWDG_Feed()函数的定义。该函数实际上就是通过调用 WWDG_SetCounter()函数来对 WWDG 的倒计数器重新装载初值。注意，在重新装载初值前，同样要对重新装载的初值进行有效性验证，以保证它在 0x40～0x7F 范围内，如下所示：

```
void WWDG_Feed(u8 tval)
{
 if(tval > WWDG_CNT_MAX)
      tval = WWDG_CNT_MAX;
```

```
    if(tval < WWDG_CNT_MIN)
        tval = WWDG_CNT_MIN;
    WWDG_SetCounter(tval);
}
```

下面介绍 WWDG 的中断处理函数 WWDG_IRQHandler()。在 WWDG_IRQHandler()函数中，先通过调用 WWDG_GetFlagStatus()函数判断 WWDG 的提前唤醒中断标志是否被置位。如果是，则做 3 件事情：首先通过调用 WWDG_Feed()函数来对 WWDG 进行“喂狗”操作；然后让 LED2(即 D3，下同)亮灭状态改变作为显示标记；最后通过调用 WWDG_ClearFlag()函数清除 WWDG 的提前唤醒中断标志。注意，最后这一步是必需的，因为该中断标志必须通过软件来清除，如下所示：

```
void WWDG_IRQHandler(void)
{
  if(WWDG_GetFlagStatus())
  {
      WWDG_Feed(WWDG_CNT_MAX);
      LED2 = ~LED2;
      WWDG_ClearFlag();
  }
}
```

第三步，在 main.c 文件中删除原先的代码，并添加如下新代码：

```
#include "stm32f10x.h"
#include "led.h"
#include "systick.h"
#include "wwdg.h"

int main(void)
{
 NVIC_PriorityGroupConfig(NVIC_PriorityGroup_2);
 Delay_Init();
 LED_Init();
 LED1 = 0;
 Delay_ms(200);
 LED1 = 1;
 WWDG_Init(WWDG_CNT_MAX,0x5F,WWDG_Prescaler_8);
 while(1);
}
```

这段代码非常简单，先通过调用 NVIC_PriorityGroupConfig()函数对中断优先级进行分组设置，再分别通过调用 Delay_Init()和 LED_Init()函数对延时和 LED 进行相关的初始化操作，然后让 LED1(即 D2，下同)亮 200ms 后灭掉，再通过调用 WWDG_Init 函数对 WWDG 进行相关的初始化操作，最后通过 while(1)实现的死循环让程序在这里一直等待。

下面分析该例程的运行结果。

因为在调用 WWDG_Init()函数时，设置 WWDG 的倒计数器的倒计数初值为 WWDG_CNT_MAX，即 0x7F，设置 WWDG 的倒计数器的相关预分频器的分频因子设置为 8，在 WWDG_IRQHandler()函数中调用 WWDG_Feed()函数对 WWDG 的倒计数器重新装载初值时，设置重新装载的初值也为 0x7F，所以在 WWDG_IRQHandler()函数中对 WWDG 进行"喂狗"操作的时间间隔 T 为：

$$T=4096\times 8/36\,000\,000\times (0x7F-0x40)=57.344ms$$

因此，如果在 WWDG_IRQHandler()函数中调用 WWDG_Feed()函数对 WWDG 进行"喂狗"操作，那么 LED1 会在亮 200ms 后灭掉，LED2 会以 57.344ms 的时间间隔闪烁；如果在 WWDG_IRQHandler()函数中将 WWDG_Feed()函数调用语句注释掉，即不对 WWDG 进行"喂狗"操作，则 WWDG 会产生系统复位信号，使系统复位，LED1 会以亮 200ms、灭大约 57.344ms 的时间间隔闪烁，而 LED2 则会微弱地亮一下马上就灭掉。

4. 下载验证

将例程下载到开发板来验证一下它是否实现了上述的效果。首先，在 WWDG_IRQHandler()函数中保留"WWDG_Feed();"，即进行"喂狗"操作，通过 JLINK 下载方式将其下载到开发板，并按 RESET 按键对其复位。可以看到，LED1 会在亮大约 200ms 后灭掉，LED2 会以大约 57.344ms 的时间间隔闪烁。然后，在 WWDG_IRQHandler()函数中将"WWDG_Feed();"注释掉，即不进行"喂狗"操作，通过 JLINK 下载方式将其下载到开发板，并按 RESET 按键对其复位。可以看到，LED1 会以亮大约 200ms、灭大约 57.344ms 的时间间隔闪烁，而 LED2 则会微弱地亮一下马上就灭掉。很显然，例程的运行结果与之前的分析吻合。通过对例程在有无"喂狗"操作这两种情况下的两种不同运行结果的对比，能够加深对 WWDG 的功能的理解。

本章小结

本章讲解了窗口看门狗。首先介绍了窗口看门狗的工作原理和基础知识，随后介绍了窗口看门狗的相关寄存器，包括寄存器定义、参数说明和相关配置等内容，接着介绍了独立看门狗相关的库函数，包括函数定义、参数说明和主要功能等内容，最后给出一个通过 WWDG 的中断服务程序来进行喂狗操作，并通过不同 LED 的亮灭和闪烁来显示在喂狗和不喂狗两种情况下程序的不同运行结果的实例。

第 13 章 通用定时器及其应用 1

前面曾经介绍过 STM32 的 SysTick 定时器，它位于 Cortex-M3 内核，主要用来对系统进行定时。与它相比，作为 STM32 基本外设的定时器则具有非常强大的功能，在《STM32 中文参考手册》中，对于 STM32 的定时器的介绍有一百多页，可见其内容之丰富、地位之重要。

STM32F1 系列最多可以有 8 个定时器，分别是 TIM1～TIM8，它们各自都由一个 16 位的自动装载计数器构成，并通过一个可编程的预分频器来驱动。其中，TIM6 和 TIM7 被称为基本定时器，TIM2～TIM5 被称为通用定时器，TIM1 和 TIM8 被称为高级定时器。这 3 种定时器的基本工作原理有许多相似的地方。从它们的功能上看，基本定时器的功能较为简单，而通用定时器的功能相对来说则较为复杂，而高级定时器除了比通用定时器多了一些特别的功能外，其他方面的功能则与通用定时器基本相同。

本书选择以通用定时器为代表来介绍 STM32 的定时器的一些重要功能及其典型应用。从本章开始，用连续 3 章的内容，分别介绍通用定时器以及对它的 3 种典型且重要的应用，在学习这 3 章时，可以参考《STM32 中文参考手册》的第 14 章的相关内容。

本章将先介绍通用定时器以及对它的第一种应用——中断定时，这也是通用定时器最基本、最简单的一种应用。

本章的学习目标如下：

- 理解并掌握通用定时器的工作原理和基础知识；
- 理解并掌握与通用定时器的中断定时相关的一些重要的寄存器并掌握对它们进行配置的方法；
- 理解并掌握 ST 官方固件库中提供的与通用定时器的中断定时相关的一些重要的库函数以及对它们的应用；
- 理解并掌握通用定时器的第一个典型应用实例——中断定时。

13.1 通用定时器概述

通用定时器 TIM2～TIM5 都由一个 16 位的自动装载计数器构成，并通过一个可编程的预分频器来驱动。通用定时器除了具有基本的定时功能外，还可以被应用于其他各种场合，包括测量输入信号的脉冲宽度(输入捕获)以及产生各种不同的输出波形(输出比较和 PWM)等。使用 RCC 时钟控制器的预分频器和通用定时器的预分频器，可以使脉冲宽度或波形周期在几微秒到几毫秒之间进行调整。各通用定时器之间是完全互相独立的,它们没有共享任何资源,但可以同步操作。

通用定时器的主要功能包括:

- 16位向上、向下或向上/向下计数的自动装载计数器。
- 16位可编程(可实时修改)的预分频器,以大小为1~65 536的分频系数对输入时钟进行分频,为计数器提供时钟。
- 4个独立通道,可分别用来进行如下操作:
  ① 输入捕获;
  ② 输出比较;
  ③ PWM生成(边缘或中间对齐模式);
  ④ 单脉冲模式输出。
- 使用外部信号控制定时器和定时器互联的同步电路。
- 如下事件发生时可产生中断/DMA。
  ① 更新:计数器向上/向下溢出,计数器初始化(通过软件或者内部/外部触发);
  ② 触发事件(计数器启动、停止、初始化或者由内部/外部触发计数);
  ③ 输入捕获;
  ④ 输出比较。
- 支持针对定位的增量(正交)编码器和霍尔传感器电路。
- 触发输入作为外部时钟或者按周期的电流管理。

通用定时器的框图如图13-1所示。

从图13-1中可以看出,通用定时器是由5部分组成的:第一部分(如图13-1中标号1所示,下同)为通用定时器的时钟生成部分;第二部分为通用定时器最重要的组成部分,它又被称为通用定时器的时基单元;第三部分为通用定时器的输入捕获部分;第四部分为通用定时器的输出比较部分;第五部分为通用定时器的捕获/比较寄存器。

可编程通用定时器的主要部分是一个16位计数器以及与其相关的自动装载寄存器。这个计数器可以向上计数、向下计数或者向上/向下计数。此计数器的时钟由相关时钟经过预分频器分频后得到。计数器当前值寄存器、自动装载寄存器和预分频器寄存器共同构成了通用定时器的时基单元。它们可以通过软件的方式进行读写,在计数器运行时同样可以进行读写。

前面提到,通用定时器的计数器具有3种计数器模式,即向上计数模式、向下计数模式和向上/向下计数模式。

在向上计数模式中,计数器从0开始向上计数一直到自动加载值,然后重新从0开始向上计数并且产生一个计数器向上溢出事件。每次计数器向上溢出时可以产生更新事件,并设置相应的更新中断标志。计数器在向上计数模式中的时序图如图13-2所示。

在向下计数模式中,计数器从自动装入的值开始向下计数一直到0,然后重新从自动装入的值开始向下计数并且产生一个计数器向下溢出事件。每次计数器向下溢出时可以产生更新事件,并设置相应的更新中断标志。计数器在向下计数模式中的时序图如图13-3所示。

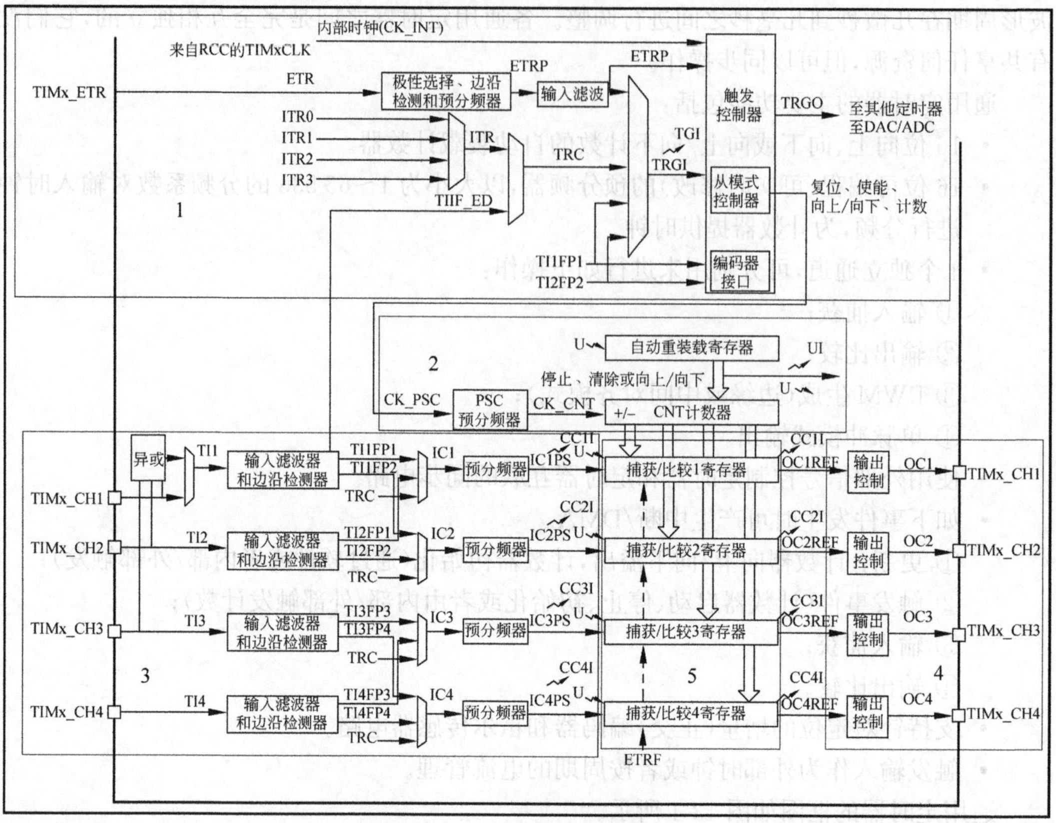

图 13-1　通用定时器的框图

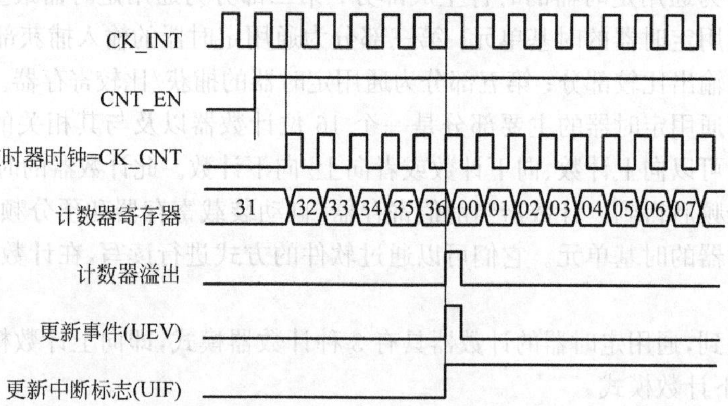

图 13-2　计数器在向上计数模式中的时序图

在向上/向下计数模式(又称中央对齐模式)中，计数器从 0 开始向上计数一直到自动加载值减 1，并且产生一个计数器向上溢出事件；然后计数器从自动加载值开始向下计数一直到 1 并且产生一个计数器向下溢出事件；之后计数器又重新从 0 开始向上计数，重复之前的操作。计数器向上/向下溢出时产生更新，并设置相应的更新中断标志。计数器在向上/向下计数模式中的时序图如图 13-4 所示。

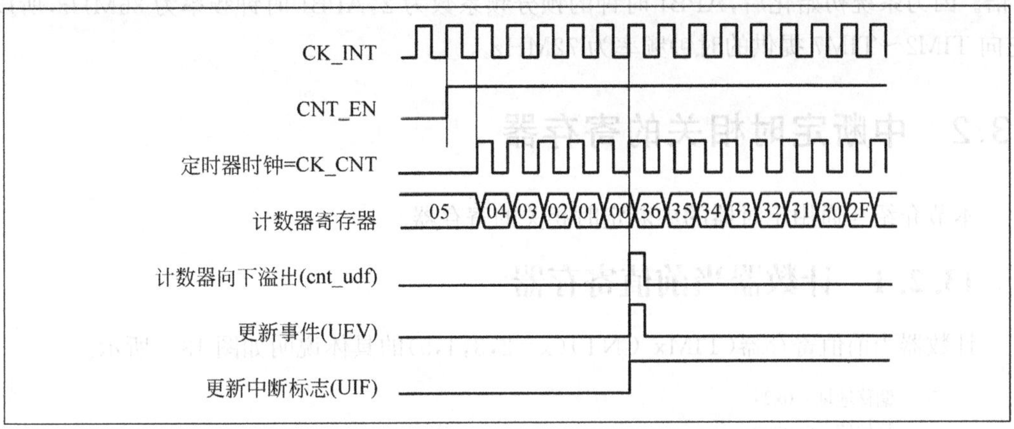

图 13-3　计数器在向下计数模式中的时序图

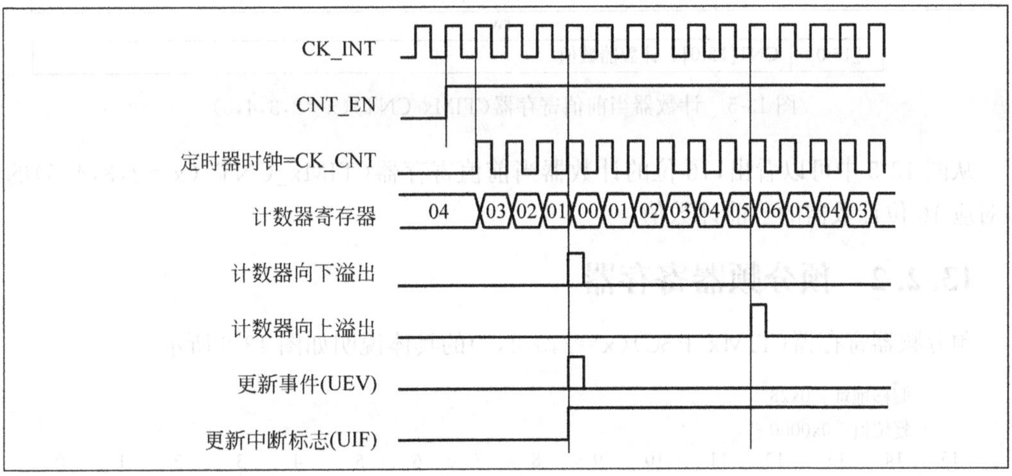

图 13-4　计数器在向上/向下计数模式中的时序图

在图 13-1 中所示的通用定时器的时钟生成部分中，通用定时器的计数器的时钟可由下列时钟源提供：

- 内部时钟(CK_INT)；
- 外部时钟模式 1：外部输入脚(Tlx)；
- 外部时钟模式 2：外部触发输入(ETR)；
- 内部触发输入(ITRx)：使用一个定时器作为另一个定时器的预分频器。

可以通过对 TIMx_SMCR 寄存器中的相关位进行设置来选择以上的某一个作为计数器的时钟源。在本章的应用中，还是选择内部时钟(CK_INT)，即图 13-1 中所示的来自 RCC 的 TIMx_CLK，这也是 TIMx_SMCR 寄存器中相关位的默认选择。

现在回到本书的第 4 章，找到图 4-2，在其中可以看到 APB1 外设总线向 TIM2～TIM7 提供的时钟频率值，即当 APB1 时钟的预分频系数为 1 时，它向 TIM2～TIM7 提供的时钟频率等于 APB1 时钟频率；否则，它向 TIM2～TIM7 提供的时钟频率为 APB1 时钟频率的

2 倍。因为系统初始化后，APB1 时钟的预分频系数为 2，APB1 时钟频率为 36MHz，所以，它向 TIM2～TIM7 提供的时钟频率为 72MHz。

13.2 中断定时相关的寄存器

本节介绍与通用定时器的中断定时相关的寄存器。

13.2.1 计数器当前值寄存器

计数器当前值寄存器(TIMx_CNT)(x=2,3,4,5)的具体说明如图 13-5 所示。

偏移地址：0x24

复位值：0x0000

15	14	13	12	11	10	9	8	7	6	5	4	3	2	1	0
CNT[15:0]															
rw															

位15:0	**CNT[15:0]**：计数器数值

图 13-5 计数器当前值寄存器(TIMx_CNT)(x=2,3,4,5)

从图 13-5 中可以看出，16 位的计数器当前值寄存器(TIMx_CNT)(x=2,3,4,5)的值即对应 16 位计数器的当前计数值。

13.2.2 预分频器寄存器

预分频器寄存器(TIMx_PSC)(x=2,3,4,5)的具体说明如图 13-6 所示。

偏移地址：0x28

复位值：0x0000

15	14	13	12	11	10	9	8	7	6	5	4	3	2	1	0
PSC[15:0]															
rw															

位15:0	**PSC[15:0]**：预分频器数值 计数器的时钟频率CK_CNT等于f_{CK_PSC}/(PSC[15:0]+1)。 在每一次更新事件时，PSC的数值被传送到实际的预分频寄存器中。

图 13-6 预分频器寄存器(TIMx_PSC)(x=2,3,4,5)

从图 13-6 中可以看出，预分频器寄存器(TIMx_PSC)(x=2,3,4,5)中的值加 1 即为图 13-1 中所示的通用定时器的时基单元中的 PSC 预分频器的分频值，预分频器可以将输入的时钟频率按照 1～65 536 的任意值进行分频后，为计数器提供时钟频率。PSC 预分频器实际上是一个基于 TIMx_PSC 寄存器控制的 16 位计数器，TIMx_PSC 预分频控制寄存器带有缓冲器，它能够在工作时被改变。新的预分频值将会在下一次更新事件到来时被采用。通过预分频控制寄存器 TIMx_PSC 更改 PSC 预分频器的分频值的时序图如图 13-7 所示。

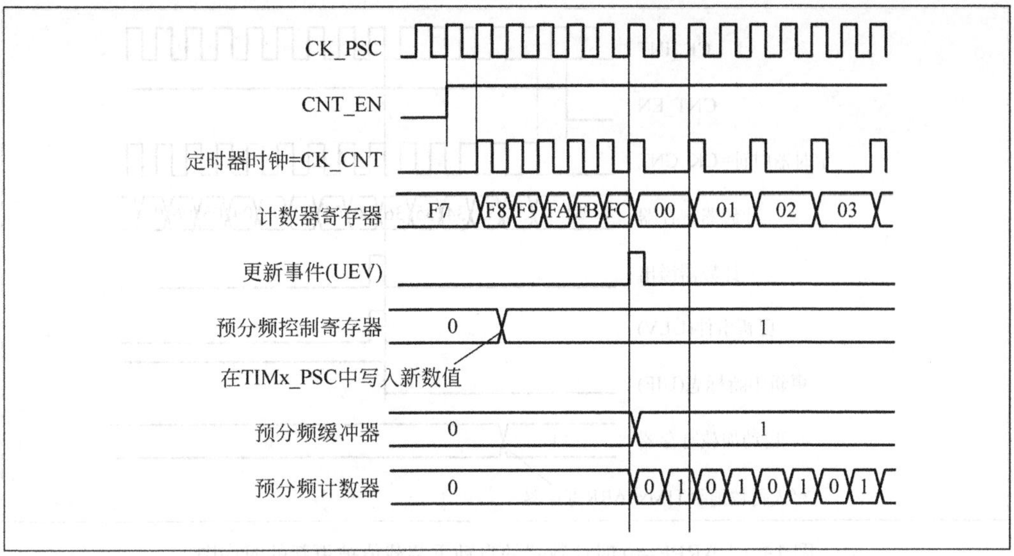

图 13-7 通过 TIMx_PSC 寄存器更改预分频值的时序图

13.2.3 自动重装载寄存器

自动重装载寄存器(TIMx_ARR)(x=2,3,4,5)的具体说明如图 13-8 所示。

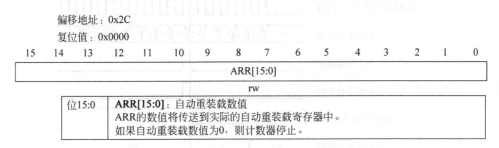

偏移地址：0x2C
复位值：0x0000

15	14	13	12	11	10	9	8	7	6	5	4	3	2	1	0
ARR[15:0]															
rw															

位15:0	**ARR[15:0]**：自动重装载数值 ARR的数值将传送到实际的自动重装载寄存器中。 如果自动重装载数值为0，则计数器停止。

图 13-8 自动重装载寄存器(TIMx_ARR)(x=2,3,4,5)

该寄存器在物理上实际上对应两个寄存器：一个是可以直接操作的，被称为预装载寄存器；另一个是看不到也无法操作的，它被称为影子寄存器。实际上真正起作用的是影子寄存器。根据后面会介绍的控制寄存器 1(TIMx_CR1)(x=2,3,4,5)中的 ARPE 位(自动重装载预装载允许位)的设置，预装载寄存器的内容会被立即或在每次更新事件 UEV 时被传送到影子寄存器。以向上计数模式为例，在 ARPE 分别等于 0 和 1 的情况下，计数器的自动重装载值被更新的时序图分别如图 13-9 和图 13-10 所示。

13.2.4 控制寄存器 1

控制寄存器 1(TIMx_CR1)(x=2,3,4,5)的具体说明如图 13-11 所示。

从图 13-11 中可以看出，该寄存器的第 0 位 CEN 为计数器的使能位，只有将该位置 1，计数器才能正常工作。第 4 位 DIR 对应计数器的计数方向，默认为向上计数模式。第 5～6 位

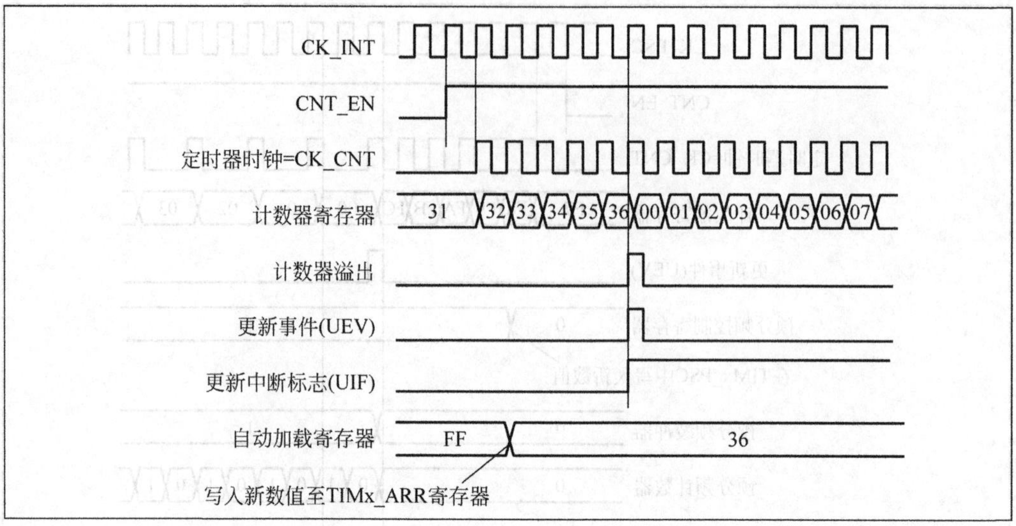

图 13-9　ARPE=0 时计数器的自动重装载值被更新的时序图

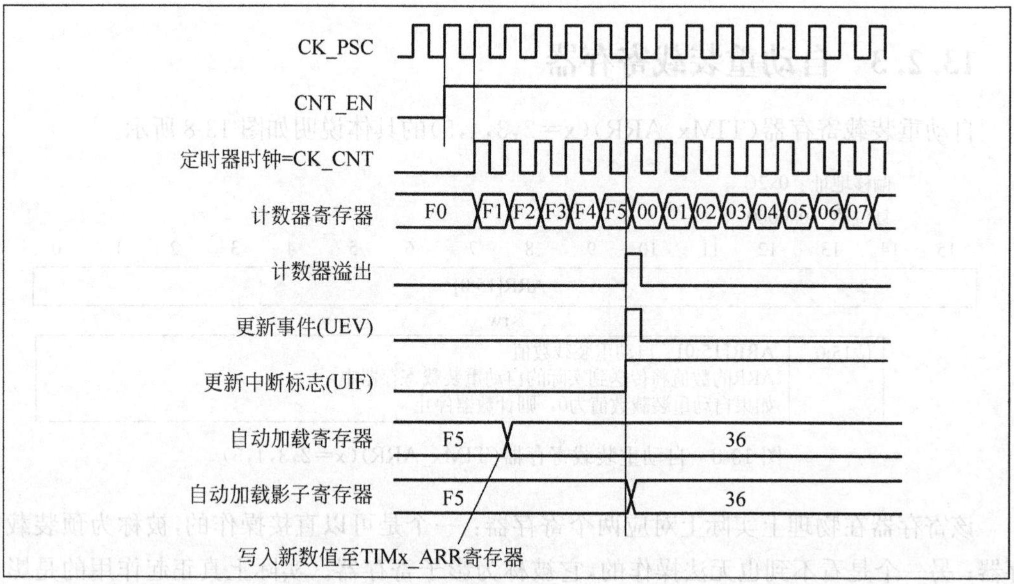

图 13-10　ARPE=1 时计数器的自动重装载值被更新的时序图

CMS[1:0]对应中央对齐模式的选择，默认为边沿对齐模式。第 7 位即刚才提到的自动重装载预装载允许位 ARPE。本章的应用实例只用到了其中的第 0 位和第 4 位。

13.2.5　DMA/中断使能寄存器

DMA/中断使能寄存器(TIMx_DIER)(x=2,3,4,5)的具体说明如图 13-12 所示。

从图 13-12 中可以看出，该寄存器的各位为各种中断或 DMA 的使能位。本章的应用实例只用到了其中的第 0 位 UIE——更新中断的使能位。

偏移地址：0x00
复位值：0x0000

15	14	13	12	11	10	9	8	7	6	5	4	3	2	1	0
保留						CKD[1:0]		ARPE	CMS[1:0]		DIR	OPM	URS	UDIS	CEN
						rw	rw	rw	rw	rw	rw	rw	rw	rw	rw

位15:10	保留，始终读为0。
位9:8	**CKD[1:0]**：时钟分频因子 定义在定时器时钟(CK_INT)频率与数字滤波器(ETR,TIx)使用的采样频率之间的分频比例。 00：$t_{DTS}=t_{CK\_INT}$ 01：$t_{DTS}=2\times t_{CK\_INT}$ 10：$t_{DTS}=4\times t_{CK\_INT}$ 11：保留
位7	**ARPE**：自动重装载预装载允许位 0：TIMx_ARR寄存器没有缓冲； 1：TIMx_ARR寄存器被装入缓冲器。
位6:5	**CMS[1:0]**：选择中央对齐模式 00：边沿对齐模式。计数器依据方向位(DIR)向上或向下计数。 01：中央对齐模式1。计数器交替地向上和向下计数。配置为输出的通道（TIMx_CCMRx寄存器中CCxS=00）的输出比较中断标志位，只在计数器向下计数时被设置。 10：中央对齐模式2。计数器交替地向上和向下计数。配置为输出的通道（TIMx_CCMRx寄存器中CCxS=00）的输出比较中断标志位，只在计数器向上计数时被设置。 11：中央对齐模式3。计数器交替地向上和向下计数。配置为输出的通道（TIMx_CCMRx寄存器中CCxS=00）的输出比较中断标志位，在计数器向上和向下计数时均被设置。 注：在计数器开启时(CEN=1)，不允许从边沿对齐模式转换到中央对齐模式。
位4	**DIR**：方向 0：计数器向上计数； 1：计数器向下计数。 注：当计数器配置为中央对齐模式或编码器模式时，该位为只读。
位3	**OPM**：单脉冲模式 0：在发生更新事件时，计数器不停止； 1：在发生下一次更新事件（清除CEN位）时，计数器停止。
位2	**URS**：更新请求源 软件通过该位选择UEV事件的源 0：如果使能了更新中断或DMA请求，则下述任一事件产生更新中断或DMA请求： – 计数器溢出/下溢 – 设置UG位 – 从模式控制器产生的更新 1：如果使能了更新中断或DMA请求，则只有计数器溢出/下溢才产生更新中断或DMA请求。
位1	**UDIS**：禁止更新 软件通过该位允许/禁止UEV事件的产生 0：允许UEV。更新(UEV）事件由下述任一事件产生： – 计数器溢出/下溢 – 设置UG位 – 从模式控制器产生的更新 具有缓存的寄存器被装入它们的预装载值。（译注：更新影子寄存器） 1：禁止UEV。不产生更新事件，影子寄存器（ARR、PSC、CCRx）保持它们的值。如果设置了UG位或从模式控制器发出了一个硬件复位，则计数器和预分频器被重新初始化。
位0	**CEN**：使能计数器 0：禁止计数器； 1：使能计数器。 注：在软件设置了CEN位后，外部时钟、门控模式和编码器模式才能工作。触发模式可以自动地通过硬件设置CEN位。 在单脉冲模式下，当发生更新事件时，CEN被自动清除。

图 13-11　控制寄存器 1(TIMx_CR1)(x=2,3,4,5)

偏移地址：0x0C
复位值：0x0000

15	14	13	12	11	10	9	8	7	6	5	4	3	2	1	0
保留	TDE	保留	CC4DE	CC3DE	CC2DE	CC1DE	UDE	保留	TIE	保留	CC4IE	CC3IE	CC2IE	CC1IE	UIE
	rw		rw	rw	rw	rw	rw		rw		rw	rw	rw	rw	rw

位15	保留，始终读为0。
位14	**TDE**：允许触发DMA请求 0：禁止触发DMA请求； 1：允许触发DMA请求。
位13	保留，始终读为0。
位12	**CC4DE**：允许捕获/比较4的DMA请求 0：禁止捕获/比较4的DMA请求； 1：允许捕获/比较4的DMA请求。
位11	**CC3DE**：允许捕获/比较3的DMA请求 0：禁止捕获/比较3的DMA请求； 1：允许捕获/比较3的DMA请求。
位10	**CC2DE**：允许捕获/比较2的DMA请求 0：禁止捕获/比较2的DMA请求； 1：允许捕获/比较2的DMA请求。
位9	**CC1DE**：允许捕获/比较1的DMA请求 0：禁止捕获/比较1的DMA请求； 1：允许捕获/比较1的DMA请求。
位8	**UDE**：允许更新的DMA请求 0：禁止更新的DMA请求； 1：允许更新的DMA请求。
位7	保留，始终读为0。
位6	**TIE**：触发中断使能 0：禁止触发中断； 1：使能触发中断。
位5	保留，始终读为0。
位4	**CC4IE**：允许捕获/比较4中断 0：禁止捕获/比较4中断； 1：允许捕获/比较4中断。
位3	**CC3IE**：允许捕获/比较3中断 0：禁止捕获/比较3中断； 1：允许捕获/比较3中断。
位2	**CC2IE**：允许捕获/比较2中断 0：禁止捕获/比较2中断； 1：允许捕获/比较2中断。
位1	**CC1IE**：允许捕获/比较1中断 0：禁止捕获/比较1中断； 1：允许捕获/比较1中断。
位0	**UIE**：允许更新中断 0：禁止更新中断； 1：允许更新中断。

图 13-12 DMA/中断使能寄存器(TIMx_DIER)(x=2,3,4,5)

13.2.6 状态寄存器

状态寄存器(TIMx_SR)(x=2,3,4,5)的具体说明如图 13-13 所示。

从图 13-13 中可以看出，该寄存器的各位为各种中断或捕获的标记位。本章的应用实例只用到了其中的第 0 位 UIF——更新中断的标记位。

偏移地址：0x10
复位值：0x0000

15	14	13	12	11	10	9	8	7	6	5	4	3	2	1	0
保留			CC4OF	CC3OF	CC2OF	CC1OF	保留		TIF	保留	CC4IF	CC3IF	CC2IF	CC1IF	UIF
			rc w0	rc w0	rc w0	rc w0			rc w0		rc w0	rc w0	rc w0	rc w0	rc w0

位15:13	保留，始终读为0。
位12	CC4OF：捕获/比较4重复捕获标记 参见CC1OF描述。
位11	CC3OF：捕获/比较3重复捕获标记 参见CC1OF描述
位10	CC2OF：捕获/比较2重复捕获标记 参见CC1OF描述。
位9	CC1OF：捕获/比较1重复捕获标记 仅当相应的通道被配置为输入捕获时，该标记可由硬件置1。写0可清除该位。 0：无重复捕获产生； 1：当计数器的值被捕获到TIMx_CCR1寄存器时，CC1IF的状态已经为1。
位8:7	保留，始终读为0。
位6	TIF：触发器中断标记 当发生触发事件（当从模式控制器处于除门控模式外的其它模式时，在TRGI输入端检测到有效边沿，或门控模式下的任一边沿）时由硬件对该位置1。它由软件清0。 0：无触发器事件产生； 1：触发器中断等待响应。
位5	保留，始终读为0。
位4	CC4IF：捕获/比较4中断标记 参考CC1IF描述
位3	CC3IF：捕获/比较3中断标记 参考CC1IF描述
位2	CC2IF：捕获/比较2中断标记 参考CC1IF描述。
位1	CC1IF：捕获/比较1中断标记 **如果通道CC1配置为输出模式：** 当计数器值与比较值匹配时该位由硬件置1，但在中心对称模式下除外（参考TIMx CR1寄存器的CMS位）。它由软件清0。 0：无匹配发生； 1：TIMx CNT的值与TIMx_CCR1的值匹配。 **如果通道CC1配置为输入模式：** 当捕获事件发生时该位由硬件置1，它由软件清0或通过读TIMx_CCR1清0。 0：无输入捕获产生； 1：计数器值已被捕获（复制）至TIMx_CCR1（在IC1上检测到与所选极性相同的边沿）。
位0	UIF：更新中断标记 当产生更新事件时该位由硬件置1。它由软件清0。 0：无更新事件产生； 1：更新中断等待响应。当寄存器被更新时该位由硬件置1： – 若TIMx_CR1寄存器的UDIS=0、URS=0，当TIMx_EGR寄存器的UG=1时产生更新事件（软件对计数器CNT重新初始化）； – 若TIMx_CR1寄存器的UDIS=0、URS=0，当计数器CNT被触发事件重初始化时产生更新事件（参考同步控制寄存器的说明）。

图 13-13 状态寄存器(TIMx_SR)(x=2,3,4,5)

13.3 中断定时相关的库函数

本节将介绍与通用定时器的中断定时相关的库函数。定时器相关的库函数被定义在 stm32f10x_tim.c 文件中，它们的声明在 stm32f10x_tim.h 头文件中的 1054～1145 行，可见其数量之大,这里只介绍与本章应用实例相关的一些库函数。

13.3.1 TIM_TimeBaseInit()函数

TIM_TimeBaseInit()函数的声明如下所示:

```
void TIM_TimeBaseInit(TIM_TypeDef * TIMx, TIM_TimeBaseInitTypeDef * TIM_TimeBaseInitStruct);
```

该函数的作用主要是通过设置预分频器寄存器、自动重装载寄存器以及控制寄存器 1 中的相关位来初始化相关定时器的计数器的时基单元和计数模式等。该函数的第一个形参 TIMx 对应选择哪个定时器,第二个形参 TIM_TimeBaseInitStruct 是一个 TIM_TimeBaseInitTypeDef 结构体类型的变量,它的定义如下所示:

```
typedef struct
{
  uint16_t TIM_Prescaler;
  uint16_t TIM_CounterMode;
  uint16_t TIM_Period;
  uint16_t TIM_ClockDivision;
  uint8_t TIM_RepetitionCounter;
} TIM_TimeBaseInitTypeDef;
```

其中,前 3 个成员变量分别对应相关定时器的预分频器寄存器的值、计数模式和自动重装载寄存器的值,后两个变量在本章的应用中都没有涉及,在应用时保持默认设置即可。

如果要用定时器 2 定时 1s,因为 APB1 外设总线向定时器 2 提供的时钟频率为 72MHz,所以可以选择向上或向下计数模式,设置预分频器的分频值为 7200,计数器产生一次计数溢出所需的计数次数为 10 000,这样就可以使计数器从开始计数到产生计数溢出所经历的时间刚好为 1s,可以过调用该函数来实现,如下所示:

```
TIM_TimeBaseInitTypeDef TIM_TimeBaseInitStruct;
TIM_TimeBaseInitStruct.TIM_CounterMode = TIM_CounterMode_Up;
TIM_TimeBaseInitStruct.TIM_Period = 9999;
TIM_TimeBaseInitStruct.TIM_Prescaler = 7199;
TIM_TimeBaseInit(TIM2,&TIM_TimeBaseInitStruct);
```

注意,因为预分频器的分频值等于预分频器寄存器的值加 1,计数器产生一次计数溢出所需的计数次数为自动重装载寄存器的值加 1,所以需要将与它们相应的成员变量分别设置为 7199 和 9999。

13.3.2 TIM_ITConfig()函数

TIM_ITConfig()函数的声明如下所示:

```
void TIM_ITConfig(TIM_TypeDef * TIMx, uint16_t TIM_IT, FunctionalState NewState);
```

该函数的主要作用是通过设置DMA/中断使能寄存器中的相关位来使能相关定时器的相关中断，它的第一个形参和第三个形参我们应该很熟悉，第二个形参即对应要使能的定时器的相关中断。如果要使能定时器2的更新中断，则可以通过调用该函数来实现，如下所示：

```
TIM_ITConfig(TIM6,TIM_IT_Update,ENABLE);
```

13.3.3 TIM_Cmd()函数

TIM_Cmd()函数的声明如下所示：

```
void TIM_Cmd(TIM_TypeDef * TIMx, FunctionalState NewState);
```

该函数的主要作用是通过设置控制寄存器1中的CEN位来使能相关定时器(的计数器)。如果要使能定时器2，则可以通过调用该函数来实现，如下所示：

```
TIM_Cmd(TIM2, ENABLE);
```

13.3.4 TIM_GetITStatus()函数

TIM_GetITStatus()函数的声明如下所示：

```
ITStatus TIM_GetITStatus(TIM_TypeDef * TIMx, uint16_t TIM_IT);
```

该函数的主要作用是通过检测状态寄存器的相关位来判断相关定时器是否产生了相关的中断，它与前面介绍的该类函数非常相似，此处不再赘述。

13.3.5 TIM_ClearITPendingBit()函数

TIM_ClearITPendingBit()函数的声明如下所示：

```
void TIM_ClearITPendingBit(TIM_TypeDef * TIMx, uint16_t TIM_IT);
```

该函数的主要作用是通过清除状态寄存器的相关位来清除相关定时器的相关中断标志，它与前面介绍的该类函数非常相似，此处不再赘述。

13.4 中断定时的应用实例

中断定时是通用定时器的一种最基本也是最简单的应用。本节将综合运用本章前面所讲解的知识实现一个运用通用定时器进行中断定时的实例。

1. 实例描述

与本书前面实现的许多应用实例相同，这里依然选择用LED作为观察对象，使它以1s的间隔进行闪烁，只不过这次是选择通过通用定时器——定时器2来对它进行定时。

2. 硬件电路

本实例的相关硬件电路和 5.4.1 节流水灯应用实例的完全相同，在此不再赘述。

3. 软件设计

下面，开始进行本例程的软件设计。

为了讲解方便，选择将 5.4.1 节实现的流水灯应用例程进行复制并将它重命名为 TIMER 后直接在它上面进行修改。

首先，在工程的 HARDWARE 文件夹中新建一个名为 TIMER 的文件夹，并在其中新建两个文件 timer.c 和 timer.h，然后将 timer.c 添加到工程的 HARDWARE 子文件夹，将 timer.h 的路径添加到工程所包含的头文件路径列表中。此外，由于本实例会应用到通用定时器，还需要在工程的 FWLIB 子文件夹中添加文件 stm32f10x_tim.c。

下面开始编写程序代码。

第一步，在 timer.h 头文件中添加如下代码：

```
#ifndef __TIMER_H
#define __TIMER_H
#include "stm32f10x.h"
void Timer_Init(u16 arr, u16 psc);
#endif
```

这段代码主要声明了定时器的初始化函数 Timer_Init()，函数包含两个形参，分别对应定时器 2 的自动重装载寄存器和预分频器寄存器将要被设置的值。

第二步，在 timer.c 文件中添加如下代码：

```
#include "timer.h"
#include "led.h"

void Timer_Init(u16 arr, u16 psc)
{
  NVIC_InitTypeDef NVIC_InitStruct;
  TIM_TimeBaseInitTypeDef TIM_TimeBaseInitStruct;
  RCC_APB1PeriphClockCmd(RCC_APB1Periph_TIM2,ENABLE);

  TIM_TimeBaseInitStruct.TIM_CounterMode = TIM_CounterMode_Up;
  TIM_TimeBaseInitStruct.TIM_Period = arr;
  TIM_TimeBaseInitStruct.TIM_Prescaler = psc;
  TIM_TimeBaseInit(TIM2,&TIM_TimeBaseInitStruct);

  NVIC_InitStruct.NVIC_IRQChannel = TIM2_IRQn;
  NVIC_InitStruct.NVIC_IRQChannelCmd = ENABLE;
  NVIC_InitStruct.NVIC_IRQChannelPreemptionPriority = 1;
  NVIC_InitStruct.NVIC_IRQChannelSubPriority = 1;
  NVIC_Init(&NVIC_InitStruct);
  TIM_ITConfig(TIM2,TIM_IT_Update,ENABLE);
  TIM_Cmd(TIM2,ENABLE);
}
```

```
void TIM2_IRQHandler(void)
{
 if(TIM_GetITStatus(TIM2,TIM_IT_Update) == SET)
 {
     LED1 = ~LED1;
     TIM_ClearITPendingBit(TIM2,TIM_IT_Update);
 }
}
```

这段代码主要定义了定时器 2 的初始化函数 Timer_Init()以及它的中断处理函数 TIM2_IRQHandler()。

在 Timer_Init()函数中，先通过调用 RCC_APB1PeriphClockCmd()函数使能定时器 2 的时钟，再通过调用 TIM_TimeBaseInit()函数初始化定时器 2 的时基单元和计数模式；然后，因为要用到定时器 2 的更新中断来进行定时，所以需要分别调用 NVIC_Init()函数和 TIM_ITConfig()函数来使能它的更新中断；最后调用 TIM_Cmd()函数来对定时器 2 进行使能。

要使用通用定时器的更新中断，需要对它进行初始化操作的步骤，如下所示：

(1) 调用 RCC_APB1PeriphClockCmd()函数使能该定时器的时钟；

(2) 调用 TIM_TimeBaseInit()函数初始化该定时器的时基单元和计数模式；

(3) 调用 NVIC_Init()函数对该定时器进行中断的初始化；

(4) 调用 TIM_ITConfig()函数使能该定时器的更新中断；

(5) 调用 TIM_Cmd()函数使能该定时器。

在 TIM2_IRQHandler()函数中，需要先通过调用 TIM_GetITStatus()函数来判断是否产生了更新中断，如果是，则使 LED1(即 D2)的亮灭状态改变，并且通过调用 TIM_ClearITPendingBit()函数清除更新中断标志。

第三步，在 main.c 文件中删除原先代码，并添加如下代码：

```
#include "stm32f10x.h"
#include "timer.h"

int main(void)
{
 NVIC_PriorityGroupConfig(NVIC_PriorityGroup_2);
 Timer_Init(9999, 7199);
 while(1);
}
```

在 main()函数中，因为要用到中断，所以首先调用 NVIC_PriorityGroupConfig()函数对中断的优先级分组进行配置，然后调用 Timer_Init()函数对定时器 2 进行相关的初始化操作，最后用“while(1);”让程序一直等待更新中断的发生，中断发生时就会去执行相应的中断服务程序。

至此，编程工作全部完成。

4. 下载验证

将该例程下载到开发板，来验证它是否实现了相应的效果。通过 JLINK 下载方式将其下载到开发板,并按 RESET 按键对其复位,可以看到,LED1 以 1s 的间隔闪烁,本实例实现了定时的效果。

本章小结

本章讲解了定时器以及对它的第一种应用——中断定时。首先讲解了通用定时器的工作原理和基础知识,包括主要功能、系统结构、计数器模式、时钟源等内容;接着讲解了定时器的中断定时相关寄存器,包括寄存器定义和参数说明等内容;然后讲解了通用定时器的中断定时相关的库函数,包括函数定义、参数说明等内容;最后给出了综合运用相关知识利用定时器 2 进行中断定时实现 LED 灯 1s 的间隔闪烁的实例。

第 14 章

通用定时器及其应用 2

第 13 章介绍了通用定时器的概述以及对它的一种典型应用——中断定时。本章将介绍通用定时器的第二种典型应用——PWM 生成。PWM 是英文 Pulse Width Modulation 的首字母缩写，即脉冲宽度调制，它是利用微处理器的数字输出来对模拟电路进行控制的一种非常有效的技术。简单地说，它就是对脉冲的宽度进行调节或控制。

本章的学习目标如下：

- 理解并掌握通用定时器的捕获/比较通道的输出部分的工作原理和基础知识；
- 理解并掌握通用定时器的 PWM 模式的工作原理和基础知识；
- 理解并掌握与通用定时器的 PWM 生成相关的一些重要的寄存器并掌握对它们进行配置的方法；
- 理解并掌握 ST 官方固件库中提供的与通用定时器的 PWM 生成相关的一些重要的库函数及其应用；
- 理解并掌握通用定时器的第二个典型应用实例——PWM 生成。

14.1 通用定时器捕获/比较通道的输出

第 13 章曾经介绍过，通用定时器具有 4 个独立通道，它们可被用来进行输入捕获、输出比较、PWM 生成(边沿或中央对齐模式)或单脉冲模式输出。其中，每一个独立通道也被称为捕获/比较通道，它们都是围绕着一个捕获/比较寄存器(包含影子寄存器)来实现其相关的功能的，通道包括捕获的输入部分(数字滤波、多路复用和预分频器)和输出部分(比较器和输出控制)。因为本章讲解通用定时器的 PWM 生成的应用，主要用到它的捕获/比较通道的输出部分。

捕获/比较通道的输出部分产生一个中间波形分析其 oc1ref(高有效)作为基准，链的末端决定最终输出信号 OC1 的极性，如图 14-1 所示。

在图 14-1 中，通用定时器的当前计数值 CNT 会与捕获比较寄存器 CCR1 中的数值不断进行比较，根据比较结果，输出模式控制器会输出一个中间波形 oc1ref，即根据 CNT 与 CCR1 的值的大小关系的不同，oc1ref 会输出有效(高)电平或无效(低)电平，那么怎样确定 oc1ref 输出有效/无效电平与这两者比较结果之间的关系呢？这是通过设置 TIMx_CCMR1 寄存器的 OC1M 位段[2:0]的值来实现的。需要注意的是，oc1ref 只是一个中间的波形，它会被传送到主模式控制器，但它还需要经过极性的选择才能作为捕获/比较通道的

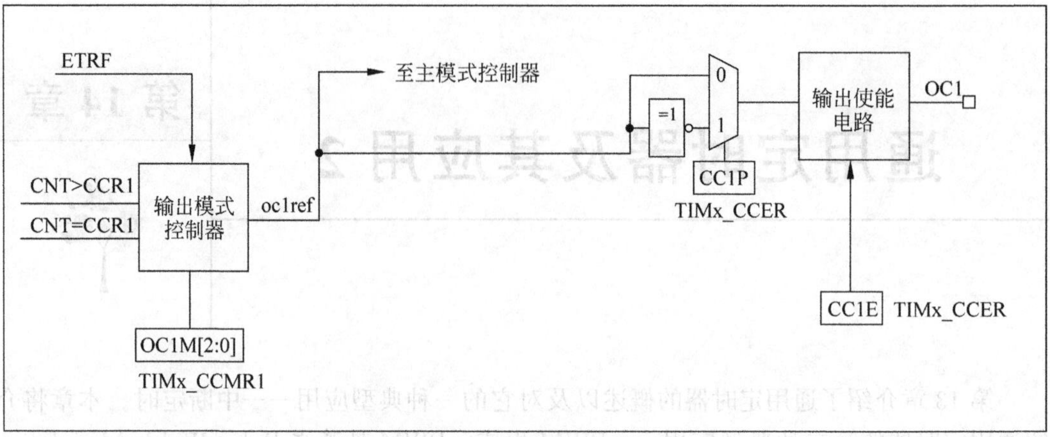

图 14-1 捕获/比较通道的输出部分

输出结果 OC1，极性选择是通过设置 TIMx_CCER 寄存器的 CC1P 位的值来实现的。此外，如果想接收到输出信号 OC1，还需要使能相关的输出电路，这是通过设置 TIMx_CCER 寄存器的 CC1E 位来实现的。

捕获/比较模块由一个预装载寄存器和一个影子寄存器组成。读写过程仅操作预装载寄存器。

在捕获模式下，捕获发生在影子寄存器上，然后再复制到预装载寄存器中。

在比较模式下，预装载寄存器的内容被复制到影子寄存器中，然后对影子寄存器和计数器的内容进行比较。

14.2 通用定时器的 PWM 模式

通用定时器的脉冲宽度调制模式可以产生一个由 TIMx_ARR 寄存器确定频率、由 TIMx_CCRx 寄存器确定占空比的信号。

对 TIMx_CCMRx 寄存器中的 OCxM 位写入 110（PWM 模式 1）或 111（PWM 模式 2），能够独立地设置每个 OCx 输出通道产生一路 PWM。在此之前，还必须设置 TIMx_CCMRx 寄存器的 OCxPE 位以使能相应的预装载寄存器。此外，还需要设置 TIMx_CR1 寄存器的 ARPE 位，使能自动重装载的预装载寄存器。仅当发生一个更新事件的时候，预装载寄存器才能被传送到影子寄存器，因此在计数器开始计数之前，必须通过设置 TIMx_EGR 寄存器中的 UG 位来初始化所有的寄存器。

OCx 的极性可以通过软件对 TIMx_CCER 寄存器中的 CCxP 位设置，它可以设置为高电平有效或低电平有效。TIMx_CCER 寄存器中的 CCxE 位控制 OCx 输出使能。在 PWM 模式 1 或 PWM 模式 2 下，TIMx_CNT 和 TIMx_CCRx 始终在进行比较，（依据计数器的计数方向）以确定是否符合 TIMx_CNT＜TIMx_CCRx 或者 TIMx_CCRx＜TIMx_CNT，进而输出有效电平或无效电平。然而为了与 OCREF_CLR 的功能（在下一个 PWM 周期之前，ETR 信号上的一个外部事件能够清除 OCxREF）一致，OCxREF 信号只能在下述条件下产生：

当比较的结果改变，或当输出比较模式（TIMx_CCMRx 寄存器中的 OCxM 位）从“冻位”（无比较，OCxM＝"000"）切换到某个 PWM 模式（OCxM＝"110"或"111"）时，可以通过软件强制 PWM 输出。根据 TIMx_CR1 寄存器中 CMS 位的状态，定时器能够产生边沿对齐的 PWM 信号或中央对齐的 PWM 信号，其中，边沿对齐的 PWM 模式又可以分为向上计数配置和向下计数配置。

下面是一个向上计数配置的边沿对齐的 PWM 模式在 PWM 模式 1 下的例子，如图 14-2 所示。

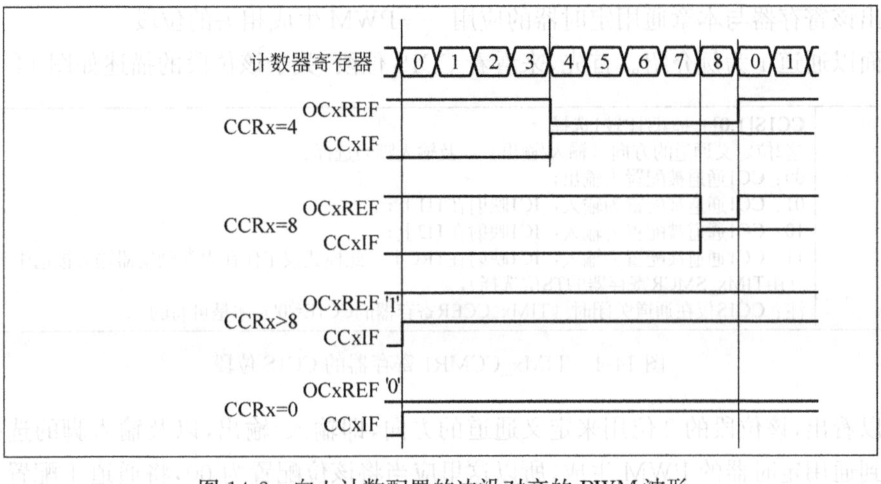

图 14-2　向上计数配置的边沿对齐的 PWM 波形

14.3　PWM 脉宽调制相关的寄存器

PWM 生成除了需要用到第 13 章介绍的一些通用定时器相关的寄存器之外，还需要用到一些相关寄存器。本节就来介绍这些寄存器。

14.3.1　输出模式下的捕获/比较模式寄存器 1/2

首先，了解捕获/比较模式寄存器 1/2，即 TIMx_CCMR1 和 TIMx_CCMR2。通用定时器共有 4 个捕获/比较通道，TIMx_CCMR1 寄存器对应通道 1 和通道 2 的相关设置，TIMx_CCMR2 寄存器对应通道 3 和通道 4 的相关设置，这两个寄存器各个位的作用都是相似的。下面以 TIMx_CCMR1 为例来介绍通用定时器的捕获/比较模式寄存器。

捕获/比较模式寄存器 1（TIMx_CCMR1）的各位如图 14-3 所示。

<table>
<tr><td>15</td><td>14</td><td>13</td><td>12</td><td>11</td><td>10</td><td>9</td><td>8</td><td>7</td><td>6</td><td>5</td><td>4</td><td>3</td><td>2</td><td>1</td><td>0</td></tr>
<tr><td>OC2CE</td><td colspan="3">OC2M[2:0]</td><td>OC2PE</td><td>OC2FE</td><td colspan="2" rowspan="2">CC2S[1:0]</td><td>OC1CE</td><td colspan="3">OC1M[2:0]</td><td>OC1PE</td><td>OC1FE</td><td colspan="2" rowspan="2">CC1S[1:0]</td></tr>
<tr><td colspan="4">IC2F[3:0]</td><td colspan="2">IC2PSC[1:0]</td><td colspan="4">IC1F[3:0]</td><td colspan="2">IC1PSC[1:0]</td></tr>
<tr><td>rw</td><td>rw</td><td>rw</td><td>rw</td><td>rw</td><td>rw</td><td>rw</td><td>rw</td><td>rw</td><td>rw</td><td>rw</td><td>rw</td><td>rw</td><td>rw</td><td>rw</td><td>rw</td></tr>
</table>

图 14-3　捕获/比较模式寄存器 1（TIMx_CCMR1）的各位

该寄存器的第 0～7 位对应通用定时器的通道 1 的设置，第 8～15 位对应通用定时器的通道 2 的设置，它们各对应位段的功能都是相似的。

通道可用于输入(捕获模式)或输出(比较模式)，通道的方向由寄存器中的 CCxS(x＝1,2)位段来定义，它们分别对应通道 1 或通道 2 的方向。该寄存器其他位的作用在输入和输出模式下的功能是不同的。因此，在图 14-4 中，关于该寄存器各位描述的表格分为两行，其中，第一行的 OCxx 描述了通道在输出模式下的功能，第二行的 ICxx 描述了通道在输入模式下的功能。关于该寄存器各位作用的详细描述，请参考《STM32 中文参考手册》，在这里只列出该寄存器与本章通用定时器的应用——PWM 生成相关的位段。

下面以通道 1 为例介绍。首先，来看看 CC1S 位段，关于该位段的描述如图 14-4 所示。

位1:0	**CC1S[1:0]**：捕获/比较1选择 这2位定义通道的方向（输入/输出），及输入脚的选择： 00：CC1通道被配置为输出； 01：CC1通道被配置为输入，IC1映射在TI1上； 10：CC1通道被配置为输入，IC1映射在TI2上； 11：CC1通道被配置为输入，IC1映射在TRC上。此模式仅工作在内部触发器输入被选中时（由TIMx_SMCR寄存器的TS位选择）。 注：CC1S仅在通道关闭时（TIMx_CCER寄存器的CC1E='0'）才是可写的。

图 14-4 TIMx_CCMR1 寄存器的 CC1S 位段

可以看出，该位段的 2 位用来定义通道的方向，即输入/输出，以及输入脚的选择，因为本章用到通用定时器的 PWM 生成，所以这里应当将该位配置为 00，将通道 1 配置为输出，其他配置选项，暂时不需要了解。

然后，来看看 OC1PE 位，关于该位的描述如图 14-5 所示。

位3	**OC1PE**：输出比较1预装载使能 0：禁止TIMx CCR1寄存器的预装载功能，可随时写入TIMx CCR1寄存器，并且新写入的数值立即起作用。 1：开启TIMx_CCR1寄存器的预装载功能，读写操作仅对预装载寄存器操作，TIMx_CCR1的预装载值在更新事件到来时被传送至当前寄存器中。 注1：一旦LOCK级别设为3（TIMx_BDTR寄存器中的LOCK位）并且CC1S='00'（该通道配置成输出）则该位不能被修改。 注2：仅在单脉冲模式下（TIMx_CR1寄存器的OPM='1'），可以在未确认预装载寄存器情况下使用PWM模式，否则其动作不确定。

图 14-5 TIMx_CCMR1 寄存器的 OC1PE 位

可以看出，该位是输出比较 1 的预装载使能位。最后，看看 OC1M 位段，关于该位段的描述如图 14-6 所示。

可以看出，该位段的 3 位定义了输出参考信号 OC1REF 的动作，而 OC1REF 决定了 OC1 的值。OC1REF 是高电平有效，而 OC1 的有效电平取决于后面会介绍到的 TIMx_CCER 寄存器的 CC1P 位。对于 OC1REF、OC1 以及 CC1P 位，可以结合图 14-1 中对通用定时器的捕获/比较通道的输出部分的描述来进行学习。

因为本章主要讲解通用定时器的 PWM 生成，所以关于该位段，我们重点来看下将它们设置为 110 或 111 的情况，即分别对应 PWM 模式 1 或 PWM 模式 2。

在 PWM 模式 1 下，在向上计数时，如果 TIMx_CNT＜TIMx_CCR1 则通道 1 为有效电

位6:4	OC1M[2:0]：输出比较1模式 该3位定义了输出参考信号OC1REF的动作，而OC1REF决定了OC1的值。OC1REF是高电平有效，而OC1的有效电平取决于CC1P位。 000：冻结。输出比较寄存器TIMx_CCR1与计数器TIMx_CNT间的比较对OC1REF不起作用； 001：匹配时设置通道1为有效电平。当计数器TIMx_CNT的值与捕获/比较寄存器1(TIMx_CCR1)相同时，强制OC1REF为高。 010：匹配时设置通道1为无效电平。当计数器TIMx_CNT的值与捕获/比较寄存器1(TIMx_CCR1)相同时，强制OC1REF为低。 011：翻转。当TIMx CCR1=TIMx_CNT时，翻转OC1REF的电平。 100：强制为无效电平。强制OC1REF为低。 101：强制为有效电平。强制OC1REF为高。 110：PWM模式1——在向上计数时，一旦TIMx_CNT<TIMx_CCR1时通道1为有效电平，否则为无效电平；在向下计数时，一旦TIMx_CNT>TIMx_CCR1时通道1为无效电平(OC1REF=0)，否则为有效电平（OC1REF=1）。 111：PWM模式2——在向上计数时，一旦TIMx_CNT<TIMx_CCR1时通道1为无效电平，否则为有效电平；在向下计数时，一旦TIMx_CNT>TIMx_CCR1时通道1为有效电平，否则为无效电平。 注1：一旦LOCK级别设为3（TIMx_BDTR寄存器中的LOCK位）并且CC1S='00'（该通道配置成输出）则该位不能被修改。 注2：在PWM模式1或PWM模式2中，只有当比较结果改变了或在输出比较模式中从冻结模式切换到PWM模式时，OC1REF电平才改变。

图 14-6 TIMx_CCMR1 寄存器的 OC1M 位段

平(OC1REF＝1)，否则为无效电平(OC1REF＝0)；在向下计数时，如果 TIMx_CNT＞TIMx_CCR1 则通道 1 为无效电平，否则为有效电平。可以看出，在 PWM 模式 1 下，向上计数和向下计数时输出有效或无效电平的规则基本是相同的。

在 PWM 模式 2 下，在向上计数时，如果 TIMx_CNT＜TIMx_CCR1 则通道 1 为无效电平(OC1REF＝0)，否则为有效电平(OC1REF＝1)；在向下计数时，如果 TIMx_CNT＞TIMx_CCR1 则通道 1 为有效电平，否则为无效电平。可以看出，在 PWM 模式 2 下，向上计数和向下计数时输出有效或无效电平的规则也基本是相同的，只是它与 PWM1 模式下的输出规则刚好相反。

14.3.2 输出模式下的捕获/比较使能寄存器

下面，再来看下捕获/比较使能寄存器(TIMx_CCER)，关于该寄存器各位的描述如图 14-7 所示。

偏移地址：0x20

复位值：0x0000

15	14	13	12	11	10	9	8	7	6	5	4	3	2	1	0
保留		CC4P	CC4E	保留		CC3P	CC3E	保留		CC2P	CC2E	保留		CC1P	CC1E
		rw	rw			rw	rw			rw	rw			rw	rw

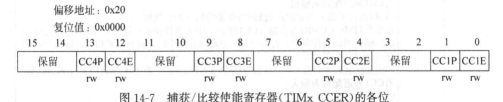

图 14-7 捕获/比较使能寄存器(TIMx_CCER)的各位

可以看出，该寄存器的第 0～1 位、第 4～5 位、第 8～9 位和第 12～13 位分别对应通用定时器的通道 1～4 的设置，且它们各位的作用都是相似的，该寄存器的第 2～3 位、第 6～7 位、第 10～11 位和第 14～15 位均保留。

这里还是以通道 1 为例来分析 CC1E 位和 CC1P 位的作用。CC1E 位和 CC1P 位的描述如图 14-8 所示。

位1	CC1P：输入/捕获1输出极性 **CC1通道配置为输出：** 0：OC1高电平有效 1：0C1低电平有效 **CC1通道配置为输入：** 该位选择是IC1还是IC1的反相信号作为触发或捕获信号。 0：不反相：捕获发生在IC1的上升沿；当用作外部触发器时，IC1不反相。 1：反相：捕获发生在IC1的下降沿；当用作外部触发器时，IC1反相。
位0	CC1E：输入/捕获1输出使能 **CC1通道配置为输出：** 0：关闭——OC1禁止输出。 1：开启——OC1信号输出到对应的输出引脚。 **CC1通道配置为输入：** 该位决定了计数器的值是否能捕获入TIM_CCR1寄存器。 O：捕获禁止； 0：捕获使能。

图 14-8 捕获/比较使能寄存器(TIMx_CCER)的 CC1E 位和 CC1P 位

因为本章对通用定时器的应用为 PWM 生成,所以在这里暂时只需理解这两位在通道 1 配置为输出时的作用。可以看出,CC1E 位对应通道 1 的输出 OC1 是否使能,CC1P 位则对应通道 1 的输出 OC1 是低电平有效还是高电平有效。

14.3.3 输出模式下的捕获/比较寄存器

通用定时器共用 4 个捕获/比较通道,它们分别对应一个捕获/比较寄存器,即捕获/比较寄存器 1/2/3/4(TIMx_CCR1/2/3/4),它们的作用是相似的。下面就以通道 1 为例来介绍该寄存器。关于捕获/比较寄存器 1 的描述如图 14-9 所示。

偏移地址：0x34

复位值：0x0000

15	14	13	12	11	10	9	8	7	6	5	4	3	2	1	0
CCR1[15:0]															
rw	rw	rw	rw	rw	rw	rw	rw	rw	rw	rw	rw	rw	rw	rw	rw

位15:0	CCR1[15:0]：捕获/比较1的值 **若CC1通道配置为输出：** CCR1包含了装入当前捕获/比较1寄存器的值（预装载值）。 如果在TIMx_CCMR1寄存器（OC1PE位）中未选择预装载特性，写入的数值会被立即传输至当前寄存器中。否则只有当更新事件发生时，此预装载值才传输至当前捕获/比较1寄存器中。 当前捕获/比较寄存器参与同计数器TIMX_CNT的比较，并在OC1端口上产生输出信号。 **若CC1通道配置为输入：** CCR1包含了由上一次输入捕获1事件（IC1）传输的计数器值。

图 14-9 捕获/比较寄存器 1

因为本章介绍的通用定时器的应用为 PWM 生成,所以在这里暂时只需理解该寄存器在通道 1 配置为输出时的作用,即 CCR1 包含了当前装入的捕获/比较值。

14.4 PWM 脉宽调制相关的库函数

PWM 生成除了需要应用到第 13 章介绍的一些通用定时器相关的库函数，还需要应用到它的一些其他相关库函数，本节就介绍这些库函数。

14.4.1 TIM_OCxInit()函数

该类函数是通用定时器的输出比较相关的初始化函数，因为通用定时器共有 4 个捕获/比较通道，所以该类函数共有 4 个，分别对应这 4 个捕获/比较通道。下面就以通道 1 的 TIM_OC1Init()函数为例来介绍该类函数。

TIM_OC1Init()函数的声明如下所示：

```
void TIM_OC1Init(TIM_TypeDef * TIMx, TIM_OCInitTypeDef * TIM_OCInitStruct);
```

可以看出，该函数带有一个 TIM_OCInitTypeDef 结构体类型的参数，它的定义如下所示：

```
typedef struct
{
  uint16_t TIM_OCMode;
  uint16_t TIM_OutputState;
  uint16_t TIM_OutputNState;
  uint16_t TIM_Pulse;
  uint16_t TIM_OCPolarity;
  uint16_t TIM_OCNPolarity;
  uint16_t TIM_OCIdleState;
  uint16_t TIM_OCNIdleState;
} TIM_OCInitTypeDef;
```

关于该结构体类型，只需掌握它的以下几个成员变量：

- TIM_OCMode 表示通用定时器的通道 1 的输出比较模式，它实际上对应 TIMx_CCMR1 寄存器的 OC1M 位段。
- TIM_OutputState 表示通用定时器的通道 1 的输出比较状态，即是否使能，它实际上对应 TIMx_CCER 寄存器的 CC1E 位。
- TIM_OCPolarity 表示通用定时器的通道 1 的输出极性，即高电平有效还是低电平有效，它实际上对应 TIMx_CCER 寄存器的 CC1P 位。
- TIM_Pulse 表示通用定时器的通道 1 的输出比较值，它实际上对应 TIMx_CCR1 寄存器的值。

如果想要设置定时器 2 的通道 1 的输出比较模式为 PWM 模式 1，输出极性为低电平，输出比较值为 50(假设计数器从 0 到 99 向上计数，即可输出占空比为 50%的方波)，则可以调用该函数来实现，如下所示：

```
TIM_OCInitTypeDef TIM_OCInitStructure;
TIM_OCInitStructure.TIM_OCMode = TIM_OCMode_PWM1;
TIM_OCInitStructure.TIM_OutputState = TIM_OutputState_Enable;
TIM_OCInitStructure.TIM_OCPolarity = TIM_OCPolarity_Low;
TIM_OCInitStructure.TIM_Pulse = 50;
TIM_OC1Init(TIM2, &TIM_OCInitStructure);
```

14.4.2 TIM_SetComparex()函数

该类函数的作用是直接设置通用定时器的输出比较值。因为通用定时器有 4 个捕获/比较通道,所以该类函数共有 4 个,分别对应这 4 个捕获/比较通道。下面就以通道 1 的 TIM_SetCompare1()函数为例来介绍该类函数。

TIM_SetCompare1()函数的声明如下所示:

```
void TIM_SetCompare1(TIM_TypeDef * TIMx, uint16_t Compare1);
```

该函数的形参 Compare1 即对应通用定时器的通道 1 要设置的输出比较值。对它的使用非常简单,接 14.4.1 节的应用实例,在通过调用 TIM_OC1Init()函数对定时器 2 的通道 1 进行输出比较相关的初始化后,如果想要重新设定它的输出比较值为 80,则可以通过调用 TIM_OC1PreloadConfig()函数来实现,如下所示:

```
TIM_SetCompare1(TIM2, 80);
```

14.4.3 TIM_OCxPreloadConfig()函数

该类函数的作用是对通用定时器的输出比较进行预装载的使能。因为通用定时器有 4 个捕获/比较通道,所以该类函数共有 4 个,分别对应这 4 个捕获/比较通道。下面就以通道 1 的 TIM_OC1PreloadConfig()函数为例来介绍该类函数。

TIM_OC1PreloadConfig()函数的声明如下所示:

```
void TIM_OC1PreloadConfig(TIM_TypeDef * TIMx, uint16_t TIM_OCPreload);
```

该函数实际上就是对 TIMx_CCMR1 寄存器的 OC1PE 位进行操作,对它的使用非常简单,如果要使能定时器 2 的通道 1 的输出比较的预装载功能,则可以通过调用该函数来实现,如下所示:

```
TIM_OC1PreloadConfig(TIM2,TIM_OCPreload_Enable);
```

14.5 PWM 脉宽调制的应用实例

PWM 生成是通用定时器的一个非常重要的应用。本节将综合运用本章前面所讲解的知识来实现一个通用定时器在 PWM 生成方面的应用实例。

1. 实例描述

通用定时器可以通过捕获/比较通道输出任意占空比的方波，方波的周期即通用定时器产生一次计数溢出所需的时间，占空比则由它的捕获/比较通道的输出比较值来决定。可以让通用定时器输出周期很小的方波，并让该方波信号输出到 LED 相关的 GPIO 端口引脚，然后通过不断改变方波的占空比，来控制 LED 的明亮程度。

2. 硬件电路

本实例的相关硬件电路和 5.4.1 节流水灯应用实例的完全相同，在此不再赘述。

3. 软件设计

下面开始进行本例程的软件设计。

为了讲解方便，选择将 13.4.1 节实现的通用定时器的中断定时的应用例程进行复制并将它重命名为 PWM 后直接在它上面进行修改。

无须再添加文件，可以直接开始编写程序代码，并且 timer.h 头文件中的代码可以保持不变。

第一步，在 timer.c 文件中删除原先的程序代码，并添加如下代码：

```
#include "timer.h"
#include "led.h"

void Timer_Init(u16 arr, u16 psc)
{
 GPIO_InitTypeDef GPIO_InitStructure;
 TIM_TimeBaseInitTypeDef TIM_TimeBaseInitStruct;
 TIM_OCInitTypeDef TIM_OCInitStruct;
 RCC_APB1PeriphClockCmd(RCC_APB1Periph_TIM4,ENABLE);
 RCC_APB2PeriphClockCmd(RCC_APB2Periph_GPIOB | RCC_APB2Periph_GPIOE,ENABLE);

    GPIO_InitStructure.GPIO_Pin = GPIO_Pin_6;
 GPIO_InitStructure.GPIO_Mode = GPIO_Mode_AF_PP;
 GPIO_InitStructure.GPIO_Speed = GPIO_Speed_50MHz;
 GPIO_Init(GPIOB, &GPIO_InitStructure);

 GPIO_InitStructure.GPIO_Pin = GPIO_Pin_9;
 GPIO_InitStructure.GPIO_Mode = GPIO_Mode_AIN;
 GPIO_Init(GPIOE, &GPIO_InitStructure);

 TIM_TimeBaseInitStruct.TIM_CounterMode = TIM_CounterMode_Up;
 TIM_TimeBaseInitStruct.TIM_Period = arr;
 TIM_TimeBaseInitStruct.TIM_Prescaler = psc;
 TIM_TimeBaseInit(TIM4,&TIM_TimeBaseInitStruct);

 TIM_OCInitStruct.TIM_OCMode = TIM_OCMode_PWM1;
 TIM_OCInitStruct.TIM_OCPolarity = TIM_OCPolarity_Low;
 TIM_OCInitStruct.TIM_OutputState = TIM_OutputState_Enable;
 TIM_OC1Init(TIM4,&TIM_OCInitStruct);

 TIM_OC1PreloadConfig(TIM4,TIM_OCPreload_Enable);
 TIM_Cmd(TIM4,ENABLE);
}
```

这段代码主要定义了定时器 4 及其通道 1 的输出比较模式相关的初始化函数 Timer_Init()。

因为本例程要应用到定时器 4 和 LED,所以在 Timer_Init()函数中,先分别通过调用 RCC_APB1PeriphClockCmd()和 RCC_APB2PeriphClockCmd()函数使能定时器 4 和 GPIOE 的时钟。然后,通过调用 GPIO_Init()函数初始化 LED 相关的 GPIO 端口引脚。本例程要使定时器通道向 LED 相关的 GPIO 端口引脚输出占空比不断变化的方波信号,以使得 LED 的明亮程度不断改变,STM32F107 开发板的 4 个 LED 相关的 GPIO 端口引脚分别为 PE9、PE11、PE13 和 PE14。通过查阅 STM32F107 的数据手册可以发现,没有一个通用定时器的通道可以被直接或以重映射的方式输出到这几个引脚,如图 14-10 所示。

Table 5.Pin definitions (continued)

Pins			Pin name	Type(1)	I/O Level(2)	Main function(3) (after reset)	Alternate functions(4)	
BGA100	LQFP64	LQFP100					Default	Remap
K5	-	40	PE9	I/O	FT	PE9	-	TIM1_CH1
-	-	-	V_{SS_7}	S	-	-	-	-
-	-	-	V_{DD_7}	S	-	-	-	-
G6	-	41	PE10	I/O	FT	PE10	-	TIM1_CH2N
H6	-	42	PE11	I/O	FT	PE11	-	TIM1_CH2
J6	-	43	PE12	I/O	FT	PE12	-	TIM1_CH3N
K6	-	44	PE13	I/O	FT	PE13	-	TIM1_CH3
G7	-	45	PE14	I/O	FT	PE14	-	TIM1_CH4

图 14-10 STM32F107 的引脚定义

从图 14-10 中可以看出,这 4 个引脚分别能够被重映射到定时器 1 的 4 个通道上,但定时器 1 属于高级定时器,它的应用和通用定时器并不相同。因此,只能选择将某个通用定时器的通道对应的 GPIO 端口引脚通过引线连接到 LED 相关的 GPIO 端口引脚上,通过这种方式使得通用定时器的通道向 LED 相关的 GPIO 端口引脚输出占空比不断变化的方波信号。这里选择应用定时器 4 的通道 1,通过查阅 STM32F107 的数据手册,可以发现定时器 4 的通道 1 在默认情况下对应 PB6 引脚,如图 14-11 所示。

B5	58	92	PB6	I/O	FT	PB6	I2C1_SCL(7)/TIM4_CH1(7)	USART1_TX/CAN2_TX

图 14-11 定时器 4 的通道 1 对应的引脚

需要将 PB6 引脚的工作模式设置为带复用功能的推挽输出,如下所示:

```
GPIO_InitStructure.GPIO_Pin = GPIO_Pin_6;
GPIO_InitStructure.GPIO_Mode = GPIO_Mode_AF_PP;
GPIO_InitStructure.GPIO_Speed = GPIO_Speed_50MHz;
GPIO_Init(GPIOB, &GPIO_InitStructure);
```

选择应用 D2 作为被观察的 LED,其相关 GPIO 端口引脚为 PE9,它的工作模式应当被设置为模拟输入或浮空输入,如下所示:

```
GPIO_InitStructure.GPIO_Pin = GPIO_Pin_9;
GPIO_InitStructure.GPIO_Mode = GPIO_Mode_AIN;
GPIO_Init(GPIOE, &GPIO_InitStructure);
```

下面是对定时器 4 及其通道 1 在输出比较模式下的相关初始化。

先通过调用 TIM_TimeBaseInit()函数初始化定时器 4 的时基单元和计数模式，再通过调用 TIM_OC1Init()函数初始化定时器 4 的通道 1 在输出比较模式下的各种设置，包括工作模式、输出极性、输出比较状态等。

接着，通过调用 TIM_OC1PreloadConfig()函数来对定时器 4 的通道 1 进行预装载的使能。在本实例中，这一步不是必需的。最后，通过调用 TIM_Cmd()函数来对定时器 4 进行使能。

这里，也可以总结出使用通用定时器通道的输出比较功能所需要进行操作的步骤，如下所示：

(1) 分别通过调用 RCC_APB1PeriphClockCmd()和 RCC_APB2PeriphClockCmd()函数使能该通用定时器和它的通道对应的 GPIO 端口引脚的时钟；

(2) 通过调用 TIM_TimeBaseInit()函数初始化该通用定时器的时基单元和计数模式；

(3) 通过调用 TIM_OCxInit()(x=1,2,3,4)函数初始化该通用定时器的通道在输出比较模式下的各种设置；

(4) 通过调用 TIM_OCxPreloadConfig()(x=1,2,3,4)函数对该通用定时器的通道进行预装载使能；

(5) 通过调用 TIM_Cmd()函数使能该通用定时器。

第二步，在 main.c 文件中删除原先的程序代码，并添加如下代码：

```
#include "stm32f10x.h"
#include "timer.h"
#include "systick.h"

int main(void)
{
 u16 temp = 1;
 u8 flag = 1;
 Delay_Init();
 Timer_Init(999, 0);
 while(1)
 {
      TIM_SetCompare1(TIM4,temp);
      Delay_ms(5);
      if(flag)
      {
           temp++;
           if(temp == 1000)
                flag = 0;
```

```
        }
        else
        {
            temp--;
            if(temp==1)
                flag=1;
        }
    }
}
```

因为本例程要用到延时操作，所以在 main()函数中，首先调用 Delay_Init()函数进行相关的初始化操作，然后调用 Timer_Init()函数对定时器 4 及其通道 1 的输出比较模式进行相关的初始化操作，最后，在"while(1)"实现的死循环中，通过调用 TIM_SetCompare1()函数不断改变定时器 4 的通道 1 的输出比较值，进而不断改变其所输出方波的占空比。选择让输出比较值从 1 开始不断地增大，直到 1000，再从 1000 开始不断地减小，直到 1，循环往复，定时器 4 在每个输出比较值下持续计数 5ms，以保证观察到它的效果。这样，在输出比较值从 1 开始不断增大直到 1000 的过程中，定时器 4 的通道 1 输出方波的低电平所占的比例也会从 0%开始不断增大直到 100%，相应地，LED 的明亮程度也会从最暗开始不断由暗变亮直到最亮；而在输出比较值从 1000 开始不断减小直到 1 的过程中，定时器 4 的通道 1 输出方波的低电平所占的比例也会从 100%开始不断减小直到 0%，相应地，LED 的明亮程度也会从最亮开始不断地由亮变暗直到最暗。main()函数中定义了 2 个局部变量，其中，temp 表示要设置的定时器 4 的通道 1 的输出比较值，flag 表示要设置的输出比较值正在不断增大还是不断减小，1 对应不断增大，0 对应不断减小。

至此，编程工作全部完成。

4. 下载验证

将该例程下载到开发板，来验证它是否实现了相应的效果。

首先，将 STM32F107 开发板中 PB6 引脚通过杜邦线连接到 D2 相关的引脚 PE9。然后，通过 JLINK 下载方式将程序下载到开发板，并按 RESET 按键对其复位，可以看到，D2 不断地由暗变亮，再由亮变暗，并且循环往复地重复以上的过程，由此可知，本例程实现了通过将生成的 PWM 输出到 LED 相关的 GPIO 端口引脚使得 LED 亮度不断变化的效果。

本章小结

本章讲解了定时器及对其典型应用——PWM 生成。首先讲解了通用定时器的捕获/比较通道的输出部分工作原理和基础知识，包括主要功能、系统结构、计数器模式等内容；接着介绍了定时器的 PWM 生成相关寄存器，包括寄存器定义和参数说明等内容；然后介绍了通用定时器的 PWM 生成相关的库函数，包括函数定义、参数说明等内容；最后综合运用相关知识实现一个用通用定时器生成一个占空比不断变化的 PWM 波形，并用它来控制 LED 明亮程度不断变化的实例。

第 15 章

通用定时器及其应用 3

第 13 章和第 14 章分别介绍了通用定时器的两种典型应用——中断定时和 PWM 生成，本章介绍通用定时器的第三种典型应用——输入捕获。

本章的学习目标如下：

- 理解并掌握通用定时器的捕获/比较通道的输入部分的工作原理和基础知识；
- 理解并掌握通用定时器的输入捕获模式的工作原理和基础知识；
- 理解并掌握与通用定时器的输入捕获相关的一些重要的寄存器及其配置方法；
- 理解并掌握 ST 官方固件库中提供的与通用定时器的输入捕获相关的一些重要的库函数及其应用；
- 理解并掌握通用定时器的第三种典型应用——输入捕获。

15.1 通用定时器捕获/比较通道的输入

第 14 章介绍了通用定时器的捕获/比较通道的输出部分，本章介绍输入部分。

捕获/比较通道的输入部分对相应的 TIx 输入信号采样，并产生一个滤波后的信号 TIxF。然后，一个带极性选择的边缘检测器产生一个信号（TIxFPx），它可以作为从模式控制器的输入触发或者作为捕获控制。该信号通过预分频进入捕获寄存器（ICxPS），如图 15-1 所示。

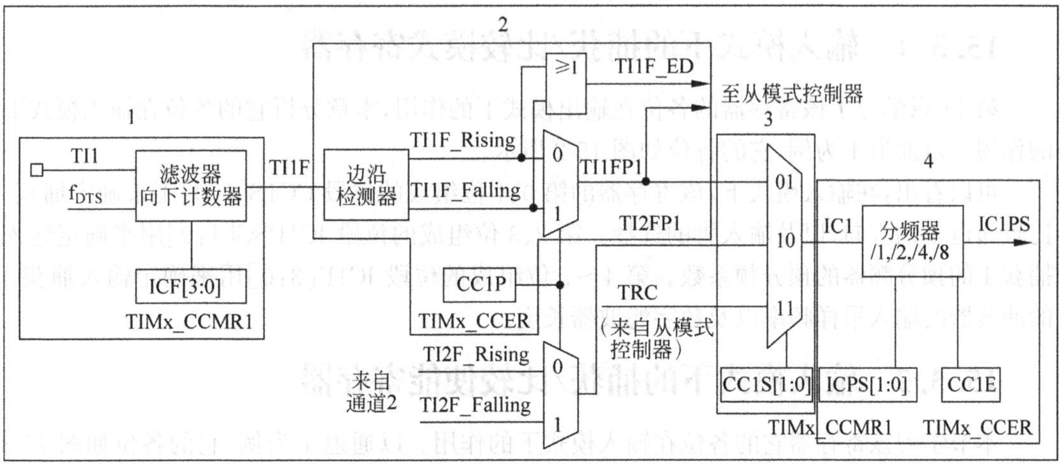

图 15-1 捕获/比较通道的输入部分

捕获/比较通道的输入部分可以再细分为 4 部分,如图 15-1 中的标号 1～4 所示。第一部分为输入捕获的滤波器,通过设置 TIMx_CCMR1 寄存器的 ICF[3：0]位段的值可以设置该滤波器的输入采样频率和数字滤波器长度。第二部分为输入捕获的极性设置,即在信号的上升沿还是下降沿进行输入捕获,这可以通过设置 TIMx_CCER 寄存器的 CC1P 位的值来实现。第三部分为输入捕获的映射通道的设置,即输入捕获 1 可以映射到捕获/比较通道 1 或 2,输入捕获 2 可以映射到捕获/比较通道 2 或 1,对于输入捕获 3 或 4,情况也类似,大家可以参考图 13-1 中的标号 3 部分。在这里,输入捕获 1 具体选择哪个通道,是通过设置 TIMx_CCMR1 寄存器的 CC1S[1:0]位段的值来实现的。第四部分为输入捕获的分频器,通过设置 TIMx_CCMR1 寄存器的 ICPS[1:0]位段的值可以设置该分频器的分频系数,通过设置 TIMx_CCER 寄存器的 CC1E 位可以使能该捕获进入相关的捕获寄存器 IC1PS。

15.2 通用定时器的输入捕获模式

在输入捕获模式下,当检测到 ICx 信号上相应的边沿后,计数器的当前值被锁存到捕获/比较寄存器(TIMx_CCRx)中。当捕获集体发生时,相应的 CCxIF 标志(TIMx_SR 寄存器)被置 1,如果使能了相关的中断或者 DMA 操作,则会产生中断或者 DMA 操作。如果捕获事件发生时 CCxIF 标志已经为高,那么将捕获标志 CCxOF(TIMx_SR 寄存器)重复置 1。将 CCxIF 标志位清 0 可以清除 CCxIF 标志,读取存储在 TIMx_CCRx 寄存器中的捕获数据也可以清除 CCxIF。将 CCxOF 标志位清 0 可以清除 CCxOF 标志。

15.3 通用定时器输入捕获相关的寄存器

本章对通用定时器的应用为输入捕获,与它相关的通用定时器的寄存器,实际上在第 13、14 章都已经介绍过。但是,对于第 14 章介绍的 3 个寄存器,当时只介绍了它们在通用定时器的捕获/比较通道作为输出时的情况,本节介绍它们在通用定时器的捕获/比较通道作为输入时的情况。

15.3.1 输入模式下的捕获/比较模式寄存器

第 14 章学习了该寄存器的各位在输出模式下的作用,本章分析它的各位在输入模式下的作用。以通道 1 为例,它的各位如图 15-2 所示。

可以看出,在输入模式下,该寄存器的第 0、1 位组成的位段 CC1S[1:0]用来确定捕获/比较通道 1 的方向,以及输入脚的选择。第 2、3 位组成的位段 IC1PSC[1:0]用来确定输入捕获 1 的预分频器的预分频系数。第 4～7 位组成的位段 IC1F[3:0]用来确定输入捕获 1 的滤波器的输入采样频率以及数字滤波器长度。

15.3.2 输入模式下的捕获/比较使能寄存器

本节学习该寄存器它的各位在输入模式下的作用。以通道 1 为例,它的各位如图 15-3 所示。

位7:4	**IC1F[3:0]**：输入捕获1滤波器 这几位定义了TI1输入的采样频率及数字滤波器长度。数字滤波器由一个事件计数器组成，它记录到*N*个事件后会产生一个输出的跳变： 0000：无滤波器，以f_{DTS}采样　1000：采样频率$f_{SAMPLING}=f_{DTS}/8$，N=6 0001：采样频率$f_{SAMPLING}=f_{CK_INT}$，N=2　1001：采样频率$f_{SAMPLING}=f_{DTS}/8$，N=8 0010：采样频率$f_{SAMPLING}=f_{CK_INT}$，N=4　1010：采样频率$f_{SAMPLING}=f_{DTS}/16$，N=5 0011：采样频率$f_{SAMPLING}=f_{CK_INT}$，N=8　1011：采样频率$f_{SAMPLING}=f_{DTS}/16$，N=6 0100：采样频率$f_{SAMPLING}=f_{DTS}/2$，N=6　1100：采样频率$f_{SAMPLING}=f_{DTS}/16$，N=8 0101：采样频率$f_{SAMPLING}=f_{DTS}/2$，N=8　1101：采样频率$f_{SAMPLING}=f_{DTS}/32$，N=5 0110：采样频率$f_{SAMPLING}=f_{DTS}/4$，N=6　1110：采样频率$f_{SAMPLING}=f_{DTS}/32$，N=6 0111：采样频率$f_{SAMPLING}=f_{DTS}/4$，N=8　1111：采样频率$f_{SAMPLING}=f_{DTS}/32$，N=8 注：在现在的芯片版本中，当ICxF[3:0]=1、2或3时，公式中的f_{DTS}由CK_INT替代。
位3:2	**IC1PSC[1:0]**：输入/捕获1预分频器 这2位定义了CC1输入(IC1)的预分频系数。 一旦CC1E='0'（TIMx_CCER寄存器中），则预分频器复位。 00：无预分频器，捕获输入口上检测到的每一个边沿都触发一次捕获； 01：每2个事件触发一次捕获； 10，每4个事件触发一次捕基； 11：每8个事件触发一次捕获。
位1:0	**CC1S[1:0]**：捕获/比较1选择 这2位定义通道的方向（输入/输出），及输入脚的选择： 00：CC1通道被配置为输出； 01：CC1通道被配置为输入，IC1映射在TI1上； 10：CC1通道被配置为输入，IC1映射在TI2上； 11：CC1通道被配置为输入，IC1映射在TRC上。此模式仅工作在内部触发器输入被选中时（由TIMx_SMCR寄存器的TS位选择）。 注：CC1S仅在通道关闭时（TIMx_CCER寄存器的CC1E='0'）才是可写的。

图 15-2　捕获/比较模式寄存器的通道 1 相关位

位1	CC1P：输入/捕获1输出极性 **CC1通道配置为输出**： 0：OC1高电平有效 1：OC1低电平有效 **CC1通道配置为输入**： 该位选择是IC1还是IC1的反相信号作为触发或捕获信号。 0：不反相。捕获发生在IC1的上升沿；当用作外部触发器时，IC1不反相。 1：反相。捕获发生在IC1的下降沿；当用作外部触发器时，IC1反相。
位0	CC1E：输入/捕获1输出使能 **CC1通道配置为输出**： 0：关闭——OC1禁止输出。 1：开启——OC1信号输出到对应的输出引脚。 **CC1通道配置为输入**： 该位决定了计数器的值是否能够被捕获入TIMx_CCR1寄存器。 0：捕获禁止； 0：捕获使能。

图 15-3　捕获/比较使能寄存器(TIMx_CCER)

可以看出，在输入模式下，该寄存器的第 0 位 CC1E 位，即输入捕获的使能位，该位用来确定计数器的值是否能够被捕获入 TIMx_CCR1 寄存器。第 1 位 CC1P 位用来确定在输入信号的上升沿或下降沿来进行触发或捕获信号。

15.3.3　输入模式下的捕获/比较寄存器

第 14 章学习了该寄存器在输出模式下的作用，本章分析它在输入模式下的作用。以通道 1 为例，它的各位如图 15-4 所示。

15	14	13	12	11	10	9	8	7	6	5	4	3	2	1	0
CCR1[15:0]															
rw	rw	rw	rw	rw	rw	rw	rw	rw	rw	rw	rw	rw	rw	rw	rw

位15:0	CCR1[15:0]：捕获/比较1的值 **若CC1通道配置为输出**： CCR1包含了装入当前捕获/比较1寄存器的值（预装载值）。 如果在TIMx CCMR1寄存器（OC1PE位）中未选择预装载特性，写入的数值会被立即传输至当前寄存器中。否则只有当更新事件发生时，此预装载值才传输至当前捕获/比较1寄存器中。 当前捕获/比较寄存器参与同计数器TIMx_CNT的比较，并在OC1端口上产生输出信号。 **若CC1通道配置为输入**： CCR1包含了由上一次输入捕获1事件(IC1)传输的计数器值。

图 15-4　捕获/比较寄存器(TIMx_CCR1)

可以看出，在输入模式下，该寄存器包含了上一次输入捕获 1 事件发生时传输的计数器值。

此外，本章对通用定时器的应用——输入捕获，还需要应用到在第 13 章中曾经介绍过的两个寄存器——TIMx_DIER 和 TIMx_SR 中关于输入捕获 1 的中断允许位和中断标志位，可以回到第 13 章查阅相关的内容，此处不再赘述。

15.4　通用定时器输入捕获相关的库函数

本章通用定时器的输入捕获，除了需要应用到前面介绍的通用定时器相关的库函数，还需要应用到一些其他通用定时器相关的库函数。

15.4.1　TIM_ICxInit()函数

该类函数是通用定时器的输入比较相关的初始化函数，因为通用定时器共有 4 个捕获/比较通道，下面就以通道 1 的 TIM_IC1Init()函数为例来介绍该类函数。

TIM_IC1Init()函数的声明如下所示：

```
void TIM_IC1Init(TIM_TypeDef * TI, MxTIM_ICInitTypeDef * TIM_ICInitStruct);
```

可以看出，该函数带一个 TIM_ICInitTypeDef 结构体类型的参数，它的定义如下所示：

```
typedef struct
{
  uint16_t TIM_Channel;
  uint16_t TIM_ICPolarity;
  uint16_t TIM_ICSelection;
  uint16_t TIM_ICPrescaler;
  uint16_t TIM_ICFilter;
} TIM_ICInitTypeDef;
```

它的各成员变量所表示的含义如下：

- TIM_Channel——用来确定通用定时器的输入捕获通道；
- TIM_ICPolarity——用来确定通用定时器的输入捕获的极性，即上升沿捕获还是下降沿捕获；
- TIM_ICSelection——用来确定通用定时器的输入捕获所映射的通道的设置，例如输入捕获 1 最终映射到通道 1 还是通道 2；
- TIM_ICPrescaler——用来确定通用定时器的输入捕获的预分频器的预分频系数；
- TIM_ICPrescaler——用来确定通用定时器的输入捕获滤波器的输入采样频率以及数字滤波器长度。

如果想要使用定时器 3 的捕获/比较通道 1 来捕获每次输入的下降沿信号，捕获不采用滤波器，且最终映射到通道 1，则可以通过调用该函数来进行相关的初始化设置，如下所示：

```
TIM_ICInitTypeDef TIM_ICInitStruct;
TIM_ICInitStruct.TIM_Channel = TIM_Channel_1;
TIM_ICInitStruct.TIM_ICFilter = 0;
TIM_ICInitStruct.TIM_ICPolarity = TIM_ICPolarity_Falling;
TIM_ICInitStruct.TIM_ICPrescaler = TIM_ICPSC_DIV1;
TIM_ICInitStruct.TIM_ICSelection = TIM_ICSelection_DirectTI;
TIM_ICInit(TIM3, &TIM3_ICInitStructure);
```

15.4.2 TIM_OCxPolarityConfig()函数

该类函数是对通用定时器的捕获/比较通道的输入/输出极性进行配置的函数，因为通用定时器共有 4 个捕获/比较通道，所以该类函数共有 4 个，分别对应这 4 个捕获/比较通道。下面就以通道 1 的 TIM_OC1PolarityConfig()函数为例来介绍该类函数。

TIM_OC1PolarityConfig()函数的声明如下所示：

```
void TIM_OC1PolarityConfig(TIM_TypeDef * TIMx, uint16_t TIM_OCPolarity);
```

该函数实际上就是对 TIMx_CCER 寄存器的 CC1P 位进行操作。前面介绍过，当捕获/比较通道 1 是输入模式时，可以通过该位来设置是上升沿还是下降沿捕获或触发；当捕获/比较通道 1 是输出模式时，可以通过该位来设置输出是高电平有效还是低电平有效。

接前面的例子，如果要设置定时器 3 的通道 1 为上升沿触发，则可以通过调用该函数来实现，如下所示：

```
TIM_OC1PolarityConfig(TIM3,TIM_OCPolarity_High);
```

15.4.3 TIM_SetCounter()函数

TIM_SetCounter()函数的声明如下所示：

```
void TIM_SetCounter(TIM_TypeDef * TIMx, uint16_t Counter);
```

顾名思义，该函数即是用来设置通用定时器的当前计数值的，它是通过对 TIMx_CNT

寄存器进行操作来实现其功能的。

该函数的使用非常简单。如果想要设置定时器 3 的当前计数值为 0,则可以通过调用该函数来实现,如下所示:

```
TIM_SetCounter(TIM3,0);
```

15.5 输入捕获的应用实例

输入捕获是通用定时器的一个非常重要的应用。本节将综合运用本章前面所讲解的知识来实现一个通用定时器在输入捕获方面的应用实例。

1. 实例描述

与以往的许多应用实例不同,这里选择用按键作为观察对象。STM32F107 开发板的开关按键在按下的一瞬间,相关的 GPIO 端口引脚会触发一个从高电平到低电平的下降沿;在按键弹起的一瞬间,引脚又会触发一个从低电平到高电平的上升沿。在本实例中,通过运用通用定时器的输入捕获功能,来计算按键被按下的过程所持续的时间,并将其通过串口输出到计算机上。

2. 硬件电路

本实例中用到 LED、开关按键以及串口的相关硬件电路分别与 5.4.2 节的按键控制 LED 应用实例以及 10.6.1 节的串口通信应用实例完全相同,在此不再赘述。

STM32F107 开发板的 4 个开关按键相关的 GPIO 端口引脚分别为 PC6、PC7、PC8 和 PC9。如果想要通过通用定时器的输入捕获功能来计算按键被按下的过程所持续的时间,需要将按键相关的 GPIO 端口引脚映射到通用定时器的捕获/比较通道上。通过 STM32F107 的数据手册可以发现,PC6、PC7、PC8 和 PC9 这 4 个引脚可以分别被重映射到定时器 3 的通道 1～通道 4 上,如图 15-5 所示。

F10	37	63		PC6	I/O	FT	I2S2_MCK/	TIM3_CH1
E10	38	64		PC7	I/O	FT	I2S3_MCK	TIM3_CH2
F9	39	65		PC8	I/O	FT	—	TIM3_CH3
E9	40	66		PC9	I/O	FT	—	TIM3_CH4

图 15-5 PC6、PC7、PC8 和 PC9 引脚

3. 软件设计

下面开始进行本例程的软件设计。

为了讲解方便,选择将 13.4.1 节的应用例程进行复制,并重命名为 ICAPTURE,然后直接在它上面进行修改。

首先,因为本例程要应用到串口通信,所以将之前在 10.6.1 节实现的串口通信相关应用例程中创建的 USART 文件夹复制到本例程的 HARDWARE 文件夹中,然后,将其中的 usart.c 文件添加到工程的 HARDWARE 文件夹下,将其中的 usart.h 头文件所在的路径添加到工程所包含的头文件路径列表中。

开始编写程序代码,timer.h 头文件中的代码可以保持不变。

第一步，在 timer. c 文件中删除原先的代码，并添加如下代码：

```
#include "timer.h"

u8 OVERFLOW_CNT = 0;
u16 COUNTER_VAL = 0;

void Timer_Init(u16 arr, u16 psc)
{
 GPIO_InitTypeDef GPIO_InitStruct;
 NVIC_InitTypeDef NVIC_InitStruct;
 TIM_TimeBaseInitTypeDef TIM_TimeBaseInitStruct;
 TIM_ICInitTypeDef TIM_ICInitStruct;

 RCC_APB1PeriphClockCmd(RCC_APB1Periph_TIM3,ENABLE);
 RCC_APB2PeriphClockCmd(RCC_APB2Periph_GPIOC|RCC_APB2Periph_AFIO,ENABLE);
 GPIO_PinRemapConfig(GPIO_FullRemap_TIM3,ENABLE);

 GPIO_InitStruct.GPIO_Mode = GPIO_Mode_IPU;
 GPIO_InitStruct.GPIO_Pin = GPIO_Pin_6;
 GPIO_Init(GPIOC,&GPIO_InitStruct);

 TIM_TimeBaseInitStruct.TIM_CounterMode = TIM_CounterMode_Up;
 TIM_TimeBaseInitStruct.TIM_Period = arr;
 TIM_TimeBaseInitStruct.TIM_Prescaler = psc;
 TIM_TimeBaseInit(TIM3,&TIM_TimeBaseInitStruct);

 TIM_ICInitStruct.TIM_Channel = TIM_Channel_1;
 TIM_ICInitStruct.TIM_ICFilter = 0;
 TIM_ICInitStruct.TIM_ICPolarity = TIM_ICPolarity_Falling;
 TIM_ICInitStruct.TIM_ICPrescaler = TIM_ICPSC_DIV1;
 TIM_ICInitStruct.TIM_ICSelection = TIM_ICSelection_DirectTI;
 TIM_ICInit(TIM3,&TIM_ICInitStruct);

 NVIC_InitStruct.NVIC_IRQChannel = TIM3_IRQn;
 NVIC_InitStruct.NVIC_IRQChannelCmd = ENABLE;
 NVIC_InitStruct.NVIC_IRQChannelPreemptionPriority = 1;
 NVIC_InitStruct.NVIC_IRQChannelSubPriority = 2;
 NVIC_Init(&NVIC_InitStruct);
 TIM_ITConfig(TIM3,TIM_IT_Update|TIM_IT_CC1,ENABLE);
 TIM_Cmd(TIM3,ENABLE);
}

void TIM3_IRQHandler(void)
{
 if((OVERFLOW_CNT&0x80) == 0)
 {
     if(TIM_GetITStatus(TIM3,TIM_IT_CC1) == SET)
     {
         if((OVERFLOW_CNT&0x40) == 0)
```

```
            {
                OVERFLOW_CNT = 0;
                COUNTER_VAL = 0;
                OVERFLOW_CNT| = 0x40;
                TIM_OC1PolarityConfig(TIM3,TIM_OCPolarity_High);
                TIM_SetCounter(TIM3,0);
            }
            else
            {
                OVERFLOW_CNT| = 0x80;
                COUNTER_VAL = TIM_GetCapture1(TIM3);
                TIM_OC1PolarityConfig(TIM3,TIM_OCPolarity_Low);
            }
        }
        if(TIM_GetITStatus(TIM3,TIM_IT_Update) == SET)
        {
            if(OVERFLOW_CNT&0x40)
            {
                if(OVERFLOW_CNT!= 0x7F)
                    OVERFLOW_CNT++;
                else
                {
                    OVERFLOW_CNT| = 0x80;
                    COUNTER_VAL = 0xFFFF;
                }
            }
        }
    }
    TIM_ClearITPendingBit(TIM3,TIM_IT_Update|TIM_IT_CC1);
}
```

以上代码定义了定时器 3 的初始化函数 Timer_Init()及其中断处理函数 TIM3_IRQHandler()。

在 Timer_Init()函数中，因为要应用到定时器 3、开关按键相关的 GPIO 端口以及重映射，所以首先分别通过调用 RCC_APB1PeriphClockCmd()和 RCC_APB2PeriphClockCmd()函数使能定时器 3、GPIOC 以及重映射相关的时钟，然后，通过调用 GPIO_PinRemapConfig()函数来对定时器 3 的重映射进行相关的配置，通过查阅《STM32 中文参考手册》可以发现，定时器 3 的 4 个捕获/比较通道对应的带复用功能的 GPIO 端口引脚的重映射的对应表如图 15-6 所示。

复用功能	TIM3_REMAP[1:0]=00 （没有重映射）	TIM3_REMAP[1:0]=10 （部分重映射）	TIM3_REMAP[1:0]=11 （完全重映射）(1)
TIM3_CH1	PA6	PB4	PC6
TIM3_CH2	PA7	PB5	PC7
TIM3_CH3	PB0		PC8
TIM3_CH4	PB1		PC9

(1) 重映射只适用于64、100和144脚的封装

图 15-6　定时器 3 复用功能重映射

所以,这里如果要想将定时器3的通道1、2、3、4分别映射到PC6、PC7、PC8、PC9引脚,应当选择完全重映射的方式,相关代码如下:

```
GPIO_PinRemapConfig(GPIO_FullRemap_TIM3,ENABLE);
```

然后,需要对开关按键相关的GPIO端口引脚进行初始化操作。这里,选择将开关按键S1作为观察对象,所以只需对它进行初始化。

开始对定时器3进行相关的初始化。首先,通过调用TIM_TimeBaseInit()函数对定时器3的时基单元和计数模式进行相关的初始化操作,还是选择向上计数模式。然后,通过调用TIM_ICInit()函数对定时器3的输入捕获进行相关的初始化操作,对该函数的应用在15.4.1节中已详细讲解过,这里,将捕获模式设置为下降沿捕获,因为按键在被按下的一瞬间在相关的GPIO端口引脚会触发一个下降沿。

因为本例程会应用到定时器3的更新中断和输入捕获中断,所以应先通过调用NVIC_Init()函数对定时器3的中断通道进行相关的初始化操作,再通过调用TIM_ITConfig()函数使能它的更新中断和输入捕获中断。最后,调用TIM_Cmd()函数来对定时器3进行使能。

这里,也可以总结出使用通用定时器的输入捕获功能需要进行操作的步骤,如下所示:

(1) 通过调用RCC_APB1PeriphClockCmd()函数,使能该定时器的时钟;

(2) 通过调用TIM_TimeBaseInit()函数,初始化该定时器的时基单元和计数模式;

(3) 通过调用TIM_ICxInit()函数对该定时器的输入捕获进行相关的初始化操作;

(4) 通过调用NVIC_Init()函数对该定时器的中断通道进行相关的初始化操作;

(5) 通过调用TIM_ITConfig()函数使能该定时器的更新中断和输入捕获中断;

(6) 通过调用TIM_Cmd()函数使能该定时器。

下面再来看看定时器3的中断处理函数TIM3_IRQHandler()。

在timer.c文件的开头,定义了两个全局变量,相关程序代码如下:

```
u8 OVERFLOW_CNT = 0;
u16 COUNTER_VAL = 0;
```

这两个全局变量用来对输入捕获的相关数据信息进行标识。

计算开关按键被按下的这段过程所持续时间的基本思路是:在按键被按下的一瞬间,会在其相关的GPIO端口引脚上触发一个下降沿,首先捕获该下降沿,然后使计数器从0开始计数,一直到按键弹起的一瞬间,会在引脚上触发一个上升沿,再捕获该上升沿,并在此时获取捕获/比较寄存器1中的值,将该值存储到变量COUNTER_VAL中,如果在此过程中,计数器并未产生过溢出,则COUNTER_VAL的值乘以计数器的时钟周期,即为这段过程所持续的时间;如果在此过程中,计数器产生过溢出,则还需要计算计数器溢出的次数,将该值记入变量OVERFLOW_CNT,需要注意的是,OVERFLOW_CNT的8位不是都用来表示溢出次数的,它只有低6位用来表示计数器的溢出次数,也就是说,溢出次数最大为2^6-1,即63,如果在计数器产生63次溢出后,在第64次溢出到来之前,还未捕获到上升沿,就自动结束这次计算,并以计数器64次溢出的时间作为按键本次被按下所持续的时间。

有人可能会问：变量 OVERFLOW_CNT 的高 2 位用来做什么呢？这里，比较巧妙地将该变量的这两个位用作输入捕获的标记位。前面提到，计算按键被按下这段过程所持续的时间，需要先捕获一个下降沿，再捕获一个上升沿，那么当发生了一个捕获/比较中断时，就需要判断该中断是捕获了一个下降沿所触发的中断还是捕获了一个上升沿所触发的中断，因此需要两个变量来对它们进行标记。这里用变量 OVERFLOW_CNT 的高 2 位分别来代替这两个变量，用它们来标记是捕获了一个下降沿所触发的中断还是捕获了一个上升沿所触发的中断。

具体来说，变量 OVERFLOW_CNT 的 BIT6 用来标记是否已经捕获到一个下降沿，1 表示已捕获到，0 表示未捕获到；变量 OVERFLOW_CNT 的 BIT7 用来标记是否已经捕获到一个上升沿，1 表示已捕获到，0 表示未捕获到。

在 TIM3_IRQHandler()函数中，当发生一个捕获比较中断时，相关的程序代码如下所示：

```
if(TIM_GetITStatus(TIM3,TIM_IT_CC1) == SET)
{
…
}
```

在这种情况下，如果变量 OVERFLOW_CNT 的 BIT6 为 0，表示之前未捕获到一个下降沿，那么这次捕获到的是一个下降沿，因此需要将变量 OVERFLOW_CNT 和 COUNTER_VAL 的值清 0，并将变量 OVERFLOW_CNT 的 BIT6 置 1；然后，通过调用 TIM_OC1PolarityConfig()函数将输入捕获的极性设置为对输入信号的上升沿进行捕获；最后，通过调用 TIM_SetCounter()函数将当前计数值设置为 0。相关程序代码如下：

```
if((OVERFLOW_CNT&0x40) == 0)
{
 OVERFLOW_CNT = 0;
 COUNTER_VAL = 0;
 OVERFLOW_CNT| = 0x40;
 TIM_OC1PolarityConfig(TIM3,TIM_OCPolarity_High);
 TIM_SetCounter(TIM3,0);
}
```

前面在发生一个捕获比较中断时，如果变量 OVERFLOW_CNT 的 BIT6 为 1，表示之前已捕获到一个下降沿，那么这次捕获到的是一个上升沿，因此需要将变量 OVERFLOW_CNT 的 BIT7 置 1；然后需要通过调用 TIM_GetCapture1()函数获取捕获比较寄存器中的当前值并将它赋给变量 COUNTER_VAL；最后，需要通过调用 TIM_OC1PolarityConfig()函数将输入捕获的极性再次设置为对输入信号的上升沿进行捕获，以保证下一次的计算。相关程序代码如下：

```
else
{
 OVERFLOW_CNT| = 0x80;
```

```
COUNTER_VAL = TIM_GetCapture1(TIM3);
 TIM_OC1PolarityConfig(TIM3,TIM_OCPolarity_Low);
}
```

在 TIM3_IRQHandler()函数中，当发生一个更新中断时，如果在此之前已经捕获到一个下降沿，那么可以对表示溢出次数的变量 OVERFLOW_CNT 的值进行递增操作，前提是在本次递增操作前，变量 OVERFLOW_CNT 的低 6 位的值还未达到最大值 63。这部分的相关程序代码如下：

```
if(TIM_GetITStatus(TIM3,TIM_IT_Update) == SET)
{
 if(OVERFLOW_CNT&0x40)
 {
     if(OVERFLOW_CNT!= 0x7F)
         OVERFLOW_CNT++;
     else
     {
         OVERFLOW_CNT| = 0x80;
         COUNTER_VAL = 0xFFFF;
     }
 }
}
```

需要注意的是，TIM3_IRQHandler()函数中的以上所有操作，都是在尚未捕获到上升沿的情况下进行的，相关的程序代码如下：

```
if((OVERFLOW_CNT&0x80) == 0)
{
…
}
```

在 TIM3_IRQHandler()函数的最后，不要忘记通过调用 TIM_ClearITPendingBit()函数来清除输入捕获中断和更新中断的相关中断标记，相关的程序代码如下：

```
TIM_ClearITPendingBit(TIM3,TIM_IT_Update|TIM_IT_CC1);
```

第二步，在 main. c 文件中删除原先的代码，并添加如下代码：

```
#include "stm32f10x.h"
#include "timer.h"
#include "usart.h"

extern u8 OVERFLOW_CNT;
extern u16 COUNTER_VAL;
```

```
int main(void)
{
 u32 time = 0;
 NVIC_PriorityGroupConfig(NVIC_PriorityGroup_2);
 USART2_Init();
 Timer_Init(0xFFFF, 71);
 while(1)
 {
     if(OVERFLOW_CNT&0x80)
     {
         time = (OVERFLOW_CNT&0x3F) * 65536 + COUNTER_VAL;
         printf("time: %d us\r\n",time);
         OVERFLOW_CNT = 0;
     }
 }
}
```

在 main()函数中，首先通过调用 NVIC_PriorityGroupConfig()函数来对中断分组进行配置，然后分别通过调用 USART2_Init()和 Timer_Init()函数来对串口 2 和定时器 3 进行相关的初始化操作，在对定时器 3 进行初始化操作时，设置它的预分频系数为 72，自动重装载值为最大的 0xFFFF，则定时器 3 的时钟频率为 1MHz，时钟周期为 1μs，计数器从 0～65 535 向上计数。最后，在 while(1)实现的死循环中，通过判断是否捕获了一次上升沿，来判断是否发生了一次按键被按下的过程。如果是，则计算这段过程所持续的时间，计算方法为：计数器溢出的次数×65 536＋捕获到上升沿时捕获比较寄存器的当前值，单位为 μs。之后，通过 printf()函数将该时间值通过串口 2 输出到计算机，并将变量 OVERFLOW_CNT 的值清 0。

大家一定会有疑问：这里的 printf()函数是在哪里定义的？为什么它具有串口发送的相关功能？实际上，它需要在添加的 usart.c 文件中被定义。

第三步，在 usart.h 头文件中保留原先的代码，并添加如下代码：

```
#include "stdio.h"
```

在 usart.c 文件中，保留原先的代码，并添加如下代码：

```
#if 1
#pragma import(__use_no_semihosting)
struct __FILE
{
 int handle;
};

FILE __stdout;
_sys_exit(int x)
```

```
{
 x = x;
}
int fputc(int ch, FILE * f)
{
 while((USART2 -> SR&0X40) == 0);
   USART2 -> DR = (u8) ch;
 return ch;
}
#endif
```

对于这段代码的含义，现在大家暂时不需理解，只要会用 printf()函数就可以了，它的使用与在 C 语言中的使用方式相同，只不过它会将相关的数据从 USART2 发送出去。

需要说明的是，这段代码非常有用，在后面的应用实例中会多次应用到它。为了配合后续内容的讲解，请将上面这段代码分别添加到 10.6.1 节串口通信应用例程的 usart.c 和 usart.h 文件中。

至此，本例程的编程工作全部完成。

4. 下载验证

将该例程下载到开发板，来验证它是否实现了相应的效果。首先将 USB 串口数据连接线的一端连接到 STM32F107 开发板的串口，另一端连接到计算机的 USB 接口，然后通过 JLINK 下载方式将程序下载到开发板，并按 RESET 按键对其复位。在串口调试助手中，每按下一次开关按键 S1 然后松开，都可以看到按键被按下的这段过程所持续的时间，如图 15-7 所示。

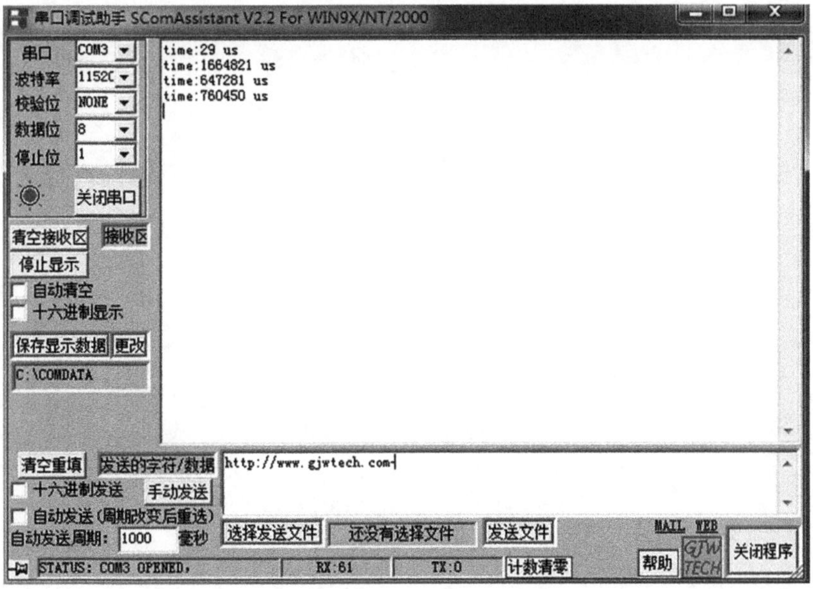

图 15-7 串口调试助手显示按键被按下所持续的时间

本章小结

本章讲解了定时器以及对它的典型应用——输入捕获。首先讲解了通用定时器的捕获/比较通道的输入部分工作原理和基础知识,包括主要功能、系统结构、计数器模式等内容;接着介绍了定时器的输入捕获相关寄存器,包括寄存器定义和参数说明等内容;然后讲解了通用定时器的输入捕获相关的库函数,包括函数定义、参数说明等内容;最后综合运用相关知识实现一个运用通用定时器的输入捕获功能,来计算按键在被按下一次到弹起的整个过程中,按键处于被按下状态所持续的时间,并通过串口通信的方式将其输出到计算机的实例。

第 16 章 实时时钟

本章将介绍 STM32 的 RTC(Real Time Clock),即实时时钟,它实际上是一个独立的定时器。前面曾经介绍过 STM32 通用定时器的强大功能,但是包括通用定时器在内,STM32 的所有定时器(如基本定时器、高级定时器等)在断电后都不能再继续工作,而 RTC 在经过相应的配置后,在一定的条件下,在系统断电后仍然能够继续工作。这一特性也使得它非常适合用作时钟日历。

本章的学习目标如下:

- 理解并掌握 RTC 的工作原理和基础知识;
- 理解并掌握与 RTC 相关的一些重要的寄存器并掌握对它们进行配置的方法;
- 理解并掌握 ST 官方固件库中提供的与 RTC 相关的一些重要的库函数及其应用;
- 理解并掌握通用定时器的典型应用实例——日历时钟。

16.1 RTC 概述

实时时钟(Real Time Clock,RTC)是一个独立的定时器。RTC 模块拥有一组连续计数的计数器,在相应的软件配置下,可提供时钟日历的功能。修改计数器的值可以重新设置系统当前的时间和日期。

RTC 的核心和时钟配置系统(RCC_BDCR 寄存器)处于后备区域,这意味着在系统复位或从待机模式唤醒后,RTC 的设置和时间维持不变。

这里简单介绍一下后备区域及备份数据寄存器。备份数据寄存器是 42 个 16 位的寄存器,可用来存储 84 字节的用户应用程序数据。它们处在备份域中,当 V_{DD} 电源被切断时,它们仍然由 V_{BAT} 维持供电。当系统在待机模式下被唤醒,或系统复位或电源复位时,它们也不会被复位。注意,以上是对大容量或互联型产品而言的,对于中小容量的产品,则只有 10 个备份数据寄存器,对应 20 字节的用户应用程序数据。

系统复位后,对备份数据寄存器和 RTC 的访问被禁止,这是为了防止对后备区域的意外写操作。执行以下操作将使能对后备寄存器和 RTC 的访问:

- 设置寄存器 RCC_APB1ENR 和 PWREN 的 BKPEN 位,使能电源和后备接口时钟;
- 设置寄存器 PWR_CR 的 DBP 位,使能对后备寄存器和 RTC 的访问。

RTC 的主要特性如下:

- 可编程的预分频系数(分频系数最高为 2^{20})。

- 32 位的可编程计数器，可用于较长时间段的测量。
- 2 个分离的时钟，即用于 APB1 接口的 PCLK1 和 RTC 时钟(RTC 的时钟频率不能超过 PCLK1 时钟频率的四分之一)。
- 可以选择以下 3 种 RTC 的时钟源：
  - HSE 时钟除以 128；
  - LSE 振荡器时钟；
  - LSI 振荡器时钟。
- 2 个独立的复位类型：
  - APB1 接口由系统复位；
  - RTC 核心(预分频器、闹钟、计数器和分频器)只能由后备域复位。
- 3 个专门的可屏蔽中断：
  - 闹钟中断，用来产生一个软件可编程的闹钟中断；
  - 秒中断，用来产生一个可编程的周期性中断信号(最长可达 1 秒)；
  - 溢出中断，只是内部可编程计数器溢出并回转为 0 的状态。

RTC 模块的简化框图如图 16-1 所示。

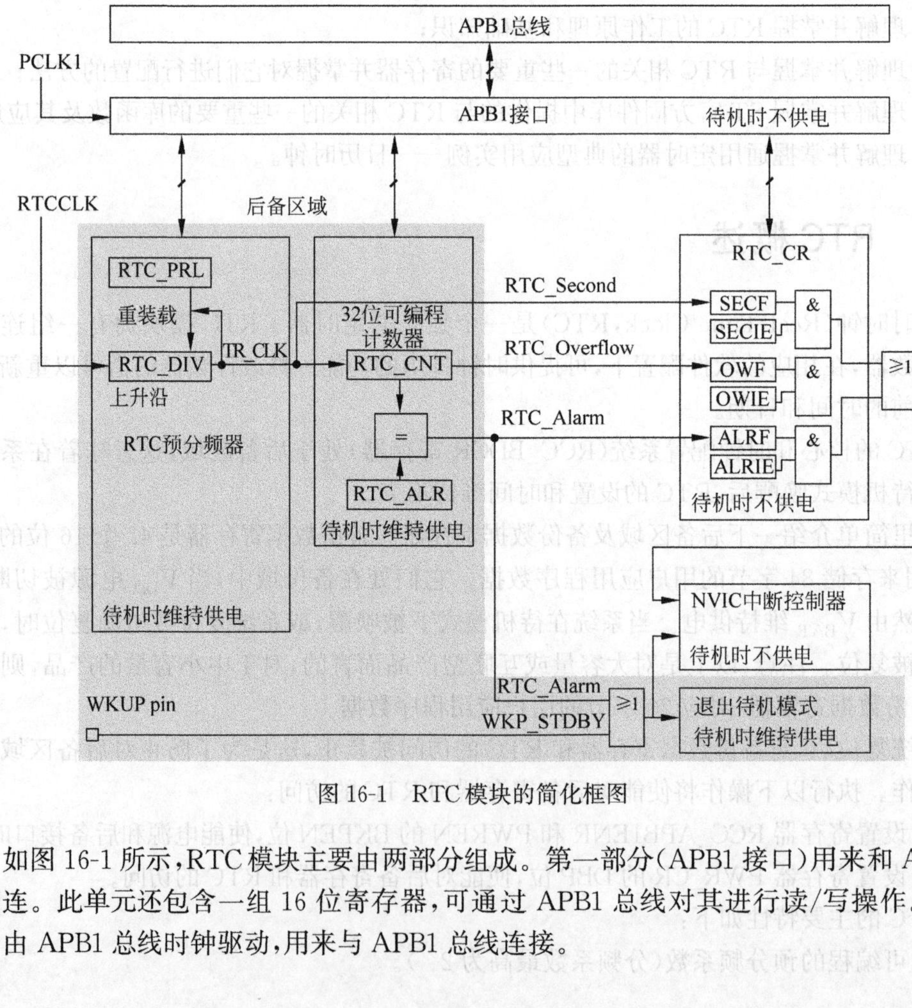

图 16-1 RTC 模块的简化框图

如图 16-1 所示，RTC 模块主要由两部分组成。第一部分(APB1 接口)用来和 APB1 总线相连。此单元还包含一组 16 位寄存器，可通过 APB1 总线对其进行读/写操作。APB1 接口由 APB1 总线时钟驱动，用来与 APB1 总线连接。

第二部分(RTC 核心)由一组可编程计数器组成,分成两个主要模块。第一个模块是RTC 的预分频模块,它可编程产生 1 秒的 RTC 时间基准 TR_CLK。RTC 的预分频模块包含了一个 20 位的可编程分频器(RTC 预分频器)。如果在 RTC_CR 寄存器中设置了相应的允许位,则在每个 TR_CLK 周期中 RTC 产生一个中断(秒中断)。第二个模块是一个 32 位的可编程计数器,可被初始化为当前的系统时间,系统时间按照 TR_CLK 周期累加,如果 TR_CLK 周期为 1 秒,则这个 32 位的计数器一次最多可以计时 $2^{32}=4\,294\,967\,296$ 秒,大约为 136 年,对于一般应用,这已经足够了。

RTC 模块还有一个闹钟寄存器 RTC_ALR,用于产生闹钟。系统时间按 TR_CLK 周期累加并与存储在 RTC_ALR 寄存器中的可编程时间进行比较,如果 RTC_CR 控制寄存器中设置了相应的允许位,那么比较匹配时将产生一个闹钟中断。

RTC 内核完全独立于 RTC APB1 接口,软件通过 APB1 接口访问 RTC 的预分频值、计数器值和闹钟值的。但是,相关的可读寄存器只在 RTC APB1 时钟进行重新同步的 RTC 时钟的上升沿被更新,RTC 标志也是如此。这就意味着,如果 APB1 接口曾经被关闭,而读操作又是在刚刚重新开启 APB1 之后,那么在第一次的内部寄存器更新之前,从 APB1 上读出的 RTC 寄存器数值可能被破坏了(通常读到 0)。在下面几种情况下能够发生这种情形:

- 发生系统复位或电源复位;
- 系统刚从待机模式唤醒;
- 系统刚从停机模式唤醒。

在以上情况中,APB1 接口被禁止时(复位、无时钟或断电),RTC 核仍保持运行状态。

因此,若在读取 RTC 寄存器时,RTC 的 APB1 接口曾经处于禁止状态,则软件首先必须等待 RTC_CRL 寄存器的 RSF 位(寄存器同步标志)被硬件置 1。

16.2 RTC 相关的寄存器

本节通过介绍 RTC 相关的寄存器来让大家对 RTC 的工作原理有一个更深刻的理解。

首先,需要说明的是,必须设置 RTC_CPL 寄存器中的 CNF 位,使 RTC 进入配置模式后,才能写入 RTC_PRL、RTC_CNT、RTC_ALR 寄存器。另外,对 RTC 的任何寄存器的写操作,都必须在前一次写操作结束后进行。可以通过查询 RTC_CR 寄存器中的 RTOFF 状态位,判断 RTC 寄存器是否处于更新状态。仅当 RTOFF 状态位是 1 时,才可以写入 RTC 寄存器。

RTC 寄存器的配置过程如下:

(1) 查询 RTOFF 位,直到 RTOFF 的值变为 1;

(2) 置 CNF 值为 1,进入配置模式;

(3) 对一个或多个 RTC 寄存器进行写操作;

(4) 清除 CNF 标志位,退出配置模式;

(5) 查询 RTOFF,直至 RTOFF 位变为 1 以确认写操作已经完成。

仅当 CNF 标志位被清除时,对 RTC 寄存器的写操作才会被执行,这个过程至少需要 3 个 RTCCLK 周期。

16.2.1 RTC控制寄存器高位

关于RTC控制寄存器高位(RTC_CRH)的描述如图16-2所示。

地址偏移：0x00
复位值：0x0000

15	14	13	12	11	10	9	8	7	6	5	4	3	2	1	0
保留													OWIE	ALRIE	SECIE
													rw	rw	rw

位15:3	保留，被硬件强制为0。
位2	OWIE：允许溢出中断位 0：屏蔽（不允许）溢出中断 1：允许溢出中断
位1	ALRIE：允许闹钟中断 0：屏蔽（不允许）闹钟中断 1：允许闹钟中断
位0	SECIE：允许秒中断 0：屏蔽（不允许）秒中断 1：允许秒中断

图16-2 RTC控制寄存器高位(RTC_CRH)

该寄存器只有第0～2位被用到，它们分别是秒中断、闹钟中断和溢出中断的屏蔽位。注意：系统复位后所有的中断都被屏蔽了，因此可通过写RTC寄存器来确保在初始化后没有挂起的中断请求。当外设正在完成前一次写操作时(标志RTOFF=0)，不能对RTC_CRH寄存器进行写操作。

16.2.2 RTC控制寄存器低位

关于RTC控制寄存器低位(RTC_CRL)的描述如图16-3所示。

该寄存器只有第0～5位被用到。其中，第0～2位——SECF、ALRF和OWF分别为RTC的秒标志、闹钟标志以及溢出标志。当32位可编程预分频器溢出时，第0位SECF由硬件置1同时RTC计数器加1，此标志为分辨率可编程的RTC计数器提供一个周期性的信号(通常为1秒)，如果设置了相应的中断屏蔽位，则会产生相应的中断。当32位可编程计数器达到RTC_ALR寄存器所设置的预定值时，第1位ALRF由硬件置1，如果设置了相应的中断屏蔽位，则会产生相应的中断。当32位可编程计数器溢出时，OWF位由硬件置1，如果设置了相应的中断屏蔽位，则会产生相应的中断。

第3位RSF为寄存器同步标志位，每当RTC_CNT寄存器和RTC_DIV寄存器由软件更新或清0时，此位由硬件置1。在APB1复位后，或APB1时钟停止后，此位必须由软件清0。在进行任何读操作之前，用户程序必须等待该位被硬件置1，以确保RTC_CNT、RTC_ALR或RTC_PRL已经被同步。

第4位CNF为配置标志位。此位必须由软件置1以进入配置模式，从而允许向RTC_CNR、RTC_ALR或RTC_PRL寄存器写入数据。只有当此位被置1并重新由软件清0后，对寄存器的写操作才会被执行。

第5位RTOFF对应RTC操作关闭。RTC模块利用该位来指示对其寄存器进行的最

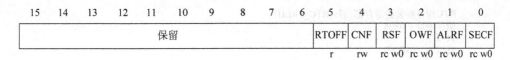

15	14	13	12	11	10	9	8	7	6	5	4	3	2	1	0
保留										RTOFF	CNF	RSF	OWF	ALRF	SECF
										r	rw	rc w0	rc w0	rc w0	rc w0

位15:6	保留，被硬件强制为0。
位5	**RTOFF**：RTC操作关闭 RTC模块利用这位来指示对其寄存器进行的最后一次操作的状态，指示操作是否完成。若此位为0，则表示无法对任何的RTC寄存器进行写操作。此位为只读位。 0：上一次对RTC寄存器的写操作仍在进行； 1：上一次对RTC寄存器的写操作已经完成。
位4	**CNF**：配置标志 此位必须由软件置1以进入配置模式，从而允许向RTC CNT、RTC_ALR或RTC_PRL寄存器写入数据。只有当此位在被置1并重新由软件清0后，才会执行写燥作。 0：退出配置模式（开始更新RTC寄存器）； 1：进入配置模式。
位3	**RSF**：寄存器同步标志 每当RTC_CNT寄存器和RTC_DIV寄存器由软件更新或清0时，此位由硬件置1。在APB1复位后，或APB1时钟停止后，此位必须由软件清0。要进行任何的读操作之前，用户程序必须等待这位被硬件置1，以确保RTC_CNT、RTC_ALR或RTC_PRL已经被同步。 0：寄存器尚未被同步； 1：寄存器已经被同步。
位2	**OWF**：溢出标志 当32位可编程计数器溢出时，此位由硬件置1。如果RTC_CRH寄存器中OWIE=1，则产生中断。此位只能由软件清0。对此位写1是无效的。 0：无溢出； 1：32位可编程计数器溢出。
位1	**ALRF**：闹钟标志 当32位可缩程计数器达到RTC_ALR寄存器所设置的预定值，此位由硬件置1。如果RTC_CRH寄存器中ALRIE=1，则产生中断。此位只能由软件清0。对此位写1是无效的。 0：无闹钟； 1：有闹钟。
位0	**SECF**：秒标志 当32位可编程预分频器溢出时，此位由硬件置1同时RTC计数器加1。因此，此标志为分辨率可编程的RTC计数器提供一个周期性的信号（通常为1秒）。如果RTC_CRH寄存器中SECIE=1，则产生中断。此位只能由软件清除。对此位写1是无效的。 0：秒标志条件不成立； 1：秒标志条件成立

图 16-3　RTC 控制寄存器低位(RTC_CRL)

后一次操作的状态，指示操作是否完成。若此位为 0，则表示无法对任何的 RTC 寄存器进行写操作。此位为只读位。

16.2.3　RTC 预分频装载寄存器

共有 2 个 RTC 预分频装载寄存器——RTC_PRLH 和 RTC_PRLL，它们分别被称为 RTC 预分频装载寄存器的高位和低位。这两个寄存器用来保存 RTC 预分频器的周期计数值，它们受 RTC_CR 寄存器的 RTOFF 位保护，仅当 RTOFF 值为 1 时才允许对它们进行写操作。关于这两个寄存器的描述分别如图 16-4 和图 16-5 所示。

RTC 预分频器的分频值即是 RTC_PRLL 寄存器的 16 位和 RTC_PRLH 寄存器的低 4 位组成的 20 位二进制数值再加 1。

RTC预分频装载寄存器高位(RTC_PRLH)
偏移地址：0x08
只写
复位值：0x0000

15	14	13	12	11	10	9	8	7	6	5	4	3	2	1	0
保留												PRL[19:16]			
												w	w	w	w

位15:6	保留，被硬件强制为0。
位3:0	**PRL[19:16]**：RTC预分频装载值高位 根据以下公式，这些位用来定义计数器的时钟频率： $f_{TR\_CLK}=f_{RTCCLK}/(PRL[19:0]+1)$ 注：不推荐使用0值，否则无法正确地产生RTC中断和标志位。

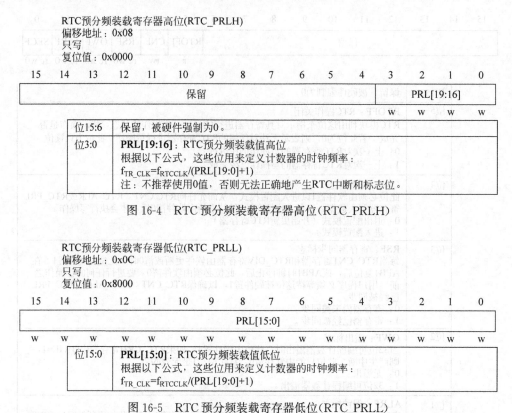

图 16-4 RTC 预分频装载寄存器高位(RTC_PRLH)

RTC预分频装载寄存器低位(RTC_PRLL)
偏移地址：0x0C
只写
复位值：0x8000

15	14	13	12	11	10	9	8	7	6	5	4	3	2	1	0
PRL[15:0]															
w	w	w	w	w	w	w	w	w	w	w	w	w	w	w	w

位15:0	**PRL[15:0]**：RTC预分频装载值低位 根据以下公式，这些位用来定义计数器的时钟频率： $f_{TR\_CLK}=f_{RTCCLK}/(PRL[19:0]+1)$

图 16-5 RTC 预分频装载寄存器低位(RTC_PRLL)

16.2.4 RTC 预分频余数寄存器

共有 2 个 RTC 预分频余数寄存器——RTC_DIVH 和 RTC_DIVL，它们分别被称为 RTC 预分频余数寄存器的高位和低位。在 TR_CLK 的每个周期里，RTC 预分频器中计数器的值都会被重新设置为 RTC_PRL 寄存器的值。用户可通过读取 RTC_DIV 寄存器，以获得预分频计数器的当前值，而不停止分频计数器的工作，从而获得精确的时间测量。此寄存器是只读寄存器，其值在 RTC_PRL 或 RTC_CNT 寄存器中的值发生改变后，由硬件重新装载。关于这两个寄存器的描述分别如图 16-6 和图 16-7 所示。

RTC预分频器余数寄存器高位(RTC_DIVH)
偏移地址：0x10
复位值：0x0000

15	14	13	12	11	10	9	8	7	6	5	4	3	2	1	0
保留												RTC_DIV[19:16]			
												r	r	r	r

位15:4	保留
位3:0	**RTC_DIV[19:16]**：RTC时钟分频器余数高位

图 16-6 RTC 预分频余数寄存器高位(RTC_DIVH)

RTC 预分频器的余数值即为 RTC_DIVL 寄存器的 16 位和 RTC_DIVH 寄存器的低 4 位组成的 20 位二进制数的值。

RTC预分频器余数寄存器低位(RTC_DIVL)
偏移地址：0x14
复位值：0x8000

15	14	13	12	11	10	9	8	7	6	5	4	3	2	1	0
RTC_DIV[15:0]															
r	r	r	r	r	r	r	r	r	r	r	r	r	r	r	r

位15:0	**RTC_DVI[15:0]**：RTC时钟器余数低位

图 16-7 RTC 预分频余数寄存器低位(RTC_DIVL)

16.2.5 RTC 计数器寄存器

共有 2 个 RTC 计数器寄存器——RTC_CNTH 和 RTC_CNTL,它们分别被称为 RTC 计数器寄存器的高位和低位。这两个 16 位的寄存器共同组成了 RTC 核心部分的 32 位可编程计数器,计数器以预分频器产生的 TR_CLK 时间基准为参考进行计数。它们受 RT_CR 寄存器的 RTOFF 位的写保护,仅当 RTOFF 值为 1 时,才允许对它们进行写操作。在这两个寄存器上的写操作,能够直接装载到相应的可编程计数器,并且重新装载 RTC 预分频器。当进行读操作时,直接返回计数器内的计数值(系统时间)。关于这两个寄存器的描述分别如图 16-8 和图 16-9 所示。

RTC计数器寄存器高位(RTC_CNTH)
偏移地址：0x18
复位值：0x0000

15	14	13	12	11	10	9	8	7	6	5	4	3	2	1	0
RTC_CNT[31:16]															
rw	rw	rw	rw	rw	rw	rw	rw	rw	rw	rw	rw	rw	rw	rw	rw

位15:0	**RTC_CNT[31:16]**：RTC计数器高位 可通过读RTC_CNTH寄存器来获得RTC计数器当前值的高位部分。要对此寄存器进行写操作前，必须先进入配置模式

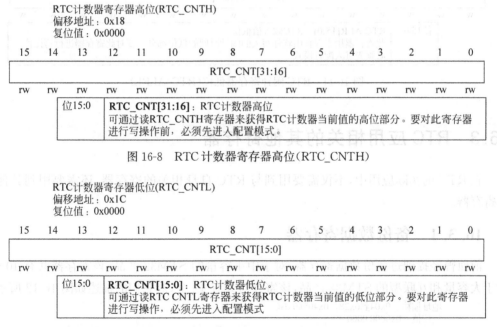

图 16-8 RTC 计数器寄存器高位(RTC_CNTH)

RTC计数器寄存器低位(RTC_CNTL)
偏移地址：0x1C
复位值：0x0000

15	14	13	12	11	10	9	8	7	6	5	4	3	2	1	0
RTC_CNT[15:0]															
rw	rw	rw	rw	rw	rw	rw	rw	rw	rw	rw	rw	rw	rw	rw	rw

位15:0	**RTC_CNT[15:0]**：RTC计数器低位。 可通过读RTC CNTL寄存器来获得RTC计数器当前值的低位部分。要对此寄存器进行写操作，必须先进入配置模式

图 16-9 RTC 计数器寄存器低位(RTC_CNTL)

16.2.6 RTC 闹钟寄存器

共有 2 个 RTC 闹钟寄存器——RTC_ALRH 和 RTC_ALRL,它们分别被称为 RTC 闹钟寄存器的高位和低位。这两个 16 位的寄存器共同组成了一个 32 位的表示闹钟的数值,当可编程计数器的值与该表示闹钟的数值相等时,即触发一个闹钟事件。当设置了相应的中断屏蔽位时，会产生一个 RTC 闹钟中断。这两个寄存器受 RTC_CR 寄存器中的 RTOFF 位的写保护，仅当 RTOFF 值为 1 时，才允许对它们进行写操作。关于这两个寄存器的描述分别如图 16-10 和图 16-11 所示。

RTC闹钟寄存器高位(RTC_ALRH)
偏移地址：0x20
只写
复位值：0xFFFF

15	14	13	12	11	10	9	8	7	6	5	4	3	2	1	0
RTC_ALR[31:16]															
w	w	w	w	w	w	w	w	w	w	w	w	w	w	w	w

位15:0	**RTC_ALR[31:16]**：RTC闹钟值高位 此寄存器用来保存由软件写入的闹钟时间的高位部分。要对此寄存器进行写操作，必须先进入配置模式

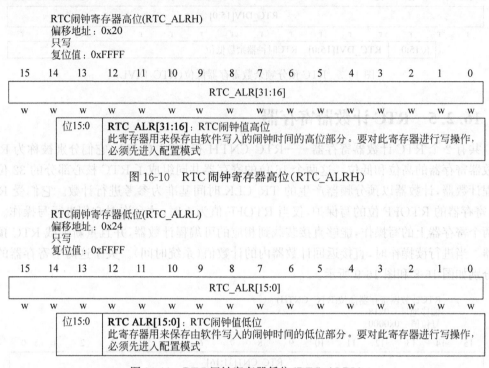

图 16-10 RTC 闹钟寄存器高位(RTC_ALRH)

RTC闹钟寄存器低位(RTC_ALRL)
偏移地址：0x24
只写
复位值：0xFFFF

15	14	13	12	11	10	9	8	7	6	5	4	3	2	1	0
RTC_ALR[15:0]															
w	w	w	w	w	w	w	w	w	w	w	w	w	w	w	w

位15:0	**RTC ALR[15:0]**：RTC闹钟值低位 此寄存器用来保存由软件写入的闹钟时间的低位部分。要对此寄存器进行写操作，必须先进入配置模式

图 16-11 RTC 闹钟寄存器低位(RTC_ALRL)

16.3 RTC 应用相关的其他寄存器

在 RTC 的实际应用中，不仅需要用到与 RTC 自身相关的寄存器，还需要用到其他一些寄存器。

16.3.1 备份数据寄存器

前面曾经提到过备份数据寄存器，对于中小容量的 STM32 产品，该寄存器共有 10 个，对于大容量和互联型的 STM32 产品，该寄存器共有 42 个，对它们的描述如图 16-12 所示。

地址偏移：0x04到0x28，0x40到0xBC
复位值：0x0000 0000

15	14	13	12	11	10	9	8	7	6	5	4	3	2	1	0
D[15:0]															
rw	rw	rw	rw	rw	rw	rw	rw	rw	rw	rw	rw	rw	rw	rw	rw

位15:0	**D[15:0]**：备份数据 这些位可以被用来写入用户数据。 注意：BKP DRx寄存器不会被系统复位、电源复位、从待机模式唤醒所复位。 它们可以由备份域复位来复位或（如果侵入检测引脚TAMPER功能被开启时）由侵入引脚事件复位。

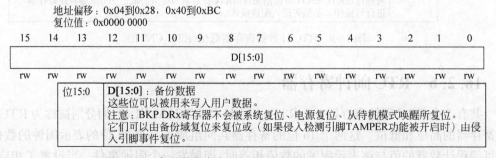

图 16-12 备份数据寄存器 x(BKP_DRx)(x=1,2,…,42)

该寄存器中的16个位可以被用来写入用户数据以备份这些数据，它们常被用来保存一些系统配置信息和相关标志位，可以用它来存储RTC的校验值或者记录一些重要的数据。而且，该寄存器不会被系统复位、电源复位、从待机模式唤醒所复位。

16.3.2 备份区域控制寄存器

本节讨论备份区域控制寄存器（RCC_BDCR）。关于该寄存器的描述如图16-13所示。

31	30	29	28	27	26	25	24	23	22	21	20	19	18	17	16
保留															BDRST
															rw

15	14	13	12	11	10	9	8	7	6	5	4	3	2	1	0
RTC EN	保留					RTCSEL[1:0]		保留					LSE BYP	LSE RDY	LSEON
rw						rw	rw						rw	r	rw

位31:17	保留，始终读为0。
位16	**BDRST**：备份域软件复位 由软件置1或清0 0：复位未激活； 1：复位整个备份域。
位15	**RTCEN**：RTC时钟使能 由软件置1或清0 0：RTC时钟关闭； 1：RTC时钟开启。
位14:10	保留，始终读为0。
位9:8	**RTCSEL[1:0]**：RTC时钟源选择 由软件设置来选择RTC时钟源。一旦RTC时钟源被选定，直到下次后备域被复位，它不能再被改变。可通过设置BDRST位来清除。 00：无时钟； 01：LSE振荡器作为RTC时钟； 10：LS1振荡器作为RTC时钟； 11：HSE振荡器在128分频后作为RTC时钟。
位7:3	保留，始终读为0。
位2	**LSEBYP**：外部低速时钟振荡器旁路 在调试模式下由软件置1或清0来旁路LSE。只有在外部32KHz振荡器关闭时，才能写入该位 0：LSE时钟未被旁路； 1：LSE时钟被旁路。
位1	**LSERDY**：外部低速LSE就绪 由硬件置1或清0来指示是否外部32KHz振荡器就绪。在LSEON被清零后，该位需要6个外部低速振荡器的周期才被清零。 0：外部32KHz振荡器未就绪； 1：外部32KHz振荡器就绪。
位0	**LSEON**：外部低速振荡器使能 由软件置1或清0 0：外部32KHz振荡器关闭； 1：外部32KHz振荡器开启。

图16-13 备份区域控制寄存器（RCC_BDCR）

其中，第0位是LSE时钟的使能位，第2位LSEBYP是LSE时钟的旁路位，第8～9位RTCSEL[1:0]是RTC时钟源的选择位，第15位RTCEN是RTC时钟的使能位。这4个位位于备份域，因此，它们在复位后处于写保护状态，只有在电源控制寄存器（PWR_CR）中的DBP位置1后才能对这些位进行改动。此外，第1位LSERDY用来标志LSE时钟是否就绪。

16.3.3 APB1 外设使能寄存器

前面提到过，要想使能对后备寄存器和 RTC 的访问，需要设置 RCC_APB1ENR 寄存器的 PWREN 和 BKPEN 位，使能电源和后备接口时钟，对它的描述如图 16-14 所示。

31	30	29	28	27	26	25	24	23	22	21	20	19	18	17	16
保留		DACEN	PWR EN	BKP EN	保留	CAN EN	保留	USB EN	I2C2 EN	I2C1 EN	UART5 EN	UART4 EN	UART3 EN	UART2 EN	保留
		rw	rw	rw		rw		rw	rw	rw	rw	rw	rw	rw	

15	14	13	12	11	10	9	8	7	6	5	4	3	2	1	0
SPI3 EN	SPI2 EN	保留		WWDG EN	保留					TIM7 EN	TIM6 EN	TIM5 EN	TIM4 EN	TIM3 EN	TIM2 EN
rw	rw			rw						rw	rw	rw	rw	rw	rw

位31:30	保留，始终读为0。
位29	**DACEN**：DAC接口时钟使能 由软件置1或清0 0：DAC接口时钟关闭； 1：DAC接口时钟开启。
位28	**PWREN**：电源接口时钟使能 由软件置1或清0 0：电源接口时钟关闭 1：电源接口时钟开启
位27	**BKPEN**：备份接口时钟使能 由软件置1或清0 0：备份接口时钟关闭 1：备份接口时钟开启

图 16-14 APB1 外设使能寄存器(RCC_APB1ENR)

这里只列出了该寄存器的几个相关位，其中包括 PWREN 位和 BKPEN 位，它们分别为电源接口时钟使能位和备份接口时钟使能位，在系统复位后，这两位的值都为 0。

16.3.4 电源控制寄存器

我们知道，要想使能对后备寄存器和 RTC 的访问，除了需要设置 RCC_APB1ENR 寄存器的 PWREN 和 BKPEN 位，使能电源和后备接口时钟，还需要设置 PWR_CR 寄存器的 DBP 位，使能对后备寄存器和 RTC 的访问。下面来看看 PWR_CR 寄存器，其描述如图 16-15 所示。

地址偏移：0x00

复位值：0x0000 0000（从待机模式唤醒时清除）

31	30	29	28	27	26	25	24	23	22	21	20	19	18	17	16
保留															

15	14	13	12	11	10	9	8	7	6	5	4	3	2	1	0
保留							DBP	PLS[2:0]			PVDE	CSBF	CWUF	PDDS	LPDS
							rw	rw	rw	rw	rw	rc_wl	rc_wl	rw	rw

位31:9	保留，始终读为0。
位8	**DBP**：取消后备区域的写保护 在复位后，RTC和后备寄存器处于被保护状态以防意外写入。设置这位允许写入这些寄存器。 0：禁止写入RTC和后备寄存器； 1：允许写入RTC和后备寄存器。 注：如果RTC的时钟是HSE/128，该位必须保持为1。

图 16-15 电源控制寄存器(PWR_CR)

这里只列出了该寄存器的 DBP 位,即后备区域的保护位。

16.4 RTC 相关的库函数

RTC 相关的库函数被定义在 stm32f10x_rtc. c 文件中,在 stm32f10x_rtc. h 头文件中,可以看到对它们的声明,如图 16-16 所示。

```
void RTC_ITConfig(uint16_t RTC_IT, FunctionalState NewState);
void RTC_EnterConfigMode(void);
void RTC_ExitConfigMode(void);
uint32_t  RTC_GetCounter(void);
void RTC_SetCounter(uint32_t CounterValue);
void RTC_SetPrescaler(uint32_t PrescalerValue);
void RTC_SetAlarm(uint32_t AlarmValue);
uint32_t  RTC_GetDivider(void);
void RTC_WaitForLastTask(void);
void RTC_WaitForSynchro(void);
FlagStatus RTC_GetFlagStatus(uint16_t RTC_FLAG);
void RTC_ClearFlag(uint16_t RTC_FLAG);
ITStatus RTC_GetITStatus(uint16_t RTC_IT);
void RTC_ClearITPendingBit(uint16_t RTC_IT);
```

图 16-16 RTC 相关的库函数声明

16.4.1 RTC_WaitForLastTask()函数

RTC_WaitForLastTask()函数的声明如下所示:

```
void RTC_WaitForLastTask(void);
```

该函数的主要作用是等待对 RTC 寄存器上一次写操作的完成,它实际上是对 RTC_CRL 寄存器的 RTOFF 位进行操作。

16.4.2 RTC_WaitForSynchro()函数

RTC_WaitForSynchro()函数的声明如下所示:

```
void RTC_WaitForSynchro(void);
```

该函数的主要作用是等待对 RTC 寄存器的同步,它实际上是对 RTC_CRL 寄存器的 RSF 位进行操作。

16.4.3 RTC_EnterConfigMode()函数

RTC_EnterConfigMode()函数的声明如下所示:

```
void RTC_EnterConfigMode(void);
```

该函数的主要作用是进入 RTC 的配置模式,它实际上是对 RTC_CRL 寄存器的 CNF 位进行操作。

16.4.4 RTC_ExitConfigMode()函数

RTC_ExitConfigMode()函数的声明如下所示:

```
void RTC_ExitConfigMode(void);
```

该函数的主要作用是退出 RTC 的配置模式，它实际上是对 RTC_CRL 寄存器的 CNF 位进行操作。

16.4.5 RTC_GetCounter()函数

RTC_GetCounter()函数的声明如下所示：

```
uint32_t RTC_GetCounter(void);
```

该函数的主要作用是获取 RTC 的 32 位计数器的值，通过分别获取 RTC_CNTH 和 RTC_CNTL 这两个寄存器的值来获得。

16.4.6 RTC_SetCounter()函数

RTC_SetCounter()函数的声明如下所示：

```
void RTC_SetCounter(uint32_t CounterValue);
```

该函数的主要作用是设置 RTC 的 32 位计数器的值，通过分别对 RTC_CNTH 和 RTC_CNTL 这两个寄存器进行设置来实现。

如果想要设置 RTC 的 32 位计数器的当前计数值为 10 000，则可以通过调用该函数来实现，如下所示：

```
RTC_SetCounter(10000);
```

16.4.7 RTC_SetPrescaler()函数

RTC_SetPrescaler()函数的声明如下所示：

```
void RTC_SetPrescaler(uint32_t PrescalerValue);
```

该函数的主要作用是设置 RTC 的 20 位预分频器的值，它实际上是对 RTC_PRLH 和 RTC_PRLL 这两个寄存器分别进行操作。

如果使用 32.768kHz 的 LSE 时钟来为 RTC 提供时钟信号，现在想要使 RTC 的 32 位计数器每隔 1s 递增计数，则需要设置 RTC 的预分频器的分频系数为 32 768，可以通过调用该函数来实现，如下所示：

```
RTC_SetPrescaler(32767);
```

16.4.8 RTC_SetAlarm()函数

RTC_SetAlarm()函数的声明如下所示：

```
void RTC_SetAlarm(uint32_t AlarmValue);
```

该函数的主要作用是设置 RTC 的 32 位闹钟寄存器的值，它实际上是对 RTC_ALRH 和 RTC_ALRL 这两个寄存器进行操作。

假设 RTC 的 32 位计数器从 10 000 开始以 1s 的时钟频率计数，如果想要设置当时间为 20 000s 的时候，闹钟响起，则可以通过调用该函数来实现，如下所示：

```
RTC_SetAlarm(20000);
```

16.4.9 RTC_ITConfig()函数

RTC_ITConfig()函数的声明如下所示：

```
void RTC_ITConfig(uint16_t RTC_IT, FunctionalState NewState);
```

该函数的主要作用是设置 RTC 的相关中断屏蔽位，它实际上是对 RTC_CRL 寄存器的 SECF、ALRF 和 OWF 位进行操作。

该函数与前面介绍的许多其他外设的该类函数的使用方式相似，它的第一个参数对应被选择的 RTC 的中断类型，第二个参数对应该中断是否被使能。如果想要设置 RTC 的秒中断和闹钟中断的屏蔽位，则可以通过调用该函数来实现，如下所示：

```
RTC_ITConfig(RTC_IT_SEC| RTC_IT_ALR, ENABLE);
```

16.4.10 RTC_GetFlagStatus()函数和 RTC_GetITStatus()函数

这两个函数的声明分别如下所示：

```
FlagStatus RTC_GetFlagStatus(uint16_t RTC_FLAG);
ITStatus RTC_GetITStatus(uint16_t RTC_IT);
```

它们都是检测 RTC 的相关中断标志位是否被置位。不同的是，RTC_GetFlagStatus()函数是直接检测中断标志位是否被置位，而 RTC_GetITStatus()函数是在判断了相关的中断被使能的前提下，再去检测其对应的中断标志位是否被置位。对它们的使用与之前其他外设的该类函数的使用相类似。

16.4.11 RTC_ClearFlag()函数和 RTC_ClearITPendingBit()函数

这两个函数的声明分别如下所示：

```
void RTC_ClearFlag(uint16_t RTC_FLAG);
void RTC_ClearITPendingBit(uint16_t RTC_IT);
```

它们的主要作用都是清除 RTC 的相关中断标志位，其使用方法与之前许多其他外设的该类函数的使用方法相似，此处不再赘述。

16.5 RTC应用相关的其他库函数

在RTC的实际应用中,除了需要用到RTC自身相关的库函数,还需要用到一些其他库函数。

16.5.1 RCC_RTCCLKConfig()函数

RCC_RTCCLKConfig()函数的声明如下所示:

```
void RCC_RTCCLKConfig(uint32_t RCC_RTCCLKSource);
```

该函数的主要作用是设置RTC的时钟源,它实际上是对RCC_BDCR寄存器的RTCSEL[1:0]位进行操作。前面提到,RTC可以选择3种时钟源——HSE/128、LSE和LSI。如果想要设置RTC的时钟源为LSE,则可以通过调用该函数来实现,如下所示:

```
RCC_RTCCLKConfig(RCC_RTCCLKSource_LSE);
```

16.5.2 RCC_RTCCLKCmd()函数

RCC_RTCCLKCmd()函数的声明如下所示:

```
void RCC_RTCCLKCmd(FunctionalState NewState);
```

该函数的主要作用是对RTC的时钟进行使能,它实际上是对RCC_BDCR寄存器的RTCEN位进行操作。如果在选择好RTC的时钟源后,想对它进行使能,则可以通过调用该函数来实现,如下所示:

```
RCC_RTCCLKCmd(ENABLE);
```

16.5.3 PWR_BackupAccessCmd()函数

PWR_BackupAccessCmd()函数的声明如下所示:

```
void PWR_BackupAccessCmd(FunctionalState NewState);
```

该函数的主要作用是对BKP后备区域的访问进行使能,它实际上是对PWR_CR寄存器的DBP位进行操作。如果想对BKP后备区域的访问进行使能,则可以通过调用该函数来实现,如下所示:

```
PWR_BackupAccessCmd(ENABLE);
```

16.5.4 RCC_LSEConfig()函数

RCC_LSEConfig()函数的声明如下所示:

```
void RCC_LSEConfig(uint8_t RCC_LSE);
```

该函数的主要作用是开启或旁路 LSE 时钟，它实际上是对 RCC_BDCR 寄存器的 LSEON 位和 LSEBYP 位进行操作。如果想开启 LSE 时钟，则可以通过调用该函数来实现，如下所示：

```
RCC_LSEConfig(RCC_LSE_ON);
```

16.5.5　RCC_GetFlagStatus()函数

RCC_GetFlagStatus()函数的声明如下所示：

```
FlagStatus RCC_GetFlagStatus(uint8_t RCC_FLAG);
```

该函数的主要作用是检测相关的 RCC(Reset and Clock Control)标志是否被置位。本章主要用它来检测 LSE 时钟是否已就绪。在调用 RCC_LSEConfig()函数开启 LSE 时钟后，可以再通过调用该函数来判断 LSE 时钟是否已就绪，如下所示：

```
if(RCC_GetFlagStatus(RCC_FLAG_LSERDY) == RESET)
{…}
```

16.5.6　BKP_ReadBackupRegister()函数

BKP_ReadBackupRegister()函数的声明如下所示：

```
uint16_t BKP_ReadBackupRegister(uint16_t BKP_DR);
```

该函数的主要作用是读取备份数据寄存器中的内容。如果要将 BKP_DR1 寄存器中的数据读到 uint16_t 类型的变量 temp 中，则可以通过调用该函数来实现，如下所示：

```
temp = BKP_ReadBackupRegister(BKP_DR1);
```

16.5.7　BKP_WriteBackupRegister()函数

BKP_WriteBackupRegister()函数的声明如下所示：

```
void BKP_WriteBackupRegister(uint16_t BKP_DR, uint16_t Data);
```

该函数的主要作用是将相关的数据写到备份数据寄存器中。如果要将数据 0x4000 写到 BKP_DR1 寄存器中，则可以通过调用该函数来实现，如下所示：

```
BKP_WriteBackupRegister(BKP_DR1, 0x4000);
```

16.6 RTC应用实例

本节将应用RTC来设计一个日历时钟。RTC是一个独立的定时器，它的功能与通用定时器相比非常简单，但它具有所有的定时器所不具有的功能，就是当系统掉电(即STM32芯片的V_{DD}引脚掉电)后，它仍然会继续工作，当系统从待机模式下被唤醒，或系统被复位或电源被复位时，它们也不会被复位。当然，这有一个前提，就是STM32芯片的V_{BAT}引脚始终接电源或锂电池。

1. 实例描述

本节运用RTC来设计一个日历时钟。前面提到过，RTC的32位计数器可以表示长达136年的时间，以1970年1月1日0时0分0秒作为RTC计数器的0值，首先计算出当前时间所对应的RTC计数器的计数值，并将这个值作为RTC计数器的当前计数值；然后开始计时，每隔1s，RTC计数器加1，再计算出RTC计数器的最新计数值并将其转化为相应的时间值，也就是当前的实时时间，包括年、月、日、时、分、秒和星期，并将其通过串口输出到计算机上。与此同时，再使LED以0.5s的间隔闪烁，以对应实时时间的显示。

2. 硬件电路

本实例中用到的LED和串口的相关硬件电路分别和5.4.1节的流水灯应用实例以及10.6.1节的串口通信应用实例完全相同，在此不再赘述。此外，还需要给开发板的V_{BAT}引脚接锂电池。可以从开发板的V_{BAT}引脚和GND引脚引出两根引线，将它们接到纽扣电池。

3. 软件设计

下面进行本应用实例的软件设计。

为了讲解方便，选择将10.6节实现的串口通信应用例程进行复制并将它重命名为RTC，直接在它上面进行修改。

首先，在工程的HARDWARE文件夹中新建一个名为RTC的文件夹，并在其中新建两个文件rtc.c和rtc.h，然后分别将它们添加到工程的HARDWARE文件夹和工程所包含的头文件列表中。此外，由于本实例会应用到实时时钟RTC以及相关的电源和备份区域，还需要在工程的FWLIB文件夹中添加相关的文件stm32f10x_rtc.c、stm32f10x_bkp.c、stm32f10x_pwr.c。

下面开始编写程序代码。

第一步，在rtc.h头文件中添加如下代码：

```
#ifndef __RTC_H
#define __RTC_H
#include "stm32f10x.h"

typedef struct
{
 vu16 year;
 vu8 month;
 vu8 day;
```

```
vu8 hour;
 vu8 min;
 vu8 sec;
 vu8 week;
}CALENDER;

u8 RTC_Init(void);
u8 Is_Leap_Year(u16 year);
u8 RTC_Set_Time(u16 year,u8 month,u8 day,u8 hour,u8 min,u8 sec);
u8 RTC_Set_Alarm(u16 year,u8 month,u8 day,u8 hour,u8 min,u8 sec);
u8 RTC_Get_Time(void);
u8 Get_Week(u16 year,u8 month,u8 day);
#endif
```

在 rtc.h 头文件中，定义了一个表示日历的结构体类型 CALENDER，并声明了 RTC 的初始化函数 RTC_Init()、判断闰年函数 Is_Leap_Year()、设置时间函数 RTC_Set_Time()、设置闹钟函数 RTC_Set_Alarm()、获取时间函数 RTC_Get_Time()以及获取星期函数 Get_Week()。

第二步，在 rtc.c 文件中添加如下代码：

```
#include "rtc.h"
#include "usart.h"
#include "systick.h"

CALENDER calendar;
const u8 days[12] = {31,28,31,30,31,30,31,31,30,31,30,31};

u8 RTC_Init(void)
{
 u8 temp = 0;
 NVIC_InitTypeDef NVIC_InitStructure;
 RCC_APB1PeriphClockCmd(RCC_APB1Periph_PWR|RCC_APB1Periph_BKP,ENABLE);
 PWR_BackupAccessCmd(ENABLE);
 if(BKP_ReadBackupRegister(BKP_DR1)!= 0x4000)
 {
     BKP_DeInit();
     RCC_LSEConfig(RCC_LSE_ON);
     while((RCC_GetFlagStatus(RCC_FLAG_LSERDY) == RESET)&&(temp < 250))
     {
         temp++;
         Delay_ms(10);
     }
     if(temp> = 250)
         return 1;
     RCC_RTCCLKConfig(RCC_RTCCLKSource_LSE);
     RCC_RTCCLKCmd(ENABLE);
     RTC_WaitForLastTask();
```

```
        RTC_WaitForSynchro();
        RTC_ITConfig(RTC_IT_SEC|RTC_IT_ALR,ENABLE);
        RTC_WaitForLastTask();
        RTC_EnterConfigMode();
        RTC_SetPrescaler(32767);
        RTC_WaitForLastTask();
        RTC_Set_Time(2017,11,28,11,17,10);
    RTC_WaitForLastTask();
        RTC_Set_Alarm(2017,11,18,11,20,0);
        RTC_ExitConfigMode();
        BKP_WriteBackupRegister(BKP_DR1,0x4000);
    }
    else
    {
        RTC_WaitForSynchro();
        RTC_ITConfig(RTC_IT_SEC,ENABLE);
        RTC_WaitForLastTask();
    }
    NVIC_InitStructure.NVIC_IRQChannel = RTC_IRQn;
    NVIC_InitStructure.NVIC_IRQChannelPreemptionPriority = 0;
    NVIC_InitStructure.NVIC_IRQChannelSubPriority = 0;
    NVIC_InitStructure.NVIC_IRQChannelCmd = ENABLE;
    NVIC_Init(&NVIC_InitStructure);
    RTC_Get_Time();
    return 0;
}

void RTC_IRQHandler(void)
{
    if(RTC_GetITStatus(RTC_IT_SEC)!= RESET)
    {
        u16 year;
        u8 month,day,hour,min,sec,week;
        RTC_ClearITPendingBit(RTC_IT_SEC);
        RTC_WaitForSynchro();
        RTC_Get_Time();
         Get_Week(calendar.year,calendar.month,calendar.day);

        year = calendar.year;
        month = calendar.month;
        day = calendar.day;
        hour = calendar.hour;
        min = calendar.min;
        sec = calendar.sec;
        week = calendar.week;
printf("%d%d%d%d-",year/1000,year%1000/100,year%100/10,year%10);
         printf("%d%d-",month/10,month%10);
         printf("%d%d ",day/10,day%10);
        printf("%d%d:",hour/10,hour%10);
        printf("%d%d:",min/10,min%10);
```

```
    printf("%d%d",sec/10,sec%10);
     switch(calendar.week)
     {
         case 0:
             printf("Sunday\n");
             break;
         case 1:
             printf("Monday\n");
             break;
         case 2:
             printf("Tuesday\n");
             break;
         case 3:
             printf("Wednesday\n");
             break;
         case 4:
             printf("Thursday\n");
             break;
         case 5:
             printf("Friday\n");
             break;
         case 6:
             printf("Saturday\n");
             break;
     }
 }
 if(RTC_GetITStatus(RTC_IT_ALR)!= RESET)
 {
     RTC_ClearITPendingBit(RTC_IT_ALR);
        printf("Alarm Time Comes!\n");
   }
RTC_WaitForLastTask();
}

u8 Is_Leap_Year(u16 year)
{
 if(year%4==0)
 {
     if(year%100==0)
     {
         if(year%400==0)
              return 1;
         return 0;
     }
     return 1;
 }
 return 0;
}

u8 RTC_Set_Time(u16 year,u8 month,u8 day,u8 hour,u8 min,u8 sec)
```

```
{
  u16 t;
  u32 sec_cnt = 0;
  if(year < 1970||year > 2099)
        return 1;
  for(t = 1970;t < year;t++)
  {
      if(Is_Leap_Year(t))
          sec_cnt += 31622400;
      else
          sec_cnt += 31536000;
  }
  month -= 1;
  for(t = 0;t < month;t++)
  {
      sec_cnt += (u32)days[t] * 86400;
      if((t == 1)&&(Is_Leap_Year(year)))
          sec_cnt += 86400;
  }
  sec_cnt += (u32)(day - 1) * 86400;
  sec_cnt += (u32)hour * 3600;
    sec_cnt += (u32)min * 60;
  sec_cnt += sec;

  RCC_APB1PeriphClockCmd(RCC_APB1Periph_PWR | RCC_APB1Periph_BKP, ENABLE);
  PWR_BackupAccessCmd(ENABLE);
  RTC_SetCounter(sec_cnt);

  RTC_WaitForLastTask();
  return 0;
}

u8 RTC_Set_Alarm(u16 year,u8 month,u8 day,u8 hour,u8 min,u8 sec)
{
  u16 t;
  u32 sec_cnt = 0;
  if(year < 1970||year > 2099)
      return 1;
  for(t = 1970;t < year;t++)
  {
      if(Is_Leap_Year(t))
          sec_cnt += 31622400;
      else
          sec_cnt += 31536000;
  }
  month -= 1;
  for(t = 0;t < month;t++)
  {
      sec_cnt += (u32)days[t] * 86400;
      if((t == 1)&&(Is_Leap_Year(year)))
```

```
            sec_cnt += 86400;
    }
    sec_cnt += (u32)(day - 1) * 86400;
    sec_cnt += (u32)hour * 3600;
      sec_cnt += (u32)min * 60;
    sec_cnt += sec;

    RCC_APB1PeriphClockCmd(RCC_APB1Periph_PWR|RCC_APB1Periph_BKP, ENABLE);
    PWR_BackupAccessCmd(ENABLE);
    RTC_SetAlarm(sec_cnt);

    RTC_WaitForLastTask();
    return 0;
}

u8 RTC_Get_Time(void)
{
    static u16 day_cnt = 0;
    u32 sec_cnt = 0;
    u32 temp1 = 0;
    u16 temp2 = 0;
      sec_cnt = RTC_GetCounter();
    temp1 = sec_cnt/86400;
    if(day_cnt!= temp1)
    {
        day_cnt = temp1;
        temp2 = 1970;
        while(temp1 > = 365)
        {
            if(Is_Leap_Year(temp2))
            {
                if(temp1 > = 366)
                    temp1 -= 366;
                else
                    break;
            }
            else
                temp1 -= 365;
            temp2++;
        }
        calendar.year = temp2;
        temp2 = 0;
        while(temp1 > = 28)
        {
            if(Is_Leap_Year(calendar.year)&&(temp2 == 1))
            {
                if(temp1 > = 29)temp1 -= 29;
                else break;
            }
            else
```

```
            {
                if(temp1 >= days[temp2])temp1 -= days[temp2];
                else break;
            }
            temp2++;
        }
        calendar.month = temp2 + 1;
        calendar.day = temp1 + 1;
    }
    temp1 = sec_cnt % 86400;
    calendar.hour = temp1/3600;
    calendar.min = (temp1 % 3600)/60;
    calendar.sec = (temp1 % 3600) % 60;
    calendar.week = Get_Week(calendar.year,calendar.month,calendar.day);
    return 0;
}

u8 Get_Week(u16 year,u8 month,u8 day)
{
    u16 day_cnt = 0,i = 0;
    u8 j;
    for(i = 1970;i < year;i++)
    {
        if(Is_Leap_Year(i))
            day_cnt += 366;
        else
            day_cnt += 365;
    }
    for(j = 0;j < month;j++)
    {
        day_cnt += days[j];
        if((j == 1)&&Is_Leap_Year(year))
            day_cnt++;
    }
    day_cnt += day;
    day_cnt -= 4;
    return day_cnt % 7;
}
```

rtc.c 文件中主要定义了 rtc.h 头文件中声明的一系列函数以及 RTC 的中断处理函数。

首先,来看一下 RTC 的初始化函数 RTC_Init()。在该函数的定义中,首先调用 RCC_APB1PeriphClockCmd()函数使能了电源和后备区域的时钟,然后通过调用 PWR_BackupAccessCmd()函数对后备区域的访问进行了使能,如下所示:

```
RCC_APB1PeriphClockCmd(RCC_APB1Periph_PWR|RCC_APB1Periph_BKP,ENABLE);
PWR_BackupAccessCmd(ENABLE);
```

接着，通过 BKP_ReadBackupRegister()函数对备份数据寄存器 BKP_DR1 进行读操作，如果未得到期望的值，说明还未对 RTC 进行设置，则开始对其进行设置：首先调用 BKP_DeInit()函数将后备区域相关的寄存器复位到默认状态，接着通过调用 RCC_LSEConfig()函数开启 LSE 时钟（因为下面需要将 LSE 时钟作为 RTC 的时钟源），并通过调用 RCC_GetFlagStatus()函数判断 LSE 时钟是否就绪，如果在 2.5s 后 LSE 时钟仍然未就绪，则认为 LSE 时钟开启失败，返回 1，如下所示：

```
if(BKP_ReadBackupRegister(BKP_DR1)!= 0x4000)
{
 BKP_DeInit();
 RCC_LSEConfig(RCC_LSE_ON);
 while((RCC_GetFlagStatus(RCC_FLAG_LSERDY) == RESET)&&(temp< 250))
 {
     temp++;
     Delay_ms(10);
 }
 if(temp> = 250)
     return 1;
 …
}
```

如果 LSE 时钟成功开启，则通过调用 RCC_RTCCLKConfig()函数将 LSE 时钟配置为 RTC 的时钟，并通过调用 RCC_RTCCLKCmd()函数对其进行使能，之所以选择 LSE 时钟来作为 RTC 的时钟，主要是因为它相对来说更加精准。相关代码如下所示：

```
RCC_RTCCLKConfig(RCC_RTCCLKSource_LSE);
RCC_RTCCLKCmd(ENABLE);
```

然后，开始对 RTC 进行相关的设置。首先通过调用 RTC_WaitForLastTask()函数等待 RTC 上次写操作的完成，接着通过调用 RTC_WaitForSynchro()函数等待 RTC 寄存器同步的完成，最后通过调用 RTC_ITConfig()函数对 RTC 的相关中断进行使能，相关代码如下所示：

```
RTC_WaitForLastTask();
RTC_WaitForSynchro();
RTC_ITConfig(RTC_IT_SEC|RTC_IT_ALR,ENABLE);
```

下面再对 RTC 的预分频装载寄存器和计数器寄存器进行相关的设置。还是先通过调用 RTC_WaitForLastTask()函数等待 RTC 上次写操作的完成，然后需要通过调用 RTC_EnterConfigMode()函数进入 RTC 的配置模式，先后通过调用 RTC_SetPrescaler()函数、RTC_Set_Time()函数（实际上最终是通过调用 RTC_SetCounter()函数）和 RTC_Set_Alarm()函数（实际上最终是通过调用 RTC_SetAlarm()函数）对 RTC 的预分频装载寄存器、计数器寄存器和闹钟寄存器进行相关的设置，在每次设置之前都需要通过调用 RTC_WaitForLastTask()函数等待 RTC 上次写操作的完成；最后，通过调用 RTC_ExitConfigMode()

函数退出 RTC 的配置模式。在上述操作完成后,调用 BKP_WriteBackupRegister()函数将值 0x4000(这个值可以任意选取)写入备份数据寄存器 BKP_DR1 中,表示本次对 RTC 设置的完成。相关代码如下所示:

```
RTC_WaitForLastTask();
RTC_WaitForSynchro();
RTC_ITConfig(RTC_IT_SEC|RTC_IT_ALR,ENABLE);
RTC_WaitForLastTask();
RTC_EnterConfigMode();
RTC_SetPrescaler(32767);
RTC_WaitForLastTask();
RTC_Set_Time(2017,11,28,11,17,10);
RTC_WaitForLastTask();
RTC_Set_Alarm(2017,11,28,11,20,0);
RTC_ExitConfigMode();
BKP_WriteBackupRegister(BKP_DR1,0x4000);
```

如果通过 BKP_ReadBackupRegister()函数对备份数据寄存器 BKP_DR1 进行读操作,得到了期望的值,即我们之前设置的 0x4000,说明已经完成了对 RTC 的预分频装载寄存器和计数器寄存器的设置,那么只需再重新使能 RTC 相关的中断设置即可,这种情况对应再次对 STM32 芯片上电的过程,相关代码如下所示:

```
else
{
RTC_WaitForSynchro();
 RTC_ITConfig(RTC_IT_SEC|RTC_IT_ALR,ENABLE);
 RTC_WaitForLastTask();
}
```

在 RTC_Init()函数的最后,因为用到了 RTC 的相关中断,所以需要调用 NVIC_Init()函数对 RTC 的中断通道进行使能,函数的最后返回 0,表示 RTC 成功初始化,相关代码如下所示:

```
NVIC_InitTypeDef NVIC_InitStructure;
NVIC_InitStructure.NVIC_IRQChannel = RTC_IRQn;
NVIC_InitStructure.NVIC_IRQChannelPreemptionPriority = 0;
NVIC_InitStructure.NVIC_IRQChannelSubPriority = 0;
NVIC_InitStructure.NVIC_IRQChannelCmd = ENABLE;
NVIC_Init(&NVIC_InitStructure);
return 0;
```

通过以上分析,可以总结出 RTC 初始化操作的步骤如下:

(1) 通过调用 RCC_APB1PeriphClockCmd()函数使能电源和备份区域的时钟;

(2) 通过调用 PWR_BackupAccessCmd()函数使能对备份区域的访问;

(3) 通过调用 BKP_DeInit()函数复位备份区域,并通过调用 RCC_LSEConfig()函数开启 LSE 时钟;

(4) 通过调用 RCC_RTCCLKConfig()函数将 RTC 的时钟配置为 LSE 时钟，并通过调用 RCC_RTCCLKCmd()函数使能时钟的配置；

(5) 通过调用 RTC_ITConfig()函数对 RTC 的相关中断进行使能，在这之前需要先分别通过调用 RTC_WaitForLastTask()函数和 RTC_WaitForSynchro()函数，等待 RTC 之前的写操作的完成以及 RTC 寄存器同步的完成；

(6) 分别通过调用 RTC_SetPrescaler()函数和 RTC_SetCounter()函数来设置 RTC 的预分频装载寄存器和计数器寄存器，在此之前需要先通过调用 RTC_WaitForLastTask()函数等待 RTC 上一次写操作的完成，并通过调用 RTC_EnterConfigMode()函数进入 RTC 的配置模式，最后通过调用 RTC_ExitConfigMode()函数退出 RTC 的配置模式；

(7) 通过调用 BKP_WriteBackupRegister()函数将相关数据写到相关备份数据寄存器中，标志本次对 RTC 设置的完成。

下面再来看一下 RTC 的中断处理函数 RTC_IRQHandler()。

在 RTC_IRQHandler()函数中，首先通过调用 RTC_GetITStatus()函数判断产生的中断类型，如果产生了秒中断，则首先通过调用 RTC_ClearITPendingBit()函数清除相关的中断标志，然后通过调用 RTC_WaitForSynchro()函数等待寄存器同步，再通过调用 RTC_Get_Time()函数获取当前的时间，并通过调用 Get_Week()函数获取当前时间对应的星期，最后分别将它们通过串口发送到计算机。如果产生了闹钟中断，则同样先通过 RTC_ClearITPendingBit()函数清除中断标志，然后通过串口向计算机发出信息，提示闹钟时间到了。在该函数的最后，还需要调用 RTC_WaitForLastTask()函数等待 RTC 上一次写操作的完成。

其他几个函数更多的是关于时间的计算、设置和获取，此处不再赘述。需要注意的是，在 RTC_Set_Time()函数和 RTC_Set_Alarm()函数的定义中，当需要对 RTC 的计数器寄存器和闹钟寄存器进行写操作时，都需要像在 RTC_Init()函数的定义中那样，先通过调用 RCC_APB1PeriphClockCmd()函数对电源和备份区域的时钟进行使能，再通过调用 PWR_BackupAccessCmd()函数对备份区域的访问进行使能，在对 RTC 的计数器寄存器和闹钟寄存器进行了写操作后，还需要通过调用 RTC_WaitForLastTask()函数等待 RTC 上一次写操作的完成，相关代码如下所示：

```
RCC_APB1PeriphClockCmd(RCC_APB1Periph_PWR | RCC_APB1Periph_BKP, ENABLE);
PWR_BackupAccessCmd(ENABLE);
RTC_SetCounter(sec_cnt);
RTC_WaitForLastTask();

RCC_APB1PeriphClockCmd(RCC_APB1Periph_PWR|RCC_APB1Periph_BKP, ENABLE);
PWR_BackupAccessCmd(ENABLE);
RTC_SetAlarm(sec_cnt);
RTC_WaitForLastTask();
```

第三步，在 main.c 文件中删除原先的代码，并添加如下代码：

```
#include "stm32f10x.h"
#include "led.h"
```

```
#include "systick.h"
#include "usart.h"
#include "rtc.h"
#include "bitband.h"

int main(void)
{
 NVIC_PriorityGroupConfig(NVIC_PriorityGroup_2);
 LED_Init();
 Delay_Init();
 USART2_Init();
 RTC_Init();
 while(1)
 {
      LED1 = !LED1;
      Delay_ms(500);
 }
}
```

main.c文件中的这段代码非常简单。起始处包含了相关的头文件，在main()函数中，因为后面RTC需要用到中断，所以首先需要调用NVIC_PriorityGroupConfig()函数对中断的优先级分组进行设置，然后分别通过调用相关的初始化函数对需要用到的各个外设进行初始化操作，最后在while(1)实现的死循环中，让LED1以500ms的间隔闪烁，相当于1s亮一次，配合RTC实时时钟的显示。

至此，本例程的编程工作全部完成。

4. 下载验证

将该例程下载到开发板，来验证它是否实现了相应的效果。首先将USB串口数据连接线的一端连接到STM32F107开发板的串口，另一端连接到计算机的USB接口，然后通过JLINK下载方式将程序下载到开发板，并按RESET按键对其复位，可以看到，在串口调试助手的接收区中，会显示当前的实际时间，并且每隔1s在新的一行又显示新的当前时间，如图16-17所示，同时LED1会以500ms的间隔闪烁。大家可以同时关注串口调试助手中显示的当前时间以及LED1亮灭状态的变化。注意，在将程序下载到开发板前，最好将程序中关于设置当前时间的代码相应地修改为当前的实际时间，这样可以在程序运行时观察到接近实际的效果。

如果关闭开发板的电源，过几十秒后，再对它接通电源，可以看到，在串口调试助手中，显示的依然是当前的实际时间，如图16-18所示。也就是说，在对开发板断电的这段时间内，RTC仍然在工作，这体现了RTC具备的STM32其他定时器所不具备的特性——断电后能够继续工作。

在程序中预先设置的闹钟时刻(2017-11-28 11:20:00)，串口调试助手中会在这一时刻的后面显示“Alarm Time Comes!”作为提示，如图16-19所示。因为开发板没有蜂鸣器，所以这里只能采用这种方式来作为提示，主要是展示RTC的闹钟功能。如果开发板有蜂鸣器，则可以设置在这一时刻让蜂鸣器响，那样效果更好。

图 16-17 串口调试助手中显示当前时间

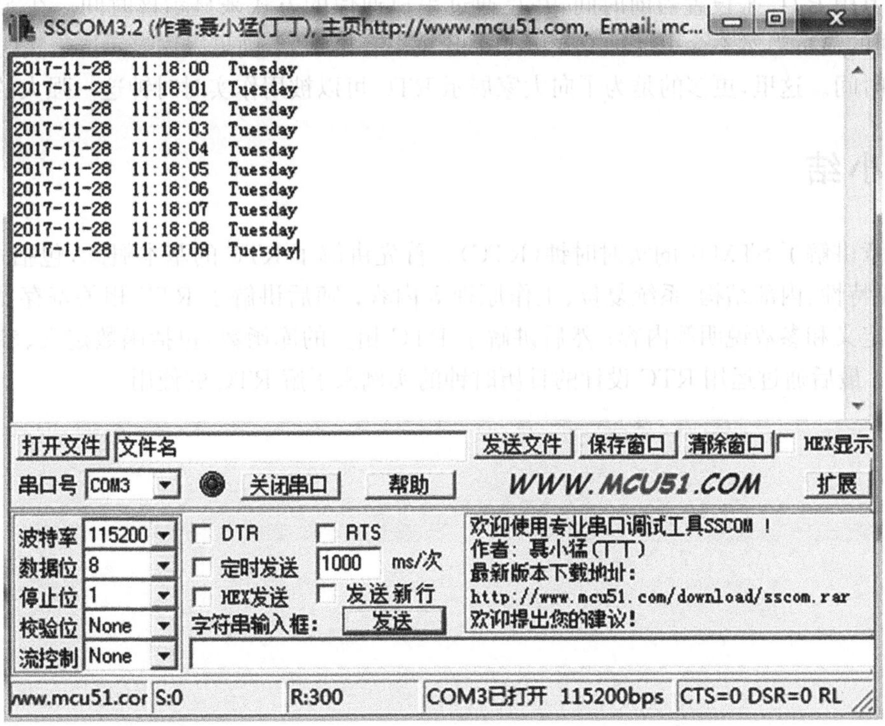

图 16-18 再次上电后串口调试助手中依然显示当前时间

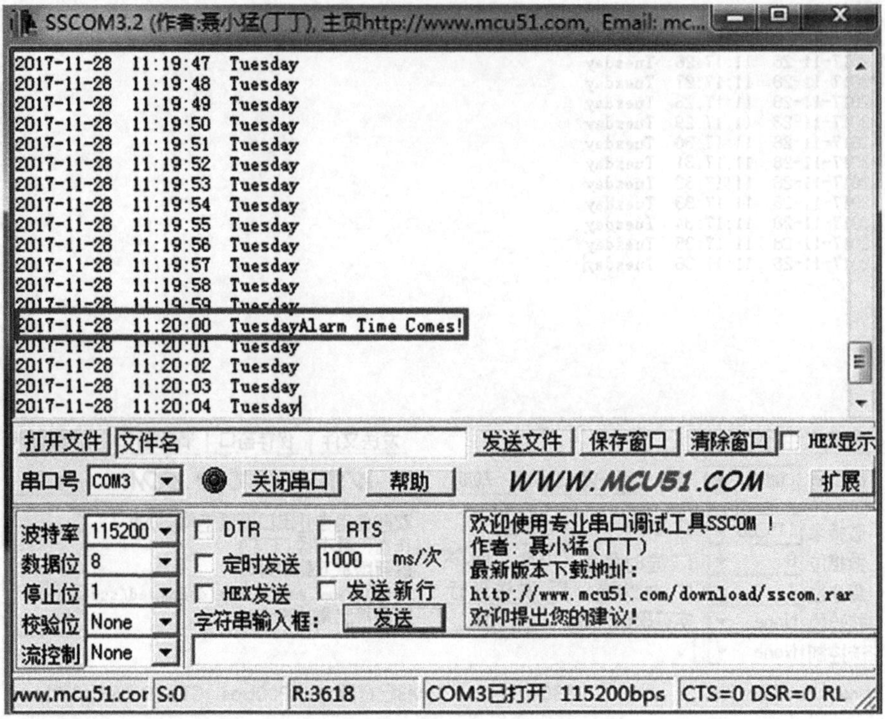

图 16-19 串口调试助手中显示闹钟时刻来到

本节用 RTC 来设置当前时间,并且通过串口通信的方式来显示该时间。在实际应用中,时间的显示当然不会用这种方式。如果开发板有显示屏,则可以用显示屏来实时地显示当前的时间。这里,更多的是为了向大家展示 RTC 可以被用作实时时钟这一强大的功能。

本章小结

本章讲解了 STM32 的实时时钟(RTC)。首先讲解了 RTC 的基本概念,包括 RTC 简介、主要特性、内部结构、系统复位、工作原理等内容;随后讲解了 RTC 相关寄存器,包括寄存器定义和参数说明等内容;然后讲解了 RTC 相关的库函数,包括函数定义、参数说明等内容;最后通过运用 RTC 设计的日历时钟的实例来了解 RTC 的使用。

第 17 章

电 源 控 制

本章介绍 STM32 的电源管理和低功耗模式。本章的内容相对来说比较简单，尤其是在学习了 STM32 的许多外设后，本章的内容更容易掌握。

本章的学习目标如下：

- 理解并掌握电源管理的工作原理和基础知识；
- 理解并掌握低功耗模式的工作原理和基础知识；
- 理解并掌握与电源控制相关的一些重要的寄存器并掌握对它们进行配置的方法；
- 理解并掌握 ST 官方固件库中提供的与通用定时器的电源控制相关的一些重要的库函数及其应用；
- 理解并掌握电源控制的低功耗模式的典型应用实例——待机模式下的唤醒。

17.1 电源管理

STM32 的工作电压(V_{DD})为 2.0～3.6V，它通过内置的电压调节器提供所需的 1.8V 电源。当主电源 V_{DD} 掉电后，通过 V_{BAT} 引脚为实时时钟(RTC)和备份寄存器提供电源。STM32 的电源框图如图 17-1 所示。

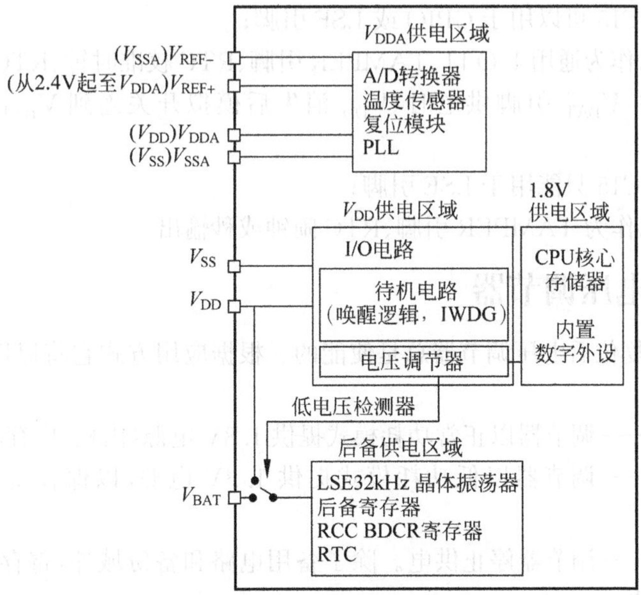

图 17-1　STM32 的电源框图

注意，在如图 17-1 所示的 STM32 的电源电路中，V_{DDA} 和 V_{SSA} 必须分别连接到 V_{DD} 和 V_{SS}。

17.1.1 独立的 A/D 转换器供电和参考电压

ADC(Analog to Digital Converter)即模拟数字转换器，或称 A/D 转换器，具体将在第 18 章介绍。

为了提高转换的精准度，ADC 使用一个独立的电源供电，过滤和屏蔽来自印制电路板的毛刺干扰，如下所示：

- ADC 的电源引脚为 V_{DDA}；
- 独立的电源地 V_{SSA}。

注意，如果有 V_{REF-} 引脚(根据封装而定)，那么它必须连接到 V_{SSA}。

对于 100 脚和 144 脚的封装来说，为了确保输入为低压时获得更好的精度，用户可以连接一个独立的外部参考电压 ADC 到 V_{REF+} 和 V_{REF-} 引脚上。在 V_{REF+} 引脚上的电压范围为 2.4V～V_{DDA}。

对于 64 脚或更少引脚的封装来说，因为没有 V_{REF+} 和 V_{REF-} 引脚，所以它们在芯片内部与 ADC 的电源(V_{DDA})和地(V_{SSA})相连。

17.1.2 电池备份区域

使用电池或其他电源连接到 V_{BAT} 引脚上，当 V_{DD} 断电时，可以保存备份寄存器的内容和维持 RTC 的功能。

V_{BAT} 引脚也为 RTC、LSE 振荡器和 PC13～PC15 供电，这保证了当主要电源被切断时 RTC 能继续工作。切换到 V_{BAT} 引脚供电由复位模块中的掉电复位功能控制。

如果应用中没有使用外部电池，那么 V_{BAT} 必须连接到 V_{DD} 引脚上。

当备份区域由 V_{DD}(内部模拟开关连接到 V_{DD})供电时，下述功能可用：

- PC14 和 PC15 可以用于 GPIO 或 LSE 引脚；
- PC13 可以作为通用 I/O 口、TAMPER 引脚、RTC 校准时钟、RTC 闹钟或秒输出。

当后备区域由 V_{BAT} 引脚供电时(V_{DD} 消失后模拟开关连到 V_{BAT})，可以使用下述功能：

- PC14 和 PC15 只能用于 LSE 引脚；
- PC13 可以作为 TAMPER 引脚、RTC 闹钟或秒输出。

17.1.3 电压调节器

STM32 芯片复位后电压调节器总是使能的。根据应用方式它将以以下 3 种不同的模式工作：

- 运转模式——调节器以正常功耗模式提供 1.8V 电源(内核、内存和外设)；
- 停止模式——调节器以低功耗模式提供 1.8V 电源，以保存寄存器和 SRAM 的内容；
- 待机模式——调节器停止供电。除了备用电路和备份域外，寄存器和 SRAM 的内容全部丢失。

17.2 低功耗模式

很多单片机都有低功耗模式，作为一种功能强大的单片机，STM32 当然也不例外。在系统或电源复位以后，微控制器处于运行状态。运行状态下的 HCLK 为 CPU 提供时钟，内核执行程序代码。当 CPU 不需要继续运行时，可以利用多种模式来降低功耗，例如等待某个外部事件时，用户需要根据最低电源消耗、最快速启动时间和可用的唤醒源等条件，选定一个最佳的低功耗模式。

STM32F1 系列的产品有以下 3 种低功耗模式：

- 睡眠模式[Cortex-M3 内核停止，所有外设包括 Cortex-M3 核心的外设，如 NVIC、系统时钟(SysTick 定时器)等仍在运行]；
- 停止模式(所有的时钟都已停止)；
- 待机模式(1.8V 电源关闭)。

此外，在运行模式下，可以通过以下方式之一来降低功耗：

- 降低系统时钟；
- 关闭 APB 和 AHB 总线上未被使用的外设时钟。

STM32 的低功耗模式如图 17-2 所示。

模式	进入	唤醒	对1.8V区域时钟的影响	对V_{DD}区域时钟的影响	电压调节器
睡眠（SLEEP-NOW或SLEEP-ON-EXIT）	WFI	任一中断	CPU时钟关，对其他时钟和ADC时钟无影响	无	开
	WFE	唤醒事件			
停机	PDDS和LPDS位+SLEEPDEEP位+WFI或WFE	任一外部中断（在外部中断寄存器中设置）	关闭所有1.8V区域的时钟	HSI和HSE的振荡器关闭	开启或处于低功耗模式[依据电源控制寄存器(PWR_CR)的设定]
待机	PDDS位+SLEEPDEEP位+WFI或WFE	WKUP引脚的上升沿、RTC闹钟事件、NRST引脚上的外部复位、IWDG复位			关

图 17-2 STM32 的低功耗模式

关于在运行模式下通过降低系统时钟以及停止为外设和内存提供时钟来减少功耗，请参考《STM32 中文参考手册》中第 4 章的相关内容，此处不再赘述。下面重点介绍上述 3 种低功耗模式以及在低功耗模式下的自动唤醒。

17.2.1 睡眠模式

通过执行 WFI 或 WFE 指令进入睡眠状态。根据 Cortex-M3 系统控制寄存器中的 SLEEPONEXIT 位的值，可通过以下两种方式进入睡眠模式。

- SLEEP-NOW：如果 SLEEPONEXIT 位被清除，那么当 WRI 或 WFE 被执行时，微控制器立即进入睡眠模式；
- SLEEP-ON-EXIT：如果 SLEEPONEXIT 位被置位，那么系统从最低优先级的中断处理程序中退出时，微控制器就立即进入睡眠模式。

在睡眠模式下，所有的 I/O 引脚都保持它们在运行模式时的状态。

如果执行 WFI 指令进入睡眠模式，那么任意一个被嵌套向量中断控制器相应的外设中断都能将系统从睡眠模式唤醒。

如果执行 WFE 指令进入睡眠模式，则一旦发生唤醒事件时，微处理器都将从睡眠模式退出。唤醒事件可以通过以下方式产生：

- 在外设控制寄存器中使能一个中断，而不是在 NVIC 中使能，并且在 Cortex-M3 系统控制寄存器中使能 SEVONPEND 位。当 MCU 从 WFE 中唤醒后，外设的中断挂起位和外设的 NVIC 中断通道挂起位（在 NVIC 中断清除挂起寄存器中）必须被清除。
- 配置一个外部或内部的 EXTI 线为事件模式。当 MCU 从 WFE 中唤醒后，因为与事件线对应的挂起位未被设置，所以不必清除外设的中断挂起位或外设的 NVIC 中断通道挂起位。

该模式唤醒所需的时间最短，因为在中断的进入或退出上没有时间损失。

SLEEP-NOW 模式和 SLEEP-ON-EXIT 模式分别如图 17-3 和图 17-4 所示。

SLEEP-NOW模式	说明
进入	在以下条件下执行WFI（等待中断）或WFE（等待事件）指令： – SLEEPDEEP=0和 – SLEEPONEXIT=0 参考Cortex-M3系统控制寄存器
退出	如果执行WFI进入睡眠模式： 中断：参考中断向量表 如果执行WFE进入睡眠模式： 唤醒事件：参考唤醒事件管理
唤醒延时	无

图 17-3 SLEEP-NOW 模式

SLEEP-ON-EXIT模式	说明
进入	在以下条件下执行WFI指令： – SLEEPDEEP=0和 – SLEEPONEXIT=1 参考Cortex-M3示统控前寄存器
退出	中断：参考中断向量表
唤醒延时	无

图 17-4 SLEEP-ON-EXIT 模式

17.2.2 停止模式

停止模式是在 Cortex-M3 的深睡眠模式基础上结合了外设的时钟控制机制，在停止模式下电压调节器可运行在正常或低功耗模式。此时在 1.8V 供电区域的所有时钟都被停止，PLL、HSI 和 HSE 的功能被禁止，SRAM 和寄存器内容被保留下来。

在停止模式下，所有的 I/O 引脚都保持它们在运行模式时的状态。

停止模式的说明如图 17-5 所示。

停止模式	说明
进入	在以下条件下执行WFI（等待中断）或WFE（等待事件）指令： – 设置Cortex-M3系统控制寄存器中的SLEEPDEEP位 – 清除电源控制寄存器(PWR_CR)中的PDDS位 – 通过设置PWR_CR中LPDS位选择电压调节器的模式 注：为了进入停止模式，所有的外部中断的请求位[挂起寄存器(EXTI_PR)]和RTC的闹钟标志都必须被清除，否则停止模式的进入流程将会被跳过，程序继续运行
退出	如果执行WFI进入停止模式： 设置任一外部中断线为中断模式（在NVIC中必须使能相应的外部中断向量） 如果执行WFE进入停止模式： 设置任一外部中断线为事件模式。参见唤醒事件管理
唤醒延时	HSI RC唤醒时间+电压调节器从低功耗唤醒的时间

图 17-5　停止模式

图 17-5 中对如何进入以及如何退出停止模式进行了详细的说明。

在停止模式下，通过设置电源控制器(PWR_CR)的 LPDS 位使内部调节器进入低功耗模式，能够进一步降低功耗。如果正在进行闪存编程，那么对内存访问完成后，系统才进入停止模式。如果正在进行对 APB 的访问，那么对 APB 访问完成后，系统才进入停止模式。可以通过对独立的控制位进行编程，以选择以下功能：

- 独立看门狗(IWDG)——可通过写入看门狗的键寄存器或硬件选择来启动 IWDG。一旦启动了独立看门狗，除了系统复位，它不能再被停止。
- 实时时钟(RTC)——通过备份域控制寄存器(RCC_BDCR)的 RTCEN 位来设置。
- 内部 RC 振荡器(LSE RC)——通过控制/状态寄存器(RCC_CSR)的 LSION 位来设置。
- 外部 32.768kHz 振荡器(LSE)——通过备份域控制寄存器(RCC_BDCR)的 LSEON 位来设置。

当一个中断或唤醒事件导致退出停止模式时，HSI RC 振荡器会被选为系统时钟。当电压调节器处于低功耗模式下，且系统从停止模式退出时，将会有一段额外的启动延时。如果在停止模式期间保持内部调节器开启，则退出时间会缩短，但功耗会相应增加。

17.2.3　待机模式

待机模式可实现系统的最低功耗。该模式是在 Cortex-M3 深睡眠模式时关闭电压调节器。整个 1.8V 供电区域被断电。PLL、HSI 和 HSE 振荡器也被断电。SRAM 和寄存器内容丢失。只有备份的寄存器和待机电路维持供电。

待机模式的说明如图 17-6 所示。

待机模式	说明
进入	在以下条件下执行WFI（等待中断）或WFE（等待事件）指令： – 设置Cortex-M3系统控制寄存器中的SLEEPDEEP位 – 设置电源控制寄存器(PWR_CR)中的PDDS位 – 清除电源控制/状态寄存器(PWR_CSR)中的WUF位
退出	WKUP引脚的上升沿、RTC闹钟事件的上升沿、NRST引脚上外部复位、IWDG复位
唤醒延时	复位阶段时电压调节器的启动

图 17-6　待机模式

图 17-6 中对如何进入待机模式以及如何退出待机模式进行了详细的说明。

可以通过设置独立的控制位，选择以下待机模式的功能：

- 独立看门狗(IWDG)——通过硬件或者写入看门狗的键寄存器来启动 IWDG。看门狗一旦启动，除了系统复位，它就不能再被停止。
- 实时时钟(RTC)——通过备用区域控制寄存器(RCC_BDCR)的 RTCEN 位来设置。
- 内部 RC 振荡器(LSE RC)——通过设置控制/状态寄存器(RCC_CSR)中的 LSION 位来实现。
- 内部 32.768kHz 振荡器(LSE)——通过备用区域控制寄存器(RCC_BDCR)的 LSEON 位来设置。

当一个外部复位(NRST 引脚)、IWDG 复位、WKUP 引脚上的上升沿或 RTC 闹钟事件的上升沿发生时，微控制器从待机模式退出。从待机模式唤醒后，除了电源控制/状态寄存器(PWR_CSR)，所有寄存器被复位。从待机模式唤醒后的代码执行等同于复位后的执行(采样启动模式引脚、读取复位向量等)。电源控制/状态寄存器(PWR_CSR)将会指示内核由待机模式退出。

在待机模式下，所有的 I/O 引脚处于高阻态，除了以下的引脚：

- 复位引脚(始终有效)；
- 当被设置为防侵入或校准输出时的 TAMPER 引脚；
- 被使能的唤醒引脚。

默认情况下，如果在对微处理器进行调试，使微处理器进入停止或待机模式，则将失去调试连接，这是因为 Cortex_M3 的内核失去了时钟。然而，通过设置 DBGMCU_CR 寄存器中的某些配置位，可以在使用低功耗模式下调试软件。

17.2.4 低功耗模式下的自动唤醒

RTC 可以在不需要依赖外部中断的情况下唤醒低功耗模式下的微控制器(自动唤醒模式)。RTC 提供一个可编程的时间基数，用于周期性地从停止或待机模式下唤醒。通过对备份区域控制寄存器(RCC_BDCR)的 RTCSEL[1:0]位的编程，以下 3 个 RTC 时钟源中的两个时钟源可以用来实现此功能：

- 低功耗 32.768kHz 外部晶振(LSE)。该时钟源提供了一个低功耗且精确的时间基准。
- 低功耗内部 RC 振荡器(LSI RC)。使用该时钟源，节省了一个 32.768kHz 晶振的成本。但是 RC 振荡器将少许增加电源消耗。

为了用 RTC 闹钟事件将系统从停止模式下唤醒，必须进行如下操作：

- 配置外部中断线 17 为上升沿触发。
- 配置 RTC 使其可产生 RTC 闹钟事件。

如果要从待机模式中唤醒，则不必配置外部中断线 17。

17.3 电源控制相关的寄存器

本节介绍电源控制相关的寄存器，从而对电源管理和低功耗模式有更深刻的理解。

17.3.1 电源控制寄存器

关于电源控制寄存器(PWR_CR)的描述如图 17-7 所示。

地址偏移：0x00
复位值：0x0000 0000（从待机模式唤醒时清除）

31	30	29	28	27	26	25	24	23	22	21	20	19	18	17	16
保留															

15	14	13	12	11	10	9	8	7	6	5	4	3	2	1	0
保留							DBP	PLS[2:0]			PVDE	CSBF	CWUF	PDDS	LPDS
							rw	rw	rw	rw	rw	rc_w1	rc_w1	rw	rw

位31:9	保留，始终读为0。
位8	**DBP**：取消后备区域的写保护 在复位后，RTC和后备寄存器处于被保护状态以防意外写入。设置该位允许写入这些寄存器。 0：禁止写入RTC和后备寄存器 1：允许写入RTC和后备寄存器 注：如果RTC的时钟是HSE/128，该位必须保持为1。
位7:5	**PLS[2:0]**：PVD电平选择 这些位用于选择电源电压监测器的电压阈值 000:2.2V　　100:2.6V 001:2.3V　　101:2.7V 010:2.4V　　110:2.8V 011:2.5V　　111:2.9V 注：详细说明参见数据手册中的电气特性部分。
位4	**PVDE**：电源电压监测器(PVD)使能 0：禁止PVD 1：开启PVD
位3	**CSBF**：清除待机位 始终读出为0 0：无功效 1：清除SBF待机位（写）
位2	CWUF：清除唤醒位 始终读出为0 0：无功效 1：2个系统时钟周期后清除WUF唤醒位（写）
位1	**PDDS**：掉电深睡眠 与LPDS位协同操作 0：当CPU进入深睡眠时进入停机模式，调压器的状态由LPDS位控制， 1：CPU进入深睡眠时进入待机模式
位0	**LPDS**：深睡眠下的低功耗 PDDS=0时，与PDDS位协同操作 0：在停止模式下电压调压器开启 1：在停止模式下电压调压器处于低功耗模式

图 17-7　电源控制寄存器(PWR_CR)

如图 17-7 所示，该寄存器只有 0～8 位有效。其中包括前面提到的第 0 位(LPDS 位)，第 1 位 PDDS 位，第 2 位 CWUF 位和第 3 位 CSBF 位，它们在使系统进入停止或待机模式时会被用到。

17.3.2 电源控制/状态寄存器

关于电源控制/状态寄存器(PWR_CSR)的描述如图 17-8 所示。

地址偏移：0x04
复位值：0x0000 0000（从待机模式唤醒时不被清除）
与标准的APB读相比，读此寄存器需要额外的APB周期

31	30	29	28	27	26	25	24	23	22	21	20	19	18	17	16
保留															

15	14	13	12	11	10	9	8	7	6	5	4	3	2	1	0
保留							EWUP	保留					PVD0	SBF	WUF
							rw						r	r	r

位31:9	保留，始终读为0
位8	**EWUP**：使能WKUP引脚 0：WKUP引脚为通用I/O。WKUP引脚上的事件不能将CPU从待机模式唤醒 1：WKUP引脚用于将CPU从待机模式唤醒，WKUP引脚被强置为输入下拉的配置（WKUP引脚上的上升沿将系统从待机模式唤醒） 注：在系统复位时清除这一位
位7:3	保留。始终读为0
位2	**PVDO**：PVD输出 当PVD被PVDE位使能后该位才有效 0：V_{DD}/V_{DDA}高于由PLS[2:0]选定的PVD阈值 1：V_{DD}/V_{DDA}低于由PLS[2:0]选定的PVD阈值 注：在待机模式下PVD被停止。因此，待机模式后或复位后，直到设置PVDE位之前，该位为0
位1	**SBF**：待机标志 该位由硬件设置，并只能由POR/PDR（上电/掉电复位）或设置电源控制寄存器（PWR_CR）的CSBF位清除。 0：系统不在待机模式 1：系统进入待机模式
位0	**WUF**：唤醒标志 该位由硬件设置，并只能由POR/PDR（上电/掉电复位）或设置电源控制寄存器（PWR_CR）的CWUF位清除。 0：没有发生唤醒事件 1：在WKUP引脚上发生唤醒事件或出现RTC闹钟事件 注：当WKUP引脚已经是高电平时，在（通过设置EWUP位）使能WKUP引脚时，会检测到一个额外的事件

图 17-8 电源控制/状态寄存器(PWR_CSR)

如图 17-8 所示，该寄存器只有第 0、1、2、8 位这 4 个有效位。其中，通过设置第 8 位 EWUP 可以使能 WKUP 引脚用于将 CPU 从待机模式唤醒。

17.3.3 系统控制寄存器

系统控制寄存器属于 CM3 内核，关于它的各位的描述如图 17-9 所示。

其中，该寄存器的第 2 位 SLEEPDEEP 是进入睡眠模式、停止模式和待机模式需要设置的位。

位段	名称	类型	复位值	描述
4	SEVONPEND	RW	—	发生异常挂起时请发送事件，用于在一个新的中断悬起时从WFE指令处唤醒。不管这个中断的优先级是否比当前的高，都唤醒。如果没有WFE导致睡眠，则下次使用WFE时将立即唤醒
3	保留	—	—	—
2	SLEEPDEEP	R/W	0	当进入睡眠模式时，使能外部的SLEEPDEEP信号，以允许停止系统时钟
1	SLEEPONEXIT	R/W	—	激活退出中断后进入睡眠模式的功能
0	保留	—	—	—

图 17-9　系统控制寄存器

17.4　电源控制相关的库函数

电源控制相关的库函数都被定义在 stm32f10x_pwr.c 文件中，其声明如图 17-10 所示。

```
void PWR_DeInit(void);
void PWR_BackupAccessCmd(FunctionalState NewState);
void PWR_PVDCmd(FunctionalState NewState);
void PWR_PVDLevelConfig(uint32_t PWR_PVDLevel);
void PWR_WakeUpPinCmd(FunctionalState NewState);
void PWR_EnterSTOPMode(uint32_t PWR_Regulator, uint8_t PWR_STOPEntry);
void PWR_EnterSTANDBYMode(void);
FlagStatus PWR_GetFlagStatus(uint32_t PWR_FLAG);
void PWR_ClearFlag(uint32_t PWR_FLAG);
```

图 17-10　电源控制相关的库函数声明

这里，主要介绍下面几个库函数。

17.4.1　PWR_WakeUpPinCmd()函数

PWR_WakeUpPinCmd()函数的声明如下所示：

```
void PWR_WakeUpPinCmd(FunctionalState NewState);
```

该函数的主要作用是使能 WKUP 引脚，便于将 CPU 从待机模式唤醒。它实际上是对 PWR_CSR 寄存器的 EWUP 位进行操作。对它的应用非常简单，如果想使能 WKUP 引脚，则可以调用该函数来实现，如下所示：

```
PWR_WakeUpPinCmd(ENABLE);
```

17.4.2　PWR_EnterSTANDBYMode()函数

PWR_EnterSTANDBYMode()函数的声明如下所示：

```
void PWR_EnterSTANDBYMode(void);
```

该函数的主要作用是使系统进入待机模式，其实现是完全按照进入待机模式所需要实现的步骤来完成的。

17.4.3 PWR_EnterSTOPMode()函数

PWR_EnterSTOPMode()函数的声明如下所示：

```
void PWR_EnterSTOPMode(uint32_t PWR_Regulator, uint8_t PWR_STOPEntry);
```

该函数的主要作用是使系统进入停止模式，其实现是完全按照进入停止模式所需要实现的步骤来完成的。如果想要使系统执行WFI指令进入睡眠模式，且在停止模式下电压调节器处于低功耗模式，则可以通过调用该函数来实现，如下所示：

```
PWR_EnterSTOPMode(PWR_Regulator_LowPower, PWR_STOPEntry_WFI);
```

17.4.4 PWR_GetFlagStatus()函数

PWR_GetFlagStatus()函数的声明如下所示：

```
FlagStatus PWR_GetFlagStatus(uint32_t PWR_FLAG);
```

该函数的主要作用是判断电源控制的相关标志是否被置位，它与前面介绍的许多外设的该类函数在使用上非常相似，此处不再赘述。

17.4.5 PWR_ClearFlag()函数

PWR_ClearFlag()函数的声明如下所示：

```
void PWR_ClearFlag(uint32_t PWR_FLAG);
```

该函数的主要作用是清除电源控制的相关标志位，它与前面介绍的许多外设的该类函数在使用上非常相似，此处不再赘述。

17.5 电源控制的应用实例

本节将综合运用本章前面所介绍的内容来实现STM32F107开发板从待机模式下被唤醒的应用实例。

1. 实例描述

在本实例中，将通过LED作为观察对象，当使系统进入待机状态时，LED不闪烁；当通过杜邦线将WK_UP引脚连接3.3V高电平给它一个上升沿信号时，系统会从待机模式下被唤醒，LED会闪烁。

2. 硬件电路

本实例的相关硬件电路和5.4.1节流水灯应用实例的完全相同，在此不再赘述。

3. 软件设计

下面开始进行本例程的软件设计。

为了讲解方便，选择将 5.4.1 节实现的流水灯应用例程进行复制并将它重命名为 WKUP 后直接在它上面进行修改。

首先，在工程的 HARDWARE 文件夹中新建一个 WKUP 文件夹，并在其中新建两个文件 wkup.c 和 wkup.h，然后将它们分别添加到工程的 HARDWARE 文件夹和工程所包含的头文件路径列表中。此外，由于本实例会应用到电源以及外部中断，还需要在工程的 FWLIB 文件夹中添加相关的文件 stm32f10x_pwr.c 和 stm32f10x_exti.c。

下面开始编写程序代码。

第一步，在 wkup.h 头文件中添加如下代码：

```
#ifndef __WKUP_H
#define __WKUP_H
#include "stm32f10x.h"
#include "bitband.h"
#define WKUP_PIN PAin(0)
void WKUP_Init(void);
u8 Check_WKUP(void);
void Sys_Enter_Standby(void);
#endif
```

在这段代码中，主要定义了唤醒引脚 WKUP_PIN，并对唤醒相关的初始化函数 WKUP_Init()、检测是否唤醒函数 Check_WKUP()以及使系统进入待机模式的函数 Sys_Enter_Standby()进行了声明。

第二步，在 wkup.c 文件中添加如下代码：

```
#include "wkup.h"
#include "led.h"
#include "systick.h"

void Sys_Enter_Standby(void)
{
 RCC_APB2PeriphResetCmd(0x01FC,DISABLE);
 RCC_APB1PeriphClockCmd(RCC_APB1Periph_PWR, ENABLE);
 PWR_WakeUpPinCmd(ENABLE);
 PWR_EnterSTANDBYMode();
}

u8 Check_WKUP(void)
{
 u8 t = 0;
 LED1 = 0;
 while(1)
 {
     if(WKUP_PIN)
     {
         t++;
         Delay_ms(30);
```

```
            if(t >= 100)
            {
                LED1 = 0;
                return 1;
            }
        }
        else
        {
            LED1 = 1;
            return 0;
        }
    }
}

void EXTI0_IRQHandler(void)
{
 EXTI_ClearITPendingBit(EXTI_Line0);
 if(Check_WKUP())
 {
Sys_Enter_Standby();
}
}

void WKUP_Init(void)
{
 GPIO_InitTypeDef GPIO_InitStructure;
 NVIC_InitTypeDef NVIC_InitStructure;
 EXTI_InitTypeDef EXTI_InitStructure;

 RCC_APB2PeriphClockCmd(RCC_APB2Periph_GPIOA | RCC_APB2Periph_AFIO, ENABLE);

 GPIO_InitStructure.GPIO_Pin = GPIO_Pin_0;
 GPIO_InitStructure.GPIO_Mode = GPIO_Mode_IPD;
 GPIO_Init(GPIOA, &GPIO_InitStructure);

 GPIO_EXTILineConfig(GPIO_PortSourceGPIOA, GPIO_PinSource0);

   EXTI_InitStructure.EXTI_Line = EXTI_Line0;
 EXTI_InitStructure.EXTI_Mode = EXTI_Mode_Interrupt;
 EXTI_InitStructure.EXTI_Trigger = EXTI_Trigger_Rising;
 EXTI_InitStructure.EXTI_LineCmd = ENABLE;
 EXTI_Init(&EXTI_InitStructure);

 NVIC_InitStructure.NVIC_IRQChannel = EXTI0_IRQn;
 NVIC_InitStructure.NVIC_IRQChannelPreemptionPriority = 2;
 NVIC_InitStructure.NVIC_IRQChannelSubPriority = 1;
 NVIC_InitStructure.NVIC_IRQChannelCmd = ENABLE;
 NVIC_Init(&NVIC_InitStructure);

 if(Check_WKUP() == 0)
```

```
    {
    Sys_Enter_Standby();
    }
}
```

这段代码主要定义了在 wkup.h 头文件中声明的 3 个函数以及外部中断线在 PA0 引脚上的中断处理函数 EXTI0_IRQHandler()。下面分别介绍这些函数的定义。

Sys_Enter_Standby()函数。在该函数的定义中，首先调用 RCC_APB2PeriphResetCmd()函数复位所有 GPIO 端口的时钟，然后调用 RCC_APB1PeriphClockCmd()函数使能电源的时钟，接着调用 PWR_WakeUpPinCmd()函数使能 WKUP 引脚，最后调用 PWR_EnterSTANDBYMode()函数使系统进入待机模式。该函数比较简单。

Check_WKUP()函数。在该函数的定义中，定义了一个局部变量 t 来表示时间，如果检测到 WKUP 引脚处于高电平的持续时间达到 3s，则使 LED1 亮，函数返回 1；否则，LED1 不亮，函数返回 0。该函数的作用在 WKUP_Init()函数和 EXTI0_IRQHandler()函数的定义中体现出来。

WKUP_Init()函数。在该函数的定义中，因为要用到 WKUP 引脚 PA0 以及外部中断线 EXTI，所以需要先通过 RCC_APB2PeriphClockCmd()函数来使能与它们相关的时钟，然后需要通过调用 GPIO_Init()函数来初始化 PA0 的工作方式，接着通过调用 GPIO_EXTILineConfig()函数来配置中断线上的中断引脚，然后需要调用 EXTI_Init()函数来初始化中断线在 PA0 引脚上的设置，这在第 8 章中曾经详细讲解过。因为需要用到 EXTI 中断线上的中断，所以还需调用 NVIC_Init()函数来对 EXTI0 相关的中断通道进行初始化。最后，通过调用 Check_WKUP()函数判断 WKUP 引脚处于高电平的时间是否超过 3s，如果不是，则通过调用 Sys_Enter_Standby()函数使系统进入待机模式。

EXTI0_IRQHandler()函数。在该函数的定义中，先通过调用 EXTI_ClearITPendingBit()函数清除相关中断线上中断引脚的中断标志，再通过调用 Check_WKUP()函数判断 WKUP 引脚处于高电平的时间是否超过 3s，如果是，则调用 Sys_Enter_Standby()函数使系统再次进入待机模式。

第三步，在 main.c 文件中删除原先的代码，并添加如下代码：

```
#include "stm32f10x.h"
#include "led.h"
#include "wkup.h"
#include "systick.h"

int main(void)
{
 NVIC_PriorityGroupConfig(NVIC_PriorityGroup_2);
 Delay_Init();
 LED_Init();
 WKUP_Init();
 while(1)
 {
```

```
        LED2 = !LED2;
         Delay_ms(200);
    }
  }
```

这段代码相对来说比较简单。在 main()函数的定义中,因为本例程要用到中断,所以先通过调用 NVIC_PriorityGroupConfig()函数来对中断优先级分组进行设置,然后分别通过调用各初始化函数对 SysTick 定时器、LED 以及待机唤醒进行相关的设置,最后在 while(1)实现的死循环中,使 LED2 以 200ms 的间隔闪烁。

至此,本例程的编程工作全部完成。

下面总结一下本例程的运行过程。当系统复位时,如果没有检测到 WKUP 引脚(PA0)处于高电平的持续时间超过 3s,则系统进入待机模式,看不到 LED1 亮,也看不到 LED2 闪烁。然后,通过杜邦线使 WKUP 引脚接到 3.3V 高电平,使系统从待机模式唤醒,在此过程中,可以看到 LED1 亮,如果使 WKUP 引脚接到高电平的持续时间不超过 3s,则系统从待机模式被唤醒,这时 LED1 灭,LED2 开始闪烁;如果在使系统从待机模式唤醒的过程中,WKUP 引脚连接到高电平的持续时间超过 3s,则系统会再次进入待机状态,这时 LED1 灭,且 LED2 不闪烁。

4. 下载验证

将该例程下载到开发板,来验证它是否实现了相应的效果。通过 JLINK 下载方式将程序下载到开发板,并按 RESET 键使其复位。可以看到,如果在复位之前,通过杜邦线使 WKUP 引脚连接到 3.3V 高电平,并持续超过 3s,则可以看到 LED1 先被点亮,之后 LED2 开始闪烁;否则,不会看到 LED2 闪烁,至于 LED1 是否被点亮以及被点亮后所持续的时间,要看 WKUP 引脚是否通过杜邦线被连接到高电平以及被连接到高电平后所持续的时间,在这种情况下,系统会进入待机模式。在系统进入待机模式后,如果通过杜邦线使 WKUP 引脚连接到高电平,则 LED1 会被点亮,如果 WKUP 引脚连接到高电平的时间不超过 3s,则系统从待机模式被唤醒,此时,LED1 灭,LED2 开始闪烁;否则,系统会再次进入待机模式,LED1 在亮 3s 后灭,LED2 也不闪烁。因此,本例程实现了将系统从待机模式唤醒的功能。

本章小结

本章讲解了 STM32 的电源管理和低功耗模式。首先讲解了电源管理的工作原理和基础知识,包括独立的 A/D 转换器供电和参考电压、电池备份区域和电压调节器;接着讲解了低功耗模式的工作原理和基础知识,包括睡眠模式、停止模式、待机模式、低功耗模式下的自动唤醒;随后讲解了电源控制相关寄存器,包括寄存器定义和参数说明等内容;紧接着讲解了电源控制相关的库函数,包括函数定义、参数说明等内容;最后实现一个用 LED 闪烁来显示系统从待机模式被唤醒的实例。

第 18 章

ADC

本章介绍 STM32 的 ADC。ADC 是英文 Analog-to-Digital Converter 的首字母缩写，翻译成中文即为模拟/数字转换器或模/数转换器，它是指一种将连续变化的模拟信号转换为离散的数字信号的器件。典型的 ADC 可将模拟信号转换为表示一定比例电压值的数字信号。

真实世界中的模拟信号，例如温度、压力、声音或者图像等，在某些情况下需要转换成更容易存储、处理和发射的数字形式，ADC 可以实现这个功能。许多产品中都带有这个设备。STM32 作为一种功能强大的单片机，当然也不例外，它的外设中也包括 ADC。STM32 的 ADC 功能非常强大，且非常复杂。这里主要介绍它的其中一种比较简单的应用方式。

本章的学习目标如下：

- 理解并掌握 ADC 的工作原理和基础知识；
- 理解并掌握与 ADC 相关的一些重要的寄存器并掌握对它们进行配置的方法；
- 理解并掌握 ST 官方固件库中提供的与 ADC 相关的一些重要的库函数及其应用；
- 理解并掌握 ADC 的两个典型应用实例——检测外部电压值和检测内部温度值。

18.1 ADC 概述

18.1.1 ADC 简介

STM32 的 12 位 ADC 是一种逐次逼近型的模拟/数字转换器。它具有最多 18 个通道，可测量 16 个外部信号源和 2 个内部信号源。各通道的 A/D 转换可以以单次、连续、扫描或间断的模式来执行。ADC 的转换结果可以以左对齐或右对齐的方式存储在 16 位数据寄存器中。模拟看门狗特性允许应用程序检测输入电压是否超出用户定义的高/低阈值。ADC 的输入时钟信号不得超过 14MHz，它由 PCLK2(即 APB2 外设总线上的时钟信号)经分频得到。

18.1.2 ADC 的主要特征

STM32 的 ADC 具有如下所示的主要特征：

- 12 位分频率；
- 规则转换结束、注入转换结束和发生模拟看门狗事件时产生中断；
- 单次和连续转换模式；
- 从通道 0 到通道 n 的自动扫描模式；

- 自校准；
- 带内嵌数据一致性的数据对齐；
- 采样间隔可以按通道分别编程；
- 规则转换和注入转换均有外部触发选项；
- 间断模式；
- 双重模式(带 2 个或 2 个以上的 ADC)；
- ADC 的转换时间为：
  ① STM32F103xx 增强型产品——时钟 56MHz 时转换时间为 1μs(时钟 72 MHz 时转换时间为 1.17μs)；
  ② STM32F101xx 基本型产品——时钟 28MHz 时转换时间为 1μs(时钟 36 MHz 时转换时间为 1.55μs)；
  ③ STM32F102xxUSB 型产品——时钟为 48MHz 时转换时间为 1.2μs；
  ④ STM32F105xx 和 STM32F107xx 互联型产品——时钟为 56MHz 时转换时间为 1μs(时钟为 72 MHz 时转换时间为 1.17μs)；
- ADC 供电要求：2.4～3.6V；
- ADC 输入范围：$V_{REF-} \leqslant V_{IN} \leqslant V_{REF+}$；
- 在规则通道转换期间会产生 DMA 请求。

大家目前可能对 ADC 的这些特征描述还不是很理解，接下来将对 ADC 的功能进行描述，在学习了这部分内容之后，再来回顾本节的内容，就会比较明白了。

18.1.3 ADC 的功能描述

单个 ADC 模块的功能框图如图 18-1 所示，关于图 18-1 中 ADC 模块的引脚说明如图 18-2 所示。

在图 18-1 中，如果有 V_{REF} 引脚(取决于封装)，则它必须与 V_{SSA} 相连接。

此外，ADC3 的规则转换和注入转换触发与 ADC1 和 ADC2 的不同。TIM8_CH4 和 TIM8_TRGO 及其重映射位只存在于大容量产品中。但因为开发板的主控芯片为 STM32F107VCT6，所以以上这两种情况都不需做太多考虑。

在图 18-2 中，可以看到对图 18-1 中上半部分最左侧的 V_{REF+}、V_{REF-}、V_{DDA} 和 V_{SSA} 这 4 个引脚的说明。其中，V_{REF+} 和 V_{REF-} 分别是 ADC 模块使用的正、负极参考电压，V_{REF+} 的值应该在 2.4V 和 V_{DDA} 的值之间，而 V_{REF-} 的值则等于 V_{SSA} 的值。在开发板的实际电路中，V_{REF+} 与 V_{DDA} 连接到了一起。V_{DDA} 和 V_{SSA} 分别等效于 V_{DD} 的模拟电源以及 V_{SS} 的模拟电源地，V_{DDA} 的值在 2.4V 和 V_{DD} 的值之间，在开发板的实际电路中，V_{DDA} 和 V_{DD} 连接到了一起，V_{SSA} 和 V_{SS} 连接到了一起。

图 18-1 中上半部分最左侧所示的 ADCx_IN0～ADCx_IN15 引脚，在图 18-2 中也对它们进行了说明，它们是 ADC 模块的 16 个模拟输入通道。它们通过 GPIO 端口输入到 ADC 模块，进入它的规则转换组或注入转换组。与它们同样进入规则转换组或注入转换组的是 ADCx_IN16 引脚和 ADCx_IN17 引脚，ADCx_IN16 引脚与 STM32 的温度传感器相连接，ADCx_IN17 引脚则与 STM32 的内部参考电压 V_{REFINT} 相连接，它们是 ADC 模块的 2 个内部通道。STM32 的 ADC 通道与 GPIO 的对应表如图 18-3 所示。

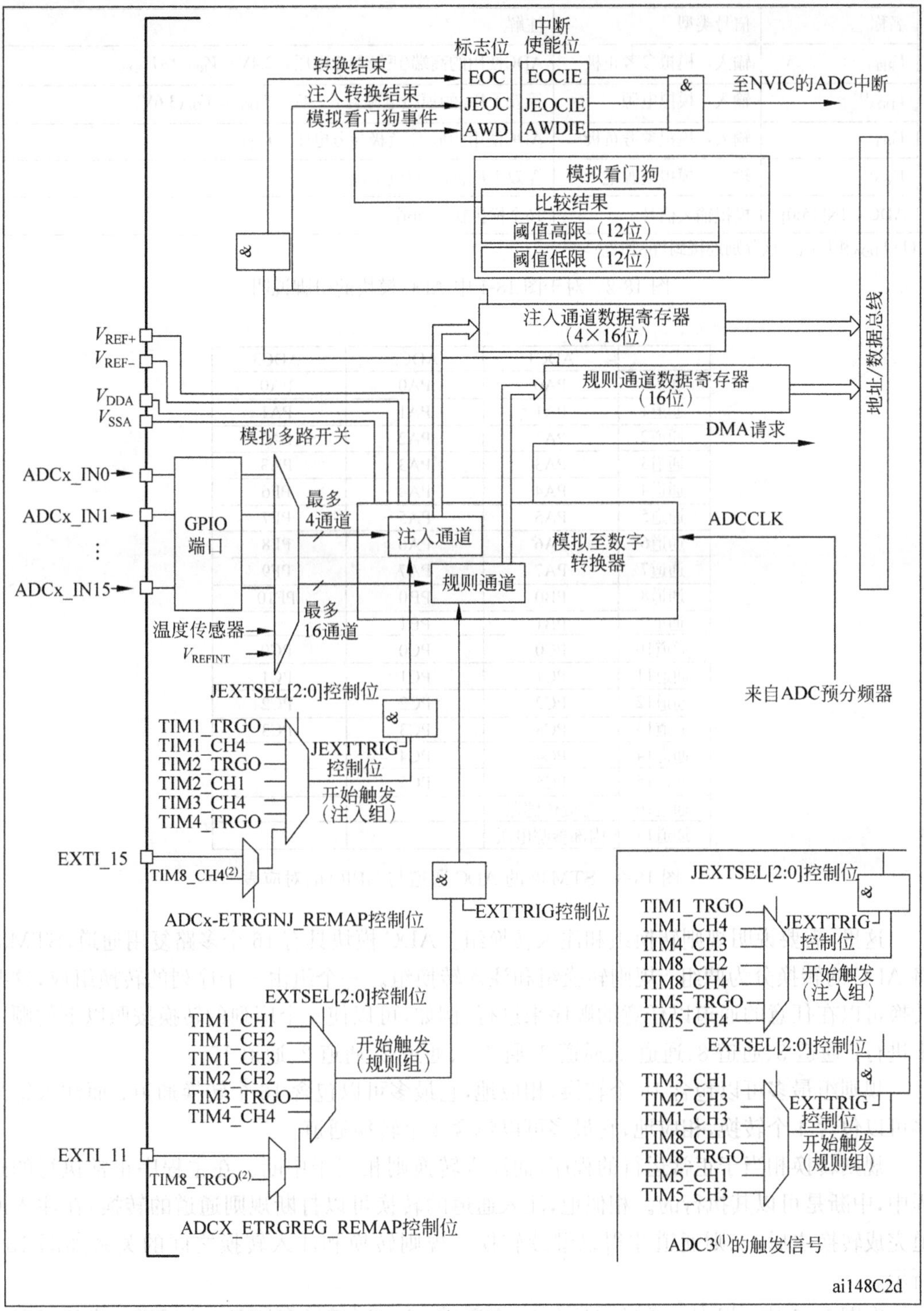

(1) ADC3的规则转换和注入转换触发与ADC1和ADC2的不同。
(2) TIM8_CH4和TIM8_TRGO及其重映射位只存在于大容量产品中。

图 18-1　ADC 模块的功能框图

名称	信号类型	注解
V_{REF+}	输入，模拟参考正极	ADC使用的高端/正极参考电压，$2.4V \leqslant V_{REF+} \leqslant V_{DDA}$
V_{DDA}(1)	输入，模拟电源	等效于V_{DD}的模拟电源且：$2.4V \leqslant V_{DDA} \leqslant V_{DD}(3.6V)$
V_{REF-}	输入，模拟参考负极	ADC使用的低端/负极参考电压，$V_{REF-}=V_{SSA}$
V_{SSA}(1)	输入，模拟电源地	等效于V_{SS}的模拟电源地
ADCX_IN[15:0]	模拟输入信号	16个模拟输入通道

(1) V_{DDA}和V_{SSA}应该分别连接到V_{DD}和V_{SS}。

图 18-2　对于图 18-1 中 ADC 模块的引脚说明

	ADC1	ADC2	ADC3
通道0	PA0	PA0	PA0
通道1	PA1	PA1	PA1
通道2	PA2	PA2	PA2
通道3	PA3	PA3	PA3
通道4	PA4	PA4	PF6
通道5	PA5	PA5	PF7
通道6	PA6	PA6	PF8
通道7	PA7	PA7	PF9
通道8	PB0	PB0	PF10
通道9	PB1	PB1	
通道10	PC0	PC0	PC0
通道11	PC1	PC1	PC1
通道12	PC2	PC2	PC2
通道13	PC3	PC3	PC3
通道14	PC4	PC4	
通道15	PC5	PC5	
通道16	温度传感器		
通道17	内部参照电压		

图 18-3　STM32 的 ADC 通道与 GPIO 的对应表

这里，需要说明规则转换组和注入转换组。ADC 模块具有 16 个多路复用通道，STM32 将 ADC 的转换分为两组：规则转换组和注入转换组。一个组由一个序列的转换组成，这些转换可以在任意的通道以任意的顺序来进行，例如，可以使一个序列的转换按照以下的顺序来进行：通道 3、通道 8、通道 2、通道 2、通道 0、通道 2、通道 2、通道 15。

规则组最多可以包含 16 个转换，相应地，它最多可以包含 16 个转换通道；而注入组最多可以包含 4 个转换，相应地，它最多可以包含 4 个转换通道。

规则转换相当于正常运行的程序，而注入转换则相当于中断。在主程序正常执行的过程中，中断是可以其执行的。相似地，注入通道的转换可以打断规则通道的转换，在注入通道完成转换之后，规则通道才得以继续转换。规则转换和注入转换之间的关系如图 18-4 所示。

在图 18-1 中，规则通道最多具有 16 个通道，注入通道最多具有 4 个通道。在经过了模数转换的过程后，规则通道和注入通道的转换结果会分别进入规则通道数据寄存器和注入通道数据寄存器，相应地，还会产生规则转换结束标志和注入转换结束标志，如果开启了模拟看门狗，还会产生相应的模拟看门狗事件标志，如果之前已经设置了与它们相关的中断使

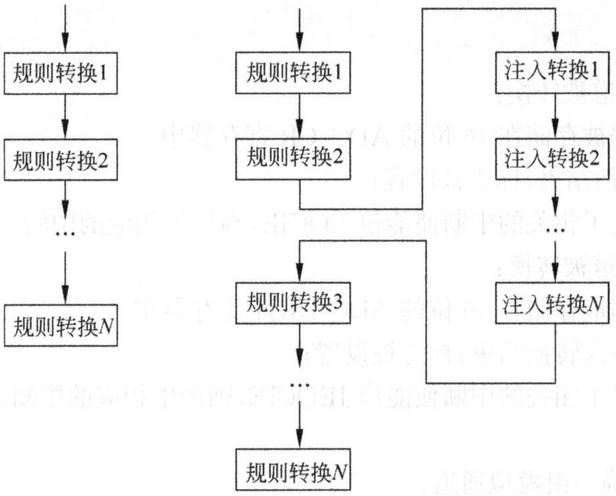

图 18-4 规则转换和注入转换之间的关系

能位，则还会产生相应的中断。

从图 18-1 的中间部分可以看出，ADC 还可以产生 DMA 请求。此外，前面提到，ADC 的时钟信号最终来源于 APB2 外设总线上的时钟，但从图 18-1 的中间部分可以看出，实际上它会在经过 ADC 的可编程预分频器的分频后，再给 ADC 提供时钟信号，ADC 的时钟频率最大不能超过 14MHz。图 18-1 中的下半部分显示规则组和注入组的转换可以由外部事件触发，在这里就不对其进行详述了。

前面提到，AD 转换可以以单次转换、连续转换、扫描或间断的模式来运行。下面分别介绍这几种模式。

1. 单次转换模式

在单次转换模式下，ADC 只执行一次转换。该模式既可以通过设置 ADC_CR2 寄存器的 ADON 位(只适用于规则通道)启动，也可以通过外部触发的方式启动(适用于规则通道或注入通道)，这时 ADC_CR2 寄存器的 CONT 位为 0。一旦规则通道的转换完成，

- 一个规则通道被转换：
  ① 转换数据被存储在 16 位的 ADC_DR 寄存器中；
  ② EOC(转换结束)标志被设置；
  ③ 如果设置了相关的中断使能位 EOCIE，则产生相应的中断。
- 一个注入通道被转换：
  ① 转换数据被存储在 16 位的 ADC_DRJ1 寄存器中；
  ② JEOC(注入转换结束)标志被设置；
  ③ 如果设置了相关的中断使能位 JEOCIE，则产生相应的中断。

然后，ADC 停止。

本章将主要介绍 ADC 在单次转换模式下的应用。

2. 连续转换模式

在连续转换模式中，当前面的 AD 转换一结束马上就启动另一次转换。此模式可通过外部触发启动或通过设置 ADC_CR2 寄存器中的 ADON 位启动，此时 ADC_CR2 寄存器中

的 CONT 位是 1。

每次转换后，

- 一个规则通道被转换：

  ① 转换数据被存储在 16 位的 ADC_CR 寄存器中；

  ② EOC(转换结束)标志被设置；

  ③ 如果设置了相关的中断使能位 EOCIE,则产生相应的中断。

- 一个注入通道被转换：

  ① 转换数据被存储在 16 位的 ADC_DRJ1 寄存器中；

  ② JEOC(注入转换结束)标志被设置；

  ③ 如果设置了相关的中断使能位 JEOCIE,则产生相应的中断。

3. 扫描模式

此模式用来扫描一组模拟通道。

扫描模式可通过设置 ADC_CR1 寄存器的 SCAN 位来选择。一旦这个位被设置，ADC 就会扫描被 ADC_SQRx 寄存器(对规则通道)或 ADC_JSQR(对注入通道)选中的所有通道。在每个组的每个通道上执行单次转换。在每个转换结束时，同一组的下一个通道被自动转换。如果设置了 CONT 位，则转换不会在选择组的最后一个通道停止，而是再次从选择组的第一个通道继续转换。

如果设置了 ADC_CR2 寄存器的 DMA 位，则在每次 EOC 后，DMA 控制器把规则组通道的转换数据传输到 SRAM 中。而注入通道转换的数据总是存储在 ADC_JDRx 寄存器中。

4. 间断模式

1) 规则组

此模式通过设置 ADC_CR1 寄存器上的 DISCEN 位激活。它可以用来执行一个短序列的 n 次转换(n≤8)，此转换是 ADC_SQRx 寄存器所选择的转换序列的一部分。数值 n 由 ADC_CR1 寄存器的 DISCNUM[2:0]位给出。

一个外部触发信号可以启动 ADC_SQRx 寄存器中描述的下一轮 n 次转换，直到此序列所有的转换完成为止。总的序列长度由 ADC_SQR1 寄存器的 L[3:0]定义。

举例如下：n=3，被转换的通道为 0、1、2、3、6、7、9、10。

第一次触发，转换的序列为 0、1、2；

第二次触发，转换的序列为 3、6、7；

第三次触发，转换的序列为 9、10，并产生 EOC 事件；

第四次触发，转换的序列为 0、1、2。

注意：当以间断模式转换一个规则组时，转换序列结束后不会自动从头开始。当所有子组都被转换完成时，下一次触发启动第一个子组的转换。在上面的例子中，第四次触发重新转换第一子组的通道 0、1、2。

2) 注入组

此模式通过设置 ADC_CR1 寄存器的 JDISCEN 位激活。在一个外部触发事件后，该模式按通道顺序逐个转换 ADC_JSQR 寄存器中选择的序列。

一个外部触发信号可以启动 ADC_JSQR 寄存器选择的下一个通道序列的转换，直到序列中所有的转换完成为止。总的序列长度由 ADC_JSQR 寄存器中的 JL[1:0]位定义。

举例如下：n=1，被转换的通道为 1、2、3。

第一次触发，通道 1 被转换；

第二次触发，通道 2 被转换；

第三次触发，通道 3 被转换，并且产生 EOC 和 JEOC 事件；

第四次触发，通道 1 被转换。

注意：

- 当完成所有注入通道转换后，下一个触发启动第一个注入通道的转换。在上述例子中，第四个触发重新转换第一个注入通道 1；
- 不能同时使用自动注入和间断模式；
- 必须避免同时为规则组和注入组设置间断模式，间断模式只能作用于一组转换。

STM32 的 ADC 具有内置自校准模式。校准可大幅减小因内部电容器组的变化而造成的准精度误差。通过设置 ADC_CR2 寄存器的 CAL 位启动校准。一旦校准结束，CAL 位被硬件复位，即可以开始正常转换。建议在每次上电后执行一次校准。

STM32 的 ADC 使用若干 ADC_CLK 周期对输入电压采样，采样周期数目可以通过 ADC_SMPR1 和 ADC_SMPR2 寄存器中的 SMP[2:0]位更改。每个通道可以分别用不同的时间采样。总转换时间按如下方式计算：

$$T_{\mathrm{CONV}} = \text{采样时间} + 12.5\ \text{个 ADC 时钟周期}$$

STM32 的规则组和注入组转换结束时能产生中断，当模拟看门狗状态位被置位时也能产生中断。它们都有独立的中断使能位。ADC1 和 ADC2 的中断映射在同一个中断向量上，而 ADC3 的中断有自己的中断向量。

ADC_SR 寄存器中有 2 个其他标志，但是它们没有相关联的中断：

- JSTRT(注入组通道转换的启动)；
- STRT(规则组通道转换的启动)。

STM32 的 ADC 中断如图 18-5 所示。

中断事件	事件标志	使能控制位
规则组转换结束	EOC	EOCIE
注入组转换结束	JEOC	JEOCIE
设置了模拟看门狗状态位	AWD	AWDIE

图 18-5 ADC 中断

ADC_CR2 寄存器中的 ALIGN 位选择转换后数据存储的对齐方式。数据可以为左对齐或右对齐，如图 18-6 所示。

注入组通道转换的数据值已经减去了在 ADC_JOFRx 寄存器中定义的偏移量，因此结果可以是一个负值。SEXT 位是扩展的符号值。对于规则组通道，不需要减去偏移值，因此只有 12 个位有效。

STM32 的 ADC 的功能非常强大，而且非常复杂，限于篇幅，这里就不对其他功能进行详细介绍了。

注入组

SEXT	SEXT	SEXT	SEXT	D11	D10	D9	D8	D7	D6	D5	D4	D3	D2	D1	D0

规则组

0	0	0	0	D11	D10	D9	D8	D7	D6	D5	D4	D3	D2	D1	D0

注入组

SEXT	D11	D10	D9	D8	D7	D6	D5	D4	D3	D2	D1	D0	0	0	0

规则组

D11	D10	D9	D8	D7	D6	D5	D4	D3	D2	D1	D0	0	0	0	0

图 18-6 数据右对齐和左对齐

18.2 ADC相关的寄存器

本节具体介绍与 STM32 的 ADC 相关的一些寄存器，以便对 ADC 的工作原理及各种功能有更加深刻的理解。

18.2.1 ADC状态寄存器

对 ADC 状态寄存器(ADC_SR)各位的描述如图 18-7 所示。

从图 18-7 中可以看出，该寄存器只有 5 个有效位，即第 0～4 位，分别是模拟看门狗标志位 AWD、转换结束位 EOC、注入通道转换结束位 JEOC、注入通道开始位 JSTRT 以及规则通道开始位 STRT。

18.2.2 ADC控制寄存器1

对 ADC 控制寄存器 1(ADC_CR1) 部分位的描述如图 18-8 所示。

由于该寄存器是 32 位的，图 18-8 只列出了对该寄存器部分位的描述，关于其他位的描述，请参考《STM32 中文参考手册》的相关内容。

可以看出，该寄存器的第 5～7 位分别是 ADC 产生 EOC 中断、模拟看门狗中断以及注入通道转换结束中断的中断允许位。

第 8 位对应 ADC 是否使用扫描模式。

第 16～第 19 位对应 ADC 的操作模式的选择。前面介绍的 ADC 的 4 种运行模式——单次转换、连续转换、扫描和间断模式都属于独立模式。

18.2.3 ADC控制寄存器2

对 ADC 控制寄存器 2(ADC_CR2) 各位的描述分别如图 18-9 和图 18-10 所示。

从图 18-9 和图 18-10 中可以看出，该寄存器的第 0 位 ADON 为 ADC 的启动位；

第 1 位 CONT 对应 ADC 是否为连续转换；

第 2 位 CAL 和第 3 位 RSTCAL 分别对应 ADC 的 A/D 校准和复位校准；

地址偏移：0x00
复位值：0x0000 0000

31	30	29	28	27	26	25	24	23	22	21	20	19	18	17	16
保留															

15	14	13	12	11	10	9	8	7	6	5	4	3	2	1	0
保留											STRT	JSTRT	JEOC	EOC	AWD
											rc w0	rc w0	rc w0	rc w0	rc w0

位31:15	保留，必须保持为0。
位4	**STRT**：规则通道开始位 该位由硬件在规则通道转换开始时设置，由软件清除。 0：规则通道转换未开始； 1：规则通道转换已开始。
位3	**JSTRT**：注入通道开始位 该位由硬件在注入通道组转换开始时设置，由软件清除。 0：注入通道组转换未开始； 1：注入通道组转换已开始
位2	**JEOC**：注入通道转换结束位 该位由硬件在所有注入通道组转换结束时设置，由软件清除 0：转换未完成； 1：转换完成。
位1	**EOC**：转换结束位 该位由硬件在（规则或注入）通道组转换结束时设置，由软件清除或由读取ADC_DR时清除 0：转换未完成； 1：转换完成。
位0	**AWD**：模拟看门狗标志位 该位由硬件在转换的电压值超出了ADC_LTR和ADC_HTR寄存器定义的范围时设置，由软件清除 0：没有发生模拟看门狗事件； 1：发生模拟看门狗事件。

图 18-7 ADC 状态寄存器(ADC_SR)

第 4～7 位为保留位；

第 8 位 DMA 对应 ADC 是否使用 DMA 模式；

第 9～10 位为保留位；

第 11 位 ALIGN 对应 ADC 的数据对齐方式；

第 12～14 位 JEXTSEL[2:0]对应启动注入通道组转换的外部事件的选择；

第 15 位 JEXTTRIG 对应注入通道的外部触发转换模式；

第 16 位为保留位；

第 17～19 位 EXTSEL[2:0]对应启动规则通道组转换的外部事件的选择；

第 20 位 EXTTRIG 对应规则通道的外部触发转换模式；

第 21 位 JSWSTART 和第 22 位 SWSTART 分别对应开始转换注入通道和开始转换规则通道；

第 23 位 TSVREFE 对应内部温度传感器和 V_{REFINT} 的使能；

第 24～31 位为保留位。

地址偏移：0x04
复位值：0x0000 0000

31	30	29	28	27	26	25	24	23	22	21	20	19	18	17	16
保留								AWDEN	JAWDEN	保留		DUALMOD[3:0]			
								rw	rw			rw	rw	rw	rw
15	14	13	12	11	10	9	8	7	6	5	4	3	2	1	0
DISCNUM[2:0]			JDISCEN	DISCEN	JAUTO	AWDSGL	SCAN	JEOCIE	AWDIE	EOCIE	AWDCH[4:0]				
rw	rw	rw	rw	rw	rw	rw	rw	rw	rw	rw	rw	rw	rw	rw	rw

位19:16	**DUALMOD[3:0]**：双模式选择 软件使用这些位选择操作模式。 0000：独立模式 0001：混合的同步规则+注入同步模式 0010：混合的同步规则+交替触发模式 0011：混合同步注入+快速交叉模式 0100：混合同步注入+慢速交叉模式 0101：注入同步模式 0110：规则同步模式 0111：快速交叉模式 1000：慢速交叉模式 1001：交替触发模式 注：在ADC2和ADC3中这些位为保留位 在双模式中，改变通道的配置会产生一个重新开始的条件，这将导致同步丢失。建议在进行任何配置改变前关闭双模式。
位8	**SCAN**：扫描模式 该位由软件设置和清除，用于开启或关闭扫描模式。在扫描模式中，转换由ADC_SQRx或ADC_JSQRx寄存器选中的通道。 0：关闭扫描模式； 1：使用扫描模式。 注：如果分别设置了EOCIE或JEOCIE位，只在最后一个通道转换完毕后才会产生EOC或JEOC中断。
位7	**JEOCIE**：允许产生注入通道转换结束中断 该位由软件设置和清除，用于禁止或允许所有注入通道转换结束后产生中断。 0：禁止JEOC中断； 1：允许JEOC中断。当硬件设置JEOC位时产生中断。
位6	**AWDIE**：允许产生模拟看门狗中断 该位由软件设置和清除，用于禁止或允许模拟看门狗产生中断。在扫描模式下，如果看门狗检测到超范围的数值时，只有在设置了该位时扫描才会中止。 0：禁止模拟看门狗中断； 1：允许模拟看门狗中断。
位5	**EOCIE**：允许产生EOC中断 该位由软件设置和清除，用于禁止或允许转换结束后产生中断。 0：禁止EOC中断； 1：允许EOC中断。当硬件设置EOC位时产生中断。

图 18-8 ADC 控制寄存器 1（ADC_CR1）

地址偏移：0x08

复位值：0x0000 0000

31	30	29	28	27	26	25	24	23	22	21	20	19	18	17	16
保留								TS VREFE	SW START	JSW START	EXT TRIG	EXTSEL[2:0]			保留
								rw	rw	rw	rw	rw	rw	rw	

15	14	13	12	11	10	9	8	7	6	5	4	3	2	1	0
JEXT TRIG	JEXTSEL[2:0]			ALIGN	保留		DMA	保留				RST CAL	CAL	CONT	ADON
rw	rw	rw	rw	rw			rw					rw	rw	rw	rw

位31:24	保留，必须保持为0。
位23	**TSVREFE**：温度传感器和V_{REFINT}使能 该位由软件设置和清除，用于开启或禁止温度传感器和V_{REFINT}通道。在多于1个ADC的器件中，该位仅出现在ADC1中。 0：禁止温度传感器和V_{REFINT}； 1：启用温度传感器和V_{REFINT}。
位22	**SWSTART**：开始转换规则通道 由软件设置该位以启动转换，转换开始后硬件马上清除此位。如果在EXTSEL[2:0]位中选择了SWSTART为触发事件，该位用于启动一组规则通道的转换， 0：复位状态； 1：开始转换规则通道。
位21	**JSWSTART**：开始转换注入通道 由软件设置该位以启动转换，软件可清除此位或在转换开始后硬件马上清除此位，如果在JEXTSEL[2:0]位中选择了JSWSTART为触发事件，该位用于启动一组注入通道的转换 0：复位状态； 1：开始转换注入通道。
位20	**EXTTRIG**：规则通道的外部触发转换模式 该位由软件设置和清除，用于开启或禁止可以启动规则通道组转换的外部触发事件。 0：不用外部事件启动转换； 1：使用外部事件启动转换。
位19:17	**EXTSEL[2:0]**：选择启动规则通道组转换的外部事件 这些位选择用于启动规则通道组转换的外部事件 ADC1和ADC2的触发配置如下 000：定时器1的CC1事件　　100：定时器3的TRGO事件 001：定时器1的CC2事件　　101：定时器4的CC4事件 010：定时器1的CC3事件　　110：EXTI线11/TIM8_TRGO事件，仅大容量产品具有TIM8_TRGO功能 011：定时器2的CC2事件　　111：SWSTART ADC3的触发配置如下 000：定时器3的CC1事件　　100：定时器8的TRGO事件 001：定时器2的CC3事件　　101：定时器5的CC1事件 010：定时器1的CC3事件　　110：定时器5的CC3事件 011：定时器8的CC1事件　　111：SWSTART
位16	保留。必须保持为0。

图 18-9　ADC 控制寄存器 2(ADC_CR2)的高 16 位

位15	**JEXTTRIG**：注入通道的外部触发转换模式 该位由软件设置和清除，用于开启或禁止启动注入通道组转换的外部触发事件。 0：不用外部事件启动转换； 1：使用外部事件启动转换。
位14:12	**JEXTSEL[2:0]**：选择启动注入通道组转换的外部事件 这些位用于选择启动注入通道组转换的外部事件。 ADC1和ADC2的触发配置如下 000：定时器1的TRGO事件　　100：定时器3的CC4事件 001：定时器1的CC4事件　　101：定时器4的TRGO事件 010：定时器2的TRGO事件　　110：EXTI线15/TIM8_CC4事件（仅大容量产品具有TIM8_CC4） 011：定时器2的CC1事件　　111：JSWSTART **ADC3的触发配置如下** 000：定时器1的TRGO事件　　100：定时器8的CC4事件 001：定时器1的CC4事件　　101：定时器5的TRGO事件 010：定时器4的CC3事件　　110：定时器5的CC4事件 011：定时器8的CC2事件　　111：JSWSTART
位11	**ALIGN**：数据对齐 该位由软件设置和清除。 0：右对齐； 1：左对齐。
位10:9	保留，必须保持为0。
位8	**DMA**：直接存储器访问模式 该位由软件设置和清除。 0：不使用DMA模式; 1：使用DMA模式。 注：只有ADC1和ADC3能产生DMA请求。
位7:4	保留，必须保持为0。
位3	**RSTCAL**：复位校准 该位由软件设置并由硬件清除。在校准寄存器被初始化后该位将被清除。 0：校准寄存器已初始化； 1：初始化校准寄存器。 注：如果正在进行转换时设置RSTCAL，清除校准寄存器需要额外的周期。
位2	**CAL**：A/D校准 该位由软件设置以开始校准，并在校准结束时由硬件清除。 0：校准完成； 1：开始校准。
位1	**CONT**：连续转换 该位由软件设置和清除。如果设置了此位，则转换将连续进行直到该位被清除。 0：单次转换模式； 1：连续转换模式。
位0	**ADON**：ADC开/关 该位由软件设置和清除。当该位为0时，写入1将把ADC从断电模式下唤醒。 当该位为1时，写入1将启动转换。应用程序需注意，在转换器上电至转换开始有一个延迟t_{STAR}。 0：关闭ADC转换/校准，并进入断电模式; 1：开启ADC并启动转换。 注：如果在这个寄存器中与ADON一起还有其他位被改变，则转换不被触发。这是为了防止触发错误的转换。

图 18-10　ADC 控制寄存器 2(ADC_CR2)的低 16 位

18.2.4 ADC 采样时间寄存器

对 ADC 采样时间寄存器 x(ADC_SMPRx)(x=1,2)各位的描述分别如图 18-11 和图 18-12 所示。

地址偏移：0x0C
复位值：0x0000 0000

31	30	29	28	27	26	25	24	23	22	21	20	19	18	17	16
保留								SMP17[2:0]			SMP16[2:0]			SMP15[2:1]	
					rw	rw	rw	rw	rw	rw	rw	rw	rw	rw	rw

15	14	13	12	11	10	9	8	7	6	5	4	3	2	1	0
SMP 15_0	SMP14[2:0]			SMP13[2:0]			SMP12[2:0]			SMP11[2:0]			SMP10[2:0]		
rw	rw	rw	rw	rw	rw	rw	rw	rw	rw	rw	rw	rw	rw	rw	rw

位31:24	保留。必须保持为0。
位23:0	**SMPx[2:0]**：选择通道x的采样时间 这些位用于独立地选择每个通道的采样时间。在采样周期中通道选择位必须保持不变。 000：1.5周期　　100：41.5周期 001：7.5周期　　101：55.5周期 010：13.5周期　　110：71.5周期 011：28.5周期　　111：239.5周期 注：ADC1的模拟输入通道16和通道17在芯片内部分别连到了温度传感器和V_{REFINT}。 ADC2的模拟输入通道16和通道17在芯片内部连到了V_{SS}。 ADC3模拟输入通道14、15、16、17与V_{SS}相连。

图 18-11　ADC 采样时间寄存器 1(ADC_SMPR1)

地址偏移：0x10
复位值：0x0000 0000

31	30	29	28	27	26	25	24	23	22	21	20	19	18	17	16
保留		SMP9[2:0]			SMP8[2:0]			SMP7[2:0]			SMP6[2:0]			SMP5[2:1]	
		rw	rw	rw	rw	rw	rw	rw	rw	rw	rw	rw	rw	rw	rw

15	14	13	12	11	10	9	8	7	6	5	4	3	2	1	0
SMP 5_0	SMP4[2:0]			SMP3[2:0]			SMP2[2:0]			SMP1[2:0]			SMP0[2:0]		
rw	rw	rw	rw	rw	rw	rw	rw	rw	rw	rw	rw	rw	rw	rw	rw

位31:30	保留，必须保持为0。
位29:0	**SMPx[2:0]**：选择通道x的采样时间 这些位用于独立地选择每个通道的采样时间。在采样周期中通道选择位必须保持不变。 000：1.5周期　　100：41.5周期 001：7.5周期　　101：55.5周期 010：13.5周期　　110：71.5周期 011：28.5周期　　111：239.5周期 注：ADC3的模拟输入通道9和V_{SS}相连。

图 18-12　ADC 采样时间寄存器 2(ADC_SMPR2)

从图 18-11 和图 18-12 可以看出，这两个寄存器的第 SMPx[2:0]位(x=0～17)对应 ADC 的模拟输入通道 x 的采样时间，可以有 8 种选择，分别为 1.5、7.5、13.5、28.5、41.5、55.5、71.5 和 239.5 个 ADC 时钟周期。

18.2.5 ADC 规则序列寄存器

对 ADC 规则序列寄存器 x(ADC_SQRx)(x=1～3)的各位的描述分别如图 18-13、图 18-14 和图 18-15 所示。

地址偏移：0x2C
复位值：0x0000 0000

31	30	29	28	27	26	25	24	23	22	21	20	19	18	17	16
保留								L[3:0]				SQ16[4:1]			
								rw	rw	rw	rw	rw	rw	rw	rw

15	14	13	12	11	10	9	8	7	6	5	4	3	2	1	0
SQ16_0	SQ15[4:0]					SQ14[4:0]					SQ13[4:0]				
rw	rw	rw	rw	rw	rw	rw	rw	rw	rw	rw	rw	rw	rw	rw	rw

位31:24	保留，必须保持为0。
位23:20	**L[3:0]**：规则通道序列长度 这些位由软件定义在规则通道转换序列中的通道数目。 0000：1个转换 0001：2个转换 … 1111：16个转换
位19:15	**SQ16[4:0]**:规则序列中的第16个转换 这些位由软件定义转换序列中的第16个转换通道的编号(0~17)。
位14:10	**SQ15[4:0]**：规则序列中的第15个转换
位9:5	**SQ14[4:0]**：规则序列中的第14个转换
位4:0	**SQ13[4:0]**：规则序列中的第13个转换

图 18-13 ADC 规则序列寄存器 1(ADC_SQR1)

地址偏移：0x30
复位值：0x0000 0000

31	30	29	28	27	26	25	24	23	22	21	20	19	18	17	16
保留		SQ12[4:0]					SQ11[4:0]					SQ10[4:1]			
		rw	rw	rw	rw	rw	rw	rw	rw	rw	rw	rw	rw	rw	rw

15	14	13	12	11	10	9	8	7	6	5	4	3	2	1	0
SQ10_0	SQ9[4:0]					SQ8[4:0]					SQ7[4:0]				
rw	rw	rw	rw	rw	rw	rw	rw	rw	rw	rw	rw	rw	rw	rw	rw

位31:30	保留，必须保持为0。
位29:25	**SQ12[4:0]**：规则序列中的第12个转换 这些位由软件定义转换序列中的第12个转换通道的编号(0~17)。
位24:20	SQ11[4:0]：规则序列中的第11个转换
位19:15	SQ10[4:0]：规则序列中的第10个转换
位14:10	SQ9[4:0]：规则序列中的第9个转换
位9:5	SQ8[4:0]：规则序列中的第8个转换
位4:0	SQ7[4:0]：规则序列中的第7个转换

图 18-14 ADC 规则序列寄存器 2(ADC_SQR2)

从图 18-13～图 18-15 可以看出，ADC_SQR1 寄存器的 L[3:0]为对应规则通道转换序列的长度，此外，这 3 个寄存器中的 SQx(x=1～16)对应转换序列中的第 x 个转换通道的编号。

地址偏移：0x34
复位值：0x0000 0000

31	30	29	28	27	26	25	24	23	22	21	20	19	18	17	16
保留		SQ6[4:0]					SQ5[4:0]					SQ4[4:1]			
		rw	rw	rw	rw	rw	rw	rw	rw	rw	rw	rw	rw	rw	rw

15	14	13	12	11	10	9	8	7	6	5	4	3	2	1	0
SQ4_0	SQ3[4:0]					SQ2[4:0]					SQ1[4:0]				
rw	rw	rw	rw	rw	rw	rw	rw	rw	rw	rw	rw	rw	rw	rw	rw

位31:30	保留，必须保持为0。
位29:25	**SQ6[4:0]**：规则序列中的第6个转换 这些位由软件定义转换序列中的第6个转换通道的编号(0~17)。
位24:20	**SQ5[4:0]**：规则序列中的第5个转换
位19:15	**SQ4[4:0]**：规则序列中的第4个转换
位14:10	**SQ3[4:0]**：规则序列中的第3个转换
位9:5	**SQ2[4:0]**：规则序列中的第2个转换
位4:0	**SQ1[4:0]**：规则序列中的第1个转换

图 18-15 ADC 规则序列寄存器 3(ADC_SQR3)

18.2.6 ADC 注入数据寄存器

对 ADC 注入数据寄存器 x(ADC_JDRx)(x=1～4)的各位的描述如图 18-16 所示。

地址偏移：0x3C~0x48
复位值：0x0000 0000

31	30	29	28	27	26	25	24	23	22	21	20	19	18	17	16
保留															

15	14	13	12	11	10	9	8	7	6	5	4	3	2	1	0
JDATA[15:0]															
r	r	r	r	r	r	r	r	r	r	r	r	r	r	r	r

位31:16	保留，必须保持为0。
位21:20	**JDATA[15:0]**：注入转换的数据 这些位为只读，包含了注入通道的转换结果。数据是左对齐或右对齐。

图 18-16 ADC 注入数据寄存器 x(ADC_JDRx)(x=1～4)

从图 18-16 可以看出，该寄存器的第 0～15 位对应注入转换的数据，这些位为只读，包含了注入通道的转换结果。

18.2.7 ADC 规则数据寄存器

对 ADC 规则数据寄存器(ADC_DR)的各位的描述如图 18-17 所示。

从图 18-17 可以看出，该寄存器的第 0～15 位对应规则转换的数据，这些位为只读，包含了规则通道的转换结果。第 16～31 位对应 ADC2 转换的数据。

18.2.8 时钟配置寄存器

时钟配置寄存器(RCC_CFGR)虽然不是与 STM32 的 ADC 直接相关的寄存器，但它的第 14 和 15 位组成的 ADCPRE[1:0]位用来设置 ADC 的预分频系数，如图 18-18 所示。

地址偏移：0x4C
复位值：0x0000 0000

31	30	29	28	27	26	25	24	23	22	21	20	19	18	17	16
ADC2DATA[15:0]															
r	r	r	r	r	r	r	r	r	r	r	r	r	r	r	r

15	14	13	12	11	10	9	8	7	6	5	4	3	2	1	0
DATA[15:0]															
r	r	r	r	r	r	r	r	r	r	r	r	r	r	r	r

位31:16	**ADC2DATA[15:0]**：ADC2转换的数据 - 在ADC1中：双模式下，这些位包含了ADC2转换的规则通道数据。 - 在ADC2和ADC3中：不使用这些位。
位15:0	**DATA[15:0]**：规则转换的数据 这些位为只读，包含了规则通道的转换结果。

图 18-17 ADC 规则数据寄存器(ADC_DR)

位15:14	**ADCPRE[1:0]**：ADC预分频 由软件置1或清0来确定ADC时钟频率 00：PCLK2 2分频后作为ADC时钟 01：PCLK2 4分频后作为ADC时钟 10：PCLK2 6分频后作为ADC时钟 11：PCLK2 8分频后作为ADC时钟

图 18-18 时钟配置寄存器(RCC_CFGR)的 ADCPRE[1:0]位

系统上电复位后，该寄存器的这两位值为 00。前面曾经提到，ADC 的时钟频率不能超过 14MHz。在调用 ST 官方固件库中的 systemInit()函数对系统进行初始化后，APB2 的时钟频率为 72MHz，这时，应当设置 ADC 的预分频系数至少为 6。

18.3 ADC 相关的库函数

本节介绍 ST 官方固件库中与 ADC 相关的库函数，它们都被定义在 stm32f10x_adc.c 文件中，在 stm32f10x_adc.h 头文件中可以看到对它们的声明列表。下面选择本章应用实例会用到的一些库函数进行介绍。

18.3.1 ADC_DeInit()函数

ADC_DeInit()函数的声明如下所示：

```
void ADC_DeInit(ADC_TypeDef * ADCx);
```

该函数是 ADC 的复位初始化函数。与之前介绍的许多外设的复位初始化函数相似，该函数的作用是将与 ADC 相关的所有寄存器复位到默认状态。其应用也非常简单，如果要对 ADC1 进行复位初始化，可以调用该函数来实现，如下所示：

```
ADC_DeInit(ADC1);
```

18.3.2 ADC_Init()函数

ADC_Init()函数的声明如下所示：

```
void ADC_Init(ADC_TypeDef * ADCx, ADC_InitTypeDef * ADC_InitStruct);
```

该函数是 ADC 的初始化函数。与之前介绍的许多外设的初始化函数相似，该函数也带有两个参数。其中，第一个形参 ADCx 用来选择要被初始化的 ADC，第二个形参 ADC_InitStruct 是一个指向 ADC_InitTypeDef 结构体类型的指针类型的变量。关于该结构体类型的定义如下所示：

```
typedef struct
{
  uint32_t ADC_Mode;
  FunctionalState ADC_ScanConvMode;
  FunctionalState ADC_ContinuousConvMode;
  uint32_t ADC_ExternalTrigConv;
  uint32_t ADC_DataAlign;
  uint8_t ADC_NbrOfChannel;
}ADC_InitTypeDef;
```

该结构体类型的各成员变量所对应的含义如下所示：

ADC_Mode——对应 ADC 的操作模式(独立模式还是某种双模式)；

ADC_ScanConvMode——对应 ADC 是否开启扫描模式；

ADC_ContinuousConvMode——对应 ADC 是否采用连续转换；

ADC_ExternalTrigConv——对应选择启动 ADC 规则通道组转换的外部事件；

ADC_DataAlign——对应 ADC 转换结果数据的对齐方式；

ADC_NbrOfChannel——对应 ADC 的规则通道序列长度。

该函数通过对 ADC_InitStruct 的各成员变量进行设置，实际上是对 ADC 的控制寄存器 1、2 以及规则序列寄存器 1 的相关位进行设置。

对该函数的应用如下：如果要设置 ADC1 以单次转换模式运行，则只使用一个转换通道，且用软件方式进行触发，最终的转换结果数据右对齐，可以通过调用该函数来实现，如下所示：

```
ADC_InitTypeDef ADC_InitStructure;
ADC_InitStructure.ADC_Mode = ADC_Mode_Independent;
ADC_InitStructure.ADC_ScanConvMode = DISABLE;
ADC_InitStructure.ADC_ContinuousConvMode = DISABLE;
ADC_InitStructure.ADC_ExternalTrigConv = ADC_ExternalTrigConv_None;
ADC_InitStructure.ADC_DataAlign = ADC_DataAlign_Right;
ADC_InitStructure.ADC_NbrOfChannel = 1;
ADC_Init(ADC1, &ADC_InitStructure);
```

18.3.3 ADC_Cmd()函数

ADC_Cmd()函数的声明如下所示：

```
void ADC_Cmd(ADC_TypeDef * ADCx, FunctionalState NewState);
```

该函数的作用是使能 ADC,其应用非常简单。接着 18.3.2 节的例子,如果在调用 ADC_Init()函数对 ADC1 进行了初始化操作后,需要再对它进行使能操作,则可以调用该函数来实现,如下所示：

```
ADC_Cmd(ADC1, ENABLE);
```

18.3.4 ADC_ITConfig()函数

ADC_ITConfig()函数的声明如下所示：

```
void ADC_ITConfig(ADC_TypeDef * ADCx, uint16_t ADC_IT, FunctionalState NewState);
```

该函数是 ADC 相关中断的使能函数,其使用方法与之前介绍的许多外设的该类函数相似。如果要使能 ADC1 的 EOC 中断,则可以通过调用该函数来实现,如下所示：

```
ADC_ITConfig(ADC1, ADC_IT_EOC, ENABLE);
```

18.3.5 ADC_ResetCalibration()函数

ADC_ResetCalibration()函数的声明如下所示：

```
void ADC_ResetCalibration(ADC_TypeDef * ADCx);
```

该函数的作用是对 ADC 复位校准,即初始化其相关的校准寄存器,它实际上是对 ADC_CR2 寄存器的 RSTCAL 位进行设置。如果要对 ADC1 复位校准,则可以通过调用该函数来实现,如下所示：

```
ADC_ResetCalibration(ADC1);
```

18.3.6 ADC_GetResetCalibrationStatus(ADC_TypeDef * ADCx)函数

ADC_GetResetCalibrationStatus()函数的声明如下所示：

```
FlagStatus ADC_GetResetCalibrationStatus(ADC_TypeDef * ADCx);
```

该函数的作用是检测 ADC 的复位校准是否完成,它实际上是检测 ADC_CR2 寄存器的 RSTCAL 位是否被硬件清零。接着 18.3.5 节的例子,如果检测对 ADC1 的复位校准是否

完成,未完成则一直等待,则可以调用该函数来实现,如下所示:

```
while(ADC_GetResetCalibrationStatus(ADC1));
```

18.3.7 ADC_StartCalibration(ADC_TypeDef * ADCx)函数

ADC_StartCalibration()函数的声明如下所示:

```
void ADC_StartCalibration(ADC_TypeDef * ADCx);
```

该函数的作用是对ADC开启A/D校准,它实际上是对ADC_CR2寄存器的CAL位进行设置。接着18.3.6节的例子,如果要对ADC1开启A/D校准,则可以通过调用该函数来实现,如下所示:

```
ADC_StartCalibration(ADC1);
```

18.3.8 ADC_GetCalibrationStatus(ADC_TypeDef * ADCx)函数

ADC_GetCalibrationStatus()函数的声明如下所示:

```
FlagStatus ADC_GetCalibrationStatus(ADC_TypeDef * ADCx);
```

该函数的作用是检测ADC的A/D校准是否完成,它实际上是检测ADC_CR2寄存器的CAL位是否被硬件清零。接着18.3.7节的例子,如果检测对ADC1的A/D校准是否完成,未完成就一直等待,则可以调用该函数来实现,如下所示:

```
while(ADC_GetCalibrationStatus(ADC1));
```

18.3.9 ADC_SoftwareStartConvCmd()函数

ADC_SoftwareStartConvCmd()函数的声明如下所示:

```
void ADC_SoftwareStartConvCmd(ADC_TypeDef * ADCx, FunctionalState NewState);
```

该函数的作用为设置ADC的规则通道使用外部事件(包括软件方式)启动转换并启动ADC规则通道的转换。它实际上是对ADC_CR2寄存器的EXTTRIG位和SWSTART位进行设置。如果要使用软件方式启动ADC1的规则通道的转换,则可以通过调用该函数来实现,如下所示:

```
ADC_SoftwareStartConvCmd(ADC1, ENABLE);
```

18.3.10 ADC_RegularChannelConfig()函数

ADC_RegularChannelConfig()函数的声明如下所示:

```
void ADC_RegularChannelConfig(ADC_TypeDef * ADCx, uint8_t ADC_Channel, uint8_t Rank, uint8_t
ADC_SampleTime);
```

该函数的作用是对 ADC 的通道进行配置。它的形参 ADC_Channel 对应 ADC 的通道,形参 Rank 对应该通道的序列,形参 ADC_SampleTime 对应采样时间。

如果要使用 ADC1 的通道 1 进行单次转换,采样时间设置为 239.5 个 ADC 的时钟周期,则可以通过调用该函数来实现,如下所示:

```
ADC_RegularChannelConfig(ADC1,ADC_Channel_1,1,ADC_SampleTime_239Cycles5);
```

18.3.11 ADC_GetConversionValue()函数

ADC_GetConversionValue()函数的声明如下所示:

```
uint16_t ADC_GetConversionValue(ADC_TypeDef * ADCx);
```

该函数的作用是获取 ADC 的 A/D 转换结果。如果在使用 ADC1 进行了 A/D 转换后,要想获取它的转换结果,则可以通过调用该函数来实现,如下所示:

```
u16 value = ADC_GetConversionValue(ADC1);
```

18.3.12 ADC_TempSensorVrefintCmd()函数

ADC_TempSensorVrefintCmd()函数的声明如下所示:

```
void ADC_TempSensorVrefintCmd(FunctionalState NewState);
```

该函数的作用是开启 ADC 内部温度传感器和参考电压的转换通道。如果要想开启 ADC 的这两个转换通道或其中之一,则可以通过调用该函数来实现,如下所示:

```
ADC_TempSensorVrefintCmd(ENABLE);
```

18.3.13 ADC_GetFlagStatus()函数和 ADC_GetITStatus()函数

ADC_GetFlagStatus()函数和 ADC_GetITStatus()函数的声明分别如下所示:

```
FlagStatus ADC_GetFlagStatus(ADC_TypeDef * ADCx, uint8_t ADC_FLAG);
ITStatus ADC_GetITStatus(ADC_TypeDef * ADCx, uint16_t ADC_IT);
```

这两个函数的作用是判断 ADC 的相关状态位是否被置位。它们的区别是:前者是直接判断 ADC 的相关状态位是否被置位,后者是先判断 ADC 的相关中断是否被使能,在此前提下,再判断相关的中断标志状态位是否被置位。它们都是对 ADC_SR 寄存器进行操作。

18.3.14 ADC_ClearFlag()函数和 ADC_ClearITPendingBit()函数

ADC_ClearFlag()函数和 ADC_ClearITPendingBit()函数的声明分别如下所示：

```
void ADC_ClearFlag(ADC_TypeDef * ADCx, uint8_t ADC_FLAG);
void ADC_ClearITPendingBit(ADC_TypeDef * ADCx, uint16_t ADC_IT);
```

这两个函数的作用是清除 ADC 的相关状态位。它们都是对 ADC_SR 寄存器进行操作。

18.4 ADC 的应用实例

前面提到，ADC 有 18 个通道，可以测量 16 个外部信号和 2 个内部信号的值。本节将分别通过 2 个实例来让大家实际地体验 ADC 的强大功能。

18.4.1 读取外部电压值

本节将实现一个使用 ADC 来测量外部信号的应用实例(将使用 ADC 来测试外部的电压值)。

1. 实例描述

在本实例中，会将 ADC 输入通道 1 对应的 PA1 引脚连接到可变电源，并调节可变电源输出不同的电压值，然后将 ADC 的转换结果值通过计算得出相应的电压值，并通过串口输出到计算机。注意，因为开发板的 STM32 的 ADC 的工作电压值为 3.3V，所以能够调节可变电源输出的最大电压值为 3.3V，超过这个值，可能会烧坏 ADC。

2. 硬件电路

本实例的相关硬件电路和 10.6.1 节串口通信应用实例的完全相同，在此不再赘述。

3. 软件设计

下面开始进行本例程的软件设计。

为了讲解方便，选择将 10.6.1 节实现的串口通信应用例程进行复制并将它重命名为 ADC_VOLTAGE 后直接在它上面进行修改。

首先，在工程的 HARDWARE 文件夹中新建一个 ADC_VOLTAGE 文件夹，并在其中新建两个文件 adc_voltage.c 和 adc_voltage.h，然后将它们分别添加到工程的 HARDWARE 文件夹和工程所包含的头文件路径列表中。此外，由于本实例会应用到 ADC，还需要在工程的 FWLIB 文件夹中添加相关的文件 stm32f10x_adc.c。

下面开始编写程序代码。

第一步，在 adc_voltage.h 头文件中添加如下代码：

```
#ifndef __ADC_VOLTAGE_H
#define __ADC_VOLTAGE_H
#include "stm32f10x.h"
void ADC1_Init(void);
u16 Get_ADC1(u8 ch);
u16 Get_ADC1_Average(u8 ch, u8 times);
#endif
```

这段代码主要声明了ADC1的初始化函数ADC1_Init()以及获取ADC1的转换结果及其平均值的两个函数Get_ADC1()和Get_ADC1_Average()。

第二步，在adc_voltage.c文件中添加如下代码：

```
#include "adc_voltage.h"
#include "systick.h"

void ADC1_Init(void)
{
 ADC_InitTypeDef ADC_InitStructure;
 GPIO_InitTypeDef GPIO_InitStructure;
RCC_APB2PeriphClockCmd(RCC_APB2Periph_GPIOA|RCC_APB2Periph_ADC1,ENABLE );
 RCC_ADCCLKConfig(RCC_PCLK2_Div6);
 GPIO_InitStructure.GPIO_Pin = GPIO_Pin_1;
 GPIO_InitStructure.GPIO_Mode = GPIO_Mode_AIN;
 GPIO_Init(GPIOA, &GPIO_InitStructure);
   ADC_DeInit(ADC1);
 ADC_InitStructure.ADC_Mode = ADC_Mode_Independent;
 ADC_InitStructure.ADC_ScanConvMode = DISABLE;
 ADC_InitStructure.ADC_ContinuousConvMode = DISABLE;
 ADC_InitStructure.ADC_ExternalTrigConv = ADC_ExternalTrigConv_None;
 ADC_InitStructure.ADC_DataAlign = ADC_DataAlign_Right;
 ADC_InitStructure.ADC_NbrOfChannel = 1;
 ADC_Init(ADC1, &ADC_InitStructure);
 ADC_Cmd(ADC1, ENABLE);
 ADC_ResetCalibration(ADC1);
 while(ADC_GetResetCalibrationStatus(ADC1));
 ADC_StartCalibration(ADC1);
 while(ADC_GetCalibrationStatus(ADC1));
}

u16 Get_ADC1(u8 ch)
{
 ADC_RegularChannelConfig(ADC1, ch, 1, ADC_SampleTime_239Cycles5 );
 ADC_SoftwareStartConvCmd(ADC1, ENABLE);
 while(!ADC_GetFlagStatus(ADC1, ADC_FLAG_EOC ));
 return ADC_GetConversionValue(ADC1);
}

u16 Get_ADC1_Average(u8 ch, u8 times)
{
 u32 temp = 0;
 u8 t;
 for(t = 0;t < times;t++)
 {
     temp += Get_ADC1(ch);
     Delay_ms(5);
 }
 return temp/times;
}
```

这段代码主要对 adc_voltage.h 头文件中声明的 3 个函数进行了定义，下面分别介绍。

在 ADC1_Init()函数的定义中，首先通过调用 RCC_APB2PeriphClockCmd()函数使能了 GPIOA 和 ADC1 相关的时钟，然后通过调用 RCC_ADCCLKConfig()函数将 ADC 的预分频系数设置为 6。接着通过调用 GPIO_Init()函数对 PA2 引脚的工作方式进行初始化。根据《STM32 中文参考手册》中的相关说明，选择将 PA2 引脚的工作方式设置为模拟输入，如图 18-19 所示。

ADC/DAC引脚	GPIO配置
ADC/DAC	模拟输入

图 18-19 ADC 引脚的 GPIO 配置

然后，开始在 ADC1_Init()函数中进行 ADC 相关的配置。首先，通过调用 ADC_DeInit()函数对 ADC1 进行复位初始化。然后，通过调用 ADC_Init()函数对 ADC1 进行初始化，将 ADC1 的工作方式设置为独立模式中的单次转换模式，只有 1 个转换通道，转换通过软件触发，转换结果右对齐。接着，通过调用 ADC_Cmd()对 ADC1 进行使能。最后，分别通过调用 ADC_ResetCalibration()函数和 ADC_StartCalibration()函数来复位和初始化 ADC1 的校准，并通过调用 ADC_GetResetCalibrationStatus()函数和 ADC_GetCalibrationStatus()函数等待它们的完成。这样，ADC1_Init()函数的定义就全部完成了。

下面再来看看 Get_ADC1()函数的定义。首先，通过调用 ADC_RegularChannelConfig()函数来对相关规则转换通道进行相应的配置，将函数的形参 ch 对应的 ADC1 的转换通道设置为要转换的第一个(其实也是唯一一个)转换序列，将它的采样时间设置为 239.5 个 ADC1 的时钟周期。然后，通过调用 ADC_SoftwareStartConvCmd()函数来启动 ADC1 规则通道的转换，并通过调用 ADC_GetFlagStatus()函数等待该转换的完成，最后通过调用 ADC_GetConversionValue()函数返回 ADC1 规则通道的转换结果。

最后，再来看下 Get_ADC1_Average()函数的定义。在其中，通过多次(函数的形参 times)调用 Get_ADC1()函数并取其平均值的方法来计算 ADC1 的规则转换通道 ch 的转换结果。

第三步，在 main.c 文件中删除原先的代码，并添加如下代码：

```
#include "stm32f10x.h"
#include "systick.h"
#include "usart.h"
#include "adc_voltage.h"

int main(void)
{
 u16 value,voltage;
 Delay_Init();
 USART2_Init();
 ADC1_Init();
 while(1)
 {
```

```
        value = Get_ADC1_Average(ADC_Channel_1,10);
        voltage = value * 3.3/4095 * 1000;
    printf("Voltage = %d.%d%d%dV\n", voltage/1000, voltage % 1000/100, voltage % 100/10,
    voltage % 10);
        Delay_ms(1000);
    }
}
```

这段代码相对比较简单。在 main()函数中,因为要用到延时、串口通信以及 ADC,所以需要先后分别通过调用相关的初始化函数——Delay_Init()函数、USART2_Init()函数以及 ADC1_Init()函数进行相应的初始化操作,然后在 while(1)实现的死循环中,每隔 1s,就通过调用 Get_ADC1_Average()函数获取 ADC1 的规则转换通道——通道 2 的 10 次转换结果的平均值,这时得到的是一个无符号的 12 位二进制数,即 0～4095($2^{12}-1$),还需要将其转换为对应的模拟量。这里,0 对应 0V,4095 对应 3.3V,将 0～3.3V 均分为 4095 份,每一份即对应 3.3/4095V,因此,可以通过这种方法计算出与转换结果相对应的模拟电压的值,相关的代码如下所示:

```
voltage = value * 3.3/4095 * 1000;
```

最后通过串口通信的方式将结果输出到计算机。

至此,本例程的编程工作全部完成。

4. 下载验证

将该例程下载到开发板,来验证它是否实现了相应的效果。首先将 USB 串口数据连接线的一端连接到 STM32F107 开发板的串口,另一端连接到计算机的 USB 接口,然后通过杜邦线将 PA1 引脚连接到可变电源,最后通过 JLINK 下载方式将程序下载到开发板,并按 RESET 按键对其复位。调节可变电源,使之从 0 开始输出不同的电压值,一直到接近 3.3V,在串口调试助手中,可以看到,通过 A/D 转换后再经过相应的计算后得到的相应值,与可变电源的输出值非常相近,如图 18-20 所示。我们的例程实现了相应的效果。

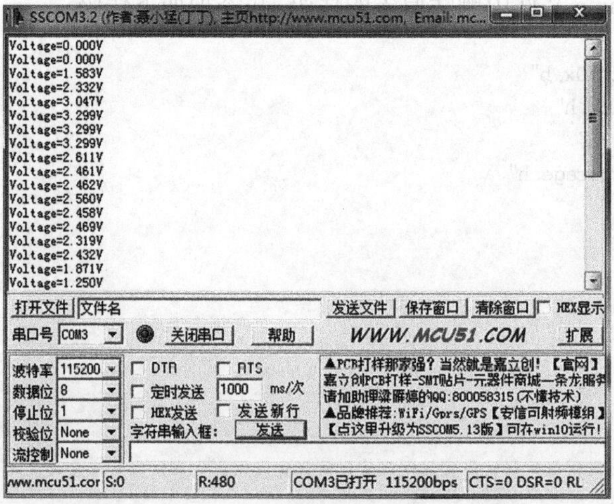

图 18-20 串口调试助手显示测量的电压值

18.4.2 获取内部温度值

本节将实现一个使用STM32的ADC来测量内部信号值的应用实例(将使用ADC来测量芯片的内部温度值)。

1. 实例描述

STM32有一个内部的温度传感器,可以用来测量CPU及周围的温度。该温度传感器在内部与ADC1的输入通道16相连接,参见图18-3。该通道把传感器输出的电压值转换成数字值。该温度传感器可以测量的温度范围为-40～125℃,实际上它的精度比较差,为±1.5℃左右。因此,该内部温度传感器更适合检测相关温度的相对变化,而不是测量绝对温度。如果要测量绝对温度,则应该使用一个外部的温度传感器,比如DS18B20等。

在本实例中,会通过ADC获取输入通道16的转换结果,并通过相关的计算,得出芯片内部的温度值,最终将其通过串口输出到计算机。

2. 硬件电路

本实例的相关硬件电路和10.6.1节串口通信应用实例的完全相同,在此不再赘述。

3. 软件设计

下面开始进行本例程的软件设计。

为了讲解方便,选择将10.6.1节实现的串口通信应用例程进行复制并重命名为TEMPER_SENSOR后直接在它上面进行修改。

首先,在工程的HARDWARE文件夹中新建一个ADC_TEMPER文件夹,并在其中新建两个文件adc_temper.c和adc_temper.h,然后将它们分别添加到工程的HARDWARE文件夹和工程所包含的头文件路径列表中。此外,由于本实例会应用到ADC,还需要在工程的FWLIB文件夹中添加相关的文件stm32f10x_adc.c。

下面开始编写程序代码。

第一步,在adc_temper.h头文件中添加如下代码:

```
#ifndef __ADC_TEMPER_H
#define __ADC_TEMPER_H
#include "stm32f10x.h"
void ADC1_Init(void);
u16 Get_ADC1(u8 ch);
u16 Get_ADC1_Average(u8 ch, u8 times);
s16 Get_Temper(void);
#endif
```

这段代码与18.4.1节读取外部电压值例程的adc_voltage.h头文件中的内容基本相同,只是多了一个对读取温度函数——Get_Temper()的声明。

第二步,在adc_voltage.c文件中添加如下代码:

```
#include "adc_temper.h"
#include "systick.h"

void ADC1_Init(void)
{
```

```
    ADC_InitTypeDef ADC_InitStructure;
    RCC_APB2PeriphClockCmd(RCC_APB2Periph_ADC1,ENABLE );
    RCC_ADCCLKConfig(RCC_PCLK2_Div6);
      ADC_DeInit(ADC1);
    ADC_InitStructure.ADC_Mode = ADC_Mode_Independent;
    ADC_InitStructure.ADC_ScanConvMode = DISABLE;
    ADC_InitStructure.ADC_ContinuousConvMode = DISABLE;
    ADC_InitStructure.ADC_ExternalTrigConv = ADC_ExternalTrigConv_None;
    ADC_InitStructure.ADC_DataAlign = ADC_DataAlign_Right;
    ADC_InitStructure.ADC_NbrOfChannel = 1;
    ADC_Init(ADC1, &ADC_InitStructure);
    ADC_TempSensorVrefintCmd(ENABLE);
    ADC_Cmd(ADC1, ENABLE);
    ADC_ResetCalibration(ADC1);
    while(ADC_GetResetCalibrationStatus(ADC1));
    ADC_StartCalibration(ADC1);
    while(ADC_GetCalibrationStatus(ADC1));
}

u16 Get_ADC1(u8 ch)
{
    ADC_RegularChannelConfig(ADC1, ch, 1, ADC_SampleTime_239Cycles5 );
    ADC_SoftwareStartConvCmd(ADC1, ENABLE);
    while(!ADC_GetFlagStatus(ADC1, ADC_FLAG_EOC ));
    return ADC_GetConversionValue(ADC1);
}

u16 Get_ADC1_Average(u8 ch, u8 times)
{
    u32 temp = 0;
    u8 t;
    for(t = 0;t < times;t++)
    {
        temp += Get_ADC1(ch);
        Delay_ms(5);
    }
    return temp/times;
}

s16 Get_Temper(void)
{
    u16 value;
    float temper;
    value = Get_ADC1_Average(ADC_Channel_16,10);
    temper = value * 3.3/4095;
    temper = (1.43 - temper)/0.0043 + 25;
    return temper * 100;
}
```

这段代码与18.4.1节读取外部电压值例程中的adc_voltage.c文件中的内容非常相

似。在 ADC1_Init()函数中,不用再对相关的 GPIO 引脚进行初始化,但需要添加开启 ADC 内部温度传感器的相关代码,如下所示:

```
ADC_TempSensorVrefintCmd(ENABLE);
```

Get_ADC1()函数与 Get_ADC1_Average()函数的定义与 18.4.1 节读取外部电压值例程中的 adc_voltage.c 文件中的定义完全相同。

此外,本例程还包括对 Get_Temper()函数的定义,在其中,通过调用 Get_ADC1_Average()函数获取内部温度传感器对应 ADC1 的输入通道 16 的 10 次转换结果的平均值,然后先将其转换为对应的电压值,再通过相关的计算将其转换为相对应的温度值,代码如下所示:

```
temper = value * 3.3/4095;
temper = (1.43 - temper)/0.0043 + 25;
```

这里,将电压值转换为相应的温度值的计算方法的依据是:

$$T = (V_{25} - V_{sense})/Avg\_Slope + 25$$

这里,V_{25} 与 V_{sense} 分别是内部温度传感器在 25℃和当前被测量的温度下对应的电压值,其中 V_{25} 的典型值为 1.43V。Avg_Slope 是温度值和与温度值相对应的电压值之间的函数曲线的平均斜率,单位为 mV/℃或 μV/℃,它的典型值为 4.3mV/℃。根据以上公式,就可以用当前 A/D 转换结果的电压值计算出相应的温度值。

最后,选择将该结果乘以 100 后返回。这是因为,我们准备在通过串口向计算机输出温度值时将温度值保留 2 位小数。此外,因为获取的温度值可能是一个负数,所以在这里函数的返回值选择用 s16 类型。

第三步,在 main.c 文件中删除原先的代码,并添加如下代码:

```
#include "stm32f10x.h"
#include "systick.h"
#include "usart.h"
#include "adc_temper.h"

int main(void)
{
 s16 value;
 Delay_Init();
 USART2_Init();
 ADC1_Init();
 while(1)
 {
     value = Get_Temper();
     printf("Temperature = ");
     if(value < 0)
         printf(" - ");
printf(" %d%d.%d%dC\n",value/1000,value%1000/100,value%100/10,value%10);
     Delay_ms(1000);
 }
}
```

这段代码相对比较简单，与 18.4.1 节读取外部电压值例程的 main.c 文件中的内容非常相似。所不同的是，因为通过 A/D 转换所得的温度值可能是负数，所以需要判断它的符号，并根据判断决定是否输出一个"－"，然后，再输出温度值，选择将该温度值保留 2 位小数。

至此，本例程的编程工作全部完成。

4. 下载验证

将该例程下载到开发板，来验证它是否实现了相应的效果。首先将 USB 串口数据连接线的一端连接到 STM32F107 开发板的串口，另一端连接到计算机的 USB 接口，然后通过 JLINK 下载方式将程序下载到开发板，并按 RESET 按键对其复位。在串口调试助手中，可以看到，每隔 1s 会输出通过 A/D 转换以及相关的计算所得到的 STM32 的内部温度值，如图 18-21 所示。因此，本例程实现了获取内部温度值的效果。

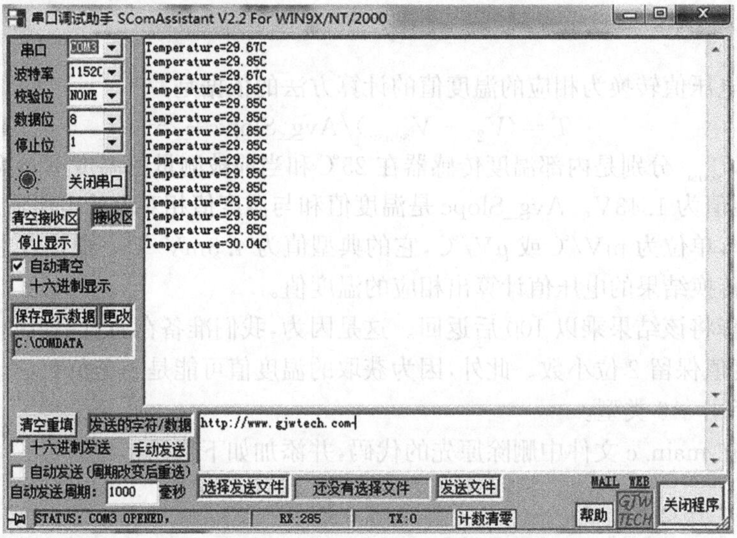

图 18-21　串口调试助手显示测量的内部温度值

本章小结

本章对 ADC 的基本概念进行讲解，包括 ADC 定义、主要特征、功能描述等内容；随后讲解了 ADC 相关寄存器，包括寄存器定义和参数说明等内容；然后讲解了 ADC 相关的库函数，包括函数定义、参数说明等内容；最后给出了读取外部电压值和内部温度值的实例。

第 19 章

DAC

DAC(Digital-to-Analog Converter)即数字/模拟转换器。与第 18 章介绍的 ADC 刚好相反，它是将数字信号转换为模拟信号的器件。许多产品中都带有这个设备，STM32 作为一种功能强大的单片机，当然也不例外，大容量的 STM32F1 系列的产品都具有 DAC 这个外设。天信通 STM32F107 开发板的主控芯片 STM32F107VCT6 的 Flash 为 256MB，属于大容量的。

本章介绍 STM32 的 DAC。STM32 的 DAC 相对它的 ADC 来说比较简单，但它的功能同样非常强大。这里主要介绍它的一些比较简单的功能和应用。在对本章进行学习时，可以参考《STM32 中文参考手册》中第 12 章的相关内容。

本章的学习目标如下：

- 理解并掌握 DAC 的工作原理和基础知识；
- 理解并掌握与 DAC 相关的一些重要的寄存器并掌握对它们进行配置的方法；
- 理解并掌握 ST 官方固件库中提供的与 DAC 相关的一些重要的库函数及其应用；
- 理解并掌握 DAC 的应用实例并通过该实例加深对 DAC 的功能的理解。

19.1 DAC 概述

19.1.1 DAC 简介

STM32 的数字/模拟转换模块(DAC)是一个 12 位数字输入、电压输出的数字/模拟转换器。DAC 可以配置为 8 位或 12 位模式，也可以与 DMA 控制器配合使用。DAC 工作在 12 位模式时，数据可以设置为左对齐或右对齐。DAC 有两个输出通道，每个通道都有单独的转换器。DAC 模块还可以被配置为工作在双 DAC 模式下，在此模式下，两个通道既可以独立地进行转换，也可以同时进行转换并同步地更新两个通道的输出。DAC 还可以通过引脚输入参考电压 V_{REF+} 以获得更精确的转换结果。

19.1.2 DAC 的主要特征

STM32 的 DAC 具有以下主要特征：

- 2 个 DAC 转换器，每个转换器对应 1 个输出通道；
- 8 位或者 12 位单调输出；
- 12 位模式下数据左对齐或者右对齐；

- 同步更新功能；
- 噪声波形生成；
- 三角波形生成；
- 双 DAC 通道同时或者分别转换；
- 每个通道都具有 DMA 功能；
- 外部触发转换；
- 输入参考电压 V_{REF+}。

19.2 DAC 的功能描述

单个 DAC 通道模块的框图如图 19-1 所示，关于图 19-1 中 DAC 通道模块的引脚说明如图 19-2 所示。

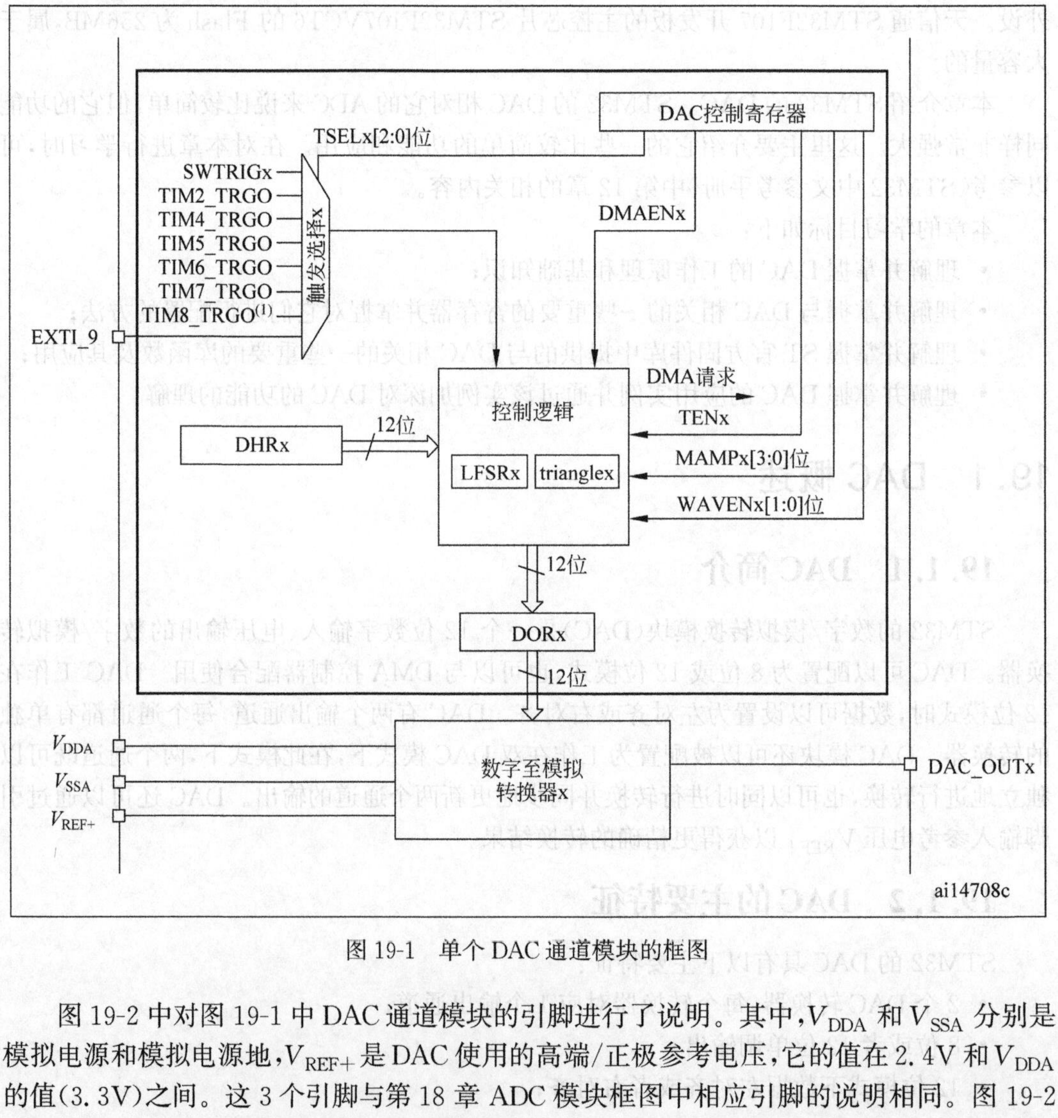

图 19-1 单个 DAC 通道模块的框图

图 19-2 中对图 19-1 中 DAC 通道模块的引脚进行了说明。其中，V_{DDA} 和 V_{SSA} 分别是模拟电源和模拟电源地，V_{REF+} 是 DAC 使用的高端/正极参考电压，它的值在 2.4V 和 V_{DDA} 的值(3.3V)之间。这 3 个引脚与第 18 章 ADC 模块框图中相应引脚的说明相同。图 19-2

名称	型号类型	注释
V_{REF+}	输入，正模拟参考电压	DAC使用的高端/正极参考电压，2.4V≤V_{REF+}≤V_{DDA}(3.3V)
V_{DDA}	输入，模拟电源	模拟电源
V_{SSA}	输入，模拟电源地	模拟电源的地线
DAC_OUTx	模拟输出信号	DAC通道x的模拟输出

图 19-2 对于图 19-1 中 DAC 通道模块的引脚说明

中 DAC_OUTx 则表示 DAC 通道 x 的模拟输出，它们分别对应 PA4 和 PA5 引脚。一旦使能 DACx 通道，相应的 GPIO 引脚(PA4 或 PA5)就会自动与 DAC 的模拟输出相连(DAC_OUTx)。为了避免寄生的干扰和额外的功耗，引脚 PA4 或 PA5 在此之前应当被设置为模拟输入(AIN)的工作模式。

从图 19-1 中可以看出，通过配置 DAC 控制寄存器可以设置 DAC 通道的控制逻辑，包括 DAC 通道的 DMA 使能、屏蔽/幅值选择、噪声/三角波生成使能、触发选择、触发使能、输出缓存使能以及通道使能等。通过向 DHRx 寄存器中写入 12 位或 8 位的数据，在 DAC 通道的控制逻辑下，该数据会被写入 DORx 寄存器，最终会进入 DAC 进行 D/A 转换。

19.2.1 使能 DAC 通道和 DAC 缓存

将 DAC_CR 寄存器中的 ENx 位置 1 即可打开对 DAC 通道 x 的供电。经过一段启动时间 t_{WAKEUP}，DAC 通道 x 即被使能。需要注意的是，将 ENx 位置 1 只会使能 DAC 通道 x 的模拟部分，即便该位被置 0，DAC 通道 x 的数字部分仍然会工作。

DAC 集成了 2 个输出缓存，可以用来减少输出阻抗，无需外部运放即可直接驱动外部负载。每个 DAC 通道输出缓存可以通过设置 DAC_CR 寄存器中的 BOFFx 位来被使能或关闭。

19.2.2 DAC 的数据格式

根据选择的配置模式，数据将按照下述方式写入指定的寄存器。这里只讲解单 DAC 通道的情况。

对于单 DAC 通道 x，有以下 3 种情况：

- 8 位数据右对齐——用户须将数据写入寄存器 DAC_DHR8Rx[7:0]位(实际是存入寄存器 DHRx[11:4]位)；
- 12 位数据左对齐——用户须将数据写入寄存器 DAC_DHR12Lx[15:4]位(实际是存入寄存器 DHRx[11:0]位)；
- 12 位数据右对齐——用户须将数据写入寄存器 DAC_DHR12Rx[11:0]位(实际是存入寄存器 DHRx[11:0]位)。

根据对 DAC_DHRyyyx 寄存器的操作，经过相应的移位后，写入的数据被转存到 DHRx 寄存器中(DHRx 是内部的数据保存寄存器 x)。随后，DHRx 寄存器的内容或被自动传送到 DORx 寄存器，或通过软件触发或外部事件触发被传送到 DORx 寄存器。

单 DAC 通道模式下数据寄存器中的数据对齐方式如图 19-3 所示。

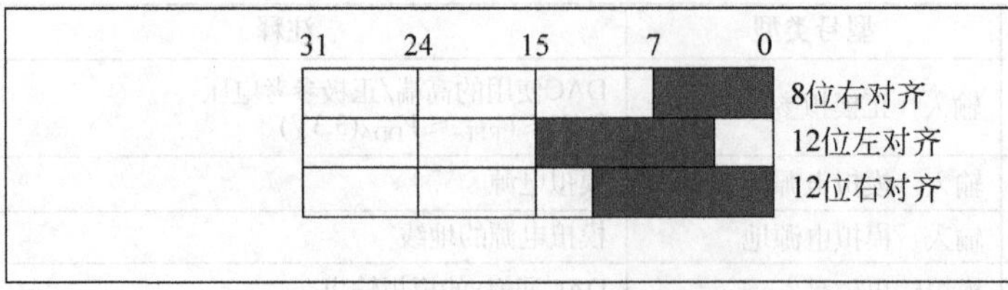

图 19-3 单 DAC 通道模式下数据寄存器中的数据对齐方式

19.2.3 DAC 的转换

不能直接对寄存器 DAC_DORx 写入数据，任何输出到 DAC 通道 x 的数据都必须写入 DAC_DHRx 寄存器（数据实际写入 DAC_DHR8Rx、DAC_DHR12Lx、DAC_DHR12Rx、DAC_DHR8RD、DAC_DHR12LD 或 DAC_DHR12RD 寄存器）。

如果没有选中硬件触发（寄存器 DAC_CR1 的 TENx 位被置 0），则存入寄存器 DAC_DHRx 中的数据会在一个 APB1 时钟周期后自动被传至寄存器 DAC_DORx。如果选中硬件触发（寄存器 DAC_CR1 的 TENx 位被置 1），则数据传输会在触发发生以后 3 个 APB1 时钟周期后完成。

一旦数据从 DAC_DHRx 寄存器装入 DAC_DORx 寄存器，在经过时间 $t_{SETTING}$ 之后，输出即有效，这段时间的长短根据电源电压和模拟输出负载的不同而有所不同。

触发失能时转换的时间框图如图 19-4 所示。

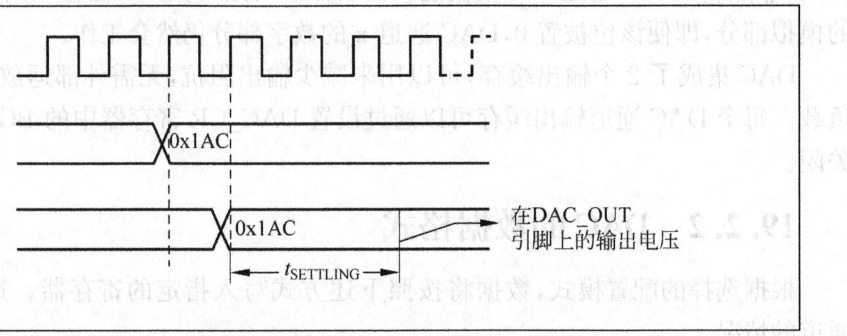

图 19-4 触发失能时转换的时间框图

19.2.4 DAC 的输出电压

数字输入经过 DAC 被线性地转换为模拟电压输出，其范围为 0～V_{REF+}。

任一 DAC 通道引脚上的输出电压满足：

$$\text{DAC 输出} = V_{REF} \text{x} (\text{DOR}/4095)$$

19.2.5 DAC 的触发选择

如果 TENx 位被置 1，则 DAC 转换可以由某外部事件触发（定时器计数器、外部中断线）。配置控制位 TSELx[2:0]可以选择如图 19-5 所示的 8 个触发事件之一触发 D/A 转换。

触发源	类型	TSELx[2:0]
定时器6 TRGO事件	来自片上定时器的内部信号	000
互联型产品为定时器3 TRGO事件或大容量产品为定时器8 TRGO事件		001
定时器7 TRGO事件		010
定时器5 TRGO事件		011
定时器2 TRGO事件		100
定时器4 TRGO事件		101
EXTI线路9	外部引脚	110
SWTRIG（软件触发）	软件控制位	111

图 19-5　DAC 的触发事件

每次 DAC 接口侦测到来自选中的定时器 TRGO 输出，或者外部中断线 9 的上升沿，最近存放在寄存器 DAC_DHRx 中的数据会被传送到寄存器 DAC_DORx 中。在 3 个 APB1 时钟周期后，寄存器 DAC_DORx 更新为新值。

如果选择软件触发，一旦 SWTRIG 位被置 1，转换即开始。在数据从 DAC_DHRx 寄存器被传送到 DAC_DORx 寄存器后，SWTRIG 位会由硬件自动清 0。

需要注意的是，不能在 ENx 为 1 时改变 TSELx[2:0]位。此外，如果选择软件触发，数据从寄存器 DAC_DHRx 被传送到寄存器 DAC_DORx 只需要一个 APB1 时钟周期。

关于 DAC 的功能描述就先介绍到这里。限于篇幅，不再介绍其他功能。

19.3　DAC 相关的寄存器

本节具体介绍与 STM32 的 DAC 相关的一些寄存器，以便对 DAC 的工作原理及各种功能有更加深刻的理解。

19.3.1　DAC 控制寄存器

关于 DAC 控制寄存器(DAC_CR)中各位的描述如图 19-6 所示。

地址偏移：0x00
复位值：0x0000 0000

31	30	29	28	27	26	25	24	23	22	21	20	19	18	17	16
保留			DMAEN2	MAMP2[2:0]				WAVE2[2:0]		TSEL2[2:0]			TEN2	BOFF2	EN2
			rw	rw	rw	rw	rw	rw	rw	rw	rw	rw	rw	rw	rw
15	14	13	12	11	10	9	8	7	6	5	4	3	2	1	0
保留			DMAEN1	MAMP13[2:0]				WAVE1[2:0]		TSEL1[2:0]			TEN1	BOFF1	EN1
			rw	rw	rw	rw	rw	rw	rw	rw	rw	rw	rw	rw	rw

图 19-6　DAC 控制寄存器(DAC_CR)

从图 19-6 中可以看出，该寄存器的第 0～15 位是对 DAC 的通道 1 进行相关设置的，第 16～31 位是对 DAC 的通道 2 进行相关设置的，而且它们之间是互相对应的。下面就以通道 1 为例，具体地看一下关于它的一些重要位的作用。

DAC 控制寄存器(DAC_CR)的第 0～15 位,如图 19-7 所示。

位15:13	保留。
位12	**DMAEN1**：DAC通道1DMA使能 该位由软件设置和清除。 0：关闭DAC通道1DMA模式； 1：使能DAC通道1DMA模式。
位11:8	MAMP1[3:0]：DAC通道1屏蔽/幅值选择器 由软件设置这些位，用来在噪声生成模式下选择屏蔽位，在三角波生成模式下选择波形的幅值。 0000：不屏蔽LSFR位0/三角波幅值等于1； 0001：不屏蔽LSFR位[1:0]/三角波幅值等于3； 0010：不屏蔽LSFR位[2:0]/三角波幅值等于7； 0011：不屏蔽LSFR位[3:0]/三角波幅值等于15； 0100：不屏蔽LSFR位[4:0]/三角波幅值等于31； 0101：不屏蔽LFR位[5:0]/三角波幅值等于63； 0110：不屏蔽LSFR位[6:0]/三角波幅值等于127； 0111：不屏蔽LSFR位[7:0]/三角波幅值等于255； 1000：不屏蔽LSFR位[8:0]/三角波幅值等于511； 1001：不屏敲LSFR位[9:0]/三角波幅值等于1023； 1010：不屏蔽LSFR位[10:0]/三角波幅值等于2047； ≥1011：不屏蔽LSFR位[11:0]/三角波幅值等于4095。
位7:6	**WAVE1[1:0]**：DAC通道1噪声/三角波生成使能 该2位由软件设置和清除。 00：关闭波形生成； 10：使能噪声波形发生器； 1x：使能三角波发生器。
位5:3	**TSEL1[2:0]**：DAC通道1触发选择 该位用于选择DAC通道1的外部触发事件。 000：TIM6 TRGO事件； 001：对于互联型产品是TIM3 TRGO事件，对于大容量产品是TIM8 TRGO事件； 010：TIM7TRGO事件； 011：TIM5TRGO事件； 100：TIM2TRGO事件； 101：TIM4TRGO事件； 110：外部中断线9； 111：软件触发。 注意：该位只能在TEN1=1（DAC通道1触发使能）时设置。
位2	**TEN1**：DAC通道1触发使能 该位由软件设置和清除，用来使能/关闭DAC通道1的触发。 0：关闭DAC通道1触发，写入寄存器DAC_DHRx的数据在1个APB1时钟周期后传入寄存器DAC_DOR1； 1：使能DAC通道1触发，写入寄存器DAC_DHRx的数据在3个APB1时钟周期后传入寄存器DAC_DOR1。 注意：如果选择软件触发，写入寄存器DAC_DHRx的数据只需要1个APB1时钟周期就可以传入寄存器DAC_DOR1。
位1	**BOFF1**：关闭DAC通道1输出缓存 该位由软件设置和清除，用来使能/关闭DAC通道1的输出缓存。 0：使能DAC通道1输出缓存； 1：关闭DAC通道1输出缓存。
位0	**EN1**：DAC通道1使能 该位由软件设置和清除，用来使能/关闭DAC通道1。 0：关闭DAC通道1； 1：使能DAC通道1。

图 19-7 DAC 控制寄存器(DAC_CR)的第 0～15 位

从图 19-7 中可以看出：

第 0 位 EN1 为 DAC 通道 1 的使能位；

第 1 位 BOFF1 为 DAC 通道 1 的输出缓存的使能位；

第 2 位 TEN1 为 DAC 通道 1 的触发使能位；

第 3～5 位 TSEL1[2:0]为 DAC 通道 1 的触发选择位；

第 6～7 位 WAVE[1:0]为 DAC 通道 1 的噪声波/三角波生成使能位；

第 8～11 位 MAMP1[3:0] 为 DAC 通道 1 的屏蔽/幅值选择位；

第 12 位 DMAEN1 为 DAC 通道 1 的 DMA 使能位；

第 13～15 位为保留位。

19.3.2 DAC 软件触发寄存器

关于 DAC 软件触发寄存器(DAC_SWTRIGR)各位的描述如图 19-8 所示。

地址偏移：0x04
复位值：0x0000 0000

31	30	29	28	27	26	25	24	23	22	21	20	19	18	17	16
保留															

15	14	13	12	11	10	9	8	7	6	5	4	3	2	1	0
保留														SW TRIG2	SW TRIG1
														w	w

位31:2	保留。
位1	**SWTRIG2**：DAC通道2软件触发 该位由软件设置和清除，用来使能/关闭软件触发。 0：关闭DAC通道2软件触发； 1：使能DAC通道2软件触发。 注意：一旦寄存器DAC_DHR2的数据传入寄存器DAC_DOR2，（1个APB1时钟周期后）该位由硬件置0。
位0	**SWTRIG1**：DAC通道1软件触发 该位由软件设置和清除，用来使能/关闭软件触发。 0：关闭DAC通道1软件触发； 1：使能DAC通道1软件触发。 注意：一旦寄存器DAC_DHR1的数据传入寄存器DAC_DOR1，（1个APB1时钟周期后）该位由硬件置0。

图 19-8 DAC 软件触发寄存器(DAC_SWTRIGR)

从图 19-7 中可以看出，该寄存器只有第 0 位和第 1 位这 2 个有效位，它们分别是 DAC 通道 1 和通道 2 的软件触发的使能位。

19.3.3 DAC 通道 1 的 12 位右对齐数据保持寄存器

关于 DAC 通道 1 的 12 位右对齐数据保持寄存器(DAC_DHR12R1)各位的描述如图 19-9 所示。

从图 19-9 中可以看出，12 位右对齐数据保持寄存器只有第 0～11 位有效，它们对应 DAC 通道 1 的 12 位右对齐数据，这些位由软件写入。

地址偏移：0x08
复位值：0x0000 0000

31	30	29	28	27	26	25	24	23	22	21	20	19	18	17	16
保留															

15	14	13	12	11	10	9	8	7	6	5	4	3	2	1	0
保留				DACC1DHR[11:0]											
				rw	rw	rw	rw	rw	rw	rw	rw	rw	rw	rw	rw

位31:12	保留。
位11:0	**DACC1DHR[11:0]**：DAC通道1的12位右对齐数据 该位由软件写入，表示DAC通道1的12位数据。

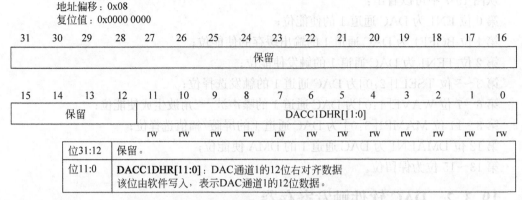

图 19-9　12 位右对齐数据保持寄存器(DAC_DHR12R1)

19.3.4　DAC 通道 1 的 12 位左对齐数据保持寄存器

关于 DAC 通道 1 的 12 位左对齐数据保持寄存器(DAC_DHR12L1)各位的描述如图 19-10 所示。

地址偏移：0x08
复位值：0x0000 0000

31	30	29	28	27	26	25	24	23	22	21	20	19	18	17	16
保留															

15	14	13	12	11	10	9	8	7	6	5	4	3	2	1	0
保留				DACC1DHR[11:0]											
				rw	rw	rw	rw	rw	rw	rw	rw	rw	rw	rw	rw

位31:12	保留。
位11:0	**DACC1DHR[11:0]**：DAC通道1的12位左对齐数据 该位由软件写入，表示DAC通道1的12位数据。

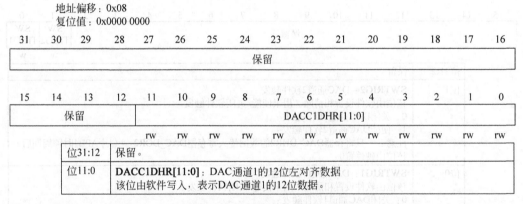

图 19-10　12 位左对齐数据保持寄存器(DAC_DHR12L1)

从图 19-10 中可以看出，12 位左对齐数据保持寄存器第 0～11 位有效，它们对应 DAC 通道 1 的 12 位左对齐数据，由软件写入。

19.3.5　DAC 通道 1 的 8 位右对齐数据保持寄存器

关于 DAC 通道 1 的 8 位右对齐数据保持寄存器(DAC_DHR8R1)各位的描述如图 19-11 所示。

从图 19-11 中可以看出，8 位右对齐数据保持寄存器只有第 0～7 位有效，它们对应 DAC 通道 1 的 8 位右对齐数据，由软件写入。

DAC 通道 2 的 12 位右对齐数据保持寄存器(DAC_DHR12R2)、12 位左对齐数据保持寄存器(DAC_DHR12L2)和 8 位左对齐数据保持寄存器(DAC_DHR8R2)与 DAC 通道 1 的这 3 个寄存器非常相似，此处不再赘述。

地址偏移：0x10
复位值：0x0000 0000

31	30	29	28	27	26	25	24	23	22	21	20	19	18	17	16
保留															

15	14	13	12	11	10	9	8	7	6	5	4	3	2	1	0
保留								DACC1DHR[7:0]							
								rw	rw	rw	rw	rw	rw	rw	rw

位31:8	保留。
位7:0	**DACC1DHR[7:0]**：DAC通道1的8位右对齐数据 该位由软件写入，表示DAC通道1的8位数据。

图 19-11 8 位右对齐数据保持寄存器(DAC_DHR8R1)

19.3.6 DAC 通道 1 数据输出寄存器

关于 DAC 通道 1 数据输出寄存器(DAC_DOR1)各位的描述如图 19-12 所示。

地址偏移：0x2C
复位值：0x0000 0000

31	30	29	28	27	26	25	24	23	22	21	20	19	18	17	16
保留															

15	14	13	12	11	10	9	8	7	6	5	4	3	2	1	0
保留				DACC1DOR[11:0]											
				rw	rw	rw	rw	rw	rw	rw	rw	rw	rw	rw	rw

位31:12	保留。
位11:0	**DACC1DOR[11:0]**：DAC通道1输出数据 该位由软件写入，表示DAC通道1的输出数据。

图 19-12 DAC 通道 1 数据输出寄存器(DAC_DOR1)

从图 19-12 中可以看出，该寄存器只有第 0～11 位有效，它们对应 DAC 通道 1 的输出数据，这些位由软件写入。

DAC 通道 2 的数据输出寄存器(DAC_DOR2)与该寄存器非常相似，此处不再赘述。

19.4 DAC 相关的库函数

本节介绍 ST 官方固件库中与 DAC 相关的库函数，它们都被定义在 stm32f10x_dac.c 文件中，其声明列表如图 19-13 所示。

下面选择本章应用实例会用到以及一些比较重要的库函数进行介绍。

19.4.1 DAC_DeInit()函数

DAC_DeInit()函数的声明如下所示：

```
void DAC_DeInit(void);
```

```
void DAC_DeInit(void);
void DAC_Init(uint32_t DAC_Channel, DAC_InitTypeDef* DAC_InitStruct);
void DAC_StructInit(DAC_InitTypeDef* DAC_InitStruct);
void DAC_Cmd(uint32_t DAC_Channel, FunctionalState NewState);
#if defined (STM32F10X_LD_VL) || defined (STM32F10X_MD_VL) || defined (STM32F10X_HD_VL)
void DAC_ITConfig(uint32_t DAC_Channel, uint32_t DAC_IT, FunctionalState NewState);
#endif
void DAC_DMACmd(uint32_t DAC_Channel, FunctionalState NewState);
void DAC_SoftwareTriggerCmd(uint32_t DAC_Channel, FunctionalState NewState);
void DAC_DualSoftwareTriggerCmd(FunctionalState NewState);
void DAC_WaveGenerationCmd(uint32_t DAC_Channel, uint32_t DAC_Wave, FunctionalState NewState);
void DAC_SetChannel1Data(uint32_t DAC_Align, uint16_t Data);
void DAC_SetChannel2Data(uint32_t DAC_Align, uint16_t Data);
void DAC_SetDualChannelData(uint32_t DAC_Align, uint16_t Data2, uint16_t Data1);
uint16_t DAC_GetDataOutputValue(uint32_t DAC_Channel);
#if defined (STM32F10X_LD_VL) || defined (STM32F10X_MD_VL) || defined (STM32F10X_HD_VL)
FlagStatus DAC_GetFlagStatus(uint32_t DAC_Channel, uint32_t DAC_FLAG);
void DAC_ClearFlag(uint32_t DAC_Channel, uint32_t DAC_FLAG);
ITStatus DAC_GetITStatus(uint32_t DAC_Channel, uint32_t DAC_IT);
void DAC_ClearITPendingBit(uint32_t DAC_Channel, uint32_t DAC_IT);
```

图 19-13 DAC 相关的库函数声明列表

该函数是 DAC 的复位初始化函数。该函数的作用是将与 DAC 相关的所有寄存器复位到默认状态。

19.4.2 DAC_Init()函数

DAC_Init()函数的声明如下所示：

```
void DAC_Init(uint32_t DAC_Channel, DAC_InitTypeDef * DAC_InitStruct);
```

该函数是 DAC 的初始化函数。该函数有两个参数。其中，第一个形参 DAC_Channel 用来选择要被初始化的 DAC 通道，第二个形参 DAC_InitStruct 是一个指向 DAC_InitTypeDef 结构体类型的指针类型的变量，关于该结构体类型的定义如下所示：

```
typedef struct
{
  uint32_t DAC_Trigger;
  uint32_t DAC_WaveGeneration;
  uint32_t DAC_LFSRUnmask_TriangleAmplitude;
  uint32_t DAC_OutputBuffer;
}DAC_InitTypeDef;
```

该结构体类型的各成员变量的含义如下：

DAC_Trigger——用来确定 DAC 通道的外部触发选择；

DAC_WaveGeneration——用来确定 DAC 通道是否有噪声波或三角波生成；

DAC_LFSRUnmask_TriangleAmplitude——用来确定 DAC 通道噪声波生成的屏蔽以及三角波生成的最大幅值的选择；

DAC_OutputBuffer——用来确定 DAC 通道的输出缓冲是否使能。

该函数通过对 DAC_InitStruct 的各成员变量进行设置，实际上是对 DAC 控制寄存器的相关位进行设置。

如果要设置 DAC 的通道 1 不使用触发功能，不产生噪声波或三角波，不使能输出缓存，则可以通过调用该函数来实现，如下所示：

```
DAC_InitTypeDef DAC_InitType;
DAC_InitType.DAC_Trigger = DAC_Trigger_None;
DAC_InitType.DAC_WaveGeneration = DAC_WaveGeneration_None;
DAC_InitType.DAC_LFSRUnmask_TriangleAmplitude = DAC_LFSRUnmask_Bit0;
DAC_InitType.DAC_OutputBuffer = DAC_OutputBuffer_Disable;
DAC_Init(DAC_Channel_1,&DAC_InitType);
```

19.4.3 DAC_Cmd()函数

DAC_Cmd()函数的声明如下所示：

```
void DAC_Cmd(uint32_t DAC_Channel, FunctionalState NewState);
```

该函数的作用是使能 DAC 的通道，它实际上是对 DAC 控制寄存器的 EN1 位或 EN2 位进行设置，对它的应用也非常简单。接着 19.4.2 节的例子，如果在调用 DAC_Init()函数对 DAC 的通道 1 进行了相关初始化操作后，需要再对它进行使能操作，则可以调用该函数来实现，如下所示：

```
DAC_Cmd(DAC_Channel_1, ENABLE);
```

19.4.4 DAC_SetChannel1Data()函数和 DAC_SetChannel2Data()函数

DAC_SetChannel1Data()函数和 DAC_SetChannel2Data()函数的声明分别如下所示：

```
void DAC_SetChannel1Data(uint32_t DAC_Align, uint16_t Data);
void DAC_SetChannel2Data(uint32_t DAC_Align, uint16_t Data);
```

这两个函数的作用分别是设置 DAC 的通道 1 以及通道 2 被加载在相关寄存器中将要进行 D/A 转换的数据以及数据的对齐方式。它们实际上是对 DAC_DHR12R1/2、DAC_DHR12L1/2 或 DAC_DHR8R1/2 寄存器进行写操作。以 DAC 的通道 1 为例，如果想要设置 DAC 的通道 1 的转换数据为 1000，对齐方式为 12 位右对齐，则可以通过调用该函数来实现，如下所示：

```
DAC_SetChannel1Data(DAC_Align_12b_R, 1000);
```

19.4.5 DAC_GetDataOutputValue()函数

DAC_GetDataOutputValue()函数的声明如下所示：

```
uint16_t DAC_GetDataOutputValue(uint32_t DAC_Channel);
```

该函数的作用是读取 DAC 通道之前设置的要进行 D/A 转换的数据值。它实际上是对 DAC_DOR1/2 寄存器进行读操作。如果要读取 DAC 的通道 1 之前设置的要进行 D/A 转

换的数据值,则可以通过调用该函数来实现,如下所示:

```
u16 value = DAC_GetDataOutputValue(DAC_Align_12b_R);
```

19.4.6 DAC_DMACmd()函数

DAC_DMACmd()函数的声明如下所示:

```
void DAC_DMACmd(uint32_t DAC_Channel, FunctionalState NewState);
```

该函数的作用是使能DAC通道的DMA模式,它实际上是对DAC控制寄存器的DMAEN1或DMAEN2位进行设置。如果要使能DAC的通道1的DMA模式,则可以通过调用该函数来实现,如下所示:

```
DAC_DMACmd(DAC_Channel_1, ENABLE);
```

19.4.7 DAC_SoftwareTriggerCmd()函数

DAC_SoftwareTriggerCmd()函数的声明如下所示:

```
void DAC_SoftwareTriggerCmd(uint32_t DAC_Channel, FunctionalState NewState);
```

该函数的作用是使能DAC通道的软件触发,它实际上是对DAC软件触发寄存器的SWTRIG1或SWTRIG2位进行设置。如果要使能DAC通道1的软件触发,则可以调用该函数来实现,如下所示:

```
DAC_SoftwareTriggerCmd(DAC_Channel_1, ENABLE);
```

19.5 DAC的应用实例

本节将实现一个使用DAC来输出模拟电压信号的应用实例。同时,还会使用第18章介绍的ADC来对此模拟电压信号的值进行测量。

1. 实例描述

在本实例中,通过杜邦线将开发板上DAC的通道1对应的PA4引脚与ADC输入通道1对应的PA1引脚相连接,并通过开发板上的开关按键改变要进行D/A转换的数据,然后将DAC的输出电压通过ADC获取,最后将该实际输出的电压值与通过理论计算获取的值都通过串口输出到计算机。

2. 硬件电路

本实例的相关硬件电路和10.6.1节串口通信应用实例的完全相同,在此不再赘述。

3. 软件设计

下面开始进行本例程的软件设计。

为了讲解方便，选择将 18.4.1 节实现的通过 ADC 读取外部电压值的应用例程进行复制并重命名为 DAC_VOLTAGE 后直接在它上面进行修改。

首先，在工程的 HARDWARE 文件夹中新建一个 DAC_VOLTAGE 文件夹，并在其中新建两个文件 dac_voltage.c 和 dac_voltage.h，然后将它们分别添加到工程的 HARDWARE 文件夹和工程所包含的头文件路径列表中。此外，由于本实例会应用到 DAC，还需要在工程的 FWLIB 文件夹中添加相关的 stm32f10x_adc.c 文件。最后，由于本例程还会用到按键，所以还需要将 5.4.2 节按键控制 LED 例程中创建的 KEY 文件夹复制到工程的 HADWARE 文件夹中，并将其中的 key.c 和 key.h 两个文件分别添加到工程的 HARDWARE 文件夹和工程所包含的头文件路径列表中。

下面开始编写程序代码。

第一步，在 dac_voltage.h 头文件中添加如下代码：

```
#ifndef __DAC_VOLTAGE_H
#define __DAC_VOLTAGE_H
#include "stm32f10x.h"
void DAC1_Init(void);
#endif
```

这段代码非常简单，主要声明了 DAC1_Init()函数。

第二步，在 dac_voltage.c 文件中添加如下代码：

```
#include "dac_voltage.h"

void DAC1_Init(void)
{
 GPIO_InitTypeDef GPIO_InitStructure;
 DAC_InitTypeDef DAC_InitType;

 RCC_APB2PeriphClockCmd(RCC_APB2Periph_GPIOA,ENABLE);
   RCC_APB1PeriphClockCmd(RCC_APB1Periph_DAC,ENABLE);

 GPIO_InitStructure.GPIO_Pin = GPIO_Pin_4;
 GPIO_InitStructure.GPIO_Mode = GPIO_Mode_AIN;
 GPIO_Init(GPIOA, &GPIO_InitStructure);

 DAC_InitType.DAC_Trigger = DAC_Trigger_None;
 DAC_InitType.DAC_WaveGeneration = DAC_WaveGeneration_None;
 DAC_InitType.DAC_LFSRUnmask_TriangleAmplitude = DAC_LFSRUnmask_Bit0;
 DAC_InitType.DAC_OutputBuffer = DAC_OutputBuffer_Disable;
   DAC_Init(DAC_Channel_1,&DAC_InitType);
```

```
DAC_Cmd(DAC_Channel_1, ENABLE);
   DAC_SetChannel1Data(DAC_Align_12b_R, 0);
}
```

这段代码主要定义了 DAC1_Init()函数。

(1) 分别调用 RCC_APB2PeriphClockCmd()函数和 RCC_APB1PeriphClockCmd()函数来使能 GPIOA 和 DAC 的时钟。

(2) 通过调用 GPIO_Init()函数来初始化 PA4 引脚的工作模式,注意,它的工作模式应当被设置为模拟输入。

(3) 调用 DAC_Init()函数来对 DAC 的通道 1 进行相应的初始化,将它设置为不使用外部事件触发。

(4) 调用 DAC_Cmd()函数来使能 DAC 的通道 1。

(5) 调用 DAC_SetChannel1Data()函数来设置在 DAC 的通道 1 中要进行 D/A 转换的数据 0 以及数据的对齐方式——12 位右对齐。

第三步,在 key. h 头文件中保留原先的代码,并添加如下代码:

```
#define KEY1_PRESS 1
#define KEY2_PRESS 2
u8 KEY_Scan(void);
```

这里,定义了 2 个宏,分别对应开发板上的 KEY1 和 KEY2 按键被按下。此外,还定义了对这 2 个按键同时进行扫描的函数 KEY_Scan()。

第四步,在 key. c 文件中保留原先的代码,并添加如下代码:

```
#include "systick.h"
u8 KEY_Scan()
{
 static u8 key_up = 1;
 if(key_up && (KEY1 == 0||KEY2 == 0))
 {
     Delay_ms(10);
     if(KEY1 == 0)
     {
         key_up = 0;
         return KEY1_PRESS;
     }
     if(KEY2 == 0)
     {
         key_up = 0;
         return KEY2_PRESS;
     }
 }
 else if(KEY1 == 1&&KEY2 == 1)
     key_up = 1;
 return 0;
}
```

这段代码主要定义KEY_Scan()函数，因为在该函数的定义中需要用到延时，所以在一开始包含了systick.h头文件。

KEY_Scan()函数的实现过程与key.c文件中之前定义的4个对每一个按键进行扫描的函数的实现过程基本相同，此处不再赘述。所不同的是，这里是对KEY1和KEY2这两个按键同时进行扫描，也就是说，扫描的结果是，在某一时刻，这两个按键最多只能有一个被按下，如果它们同时被按下，则认为KEY1被按下。

第五步，在main.c文件中删除原先的代码，并添加如下代码：

```
#include "stm32f10x.h"
#include "key.h"
#include "systick.h"
#include "usart.h"
#include "adc_voltage.h"
#include "dac_voltage.h"

int main(void)
{
 u8 key,cnt = 0;
 u16 dac_val = 0,adc_val,temp;
 float dac_voltage,adc_voltage;
 Delay_Init();
 KEY_Init();
 USART2_Init();
 ADC1_Init();
 DAC1_Init();
 while(1)
 {
     cnt++;
     key = KEY_Scan();
     if(key == KEY1_PRESS)
     {
          if(dac_val < 3895)
               dac_val += 200;
          else
               dac_val = 4095;
          DAC_SetChannel1Data(DAC_Align_12b_R,dac_val);
          Delay_ms(10);
     }
     if(key == KEY2_PRESS)
     {
          if(dac_val > 200)
               dac_val -= 200;
          else
               dac_val = 0;
          DAC_SetChannel1Data(DAC_Align_12b_R,dac_val);
          Delay_ms(10);
```

```
        }
        if(cnt == 250||key == KEY1_PRESS||key == KEY2_PRESS)
        {
    dac_voltage = (float)DAC_GetDataOutputValue(DAC_Channel_1) * 3.3/4095;
            temp = dac_voltage * 1000;
    printf("dac_voltage: %d.%d%d%dV\t",temp/1000,temp%1000/100,temp%100/10,temp%10);
            adc_val = Get_ADC1_Average(ADC_Channel_1,10);
            adc_voltage = adc_val * 3.3/4095;
            temp = adc_voltage * 1000;
    printf("adc_voltage: %d.%d%d%dV\n",temp/1000,temp%1000/100,temp%100/10,temp%10);
            cnt = 0;
        }
        Delay_ms(10);
    }
}
```

这段代码主要定义了 main()函数。其中,先调用各初始化函数进行各种初始化操作,然后在 while(1)实现的死循环中,调用 KEY_Scan()函数对开关按键 KEY1 和 KEY2 进行检测,如果 KEY1 被按下,则设置使得在 DAC 的通道 1 中要进行 D/A 转换的数据 dac_val(最开始为 0)增加 200,直到增加到最大值 4095;如果 KEY2 被按下,则设置 dac_val 的值减小 200,直到减小到最小值 0。在 while(1)循环中设置每次延时 10ms,如果检测到 KEY1 或 KEY2 被按下,或计时达到 2.5s(变量 cnt 的次数达到 250),则通过调用 DAC_GetDataOutputValue()函数获取 DAC 通道 1 中之前被设置的要进行 D/A 转换的数据,并通过计算将其作为 D/A 转换的理论值,程序中为变量 dac_voltage,然后通过调用 Get_ADC1_Average()函数得到 DAC 输出电压经过 A/D 转换后的数据,再通过计算获取该电压值,将其作为 D/A 转换的实际值,程序中为变量 adc_voltage,最后,将变量 dac_voltage 和 adc_voltage 的值分别通过串口发送给计算机。

至此,本例程的编程工作全部完成。

4. 下载验证

将该例程下载到开发板,来验证它是否实现了相应的效果。首先将 USB 串口数据连接线的一端连接到 STM32F107 开发板的串口,另一端连接到计算机的 USB 接口,然后通过杜邦线将开发板的 PA1 引脚和 PA4 引脚进行连接,最后通过 JLINK 下载方式将程序下载到开发板,并按 RESET 按键对其复位。

可以看到,在串口调试助手中的接收区中,会不断显示 D/A 转换的理论值——变量 dac_voltage 的值以及 D/A 转换的实际值——变量 adc_voltage 的值。最开始,它们的值都为 0.000V,如果按下开发板上的开关按键 S2(即 KEY1),则它们的值都会随之增大,且每次增大的幅度基本相同;反之,如果按下开发板上的开关按键 S3(即 KEY2),则它们的值都会随之减小,且每次减小的幅度也基本相同。可以看出,在增大或减小的过程中,它们之间只存在很小的误差,如图 19-14 所示。

可见,本例程验证了 D/A 转换的准确性。

图 19-14　串口调试助手显示 D/A 转换的理论值和实际值

本章小结

本章对 DAC 的基本概念进行讲解，包括 DAC 定义、主要特征等内容；接着讲解了 DAC 的功能描述，包括使能 DAC 通道和 DAC 缓存、数据格式、DAC 的转换、输出电压、触发选择等内容；随后讲解了 DAC 相关寄存器，包括寄存器定义和参数说明等内容；紧接着讲解了 DAC 相关的库函数，包括函数定义、参数说明等内容；最后给出使用 DAC 来输出模拟电压信号的应用实例。

参 考 文 献

[1] ST. STM32F10xxx 参考手册. 2010-01. http://www. st. com/stonline/products/literature/ds/15274. pdf.

[2] ST. STM32 Reference Manual(RM008). 2009. http://www. st. com.

[3] Joseph Y. The Definitive Guide to the ARM Cortex-M3[M]. The United States of America :Library of Congress Cataloging-in-Publication Data,2007.

[4] ARM. Cortex-M3 Devices Generic User Guide. 2010. http://www. arm. com.

[5] 沈红卫,任沙浦,朱敏杰,等. STM32 单片机应用与全案例实践[M]. 北京:电子工业出版社,2017.

[6] 张勇. ARM Cortex-M3 嵌入式开发与实践——基于 STM32F103[M]. 北京:清华大学出版社,2017.

[7] 卢有亮. 基于 STM32 的嵌入式系统原理与设计[M]. 北京:机械工业出版社,2016.

[8] 张新民,段洪琳. ARM Cortex-M3 嵌入式开发及应用(STM32 系列)[M]. 北京:清华大学出版社,2017.